单片机应用技术

——基于Proteus的项目设计与仿真

韩　克　薛迎霄　编著

電子工業出版社
Publishing House of Electronics Industry
北京·BEIJING

内 容 简 介

本书注重单片机课程教学与应用过程，以 Proteus ISIS 现代电子系统仿真技术为平台，构建系统原型，实现硬件与软件的协同仿真，避免了传统教学中先理论后实践的脱节现象。由于选材切合实际，重点突出仿真技术在教与学中的应用，指令和项目仿真由浅入深，内容丰富、直观和生动，具有很强的可读性、时效性和可操作性，同时也体现出明显的工程项目与应用特征，使教材更加有活力与特色。全书共 11 章，系统地介绍了 MCS-51 系列单片机的硬件结构、指令系统、汇编语言程序设计、定时与中断系统、显示、键盘、转换器、串行通信等接口技术，以及 Proteus 仿真软件和基于 Proteus 的学期项目。

本书适合作为高等院校电子信息类、电气控制类和计算机应用类等专业的单片机课程教材，还可作为高职、高专及单片机应用能力培训和电子设计竞赛的教材，也可作为广大从事单片机系统开发与应用的工程技术人员的参考书。

图书在版编目（CIP）数据

单片机应用技术：基于 Proteus 的项目设计与仿真/韩克，薛迎霄编著. —北京：电子工业出版社，2013.3
ISBN 978-7-121-19387-3

Ⅰ. ①单… Ⅱ. ①韩… ②薛… Ⅲ. ①单片微型计算机 Ⅳ. ①TP368.1

中国版本图书馆 CIP 数据核字（2012）第 318494 号

策划编辑：许存权
责任编辑：许存权　　特约编辑：孙志明
印　　刷：三河市鑫金马印装有限公司
装　　订：三河市鑫金马印装有限公司
出版发行：电子工业出版社
　　　　　北京市海淀区万寿路 173 信箱　邮编　100036
开　　本：787×1 092　1/16　印张：21.75　字数：540 千字
版　　次：2013 年 3 月第 1 版
印　　次：2016 年 7 月第 3 次印刷
定　　价：46.00 元

凡所购买电子工业出版社图书有缺损问题，请向购买书店调换。若书店售缺，请与本社发行部联系，联系电话及邮购电话：（010）88254888。

质量投诉请发邮件至 zlts@phei.com.cn，盗版侵权举报请发邮件至 dbqq@phei.com.cn。

服务热线：（010）88258888。

前言

单片机（又称为微控制器）是一种面向控制的大规模集成电路芯片。目前，单片机技术的应用已经渗透到国防、工业、农业及日常生活等各个领域。在控制应用领域，51 系列单片机形成了规模庞大、功能齐全、资源丰富的产品群，目前国内众多院校也大量以 51 单片机作为单片机应用技术课程的基本内容。随着嵌入式系统、片上系统等产品的开发，51 单片机不断地以 IP 核的形式在以 FPGA 为基础的片上系统中被充分利用。由此可见，以单片机为核心设计的各种智能仪器仪表、工业检测控制、通信设备、信息处理、家用电器、汽车电子、机电一体化等方面得到了广泛应用，并取得了巨大的成果。

本书以 MCS-51 系列单片机教学为基础，以 Proteus ISIS 仿真技术为学习平台，力求系统化、项目化、仿真化和灵活应用，其特点如下：

（1）以 Proteus 软件作为单片机应用系统的设计和仿真平台，改变了传统的单片机教学与实践教学模式，克服了传统单片机系统在设计中没有系统原型就无法对系统进行测试、没有硬件系统就不能对软件进行真实调试的不足。Proteus 仿真技术在单片机系统设计中被广泛应用，是一种很好的目标产品设计方法，同时也是学习单片机技术的较好途径。

（2）在单片机应用系统设计中，采用 Proteus 软件仿真平台，一是实现单片机系统指令仿真，有利于理解和掌握单片机的系统指令；二是实现硬件与软件的协同仿真，验证系统电路设计原理和程序设计方法，适应不同层次人员对单片机学习的需要。

（3）在教学中应用 Proteus 仿真技术，能起到活学活用的目的，避免了传统教学中先理论后实践的脱节现象。由于采用仿真技术，项目电路的设计与仿真，仿真结果不仅具有准确性、可靠性、可读性，并且直观和形象，能够提供一个感性的认识平台，而且以任务为驱动，突出基础工程项目意识，项目资源丰富，每个项目都具有任务明确、软硬件设计思路分析、项目仿真结果验证和动手与分析的创新能力要求。

（4）本书是广东省高等学校立项项目教材，也是广东省精品资源共享课“单片机应用技术”使用教材之一。该精品资源共享课网站（http://202.192.72.26:8089）具有丰富的教学资源和自主学习平台，并且所提供的资源内容与本教材息息相关，浏览或下载所需资源能进一步帮助读者提高学习单片机技术的效率。

全书共分 11 章，内容包括：单片机技术概述、MCS-51 系列单片机的结构、Proteus ISIS 现代电子系统仿真技术、MCS-51 单片机指令系统、MCS-51 单片机汇编语言程序设计、MCS-51 单片机的定时与中断系统、单片机显示接口技术、单片机键盘接口技术、单片机转换器接口技术、单片机串行通信接口技术、单片机系统设计与学期项目。

本书注重理论与实践、教学与教辅相结合，深入浅出、层次分明、实例丰富、突出实用、可操作性强，特别适合作为普通高校电子信息工程、电子应用技术、通信工程、电气工程、自动化生物医学工程及计算机应用等专业的教学用书，还可作为高职、高专及相关培训班的教材，也可作为从事单片机应用领域工作的工程技术人员的参考书。

本书的编写得到广州市风标电子技术有限公司的大力支持与帮助，在此表示衷心的感谢。但由于作者的水平所限，书中难免存在缺点或不妥之处，敬请广大读者和同行批评、指正。

作者

2012 年 10 月

目录

Contents

第1章 单片机技术概述

单片机 MCU（Micro Controller Unit）是面对测控对象的嵌入式应用计算机系统。它的出现使计算机技术从通用型计算领域进入到了智能化的控制领域，并且在嵌入式计算机领域得到极其重要的发展与应用。本章首先介绍微型计算机的基本概念、组成及分类，然后介绍单片机技术特点及常用 MCS-51 系列单片机类型，最后介绍单片机应用系统的设计方法和步骤。

1.1 计算机系统分类简介

世界上第一台计算机于 1946 年问世。半个世纪以来，计算机技术取得了突飞猛进的发展。计算机按照体系结构、性能、体积、应用领域等，分为大型计算机、中型计算机、小型计算机和微型计算机。计算机在数值计算、逻辑运算与推理、信息处理及实际控制方面朝着高速海量运算的通用计算机系统发展，表现出非凡的能力，其典型产品为 PC 机；而广泛渗透到制造工业、过程控制、通信、仪器仪表、交通、航空航天、军事装备、家电产品等领域的正是嵌入式计算机系统。嵌入式系统是以应用为中心，以计算机技术为基础，主要表现在直接面向控制对象；嵌入到具体的应用系统中；现场可靠地运行；体积小，应用灵活；突出时序控制功能；以隐藏的形式嵌入在各种装置、产品和系统中。因此，将计算机技术分为通用计算机系统和嵌入式计算机系统。

嵌入式系统是将先进的计算机技术、半导体技术和电子技术及各个行业的具体应用相结合的产物，也是不断创新的知识集成系统。嵌入式系统的核心部件有嵌入式微处理器（Embedded Microprocessor Unit，EMPU）；嵌入式 DSP 处理器（Embedded Digital Signal Processor，EDSP）；微控制器（Microcontroller Unit，MCU，又称单片机）。顾名思义，单片机就是将整个计算机系统集成到一块芯片中。它以某一种微处理器为核心，芯片内部集成 ROM/EPROM、RAM、总线、总线逻辑、定时/计数器、看门狗、并行 I/O 接口、串行 I/O 接口、脉宽调制输出、A/D、D/A。微控制器的最大特点是单片化，体积大幅减小，从而使功耗和成本降低、可靠性提高。微控制器是目前嵌入式系统工业的主流，以 MCU 为核心的嵌入式系统约占市场份额的 70%。

本教材以市场占有率最高的 MCS-51 单片机（或称 8051、51 系列、8XX51 单片机）为核心，介绍嵌入式系统设计的基本技术。

1.2 微型计算机的基本概念

微型计算机（Microcomputer）简称微机，是计算机的一个重要分类。微型计算机不但具有计算快速、精确、程序控制等特点，而且还具有体积小、质量轻、功耗低、价格便宜等优点。个人计算机简称 PC（Personal Computer），是微型计算机中应用最为广泛的一种，也是近年来计算机领域中发展最快的一个分支。PC 机在性能和价格方面适合个人用户购买和使用，目前，它已经像普通家电一样深入到了家庭和社会生活的各个方面。

1.2.1 微型计算机系统的基本结构

微型计算机系统由硬件系统和软件系统两大部分组成。硬件系统是指构成微机系统的实体和装置，通常由运算器、控制器、存储器、输入接口电路和输入设备、输出接口电路和输出设备等组成。如果将运算器与控制器集成在一个芯片上，则该芯片称为中央处理器（Central Processing Unit，CPU），是微机的核心部件。CPU 配上存放程序和数据的存储器、输入/输出（Input/Output，I/O）接口电路及外部设备即构成微机的硬件系统。

软件系统是微机系统所使用的各种程序的总称。软件部分包括系统软件（如操作系统）和应用软件（如字处理软件），人们通过它对微机进行控制并与微机系统进行信息交换，使微机按照人的意图完成预定的任务。软件系统与硬件系统共同构成完整的微机系统，典型微型计算机系统的组成如图 1-1 所示。

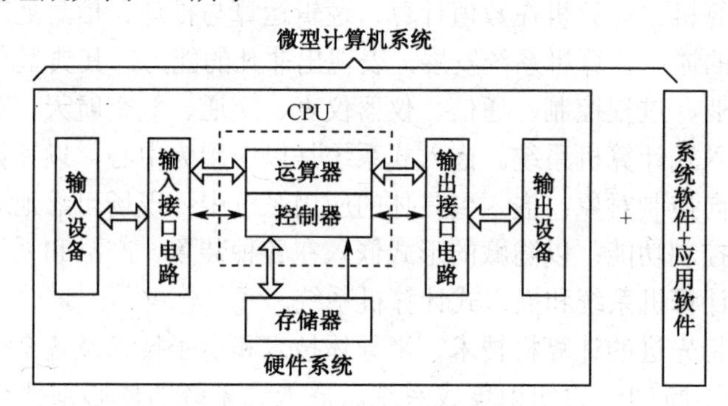

图 1-1　微型计算机系统组成示意图

微型计算机硬件系统简要说明。

① 微处理器（CPU）：CPU 是计算机的控制核心，它由运算器和控制器组成，其功能是执行指令，并对整机进行控制。其中，运算器用于实现算术和逻辑运算；控制器是计算机的指挥控制部件，它使计算机各部分自动、协调地工作。

② 存储器：存储器有 ROM 和 RAM 之分，用于存储程序和数据，它由成千上万个单元组成，每个单元都有一个编号（称为地址），每个单元存放一个 8 位二进制数，这个二进制数可以是程序的代码，也可以是数据。

③ 输入/输出接口：又称 I/O 接口，是 CPU 和外设（外部设备）之间相连的逻辑电路，外设必须通过接口才能和 CPU 相连。每个 I/O 接口也有一个地址，CPU 通过对不同地址的

I/O 接口进行操作来完成对外设的操作。

④ 输入/输出设备：输入设备用于将程序和数据输入到计算机中。键盘就是一种输入设备；输出设备用于将计算机数据计算或加工的结果，以用户需要的形式显示或打印出来。通常将外存储器、输入设备和输出设备合在一起称为计算机的外部设备，简称外设。

⑤ 总线：用于传送程序或数据的总线称为数据总线；地址总线用于传送地址，以识别不同的存储单元或 I/O 接口；控制总线用于控制数据总线上数据流传送的方向、对象等。在程序指令的控制下，存储器或 I/O 接口通过控制总线和地址总线的联合作用，分时地占用数据总线和 CPU 交流信息。

1.2.2 微型计算机的基本工作原理

自动高速地完成指令规定的操作是计算机最基本的工作原理。首先，将表示计算步骤的程序和计算中需要的原始数据，在控制器输入命令的控制下，通过输入设备送入计算机的存储器存储。其次当计算开始时，在取指令作用下将程序指令逐条送入控制器。控制器对指令进行译码，并根据指令的操作要求向存储器和运算器发出存储、取数命令和运算命令，经过运算器计算并将结果存放在存储器内。在控制器的取数和输出命令作用下，通过输出设备输出计算结果。简而言之，存储程序、执行程序是微机的基本工作原理，取址、译码、执行是微机的基本工作过程。

单片机是微型计算机的一种。是将计算机主机（CPU、存储器和 I/O 接口）集成在一小块硅片上的微机，它的特点是具有集成度高、可靠性高、性价比高、体积小、功能全等优势。单片机主要应用于工业检测与控制计算机外设、智能仪器/仪表、通信设备、家用电器等，特别适合嵌入式微型机应用系统。

1.3 单片微型计算机

单片微型计算机（Single Chip Microcomputer，简称单片机），又称 MCU（Microcontroller Unit），也称微控制器。是将计算机的基本部分微型化，集成在一个晶体芯片上，构成一台功能独特、完整的微型计算机，可以实现微型计算机的基本功能。单片机片内含有如中央处理器 CPU（Central Processing Unit）、随机存取存储器 RAM（Random Access Memory）、只读存储器 ROM（Read Only Memory）、并行 I/O 接口、串行 I/O 接口、定时/计数器、中断控制、系统时钟及系统总线等。内部结构示意图如图 1-2 所示。

单片机实质上是一个芯片，在实际应用中，通常很少将单片机和被控对象直接进行电气连接，而必须外加各种扩展接口电路、外部设备、被控对象等硬件和软件，才能构成一个单片机应用系统。为适应不同的应用需求，一般一个系列的单片机具有多种衍生产品，每种衍生产品的处理器内核都是一样的，只是存储器和外设的配置及封装不同，这样可以使单片机最大限度地和应用需求相匹配。因此，单片机发展成了一个庞大的家族，有上千种产品可供用户选择。

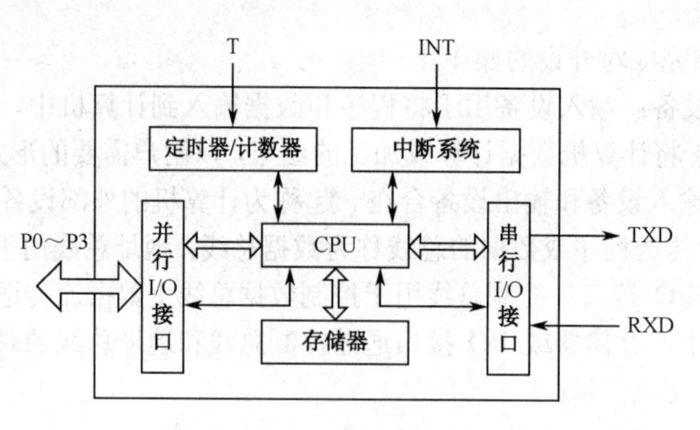

图 1-2　单片机内部结构示意图

1.3.1　单片机应用系统及组成

单片机应用系统是以单片机为核心，配合输入、输出、显示、控制等外围电路和软件，能实现一种或多种功能的实用系统。所以说，单片机应用系统是由硬件和软件组成的，硬件是应用系统的基础，软件则在硬件的基础上对其资源进行合理配置和使用，从而完成应用系统所要求的任务，二者相互依赖，缺一不可。单片机应用系统的组成如图 1-3 所示。

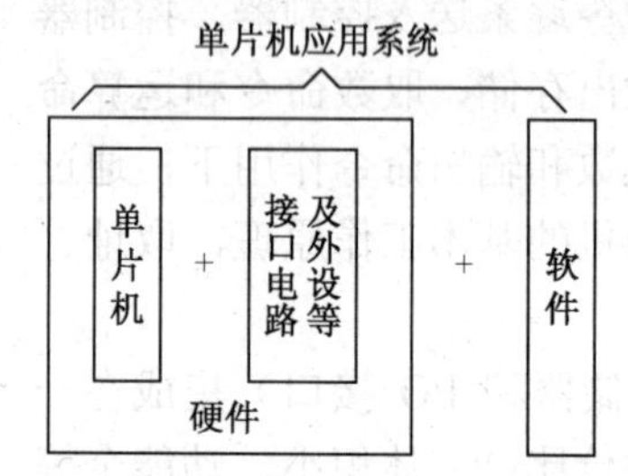

图 1-3　单片机应用系统的组成

单片机应用系统的开发人员必须从硬件和软件两个方面来深入了解单片机，只有将二者有机结合起来，才能形成具有特定功能的应用系统或整机产品。

1.3.2　单片机的发展趋势

自从 1974 年美国 Fairchild 公司研制出第一台单片机 F8 之后，单片机技术的发展已经逐步走向成熟。单片机经历了由 4 位、8 位、16 位再到 32 位机，正朝着高性能、多品种方向发展。目前，在实际应用中，8 位单片机也在不断地采用新技术，而且 8 位增强型单片机在速度和功能上并不逊色于 16 位单片机，因此在未来相当长的时期内，8 位单片机仍是单片机的主流机型。单片机技术的发展有以下几个方面的特点：

（1）微型单片化、功能更强

目前已经有许多单片机不仅具有通用的单片机功能外，而且增强型的单片机还集成有 A/D、D/A、LED/LCD 显示驱动、DMA 控制器、PWM（脉宽调制器）、PLC（锁相环控制）、PCA（可编程计数阵列）、WDT（看门狗），并支持多种通信方式等。而且存储器的编程（烧录）方式也越来越方便，有脱机编程、在系统可编程（ISP）。单片机技术正朝着片上系统（System On Chip，SOC）的方向发展。另外，结合专用集成电路 ASIC、精简指令集 RISC 技术，使单片机发展成为嵌入式的微处理器，深入到数字信号处理、图像处理、人工智能、机器人等领域，使得由单片机构成的系统正朝微型化方向发展。

（2）低电压、低功耗

现在单片机功耗越来越低，普遍都在 100 mW 左右。采用 CHMOS 制作工艺使单片机集 HMOS 的高速、高集成度和 CMOS 的低功耗技术为一体，使单片机的功耗进一步降低，适应的电压范围更宽（2.6～6 V）。所以这种工艺将是今后一段时期单片机发展的主要途径。低电压、低功耗的单片机的特性尤为重要，使之大量应用于便携式的供电仪器仪表和家用电器产品。

（3）价格更低

随着微电子技术的不断进步，许多公司陆续推出了价格更低的单片机。可以说，单片机一个显著的特点是成本低，易于产品化。在相当一部分以单片机为核心的嵌入式产品中，单片机的硬件投入成本仅占整个产品的一小部分，更多的成本是来自系统设计、软件开发与市场营销。

（4）主流与多品种共存

现在虽然单片机的品种繁多、各具特色，而应用最广的则当属 Intel 公司的 MCS-51 系列 8 位机。在 Philips 等公司推出新一代 80C51 系列单片机后，各种型号的 80C51 单片机层出不穷，ATMEL 公司的闪速存储器单片机 AT89C51 等更有后来者居上之势。

目前，中国台湾的 Holtek 公司近年生产的单片机产量与日俱增，Motorola 公司的产品、日本几大公司的专用单片机等也占据了一定的市场份额。由于单片机技术不断地发展，各种品种的功能具有独特的优势，在一定的时期内，不会出现某个单片机一统天下的垄断局面，而是多个品种依存互补、相辅相成、共同发展。

1.3.3 MCS-51 单片机系列

尽管各类单片机很多，各类单片机的指令系统各不相同，功能各有所长，但无论是从世界范围还是从全国范围来看，使用最为广泛、市场占有率最高的是 MCS-51 系列单片机，因为世界上很多知名的 IC 生产厂家都生产兼容 MCS-51 的芯片。生产 MCS-51 系列单片机的厂家有 Intel 公司、ATMEL 公司、Philips 公司、AMD 公司、WINBOND 公司、LG 公司、NEC 公司等。到目前为止，MCS-51 单片机已有数百个品种，并且还在不断推出功能更强的新产品。近年来，Philips 公司又推出了指令和 MCS-5l 兼容的 16 位单片机，这样保证了 MCS-51 单片机的先进性，因此 MCS-51 单片机成为教学的首选机型。

1．Intel 公司的 MCS-51 系列单片机

Intel 公司可以说是 MCS-51 系列单片机的“开山鼻祖”，正是 Intel 公司的 8031 单片机开创了 MCS-51 单片机时代。Intel 公司的 8051 系列单片机，构成了 8051 单片机的基本标准。许多参考书上将这种单片机称为 MCS-51 系列单片机。MCS-51 系列单片机的典型产品资源见表 1-1 所示。

表 1-1 MCS-51 系列单片机的资源

型　号	程序存储器	片内 RAM	定时/计数器	并行 I/O	单 行 口	中 断 源
8031 80C31	无（需要外部扩展）	128 B	2×16 bit	32	1	5
8051 80C51	4KB ROM	128 B	2×16 bit	32	1	5
8052	8KB ROM	256 B	3×16 bit	32	1	6
8751 87C51	4KB EPROM	128 B	2×16 bit	32	1	5

MCS-51 系列单片机是单片机发展历史上的一个“里程碑”，其意义是重大的，可以说后来的系列单片机都是在它的基础上发展起来的。

2．Philips 公司系列单片机

Philips 公司生产与 MCS-51 兼容的 80C51 系列单片机，片内具有 I^2C 总线、A/D 转换器、定时监视器、CRT 控制器（OSD）、“看门狗”（WTD）电路、电源监测和时钟监测等。丰富的外围部件，其某些产品工作电压甚至可低至 1.8 V，并且扩大了接口功能，如设置高速口，扩展 I/O 数量，增加外部中断源及将 ADC、PWM 做入片内。为提高运行速度，时钟频率已达 16/24 MHz．主要产品有 80C51、80C52、80C31、80C32、80C528、80C552、80C5132、80C751 等。

3．Atmel 公司的 MCS-51 系列单片机

Atmel 公司可以说是现在 MCS-51 系列单片机的行业老大，它生产的系列单片机提供了丰富的外围接口和专用的控制器，可用于特殊用途，例如电压比较、USB 控制、MP3 解码及 CAN 控制等。另外，Atmel 公司还将 ISP 技术集成在 MCS-51 系列单片机中，使用户能够方便地改变程序代码，从而方便地进行系统调试。Atmel 公司还提供了各种产品的不同封装，以方便用户进行选择。如目前市场上常用的 AT89S51、AT89S52、AT89S2051 等系列单片机，其特点如下。

（1）AT89S51 单片机

AT89S51 单片机是 Atmel 公司推出的一款在系统可编程（ISP）单片机。通过相应的 ISP 软件，用户可方便地对该单片机 Flash 程序存储器中的代码进行修改。AT89S51 和 AT89C51（早期产品）的引脚完全兼容，其技术参数如下：

- 4 KB 在系统可编程 Flash 程序存储器，3 级安全保护；
- 128 字节的内部数据存储器；
- 32 个可编程 I/O 引脚；
- 2 个 16 位计数/定时器；
- 5 个中断源，可以在断电模式下响应中断；
- 1 个全双工的串行通信口；
- 最高工作频率为 33 MHz；
- 工作电压为 4.0～5.5 V；
- 双数据指针使得程序运行得更快。

（2）AT89S2051 单片机

AT89S2051 单片机是另外一种使用非常多的单片机，因其功耗低、体积小等特点而被广大用户所选用。此外，AT89C2051 单片机还有很多独特的结构和功能，例如具有 LED 驱动电路、电压比较器等。AT89C2051 有两种可编程的电源管理模式：空闲模式，该模式下 CPU 停止工作，但是 RAM、计数器/定时器、串行口和中断系统仍然工作；断电模式，该模式下保存了 RAM 的内容，但是冻结了其他部分的内容，直至被再次重启。AT89C2051 有 DIP20 和 SOIC20 两种封装形式，其技术参数如下：

① 2 KB 的程序存储器，2 个级别的程序存储器保护功能。

② 128 字节的内部数据存储器。

③ 15 个可编程 I/O 引脚，可以作为直接的 LED 驱动。

④ 2 个 16 位计数/定时器。

⑤ 6 个中断源，2 个优先级别。

⑥1 个全双工的串行口。

⑦ 片上电压比较控制器。

⑧ 工作电压为 2.7～6 V。

（3）AT89S52 单片机

AT89S52 是一种低功耗、高性能 CMOS 的 8 位微控制器，使用 Atmel 公司高密度非易失性存储技术制造，与工业 80C51 产品指令和引脚完全兼容。片上 Flash 允许程序存储器在系统可编程，也适于常规编程器，使得 AT89S52 为众多嵌入式控制应用系统提高灵活、超有效的解决方案。AT89S52 具有以下主要性能：

- 8 KB 在系统可编程 Flash 存储器；
- 256 B 的内部数据存储器；
- 全静态操作：0 Hz～33 MHz；
- 32 个可编程 I/O 口线；
- 三个 16 位定时/计数器；
- 八个中断源；
- 全双工 UART 串行通道；
- 三级加密程序存储器；
- 低功耗空闲和掉电模式；
- 掉电后中断可换醒；
- 看门狗定时器；
- 双数据指针。

对一般用户来说，Atmel89 系列单片机具有以下明显的优点：

① 内部含 Flash 存储器，因此在系统的开发过程中可以十分容易地修改程序，大大缩短系统的开发周期。同时，在系统工作过程中，能有效地保存一些数据信息，即使外界电源损坏也不会影响信息的保存。

② Atmel 89 系列单片机是以 8031 为核心构成的，引脚是和 80C51 一样的，对于以 8051 为基础的系统来说，用 Atmel 公司的 89 系列单片机取代 8051 的系统设计是十分容易进行替换和构造的。

③ 可进行反复系统试验。用 89 系列单片机设计的系统，可以反复进行系统试验。每次试验可以编入不同的程序，这样可以保证用户的系统设计达到最优。而且随用户的需要和发展，还可以进行修改，使系统不断追随用户的最新要求。

④ 静态时钟方式。89 系列单片机采用静态时钟方式，所以可以节省电能，这对于降低便携式产品的功耗十分有用。

1.3.4 MCS-51 系列单片机类型

MCS-51 系列单片机品种很多，如果按照存储器配置状态可划分为：片内 ROM 型，如

80（C）5X；片内 EPROM 型，如 87（C）5X；片内 Flash EEPROM 型，如 89C5X；内部无 EPROM 型，如 80（C）3X。如果按照其功能，则可划分为以下一些特征类型。

（1）基本型

基本型有 8031、8051、8031AH、8751、89C51 和 89S51 等。基本型的代表产品是 8051。

（2）增强型

增强型有 8052、8032、8752、89C52 和 89S52 等，此类型单片机内的 ROM 和 RAM 容量比基本型的增大了一倍，同时将 16 位定时/计数器增加到 3 个。87C54 内部 ROM 为 16 KB，87C58 增加到 32 KB，89C55 内部 ROM 为 20 KB。

（3）低功耗型

低功耗型有 80C5X、80C3X，87CSX、89C5X 等。型号中带有“C”字样的单片机采用 CHMOS 工艺，其特点是功耗低。另外，87C51 还有两级程序存储器保密系统，可防止非法复制程序。

（4）高级语言型

例如，8052AH-BASIC 芯片内固化有 MCS BASIC52 解释程序，其 BASIC 语言能与汇编语言混用。

（5）可编程计数阵列（PCA）型

例如，83C51FA、80C51FA、87C51FA、83C51FB 等产品都是 CHMOS 器件，具有两个特点：一个特点是具有 5 个比较/捕捉模块，每个模块可执行 16 位捕捉正跳变触发、16 位捕捉负跳变触发、16 位软件定时器、16 位高速输出及 8 位脉冲宽度调制等功能；另一个特点是有一个增强的多机通信串行接口。

（6）A/D 型

例如，83C51GA、80C51GA、87C51GA 等系列单片机具有下述新功能：带有 8 路 8 位 A/D 及半双工同步串行接口；拥有 16 位监视定时器；扩展了 A/D 中断和串行接口中断，使中断源达到 7 个；可进行振荡器失效检测。

（7）在系统可编程（ISP）型

ATMEL 公司生产 AT89S51、AT89S52 等 S 系列的产品。S 系列的产品最大的特点就是具有在系统可编程功能。用户只要连接好下载电路，就可以在不拔下 51 芯片的情况下，直接在系统中进行编程。在编程期间系统是不能运行程序的。

1.4 单片机的应用

由于单片机技术的飞速发展，单片机的应用范围日益广泛，不仅已远远超出了计算机科学的领域，而且已经深入到国防、工业、交通、农业、科研、教育及人类日常生活用品等各个领域。单片机的主要应用范围如下：

（1）在测控系统中的应用

单片机可以用于构成各种工业控制系统、自适应控制系统和数据采集系统等，如工业上的数控机床、电机控制、过程控制、车辆检测系统，以及军事上的雷达、导弹系统、航天器导航系统、电子干扰系统等。

（2）在智能化仪器仪表中的应用

单片机应用于仪器仪表设备中促使仪器仪表向数字化、智能化、多功能化、综合化等方向发展，如智能仪器仪表、智能传感器、医疗器械、色谱仪、数字示波器等。

（3）农业方面的应用

农业方面的应用包括植物生长过程要素的测量与控制、智能灌溉及远程大棚控制等。

（4）通信方面的应用

调制解调器、网络终端、复印机、打印机、智能线路运行控制及程控电话交换机等。

（5）汽车控制方面的应用

门窗控制、音响控制、点火控制、变速控制、防滑刹车控制、排气控制、节能控制、防撞控制、冷气控制、汽车报警控制及各种动态参数和功能状态显示屏。

（6）在人类生活中的应用

单片机由于价格低、体积小，被广泛应用于人类生活的很多场合，如空调机、电冰箱、洗衣机、电风扇、照相机、摄像机、移动电话、MP3 播放器、电子游戏机、IC 卡设备、指纹识别仪、楼宇防盗系统等。

几乎可以说，只要有控制的地方就有单片机的存在。

习题 1

1．微型计算机系统由哪几部分组成？
2．什么是单片机？
3．什么是单片机应用系统？单片机应用系统由哪几部分组成？
4．单片机主要应用于哪些领域？
5．为什么单片机又称为嵌入式微控制器？

第2章 MCS-51系列单片机的结构

本章以MCS-51系列单片机为主线，结合各公司兼容机相关技术，详细阐述其组成结构及其功能原理。熟悉并掌握单片机的硬件组成结构及其功能原理，是嵌入式应用系统设计的首要条件和基础。

2.1 MCS-51系列单片机的内部结构

MCS-51系列单片机的典型芯片有8031、8051、8751、89S51等。除具有不同的ROM外，它们的内部结构及引脚完全相同。这里以8051为例，说明该系列单片机的内部组成及信号引脚，具体分析MCS-51单片机的内部结构和工作原理。

2.1.1 8051系列单片机的内部结构及其功能

前面已经提到单片机是在一块芯片集成了CPU、RAM、ROM、定时/计数器、多功能I/O接口及串行通信接口等基本功能部件的一个完整的单片微型计算机，如图2-1所示，下面介绍各部分功能的作用。

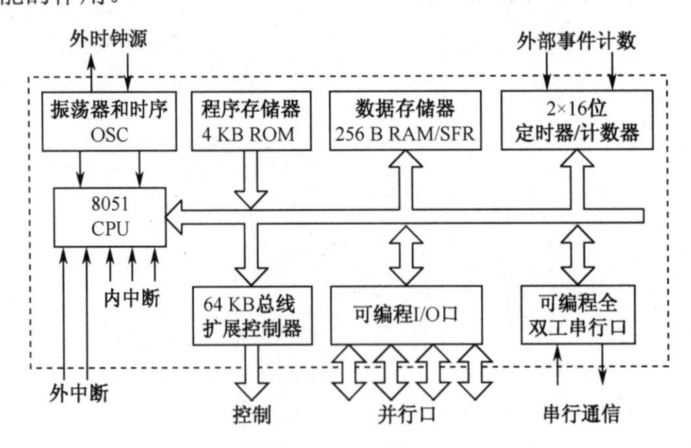

图2-1 8051单片机的功能结构图

（1）中央处理器（CPU）

中央处理器是单片机的核心，是计算机的控制和指挥中心，它由运算器和控制器等部件组成。

运算器由8位算术运算和逻辑运算的单元(ALU)、8位的暂存器、8位的累加器(ACC)、寄存器（B）和程序状态寄存器（PSW）及布尔处理机组成了整个运算器的逻辑电路。

控制器是 CPU 的大脑中枢，包括程序计数器（PC）、指令寄存器（IR）、指令译码器（ID）、地址指针（DPTR）、堆栈指针（SP）、振荡器及定时电路等。

（2）内部数据存储器（又称为内部 RAM）

8051 单片机内部集成了 256 字节的 RAM 单元，其中前 128 个单元作为寄存器供用户使用，用于存放可读/写的数据。后 128 个单元被专用寄存器占用。因此通常所说的内部存储器就是指前 128 个单元。

（3）为内部程序存储器（内部 ROM）

8051 共有 4 KB 字节的 ROM，用于存放程序、原始数据或表格，称之为程序存储器。

（4）定时/计数器

8051 内部有两个 16 位可编程的定时/计数器（T0 和 T1），可实现定时或计数功能，并以其定时或计数结果对计算机进行控制。

（5）并行 I/O 口

8051 共有 4 个 8 位的 I/O 口（P0、P1、P2、P3），可实现数据的并行输入/输出，用于单片机内外信息的交换与控制。

（6）串行口

8051 单片机有一个全双工的串行口，可实现单片机和其他设备之间的串行数据传送。该串行口功能较强，既可作为全双工异步通信收发器使用、也可作为同步移位器使用。

（7）中断控制系统

8051 单片机的中断功能较强，可满足控制应用的需要。8051 共有 5 个中断源，即外部中断源两个、定时/计数中断两个、串行口中断一个。中断分为高级和低级两个优先级别。

（8）时钟电路

8051 芯片的内部有时钟电路，但石英晶体和微调电容需外接。时钟电路为单片机产生时钟脉冲序列。系统允许的晶振频率一般为 6 MHz 和 12 MHz。

从 8051 单片机的内部结构可以看出，作为计算机应该具有的基本部件它都包括了，因此，它实际上已经是一个简单的微型计算机系统了。

2.1.2 8051 的引脚定义及功能

8051 单片机芯片采用 40 引脚双列直插封装 DIP（Double In line Package）方式，还采用方型封装 PLCC（Plastic Leaded Chip Carrier）方式。图 2-2（a）为 PLCC 封装引脚排列图，图 2-2（b）为 DIP 封装引脚排列图，图 2-2（c）为逻辑符号图。

MCS-51 是高性能单片机，因为受到集成电路芯片引脚数目的限制，所以有许多引脚具有双功能。它们的功能简要说明如下：

（1）主电源引脚

V_{CC}：芯片电源端，+5 V 电源。

V_{SS}：接地端。

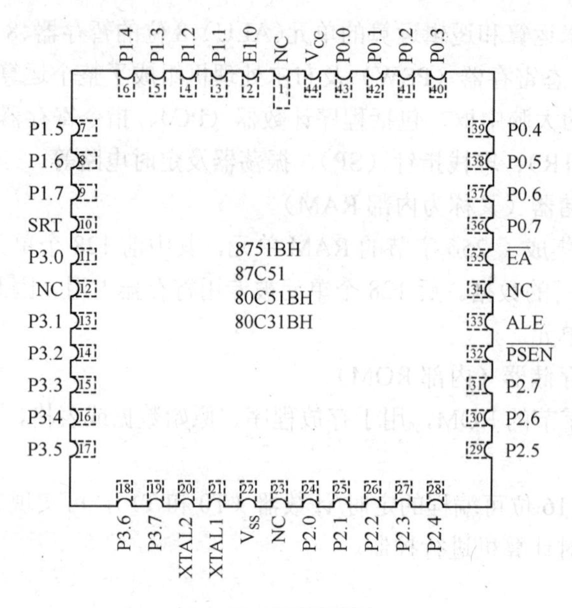

（a）PLCC引脚排列图

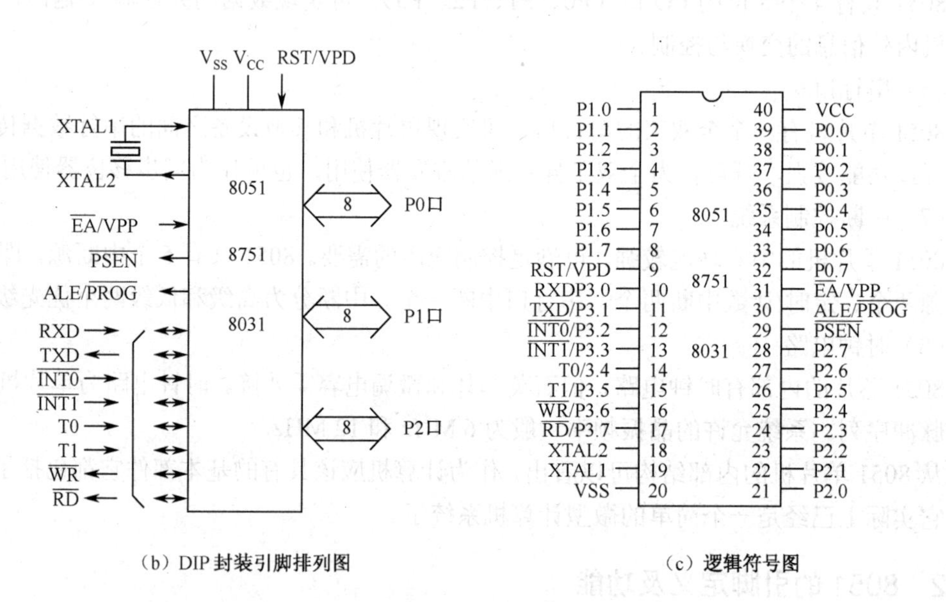

（b）DIP封装引脚排列图　　　　（c）逻辑符号图

图2-2　MCS-51引脚图

（2）时钟振荡电路引脚XTAL1和XTAL2

XTAL1和XTAL2外接晶体引线端。当使用芯片内部时钟时，两引脚用于外接石英晶体和微调电容；当使用外部时钟时，用于接外部时钟脉冲信号。这两个引脚连接的电路称为时钟电路，用来产生单片机正常工作时所需的时钟脉冲信号。

（3）控制总线

$\overline{\text{RSEN}}$：外部程序存储器ROM读选通信号。当需要从外部程序存储器取指令（或数据）时，$\overline{\text{RSEN}}$有效（低电平）时，可实现对外部ROM单元的读操作。

ALE/PROG：地址锁存控制信号。当系统扩展时，ALE 用于将 P0 口输出的低 8 位地址锁存起来，以实现低位地址和数据的隔离。此外，由于 ALE 是以晶振的 1/6 固定频率输出的正脉冲，因此它可作为外部时钟或外部定时脉冲使用。

$\overline{\text{EA}}$/VPP：访问程序存储控制信号。当 EA 信号为低电平时，对 ROM 的读操作限定在外部程序存储器；当 EA 信号为高电平时，对 ROM 的读操作是从内部程序存储器的 0～4 KB（0000H～0FFFH）开始，并可延至外部程序存储器。

RST/VPD：复位信号。当输入的复位信号延续两个机器周期以上的高电平时即为有效，用以完成单片机的复位初始化操作。在进行单片机应用系统设计时，这个引脚一定要连接相应的电路，即复位电路。8051 单片机的备用电源也是以第二功能的方式由 9 脚（RST/VPD）引入的。当电源发生故障，电压降低到下限值时，备用电源经此端向内部 RAM 提供电压，以保护内部 RAM 中的信息不丢失。

（4）输入/输出引脚（I/O 口）

P0 口（P0.0～P0.7）是一个 8 位漏极开路的双向 I/O 口。第二功能是在访问外部存储器时，它分时作为低 8 位地址线和 8 位双向数据线，当 P0 口作为普通输入口使用时，应先向口锁存器写入“1”。

P1 口（P1.0～P1.7）是一个内部带上拉电阻的 8 位准双向 I/O 口。当 P1 口作为普通输入口使用时，应先向口锁存器写入“1”。

P2 口（P2.0～P2.7）也是一个内部带上拉电阻的 8 位准双向 I/O 口。第二功能是在访问外部存储器时，作为高 8 位地址线。

P3 口（P3.0～P3.7）也是一个内部带上拉电阻的 8 位准双向 I/O 口。P3 口除了作为一般准双向口使用外，每个引脚还有其第二功能，见表 2-1。

表 2-1　P3 口各位的第二功能

P3 口引脚	第 二 功 能
P3.0	RXD（串行输入口）
P3.1	TXD（串行输出口）
P3.2	INT0（外部中断 0 输入）
P3.3	INT1（外部中断 1 输入）
P3.4	T0（定时器 0 外部输入）
P4.5	T1（定时器 1 外部输入）
P3.6	WR（外部数据存储器写脉冲输出）
P3.7	RD（外部数据存储器读脉冲输出）

以上分别介绍了 8051 单片机的第一功能和第二功能引脚。对于 MCS-51 其他型号的芯片，其引脚的第一功能信号是相同的，所不同的只是引脚的第二功能信号。

对于 9、30 和 31 这三个引脚，由于第一功能信号与第二功能信号是单片机在不同工作方式下的信号，因此不会发生使用上的矛盾。但是 P3 口的情况却有所不同，它的第二功能信号都是单片机的重要控制信号。因此，在实际使用时，都是先按需要选用第二功能信号，剩下的才以第一功能信号的身份做数据位的输入/输出使用。

2.2 MCS-51单片机存储器结构

存储器是组成计算机的主要部件之一。存储器的功能是存储信息，即程序和数据。若能事先将设计好的程序及相关数据存入存储器中，在计算机运行中再由存储器提供存储信息并进行处理，从而使计算机能快速地、自动地进行复杂而烦琐的运算。

单片机中存储器的组成结构与典型微机不尽相同，如 MCS-51 单片机的存储器结构是由程序存储器和数据存储器的存储空间组成的，它有 4 个物理上相互独立的存储器空间：即片内、外程序存储器和片内、外数据存储器。

2.2.1 MCS-51 单片机的存储地址结构

从逻辑上看有三个存储空间：片内外统一编址的 64 KB 的程序存储器地址空间（包括片内 ROM 和外部 ROM）；64 KB 的外部数据存储器地址空间；256 B 的片内数据存储地址空间（包括 128 B 的内部 RAM 和特殊功能寄存器的地址空间）。在对这三个不同的存储空间进行数据传送时，必须分别采用三种不同形式的指令。图 2-3 表示了 8051 的存储地址空间结构。

2.2.2 程序存储器

MCS-51 的程序存储器用于存放编好的应用程序和固定的表格及常数。MCS-51 将片内 ROM 和片外 ROM 按统一的地址编址，最大容量为 64 KB。而且这 64 KB 地址空间是连续的、统一的，即从 0000H～FFFFH。

① 对于 8051，它的片内 ROM 地址为 0000H 至 0FFFH（4 KB），它的片外 ROM 最大容量可为 0000H 至 FFFFH。片内与片外 ROM 在低 4 KB 地址出现重叠，这种重叠的区分由 8051 的引脚 EA 进行控制。

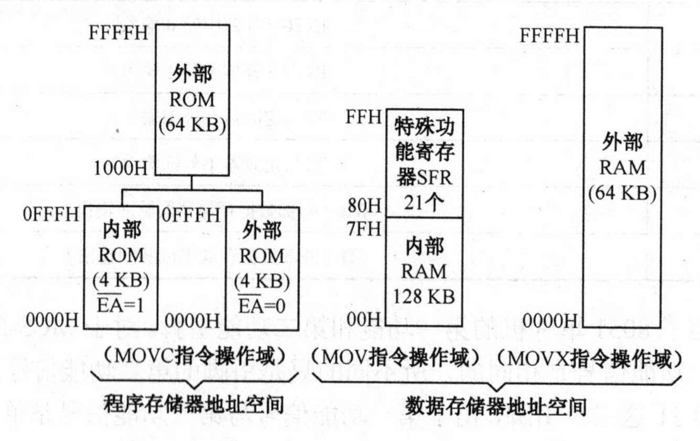

图 2-3　8051 存储器地址空间

当 EA=1 时，8051 的程序计数器 PC 在 0000H～0FFFH 地址范围内（即前 4 KB 地址）执行片内 ROM 中的程序：如 PC 在 1000H～FFFFH 地址范围内，则自动执行片外程序存储器中的程序。而无须用户干预。

当EA=0时，不论有无片内ROM，内部的4 KB ROM失去作用，则只能寻址外部程序存储器，片外存储器可以从0000H开始编址。即所有的指令都从片外ROM读入。

② 程序存储器的某些特定单元被保留用于特定的程序入口地址。这些保留的存储单元0000H～0002H是一组特殊单元。系统复位后，(PC)=0000H，单片机从0000H单元开始取指令执行程序。如果程序不从0000H单元开始，则应在这三个单元中存放一条无条件转移指令，以便直接转去执行指定的程序。

0003H～002AH是一组特殊单元，共40个单元。这40个单元被均匀地分为5段，作为5个中断源的中断入口地址区，如图2-4所示。

中断响应后，按中断种类，自动转到各中断区的首地址去执行程序，因此在中断地址区中理应存放中断服务程序。但通常情况下，8个单元难以存下一个完整的中断服务程序，因此通常也是从中断地址区首地址开始存放一条无条件转移指令，以便中断响应后，通过冲断地址区，再转到中断服务程序的实际入口地址。

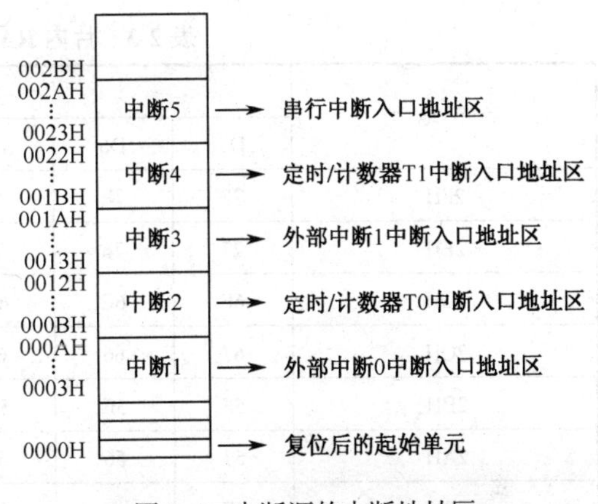

图2-4　中断源的中断地址区

2.2.3　数据存储器

数据存储器是用于存放运算中间结果，做好暂存和数据缓冲，以及设置特征标志等。它由随机读写存储器RAM组成，8051数据存储器分为内部和外部两个独立的地址空间。

对于8051单片机，其片内有256个单元的数据存储器地址空间，可将它们的物理地址空间按照用途划分为不同的区域。低128单元（地址空间为00H～7FH）为片内数据存储器区，高128单元（地址空间为80H～FFH）为特殊功能寄存器区SFR。

表2-2　RAM低128单元配置

地　址	功　能
30H～7FH	数据缓冲区
20H～2FH	位寻址区（00H～7FH）
18H～1FH	工作寄存器3区（R7～R0）
10H～17H	工作寄存器2区（R7～R0）
08H～0FH	工作寄存器1区（R7～R0）
00H～07H	工作寄存器0区（R7～R0）

1. 片内数据存储器低128单元

低128单元是单片机的真正RAM存储器，按其用途划分为寄存器区、位寻址区和用户RAM区等3个区域。单元的配置见表2-2所示。

（1）工作寄存器区

片内RAM中的00H～1FH单元地址，共32 B单元为工作寄存器区，共分4组，每组有8个8位工作寄存器R0～R7编号。寄存器常用于存放操作数及中间结果等。由于它们的功能及使用不做预先规定，因此称之为通用寄存器，有时也叫工作寄存器。通用寄存器为CPU提供了就近存储数据的便利，有利于提高单片机的运算速度。

在任一时刻，CPU只能使用其中的一组寄存器，并且将正在使用的那组寄存器称为当前寄存器组。到底是哪一组，由程序状态字寄存器PSW中RS1、RS0位的状态组合来决定。CPU复位后，总是选中第0组工作寄存器。如果实际应用中并不需要4组工作寄存器时，那么剩下的工作寄存器组所对应的单元可作为一般的数据存储器使用。

（2）位寻址区

表 2-3 为片内 RAM 位寻址区的位地址表。内部 RAM 的 20H～2FH 单元，可以对单元中每一位进行位操作，可由程序对它们直接进行清零、置位、取反和测试等操作。因此将该区称为位寻址区。位寻址区共有 16 个 RAM 单元、128 位，每一位都有一个位地址，从 00H～7FH。同样，位寻址区的 RAM 单元也可按字节寻址，作为一般的数据存储器使用。

表 2-3　片内 RAM 位寻址区的位地址

字节地址	位名称/位地址							
	D7	D6	D5	D4	D3	D2	D1	D0
2FH	7F	7E	7D	7C	7B	7A	79	78
2EH	77	76	75	74	73	72	71	70
2DH	6F	6E	6D	6C	6B	6A	69	68
2CH	67	66	65	64	63	62	61	60
2BH	5F	5E	5D	5C	5B	5A	59	58
2AH	57	56	55	54	53	52	51	50
29H	4F	4E	4D	4C	4B	4A	49	48
28H	47	46	45	44	43	42	41	40
27H	3F	3E	3D	3C	3B	3A	39	38
26H	37	36	35	34	33	32	31	30
25H	2F	2E	2D	2C	2B	2A	29	28
24H	27	26	25	24	23	22	21	20
23H	1F	1E	1D	1C	1B	1A	19	18
22H	17	16	15	14	13	12	11	10
21H	0F	0E	0D	0C	0B	0A	09	08
20H	07	06	05	04	03	02	01	00

MCS-51 具有布尔处理机功能，这个位寻址区可以构成布尔处理机的存储空间。这种位寻址能力是 MCS-51 的一个重要特点。

（3）数据缓冲区

在内部 RAM 低 128 单元中，通用寄存器占去了 32 个单元，位寻址区占去了 16 个单元，剩下 80 个单元，就是供用户使用的一般 RAM 区，其单元地址为 30H～7FH。

对用户 RAM 区的使用没有任何规定或限制，但在一般应用中常将堆栈开辟在此区中。

2．内部数据存储器高 128 单元

如表 2-4 所示，内部 RAM 的高 128 单元中有 21 个专用寄存器（Special Function Register）。它们离散地分布在 80H～FFH 单元地址的 RAM 空间中。因这些寄存器的功能已做专门规定，故称之为专用寄存器（SFR），也可称为特殊功能寄存器。

表 2-4 MCS-51 专用寄存器地址表

SFR	名称	MSB			位地址/位定义				LSB	字节地址
B	B 寄存器	F7	F6	F5	F4	F3	F2	F1	F0	F0H
ACC	累加器	E7	E6	E5	E4	E3	E2	E1	E0	E0H
PSW	程序状态字	D7	D6	D5	D4	D3	D2	D1	D0	D0H
		CY	AC	F0	SR1	RS0	OV	F1	P	
IP	中断优先级控制寄存器	BF	BE	BD	BC	BB	BA	B9	B8	BH
		/	/	/	PS	TP1	PX1	PT0	PX0	
P3	P3 口锁存寄存器	B7	B6	B5	B4	B3	B2	B1	B0	B0H
		P3.7	P3.6	P3.5	P3.4	P3.3	P3.2	P3.1	P3.0	
IE	中断允许控制寄存器	AF	AE	AD	AC	AB	AA	A9	A8	A8H
		EA	/	/	ES	ET1	EX1	ET0	EX0	
P2	P2 口锁存寄存器	A7	A6	A5	A4	A3	A2	A1	A0	A0H
		P2.7	P2.6	P2.5	P2.4	P2.3	P2.2	P2.1	P2.0	
SBUF	发送/接收缓冲寄存器									(99H)
SCON	串行口控制寄存器	9F	9E	9D	9C	9B	9A	99	98	98H
		SM0	SM1	SM2	REN	TB8	RB8	TI	RI	
P1	P1 口锁存寄存器	97	96	95	94	93	92	91	90	90H
		P1.7	P1.6	P1.5	P1.4	P1.3	P1.2	P1.1	P1.0	
TH1	定时/计数器 0（高字节）									(8DH)
TH0	定时/计数器 0（低字节）									(8CH)
TL1	定时/计数器 1（高字节）									(8BH)
TL0	定时/计数器 1（高字节）									(8AH)
TMOD	定时/计数器方式寄存器	GATE	C/T	M1	M0	GATE	C/T	M1	M0	(89H)
TCON	定时/计数器控制寄存器	8F	8E	8D	8C	8B	8A	89	88	88H
		TF1	TR1	TF0	TR0	IE1	IT1	IE0	IT0	
PCON	电源及波特率选择寄存器	SMOD	/	/	/	GF1	GF0	PD	IDL	(87H)
DPH	数据指针（高 8 位）									(83H)
DPL	数据指针（低 8 位）									(82H)
SP	堆栈指针寄存器									(81H)
P0	P1 口锁存寄存器	87	86	85	84	83	82	81	80	80H
		P0.7	P0.6	P0.5	P0.4	P0.3	P0.2	P0.1	P0.0	

（1）部分专用寄存器简介

① 累加器（Accumulator，ACC）。累加器为 8 位寄存器，是最常用的专用寄存器，其功能较多，地位重要。MCS-51 单片机中大部分操作数指令的操作数就取自累加器，它既可用来存放操作数，也可用来存放运算的中间结果。

② B 寄存器。B 寄存器是一个 8 位寄存器，主要用于乘/除运算。进行乘法运算时，B 赋值乘数；乘法操作后，乘积的高 8 位存于 B 中。进行除法运算时，B 赋值除数；除法操作后，余数存于 B 中。此外，B 寄存器也可作为一般数据寄存器使用。

③ 程序状态字（Program Status Word，PSW）。程序状态字是一个 8 位寄存器，它用于

存放程序运行中的各种状态信息。其中有些位的状态是根据程序执行结果，由硬件自动设置的，而有些位的状态则由软件方法设定。PSW 的位状态可以用专门指令进行测试，也可以用指令读出。一些条件转移指令将根据 PSW 某些位的状态进行程序转移。PSW 除 PSW.1 位保留未用外，其余各位的定义及使用如下：

PSW 位地址	D7H	D6H	D5H	D4H	D3H	D2H	D1H	D0H
字节地址 D0H	CY	AC	P0	RS1	RS0	OV	F1	P

- CY（PSW.7）进位标志位：CY 是 PSW 中最常用的标志位，其功能有二个：一是存放算术运算的进位标志，在进行加或减运算时，如果操作结果的最高位有进位或借位，由硬件使 CY=1，否则 CY=0；二是半数以上的位操作类指令都与 CY 有关，它起着“位累加器”的作用。位传送、位与位或等位操作，操作位之一固定是进位标志位。
- AC（PSW.6）辅助进位标志位：在进行加或减运算中，若低 4 位向高 4 位进位或借位，由硬件如 AC=l，否则 CY=0。在 BCD 码调整中也要用到 AC 位状态。
- P0（PSW.5）用户标志位：这是一个供用户定义的标志位，可通过软件方法置位或复位，在编程时通常用来控制程序的转向。
- RS1 和 RS0（PSW.4，PSW.3）：寄存器组选择位。可用软件置位或清零，用于 CPU 选择当前使用的是哪一组通用寄存器组。但当单片机上电或复位后，RS1 和 RS0 均为 0。通用寄存器共有 4 组，其对应关系如表 2-5 所示。

表 2-5　寄存器组选择

RS1	RS0	寄存器组	片内 RAM 地址
0	0	第 0 组	00H～07H
0	1	第 1 组	08H～0FH
1	0	第 2 组	10H～17H
1	1	第 3 组	18H～1FH

- OV（PSW.2）溢出标志位：在带符号数加减运算中，OV=1 表示加减运算超出了累加器 A 所能表示的符号数有效范围（−128～+127），即产生了溢出，因此运算结果是错误的；0V=0 表示运算正确，即无溢出产生。

在乘法运算中，OV=1 表示乘积超过 255，即乘积分别在 B 与 A 中；OV=0 表示乘积只在 A 中。

在除法运算中，OV=l 表示除数为 0，除法不能进行；OV=0 表示除数不为 0，除法可正常进行。

- P（PSW.0）奇偶标志位：每执行一条指令，单片机都能根据 A 中“1”的个数的奇偶自动令 P 置位或清零。“1”的个数为奇数，则 P=1；若“1”的个数为偶数，则 P=0。凡是改变累加器 A 中内容的指令均会影响 P 标志位。

此标志位对串行通信中的数据传输有重要的意义，因为在串行通信中常采用奇偶校验的办法来校验数据传输的可靠性。

④ 数据指针（DPTR）：DPTR 为 16 位寄存器。由高位字节 DPH 和低位字节 DPL 组成，用来存放 16 位数据存储器的地址，以便对片外 64 KB 的数据 RAM 区进行读/写操作。编程时，也可以按两个 8 位寄存器分开使用，即：

DPH　DPTR 高位字节

DPL　DPTR 低位字节

⑤ 堆栈指针（Stack Pointer，SP）：用来指示堆栈的起始地址。堆栈是一个特殊的存储区，用来暂存数据和地址，它是按“先进后出”的原则存取数据的。堆栈共有两种操作：进栈和出栈。

MCS-51 单片机的堆栈设在内部 RAM 中，系统复位后，SP 的内容为 07H，使得堆栈实际使用时是从 08H 单元开始的。但 08H～1FH 单元分别属于工作寄存器 1～3 区，如程序要用到这些区。最好将 SP 值改为 1FH 或更大的值。一般在内部 RAM 的 30H～7FH 单元中开辟堆栈。SP 的内容一经确定，堆栈的位置也就跟着确定下来。由于 SP 可被初始化为不同值，因此堆栈位置是浮动的。

⑥ 程序计数器（Program Counter，PC）。用于存放下一条将要执行指令的地址。PC 是一个 16 位的计数器，寻址范围达 64 KB。当一条指令按 PC 所指向的地址从程序存储器中取出之后，PC 的值会自动加 1，即指向下一条指令，从而可实现程序的顺序执行。它在物理上是独立的，因为 PC 没有地址，是不可寻址的，也不在 SFR（专用寄存器）之内，用户无法对它进行读/写，所以一般不用做专用寄存器。但可以通过转移、调用、返回等指令改变其内容，以实现程序的转移。

以上讲述了 6 个专用寄存器，其余的专用寄存器（如 TCON、TMOD、IE、IP、SCON、PCON、SBUF 等）将在以后章节中陆续介绍。

（2）专用寄存器中的字节寻址和位地址

MCS-51 系列单片机有 21 个可寻址的专用寄存器，在这 21 个 SFR 中有 11 个专用寄存器是可以位寻址的。下面将各寄存器的字节地址及位地址一并列于表 2-4 中。

对专用寄存器的字节寻址方式做如下几点说明：

① 21 个可字节寻址的专用寄存器是不连续地分散在内部 RAM 高 128 单元之中的，尽管还余有许多空闲地址，但用户并不能使用。

② 对专用寄存器只能使用直接寻址方式，书写时既可使用寄存器符号，也可使用寄存器单元地址。

③ 表 2-4 中，凡字节地址不带括号的寄存器都是可以进行位寻址，带括号的寄存器是不可以进行位寻址的。

④ 全部专用寄存器可寻址的位共 83 位，这些位都具有专门的定义和用途。加上位寻址区的 128 位，在 MCS-51 的内部 RAM 中共有 211（即 128+83）个可寻址位。

2.3 并行 I/O 口电路结构

MCS-51 共有 4 个 8 位的并行 I/O 口，分别记做 P0、P1、P2、P3。每个口都由一个锁存器、一个输出驱动器和两个输入缓冲器所组成。CPU 通过 4 个并行 I/O 端口的任何一个输出数据时，都可以被锁存，输入数据时可以得到缓冲。实际上，它们已被归入专用寄存器之列，并且具有字节寻址和位寻址功能。

MCS-51 还有一个全双工的可编程串行 I/O 端口，可以将 8 位的并行数据转换成串行数据一位一位地从发送数据线 TXD 发送出去，也可以将接收线 RXD 串行接收到的数据转换成8位并行数据送给CPU。发送和接收可以同时进行，也可以单独进行。

MCS-51单片机在访问片外扩展存储器时，低8位地址和数据由P0口分时传送，高8位地址由P2口传送。在无片外扩展存储器的系统中，这4个口的每一位均可作为双向的I/O端口使用。4个I/O口在结构和特性上是基本相同的，但又各具特点，以下将分别介绍。

2.3.1 P0口结构

P0口的口线逻辑电路如图2-5所示。

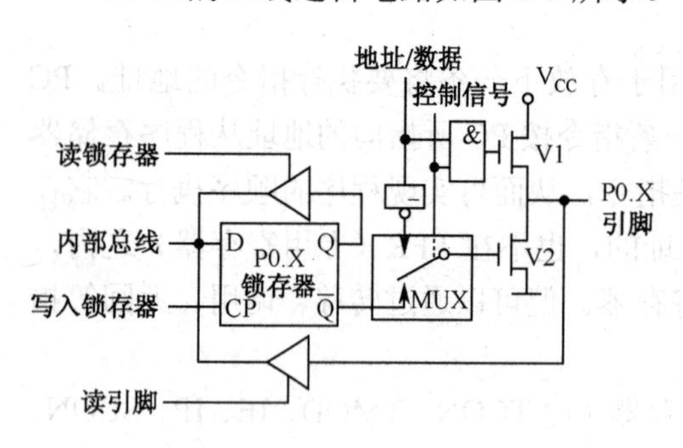

图2-5 P0口的口线逻辑电路

由图2-5可见，P0口的一个位电路中，包含有一个数据输出锁存器、两个三态数据输入缓冲器；一个数据输出的驱动电路和一个输出控制电路。其中，输出驱动电路由一对场效应管（FET）V1和V2组成，其工作状态受输出控制电路的控制。

P0口为三态双向口，它可作为输入/输出端口使用，也可作为系统扩展时的低8位地址/8位数据总线使用。P0口内部有一个2选1的MUX开关，当单片机应用系统工作方式不需要外部扩展时，内部控制信号将使MUX开关接通到锁存器，此时P0口作为双向I/O端口使用。当单片机应用系统需要进行外部扩展时，内部控制信号将使MUX开关接通到内部地址/数据线，此时P0口在ALE信号的控制下分时输出低8位地址和8位数据信号。

在访问外部存储器时，P0口是一个真正的双向数据总线口，并分时送出数据和地址的低8位。当从P0口输出地址或数据时，控制信号为高电平“1”，模拟转换开关（MUX）将地址/数据信息经反相器和下拉FET（V2）接通，同时与门开锁。输出地址或数据信号既通过与门去驱动上拉FET（V1），又通过反相器去驱动下拉FET（V2）。例如，若地址/数据信息为0，该0信号一方面通过与门使上拉FET截止，另一方面经反相器使下拉FET导通，从而使引脚上输出相应的0信号。反之，若地址/数据信息为1，将会使上拉FET导通而下拉FET截止，引脚上将出现相应的1信号。在实际应用中，P0口绝大多数情况下都是作为单片机系统的地址数据线使用的，这要比作为一般I/O口应用简单。

若P0口作为一般I/O口使用，当CPU向端口输出数据时，对应的输出控制信号应为0，此时，模拟转换开关将把输出端与锁存器Q端接通。同时，因为与门输出为0，使V1处于截止状态，所以输出极是漏极开漏的开漏电路。当写脉冲加在触发器时钟端CP上时，与内部总线的D端数据取反后出现在$\overline{Q}$端，再经FET反相，在P0口上出现的数据正好是内部总线的数据。但要注意，当P0口进行一般的I/O输出时，由于输出电路是漏极开路电路，因此必须拉电阻才能有高电平输出。

当从P0口引脚上输入数据时，V1应一直处于截止状态。引脚上的外部信号既加在下面一个三态缓冲器的输入端，又加在V2的漏极。假定在此之前曾输出锁存过数据0，则FET是导通的，这样，引脚上的电位就始终被箝位在0电平，使输入高电平无法读入。因此，当P0口进行一般的I/O输入时，必须先向电路中的锁存器写入“1”，使FET截止，以避免锁存器为“0”状态时对引脚读入的干扰。

2.3.2 P1 口结构

P1 口的口线逻辑电路如图 2-6 所示。

因为 P1 口通常是作为通用 I/O 口，专门供用户使用，所以在电路结构上与 P0 口有一些不同之处。首先它不再需要多路转接电路 MUX；其次是电路的内部有上拉电阻，与场效应管共同组成输出驱动电路。为此，P1 口作为输出口使用时，已经能向外提供推拉电流负载，因而无须再外接上拉电阻。当 P1 口作为输入口使用时，同样也需先向其锁存器写“1”，使输出驱动电路的 FET 截止。

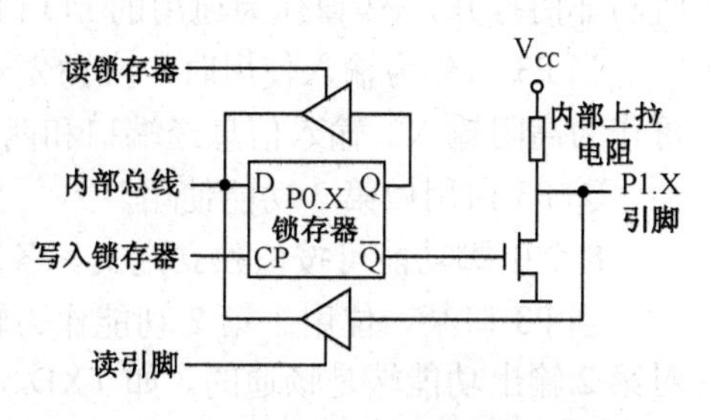

图 2-6　P1 口的口线逻辑电路

2.3.3 P2 口结构

P2 口的口线逻辑电路如图 2-7 所示。P2 口电路比 P1 口电路多了一个多路转接电路 MUX，这又正好与 P0 口一样。P2 口可以作为通用 I/O 口使用，这时多路转接电路开关倒向锁存器 Q 端。通常情况下，P2 口是作为高位地址线使用的，此时多路转接电路开关应倒向相反方向。

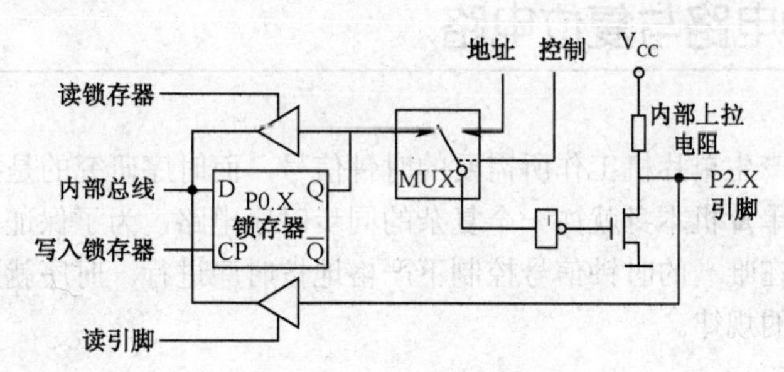

图 2-7　P2 口的口线逻辑电路

2.3.4 P3 口结构

P3 口的口线逻辑电路如图 2-8 所示。

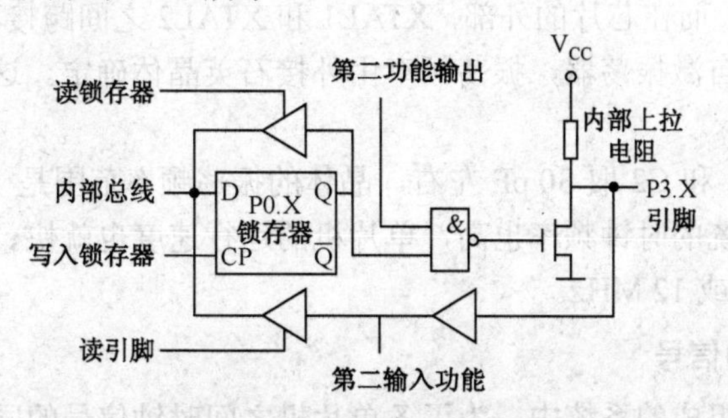

图 2-8　P3 口的口线逻辑电路

P3 口的特点在于，为适应引脚信号第二功能的需要，增加了第二功能控制逻辑电路。由于第二功能信号有输入和输出两类，因此分两种情况说明。

① P3 口作为通用 I/O 口使用。

当 CPU 对 P3 口进行 SFR 寻址（位或字节）访问时，自动将第 2 功能输出线置 1，此时与非门打开，P3 口作为通用的 I/O 口。输出锁存器的状态通过与非门送至输出 FET。

当 P3 口作为输入使用时，应预先对 P3 口置“1”使输出 FET 场效应管截止。P3 端口可作为高阻输入。输入信息经端口和两个缓冲器，在“读引脚”信号有效时，送内部总线。

② P3 口用做第 2 功能使用。

8 个引脚功能可按位独立定义。各功能详见表 2-1。

当 P3 口某一位用于第 2 功能作为输出时，由内部硬件将该位锁存器置“1”使与非门对第 2 输出功能端是畅通的。如 TXD、$\overline{WR}$ 和 $\overline{RD}$ 经与非门，送至输出 FET 场效应管，再输出到引脚端口。

但对输入而言，无论该位是做通用输入口或做第二功能输入口，相应的输出锁存器和选择输出功能端都应置“1”。实际上由于 8051 单片机所有口锁存器在上电复位时均置为“1”自然满足了上述条件，所以用户不必做任何工作，就可以直接使用 P3 口的第二功能。

图 2-8 下方的输入通道中有两个缓冲器，第二功能的专用输入信号取自第一个缓冲器输出端，通用输入信号取自读引脚缓冲器的输出端。

2.4 时钟电路与复位电路

时钟电路用于产生单片机工作所需要的时钟信号，而时序研究的是指令执行中各信号之间的相互关系。单片机本身就如一个复杂的同步时序电路，为了保证工作方式的同步，所有的工作都必须在唯一的时钟信号控制下严格地按时序进行。时序就是单片机内部及内部与外部相互遵守的规律。

2.4.1 单片机的时钟电路与时序

1. 时钟信号的产生

在 MCS-51 芯片内部有一个高增益反相放大器，引脚 XTAL1 和 XTAL2 分别是该放大器的输入端和输出端。而在芯片的外部，XTAL1 和 XTAL2 之间跨接石英晶体和微调电容，从而构成一个稳定的自激振荡器，振荡频率由外接石英晶体确定。这就是单片机的时钟振荡电路，如图 2-9 所示。

一般地，电容 C1 和 C2 取 30 pF 左右，晶体的振荡频率范围是 1.2～12 MHz。如果晶体振荡频率高，则系统的时钟频率也高，单片机的运行速度也就快。但通常情况下，使用的振荡频率为 6 MHz 或 12 MHz。

2. 引入外部脉冲信号

在由多片单片机组成的系统中，为了各单片机之间时钟信号的同步，应当引入唯一的公用外部脉冲信号作为各单片机的振荡脉冲。这时，外部的脉冲信号经 XTAL2 引脚输入，其连接如图 2-10 所示。

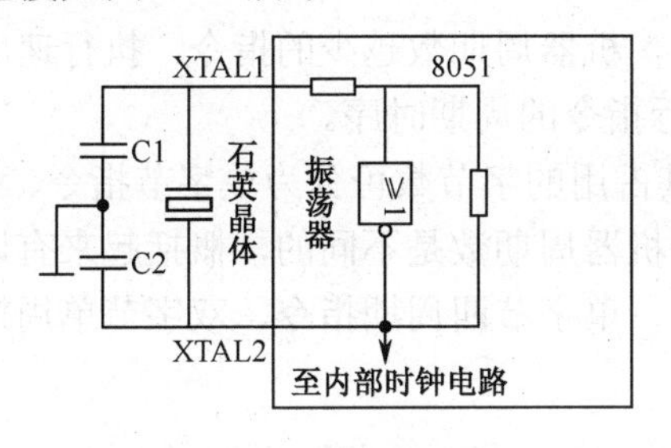

图 2-9　时钟振荡电路

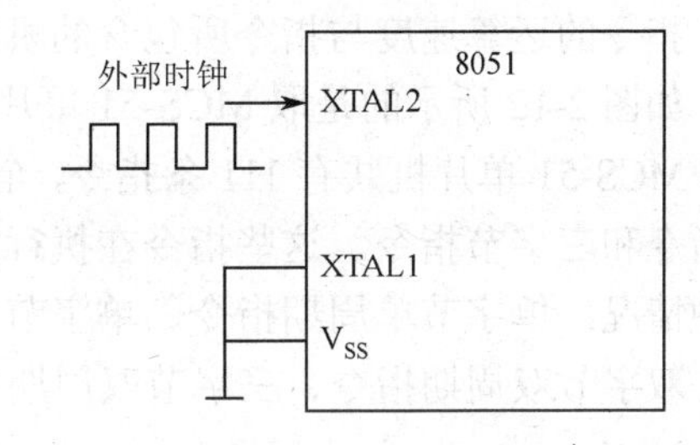

图 2-10　外部时钟源接法

3．时序

时序是用定时单位来说明的。MCS-51 的时序定时单位有振荡周期、时钟周期、机器周期和指令周期。各种周期之间的关系如图 2-11 所示。

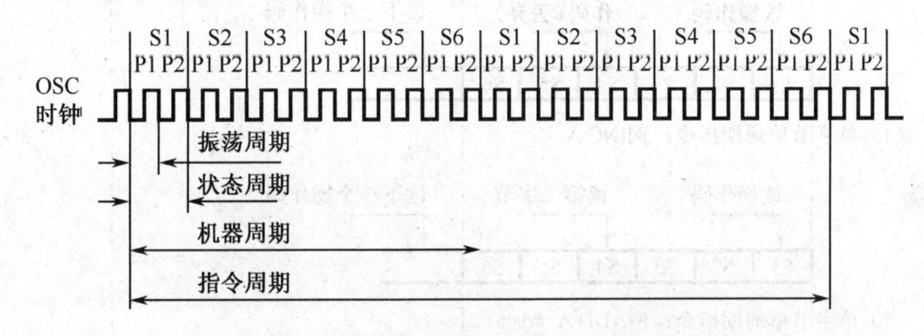

图 2-11　各种周期之间的关系图

（1）振荡周期

振荡周期指为单片机提供定时信号的振荡源的周期（用 P 表示）。

（2）时钟周期

时钟周期又称为状态周期或状态时间（用 S 表示），是振荡周期的两倍，它分成 P1 节拍和 P2 节拍，P1 节拍通常完成算术逻辑操作，而内部寄存器间传送通常在 P2 节拍完成。

（3）机器周期

若将一条指令的执行过程划分为几个基本操作，则完成一个基本操作所需的时间称为机器周期。一个机器周期由 6 个状态周期（12 个振荡脉冲）组成，分为 6 个状态：S1～S6。每个状态又分为 2 拍：P1 和 P2。因此，一个机器周期中的 12 个振荡周期表示为 SIP1、S1P2、……、S6P1、S6P2。也是振荡脉冲的十二分频。

（4）指令周期

指令周期是最大的时序定时单位，执行一条指令所需要的时间称为指令周期。它一般由若干个机器周期组成。不同的指令，所需要的机器周期数也不相同。通常，包含一个机器周期的指令称为单周期指令，包含两个机器周期的指令称为双周期指令，依此类推。

若外接晶振为 6 MHz	若外接晶振为 12 MHz
振荡周期：1/6 μs	振荡周期：1/12 μs
时钟周期：1/3 μs	时钟周期：1/6 μs
机器周期：2 μs	机器周期：1 μs
指令周期：2～8 μs	指令周期：1～4 μs

4. CPU 时序

指令的运算速度与指令所包含的机器周期有关，机器周期数越少的指令，执行速度越快。如图 2-12 所示的是取 MCS-51 单片机指令/执行指令的周期时序。

MCS-51 单片机共有 111 条指令，全部指令按其占用的字节数可分为单字节指令、双字节指令和三字节指令。这些指令在执行时所需要的机器周期数是不同的，概括起来有以下几种情况：单字节单周期指令、单字节双周期指令、单字节四周期指令、双字节单周期指令、双字节双周期指令、三字节双周期指令。

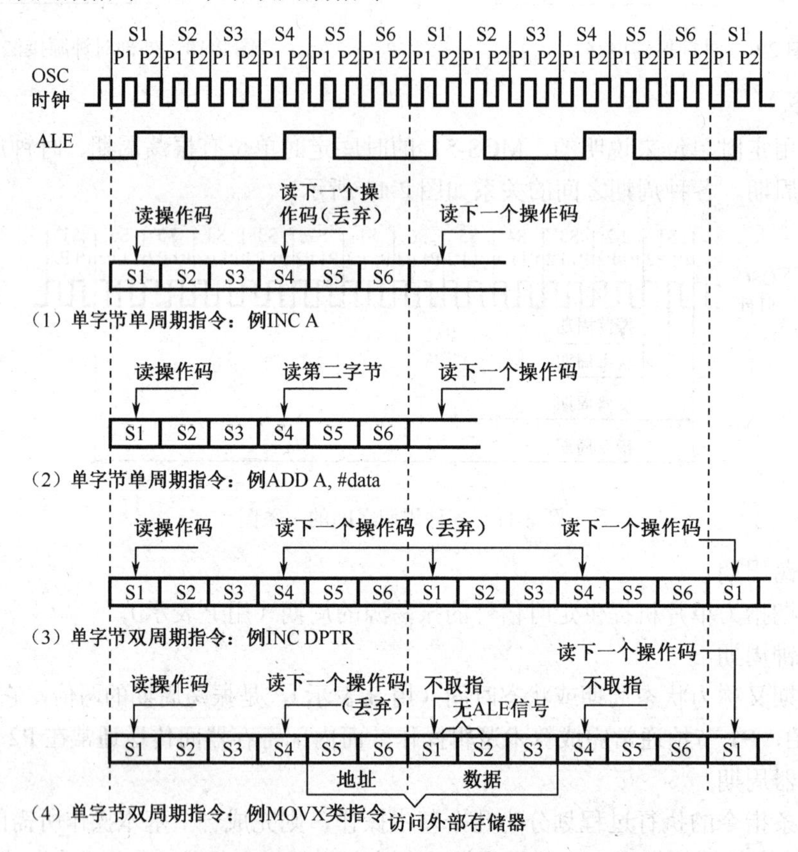

图 2-12 MCS-51 单片机取指令/执行指令的周期时序

5. 几个典型指令的时序

① 单字节单周期指令：例 INC A。

对于单字节单周期指令，只需要进行 1 次读指令操作。在第 2 个 ALE 有效时，由于 PC 没有加 1，读出来的还是原指令，是一次无效操作。

② 双字节单周期指令：例 ADD A，#data。

对于双字节单周期指令，ALE 的两次操作都是有效的，第 1 次读出来的是指令的第 1 字节（操作码），第 2 次读出来的是第 2 字节。

③ 单字节双周期指令：例 INC DPTR。

对于单字节双周期指令，在 2 个机器周期中进行 4 次读指令操作，只有第 1 次是有效的，后面的 3 次读操作均无效。

④ 单字节双周期指令：例 MOVX 类指令。

在执行这类指令时，CPU 先从 ROM 中读取指令，然后执行对外部 RAM 的读写操作。在第 1 机器周期时，第 1 次读指令操作有效，第 2 次读指令操作无效。在第 2 机器周期时，执行对外部 RAM 的读写操作，与 ALE 信号无关，因此，不产生 ALE 信号，也就不产生读指令操作。

2.4.2 单片机的复位电路

复位是使单片机系统进入初始化操作状态，其主要功能是将程序计数器 PC 内容初始化为 0000H，也就是说，让单片机从 0000H 单元开始执行程序，与此同时，CPU 及其他功能寄存器都从一个确定的初始状态下开始工作。单片机系统除了上电需要正常初始化外，在程序运行当中出现断电、受到强制干扰或操作错误等使系统处于“死机”状态时都需要进行复位操作。单片机系统复位后，片内各寄存器的状态见表 2-6。

表 2-6 复位后片内各寄存器的状态（×表示无关位）

寄 存 器	初 始 状 态	寄 存 器	初 始 状 态
PC	0000H	TH0	00H
ACC	00H	TL0	00H
B	00H	TH1	00H
PSW	00H	TL1	00H
SP	07H	TMOD	00H
DPTR	0000H	TCON	00H
IE	0××00000B	SCON	00H
IP	×××00000B	PCON	0×××0000B
P0～P3	FFH	SBUF	不定

单片机复位的条件是：必须使 RST 引脚（9）加上持续两个机器周期（即 24 个振荡周期）的高电平。例如，若时钟频率为 12 MHz，每个机器周期为 1 μs，则只需 2 us 以上时间的高电平，在 RST 引脚出现高电平后的第二个机器周期执行复位。单片机常见的复位电路如图 2-13（a）、（b）所示。

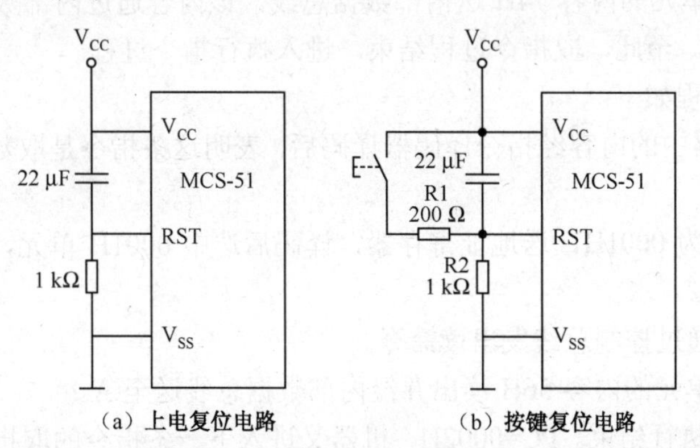

（a）上电复位电路　　（b）按键复位电路

图 2-13 单片机常见的复位电路

图 2-13（a）为上电复位电路，它是利用电容充电自动实现的。在接电瞬间，RST 端的电位 V_{CC} 相同，随着充电电流的减少，RST 的电位逐渐下降。只要保证 RST 为高电平的时间大于两个机器周期，便能正常复位。

图 2-13（b）为按键复位电路。该电路除具有上电复位功能外，若要复位，只需按 RESET 键，此时电源 V_{CC} 经电阻 R1、R2 分压，在 RST 端产生一个复位高电平。

单片机复位期间不产生 ALE 和 PSEN 信号，即 ALE=1 和 PSEN=1。这表明单片机复位期间不会有任何取址操作。

2.5 单片机的工作过程

由于单片机应用系统是属于微型计算机家族里的一个类型，因此它的工作过程和微型计算机的工作过程是基本一样的。一般用户将编写好的程序通过编译转换成机器码并固化到单片机存储器中，单片机开机复位后，CPU 就会不断地去存储器内取指令，然后通过指令译码器，对指令进行译码，根据译码来决定什么样的操作，接下来按照操作发出相应的控制信号，通过一些控制电路来执行这个操作过程，当这条指令执行完以后又取下一条指令再继续译码与执行，依此类推不断的重复下去，所以归纳起来，就是不断地取指令和执行指令的过程。这就是单片机应用系统的工作过程。

例如指令 MOVA，#56H 表示将立即数 56H 这个值送入 A 累加器。该指令对应的机器码是 74H、56H，假设它们已存在 0000H 开始的单元中。下面我们来说明单片机的工作过程。接通电源开机后，PC=0000H，取指令过程如下：

① PC 中的 0000H 送到片内的地址寄存器，PC 的内容自动加 1 变为 0001H，指向下一个指令字节。

② 地址寄存器中的内容 0000H 通过地址总线送到存储器，经存储器中的地址译码选中 0000H 单元。

③ CPU 通过控制总线发出读命令。

④ 将 0000H 单元的内容 74H 送内部数据总线，该内容通过内部数据总线送到单片机内部的指令寄存器。至此，取指令过程结束，进入执行指令过程。

执行指令的过程如下：

① 指令寄存器中的内容经指令译码器译码后，表明这条指令是取数命令，即将一个立即数送 A 中。

② PC 的内容为 0001H，送地址寄存器，译码后选中 0001H 单元，同时 PC 的内容自动加 1 变为 0002H。

③ CPU 同样通过控制总线发出读命令。

④ 将 0001H 单元的内容 56H 读出并经内部数据总线送至 A。

至此，本指令执行结束。PC=0002H，机器又进入下一条指令的取指令过程。机器一直重复上述过程直到程序中的所有指令执行完毕，这就是单片机的基本工作过程。

习题 2

一、单项选择题

1．MCS-51 单片机的 CPU 主要由______组成。

A．运算器、控制器　　B．加法器、寄存器
C．运算器、加法器　　D．运算器、译码器

2．单片机中的程序计数器 PC 用来______。

A．存放指令　　B．存放正在执行的指令地址
C．存放下一条指令地址　　D．存放上一条指令地址

3．开机复位后，CPU 使用的是寄存器第一组，地址范围是______。

A．00H-10H　　B．00H-07H　　C．10H-1FH　　D．08H-0FH

4．单片机 AT89C51 的 EA 引脚______。

A．必须接地　　B．必须接+5 V　　C．可悬空　　D．以上三种视需要而定

5．访问外部存储器或其他接口芯片时，做数据线和低 8 位地址线的是______。

A．P0 口　　B．P1　　C．P2 口　　D．P0 口和 P2 口

6．单片机上电复位后，PC 的内容和 SP 的内容为______。

A．0000H，00H　　B．0000H，07H
C．0003H，07H　　D．0800H，08H

7．PSW 中的 RSl 和 RS0 用来______。

A．选择工作寄存器区号　　B．指示复位
C．选择定时器　　D．选择工作方式

8．在 MCS-51 单片机中，______是数据存储器，______是程序存储器。

A．ROM　　B．EPROM　　C．RAM　　D．EEPROM

9．能够用紫外光擦除 ROM 中程序的只读存储器称为______。

A．掩膜 ROM　　B．PROM　　C．EPROM　　D．EEPROM

10．下列存储器在掉电后数据会丢失的类型是______。

A．EPROM　　B．RAM　　C．FLASH ROM　　D．EEPROM

11．MCS-51 的片内外的 ROM 是统一编址的，如果 $\overline{EA}$ 端保持高电平，8051 的程序计数器 PC 在______地址范围内。

A．1000H～FFFFH　　B．0000H～FFFFH
C．0001H～0FFFH　　D．0000H～0FFFH

12．MCS-51 的专用寄存器 SFR 中的堆栈指针 SP 是一个特殊的存储区，用来______，它是按后进先出的原则存取数据的。

A．存放运算中间结果　　B．存放标志位
C．暂存数据和地址　　D．存放待调试的程序

13．8051 单片机中，唯一一个用户可使用的 16 位寄存器是______。

A．PSW　　B．ACC　　C．SP　　D．DPTR

二、填空题

1．若 MCS-51 单片机的晶振频率为 fosc=12 MHz，则一个机器周期等于______μs。

2．MCS-51 单片机的 XTAL1 和 XTAL2 引脚是______引脚。

3．MCS-51 单片机的数据指针 DPTR 是一个 16 位的专用地址指针寄存器，主要用来______。

4．MCS-51 单片机中输入-输出端口中，常用于第二功能的是______。

5．MCS-51 单片机内存的堆栈是一个特殊的存储区，用来______，它是按后进先出的原则存取数据的。

6．单片机应用程序一般存放在________中。

7．在单片机扩展时，________口和________口为地址线，________口为数据线。

8．当 P1 口做输入口输入数据时，必须先向该端口的锁存器写入________，否则输入数据可能出错。

9．单片机是将________、________、________等几部分集成在一块芯片上的微型计算机。

10．单片机复位方式有________、________和自动复位。

11．计算机________________越多，计算机的功能超强，灵活性也越大。

12．8051 的累加器 ACC 是一个 8 位的寄存器，简称为 A，用来存________或________。

13．8051 的程序状态字寄存器 PSW 是一个 8 位的专用寄存器，用于存放程序运行中的__________。

14．单片机的复位有上电自动复位和按钮手动复位两种，当单片机运行出错或进入死循环时，______________________。

15．MCS-51 单片机上电复位后，片内数据存储器的内容均为________。

三、简答题

1．单片机应用系统中的硬件与软件是什么关系？软件如何实现对硬件的控制？

2．什么是机器周期？机器周期和晶振的振荡频率有何关系？当晶振的振荡频率为 12 MHz 时，机器周期是多少时间？

3．8051 是低电平还是高电平复位？复位后 P0～P3 口处于什么状态？

4．在 MCS-51 单片机 ROM 空间中，0003H～002AH 有什么用途？用户应怎样合理选用？

5．MCS-51 单片机片内 RAM 的组成是如何划分的，各有什么作用？

6．MCS-51 单片机有多少个特殊功能寄存器？它们分布在何地址范围？

7．DPTR 是什么寄存器？它的作用是什么？它是由哪几个寄存器组成的？

8．简述程序状态寄存器 PSW 各位的含义。单片机如何确定和改变当前的工作寄存器区？

9．什么是堆栈？堆栈指针 SP 的作用是什么？在堆栈中存取数据时的原则是什么？

10．在程序存储器中，0000H、0003H、000BH、0013H、001BH、0023H 这 6 个单元有什么特定的含义？

第3章 Proteus ISIS现代电子系统仿真技术

本章简要介绍Proteus软件的组成和资源，详细说明Proteus软件基本操作、系统参数设置、元器件和使用原理图模型创建的基本方法。以典型案例讲述基于Proteus ISIS的电路设计和系统仿真。

3.1 Proteus ISIS仿真软件简介

Proteus软件是1988年由英国Labcenter公司研发的EDA（电子设计自动化）工具软件，它集成了高级原理布图、混合模式 SPICE 电路仿真、PCB 设计及自动布线。它运行于Windows 操作系统上，可实现完整的电子电路、嵌入式系统软/硬件设计与仿真。Proteus软件主要分为ISIS和ARES两个功能软件。ISIS是智能原理图输入系统，系统设计与仿真的基本平台；ARES是高级PCB布线编辑软件。

3.1.1 Proteus软件系统组成

1．Proteus 结构体系

Proteus系统主要由ISIS原理图输入系统（简称ISIS）、ProSPICE混合模型仿真器、动态器件库、PCB高级布线/编辑（简称ARES）、VSM处理器仿真模型、ASF高级图形分析模块6个部分组成，如图3-1所示。

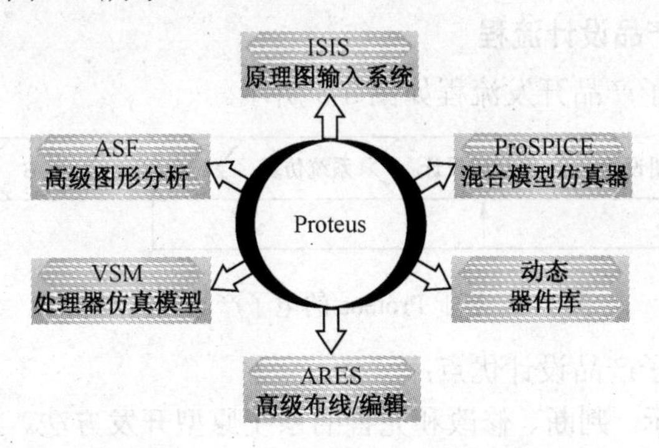

图3-1　Proteus基本结构体系

2．Proteus 软件系统特点

① Proteus软件系统是一种功能强大的电子设计自动化软件，是集原理图设计、仿真和

PCB 设计于一体，真正实现了从概念到产品设计的开发平台。

② Proteus 软件除了具有模拟电路仿真、数字电路仿真之外，Proteus VSM 的主要特色是单片机系统的仿真，用户可在 Proteus 中直接编辑、编译、调试代码，并直观地看到仿真结果。目前 Proteus 软件支持许多通用的微控制器，如 68000 系列、8051/8052 系列、AVR 系列、PIC12 系列、PIC16 系列、PIC18 系列、Z80 系列、HC11 系列及各种外围芯片。同时模型库中包含了 LED/LCD 显示、键盘、按钮、开关、常用电机等通用外围设备。

③ 在硬件仿真系统中具有全速、单步、设置断点等调试功能，同时可以观察各个变量、寄存器等的当前状态；同时支持第三方的软件编译和调试环境，如 KeilC51 μVision2 等第三方的软件编译和调试环境，是目前唯一能仿真微处理器的电子设计软件。

④ Proteus 还有众多的虚拟仪器（示波器、逻辑分析仪等）、信号源，以及高级图表仿真 ASF，它们为高效、高质、高速地完成电子设计提供了检测、调试、分析的手段，是易学、易懂、易掌握的优秀电子设计自动化系统。

3.1.2 电子产品设计流程

1．传统电子产品设计流程

传统电子产品开发流程如图 3-2 所示。

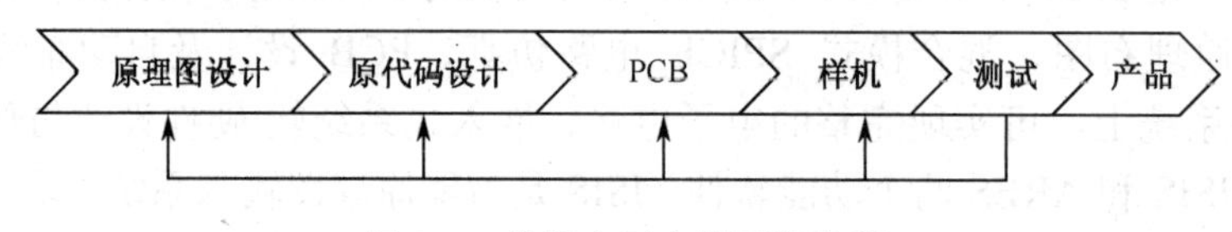

图 3-2 传统电子产品开发流程

传统电子产品设计的缺点：

① 缺少高级软件工具进行可视化的开发环境，快速地建立一个最初系统的原型，就无法对系统进行测试。

② 没有系统模型仿真器就很难对设计软件进行“试用→评价→修改”的多次反复调试。

③ 设计系统的可行性、可靠性和完整性等只有通过样机的运行才能得到证实，如果样机运行结果有问题，将增加设计成本和开发的时间周期。

2．基于 Proteus 产品设计流程

基于 Proteus 的电子产品开发流程如图 3-3 所示。

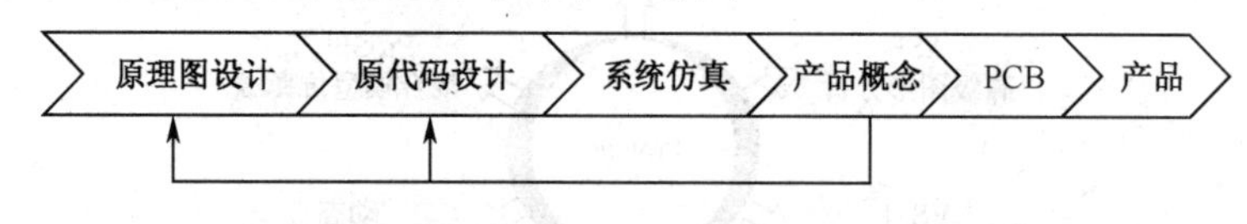

图 3-3 基于 Proteus 的电子产品开发流程

基于 Proteus 的电子产品设计优点：

① 具有启发、揭示、判断、修改和完善的系统原型开发方法。只要完成原理图设计就可用于系统测试；

② Proteus 的交互仿真过程使软件的调试和测试在布板之前完成，从而节省后期变更成本，提高项目成功率。

③ 不仅硬件设计或软件设计的改动十分容易，而且系统功能的扩拓也同样容易添加。

总之，该软件功能极其强大。本章重点介绍Proteus ISIS软件的工作环境和一些基本操作。

Proteus电子产品设计可按“ISIS”↔“仿真”↔“PCB设计”模式进行，这是完整的设计过程。本书将使用目前Proteus最高版本（7.7汉化正版），重点叙述ISIS原理图设计和8051系列单片机的仿真。对PCB的设计，请读者参考其他丛书。

3.1.3 Proteus ISIS操作界面介绍

1．启动Proteus ISIS软件系统

在计算机中安装好Proteus后，双击桌面上的ISIS 7 Professional图标 或者选择屏幕左下方的“开始”→“程序”→“Proteus7 Professional”→“ ISIS7 Professional”命令，启动ISIS，进入ISIS窗口开发环境，出现如图3-4所示的屏幕界面。

图3-4 启动Proteus7界面

2．Proteus工作界面介绍

Proteus ISIS的工作界面是一种标准的Windows界面，如图3-5所示。包括标题栏、主菜单，标准工具栏、绘图工具栏、对象预览窗口、对象选择按钮、对象选择器窗口、预览对象方位控制按钮、仿真进程控制按钮、状态栏和图形编辑窗口。窗口中的图形编辑窗口是电路设计与仿真平台，也是Proteus PCB设计的基础。

（1）主菜单

Proteus ISIS的菜单栏包括文件（File）、查看（View）、编辑（Edit）、工具（Tools）、设计（Design）、绘图（Graph）、源代码（Source）、调试（Debug）、库（Library）、模板（Template）、系统（System）和帮助（Help）等12个菜单，单击任一菜单后都将弹出其菜单项，Proteus ISIS菜单栏完全符合Windows操作风格。

文件菜单：包括常用的文件功能，如打开新的设计、加载设计、保存设计，导入/导出文件也可打印、显示最近使用过的设计文档，以及退出Proteus ISIS系统等。

查看菜单：包括是否显示网格，设置格点间距、缩放电路图及显示与隐藏各种工具栏等。

图 3-5 Proteus ISIS 工作界面

编辑菜单：包括撤销/恢复操作，查找与编辑、剪切、复制、粘贴元器件，以及设置多个对象的叠层关系等。

工具菜单：包括实时标注、实时捕捉及自动布线等。

设计菜单：包括编辑设计属性、编辑图纸属性、进行设计注释等。

绘图菜单：包括编辑图形，添加 Trace、仿真图形和分析一致性等。

源代码菜单：包括添加/删除源文件、定义代码生成工具调用外部文本编辑器等。

调试菜单：包括启动调试、执行仿真、单步执行和重新排布弹出窗口等。

库菜单：包括添加、创建元器件/图标及调用库管理器。

模板菜单：包括设置图形格式、文本格式、设计颜色、线条连接点大小和图形等。

系统菜单：包括设置自动保存时间间隔、图纸大小和标注字体等。

帮助菜单：包括版权信息、Proteus ISIS 教程学习和示例等。

（2）工具栏

工具栏中各图标按钮对应的操作如下：工具栏：包括菜单栏下面的标准工具栏和绘图工具栏。

- 标准工具栏

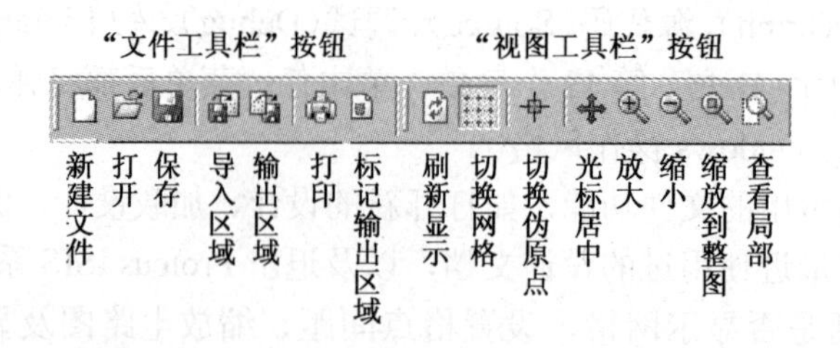

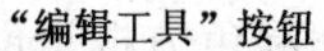

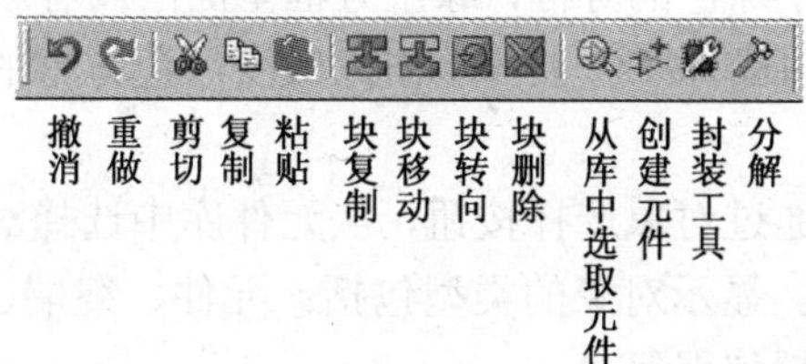

“设计工具”按钮：自动连线切换、查找并选中、属性分配工具、设计浏览器、新建根页、删除根页、返回父页、查看BOM报告、查看电气报告、生成网表并传输到ARES

“元器件方向选择”按钮：顺时针旋转、逆时针旋转、直接输入旋转角度、X镜向、Y镜向

“仿真工具”按钮：仿真启动、仿真帧进、仿真暂停、仿真停止

- 绘图工具栏

“方式选择”按钮：
- 可以单击任意元器件并编辑元器件的属性
- 元器件选择
- 在原理图中标注连接点
- 标注网络标号
- 在电路中输入说明文本
- 绘制总线
- 绘制子电路块

“配件模型”按钮：
- 对象选择器列出输入/输出、电源、地等终端
- 对象选择器将列出普通引脚、时钟引脚、反电压引脚和短接引脚等
- 对象选择器列出各种仿真分析所需的图表
- 当对设计电路分割仿真时采用此模式
- 对象选择器列出各种激励源
- 电压探针，电路进入仿真模式时可显示各探针处的电压值
- 电流探针，电路进入仿真模式时可显示各探针处的电流值
- 对象选择器列出各种虚拟仪器

- 2D图形绘制工具

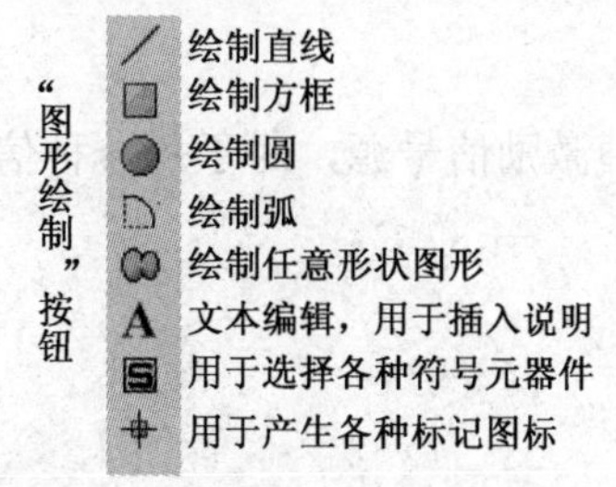

- 状态栏：状态栏用来显示工作状态和系统运行状态。
- 预览窗口：该窗口可显示两个内容，一个是当在元件列表中选择一个元件时，它会显示该元件的预览图；另一个是当鼠标焦点落在原理图编辑窗口时（即放置元件到原理图编辑窗口后或在原理图编辑窗口中单击鼠标后），它会显示整张原理图的缩

略图，并会显示一个绿色的方框，绿色方框里面的内容就是当前原理图窗口中显示的内容，因此，可用鼠标在它上面单击来改变绿色方框的位置，从而改变原理图的可视范围。

- 对象选择器窗口：通过对象选择按钮，从元件库中选择对象，并置入对象选择器窗口，供绘图时使用。显示对象的类型包括：元件、终端、引脚、图形符号、标注、图形、激励源和虚拟仪器等。

该选择器上方的条形标签表明了当前操作模式下所列的对象类犁，如当前选择为元件模式，所以对象选择器上方的条形标签为“DEVICES”（元件）P L DEVICES。该标签左边有两个按钮，其中“P”为从库中查找选取元件按钮，“L”为库管理按钮。这时若单击“P”则可从库中查找选取元件，所选元件名称一一列在对象选择器窗口中。对象预览窗口配合对象选择器预览元件等对象，也可用于查看编辑区的局部或全局。

- 原理图编辑窗口：用来绘制原理图。在编辑区中可进行电路设计，仿真、自建元器件模型等。ISIS窗口右下角的蓝色方框口蓝色方框内为可编辑区，为编辑区，电路设计要在此框内完成。
- Proteus VSM仿真：Proteus VSM有交互式仿真和基于图表的仿真两种。

交互式仿真：实时直观地反映电路设计的仿真结果；

基于图表仿真（ASF)：用于精确分析电路的各种性能，如频率特性、噪声特性等。

Proteus VSM中的整个电路分析是在ISIS原理图设计模块下延续下来的，原理图中可以包含探针、电路激励信号、虚拟仪器、曲线图表等仿真工具，显示仿真结果。

3.1.4 Proteus软件资源

1．测试探针

在Proteus中，提供了电流和电压探针，探针直接布置在线路上，用于采集和测量电压/电流信号。值得注意的是，电流探针的方向一定要与电路的导线平行。

- 电压探针（Voltage probes)：既可在模拟仿真中使用，也可在数字仿真中使用。在模拟电路中记录真实的电压值；而在数字电路中记录逻辑电平及其强度。
- 电流探针（Current probes)：仅在模拟电路仿真中使用，可显示电流方向和电流瞬时值。探针即可用于基于图表的仿真，也可用于交互式仿真中。

2．激励源

在Proteus中，提供了13种激励信号源，对于每一种信号源参数又可进行设置。

- DC，直流电压源；
- Sine，正弦波发生器；
- Pulse，脉冲发生器；
- Exp，指数脉冲发生器；
- SFFM，单频率调频波信号发生器；
- Pwlin，任意分段线性脉冲信号发生器；
- File，File信号发生器，数据来源于ASCII文件；
- Audio，音频信号发生器，数据来源于Wav文件；

- DState，稳态逻辑电平发生器；
- DEdge，单边沿信号发生器；
- DPulse，单周期数字脉冲发生器；
- DClock，数字时钟信号发生器；
- DPattern，模式信号发生器。

3．电路功能分析

在 Proteus 中，提供了 9 种电路分析工具，在电路设计时，可用来测试电路的工作状态。

- 虚拟示波器（Oscilloscope）；
- 逻辑分析仪（Logic Analysis）；
- 计数/定时器（Counter Timer）；
- 虚拟终端（Virtual Terminal）；
- 信号发生器（Signal Generator）；
- 模式发生器（Pattern Generator）；
- 交直流电压表和电流表（AC/DC Voltmeters/Ammeters）；
- SPI 调试器（SPI Debugger）；
- I^2C 调试器（I^2C Debugger）。

4．电路图表分析

- 模拟图表（Analogue）；
- 数字图表（Digital）；
- 混合分析图表（Mixed）；
- 频率分析图表（Frequency）；
- 转移特性分析图表（Transfer）；
- 噪声分析图表（Noise）；
- 失真分析图表（Distortion）；
- 傅里叶分析图表（Fourier）；
- 音频分析图表（Audio）；
- 交互分析图表（Interactive）；
- 一致性分析图表（Conformance）；
- 直流扫描分析图表（DC Sweep）；
- 交流扫描分析图表（AC Sweep）。

5．元件

Proteus 提供了大量元器件的原理图符号和 PCB 封装，在绘制原理图之前必须知道每个元器件对应的库，在自动布线之前必须知道对应元器件的封装，下面是常用的元器件库。

（1）元器件库

- Device．LIB（电阻、电容、二极管、三极管等常用元件库）；
- Active．LIB（虚拟仪器、有源元器件库）；
- Diode．LIB（二极管和整流桥库）；
- Display．LIB（LED 和 LCD 显示器件库）；

- Bipolar．LIB（三极管库）；
- Fet．LIB（场效应管库）；
- Asimmdls．LIB（常用的模拟器件库）；
- Dsimmdls．LIB（数字器件库）；
- Valves．LIB（电子管库）；
- 74STD．LIB（74 系列标准 TTL 元器件库）；
- 74AS．LIB（74 系列标准 AS 元器件库）；
- 74LS．LIB（74 系列 LSTTL 元器件库）；
- 74ALS．LIB（74 系列 ALSTTL 元器件库）；
- 74S．LIB（74 系列肖特基 TTL 元器件库）；
- 74F．LIB（74 系列快速 TTL 元器件库）；
- 74HC．LIB（74 系列和 4000 系列高速 CMOS 元器件库）；
- ANALOG．LIB（调节器、运放和数据采样 IC 库）；
- CAPACITORS．LIB（电容库）；
- CMOS．LIB（4000 系列 CMOS 元器件库）；
- ECL．LIB（ECL10000 系列元器件库）；
- I^2CMEM．LIB（I^2C 存储器库）；
- MEMORY．LIB（存储器库）；
- MICRO．LIB（常用微处理器库）；
- OPAMP．LIB（运算放大器库）；
- RESISTORS．LIB（电阻库）。

（2）封装库

- PACKAGE．LIB（二极管、三极管、IC、LED 等常用元件封装库）；
- SMTDISC．LIB（常用元件的表贴封装库）；
- SMTCHIP．LIB（LCC、PLCC、CLCC 等器件封装库）；
- SMTBGA．LIB（常用接插件封装库）。

3.1.5 Proteus 软件在教学与实践中的应用

1．Proteus 软件教学资源

Proteus 是一个巨大的教学资源，可以用于以下方面：

① 模拟电路与数字电路的教学与实验；
② 单片机与嵌入系统软件的教学与实验；
③ 微控制器系统的综合实验；
④ 创新实验与毕业设计；
⑤ 项目设计与产品开发。

2．Proteus 软件技能考评与电子竞赛平台

① Proteus 能提供考试所需的所有资源；
② Proteus 能直观评估硬件电路的设计正确性；

③ Proteus 能通过硬件原理图直观调试软件；

④ Proteus 能验证整个设计的功能；

⑤ 测试可控、易评估、易实施；

⑥ 有广泛的使用案例。

3．Proteus VSM 适合产品开发与研究

① Proteus 软件提供了从产品概念到设计完成的完整仿真与开发条件；

② 具有仿真与分析功能，可将产品开发中存在的问题消灭在萌芽中，从而减少开发风险；

③ 软、硬件的交互仿真与测试大大减少了后期测试的工作量；

④ 便于项目管理与团队开发。

3.2 Proteus ISIS 菜单栏介绍

菜单栏中有许多功能项均能通过工具栏的选择来完成，因此本书仅叙述 ISIS 中与电路原理图设计有关的选项。

3.2.1 文件（File）菜单

文件菜单如图 3-6 所示，其中导入与导出图形文件的作用是，导入是将已存在的图形文件（以××.SEC 为后缀）导入到当前所要编辑的图形编辑窗口中；导出是将图形编辑窗口中设计完成的线路图（或局部线路图）导出为图形文件，具体操作见本章 3.5 节。文件菜单的其他功能为常见的文件操作。

3.2.2 查看（View）菜单

单击 ISIS 菜单栏中的选项“查看”（View），弹出下层菜单，如图 3-7 所示。

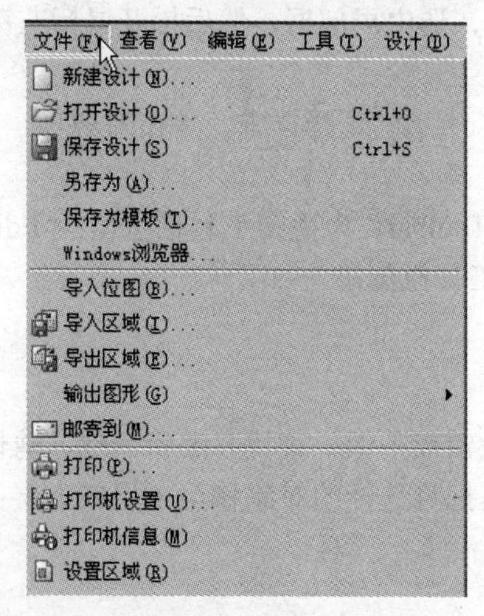

图 3-6　文件菜单

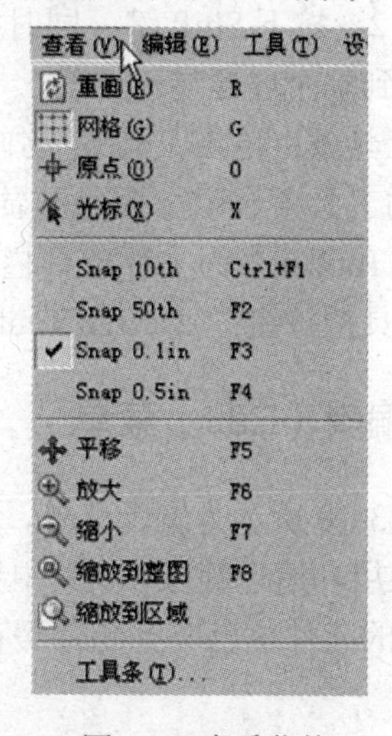

图 3-7　查看菜单

- 重画菜单项：可刷新视图，也可单击工具按钮或按键盘上的 R 键刷新视图。
- 网格菜单项：单击该项或单击工具栏按钮可改变网格显示模式。如图 3-8 所示，可在直线格式网格、无网格和点式网格三种模式间切换。
- 网格捕捉间距：在“查看”菜单下设置，也可按 F4/F3/F2/Ctrl+F1 切换到相应的捕捉间距。捕捉间距大小决定了对象移动的步长和精度。元件布局时网格捕捉间距一般设置为 0.5 in、10 th。

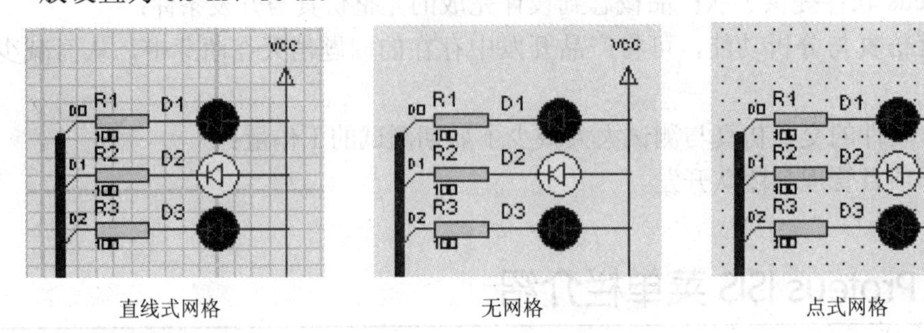

图 3-8　设置网格模式

- 平移：单击“平移”或单击工具栏，出现光标，将它移至编辑区期望处单击，则以该光标点为中心进行电路视图显示。也可按快捷键 F5 直接实现。
- 放大：当光标在编辑区时，上滚鼠标中轮，则以光标点为中心放大；也可单击工具按钮或按快捷键 F6 实现。
- 缩小：当光标在编辑区时，下滚鼠标中轮，以光标点为中心缩小；也可单击工具按钮或按快捷键 F7 实现。
- 缩放到整图：要缩放至全局，可单击工具按钮或按快捷键 F8 实现。
- 缩放至区域，有以下两种方法。

方法 1：单击按钮，在编辑区中出现图标，此时选择要显示的内容（部分或整个电路图），按住鼠标左键拖出一个方框，将显示的内容框进框中，放开按键，则框中区域放大到整个屏幕显示。

方法 2：按下 Shift 键，同时按下鼠标左键，选中局部框，然后松开鼠标左键，则框中区域放大到整个屏幕显示。

- 工具条：单击工具条在弹出的如图 3-9 所示的选择框中，单击对应项，出现“√”的工具条显示，否则不显示。其中：

“File Toolbar”为文件工具栏按钮；“View Toolbar”为视图工具栏按钮；“Edit Toolba r”为编辑工具栏按钮；“Design Toolbar”为设计工具栏按钮。

3.2.3　编辑（Edit）菜单

如图 3-10 所示为编辑菜单，编辑功能有撤销或重做、查找并编辑器件、剪切或拷贝、置于下/上层和清理等操作。其中置于下/上层是把将选择的对象移至下层或上层；清理是将当前未用的元件从已取到元件缓存区中移除。

图 3-9　工具条显示

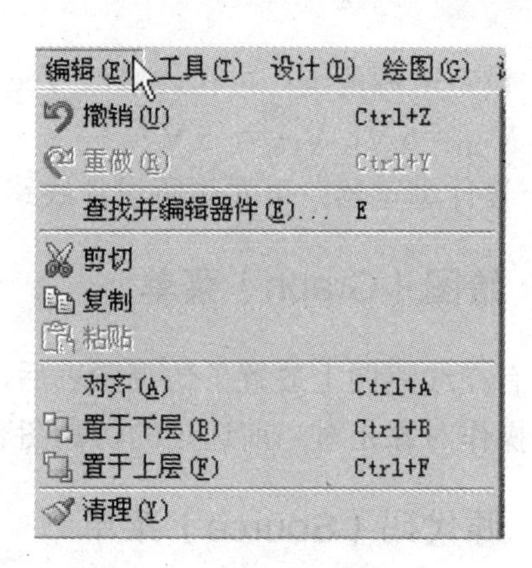

图 3-10　编辑菜单

3.2.4　工具（Tools）菜单

如图 3-11 所示为工具菜单。

- 实时标注：选中时，放置元件时将会自动对元件标号进行标注，如放置电阻时，自动根据图纸中已有的电阻标号，按顺序标注为 R1、R2、R3、……。未选自动标注，则全部标注为“R?”。
- 自动连线：选中后在绘制连线时会自动闭合两元件间的连线。
- 全局标注：在整个设计中对未编号的元件自动编号。
- 材料清单：按指定格式输出图纸的元件清单。

3.2.5　设计（Design）菜单

如图 3-12 所示为设计菜单。

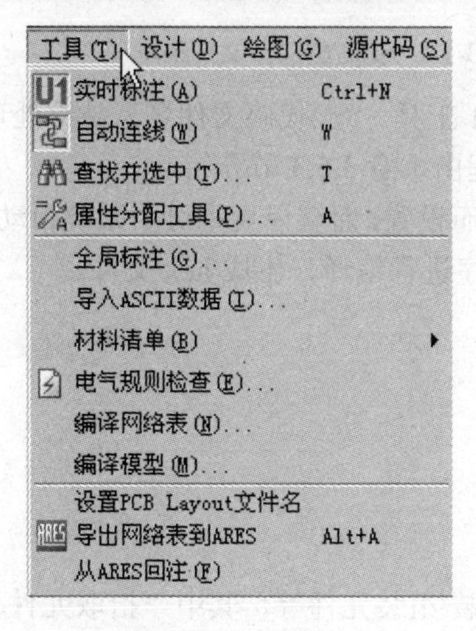

图 3-11　工具菜单

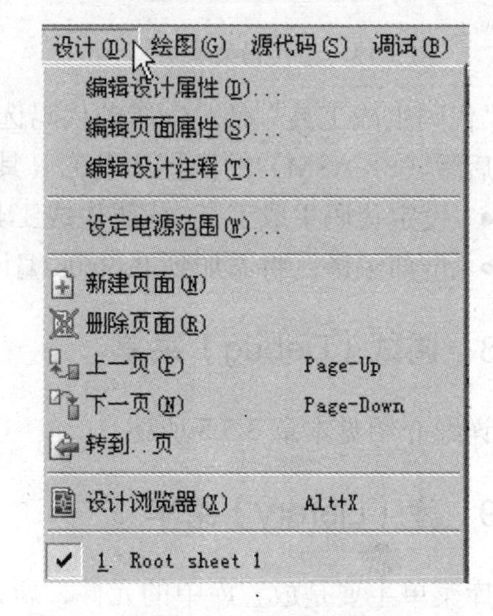

图 3-12　设计菜单

- 编辑设计属性：如添加设计项目名称、文件号、版本号、设计者，察看设计时间或修改时间等。
- 编辑设计注释：将弹出一个文本编辑窗，可在此输入关于设计说明等相关信息。

- 设定电源范围：可在此修改 V_{CC}/V_{DD} 和 V_{EE} 的值或增加新电源、地。默认时，$V_{CC}/V_{DD}=5$ V，$V_{EE}=-5$ V。
- 设计浏览器：可看到所设计线路图的相关元件信息。

3.2.6 绘图（Graph）菜单

只有在线路图上放置了仿真图表后，第一组的菜单才能用。当有多个仿真图表时，所进行的操作对象是对当前选定的仿真图表。

3.2.7 源代码（Source）菜单

源代码菜单主要是对单片机的源程序及编译进行设置，将编写的程序添加到 Proteus 自带的编译器中，对其进行编译，生成 hex 文件。源代码有如图 3-13 所示功能项。

- 添加/删除源文件：当图形编辑窗口中设计原理图有微处理器芯片时，单击添加/删除源文件菜单项，则出现如图 3-14 所示为添加/删除源文件菜单项窗口。其中，“目标处理器”是指当前选择的处理器给它添加源程序，

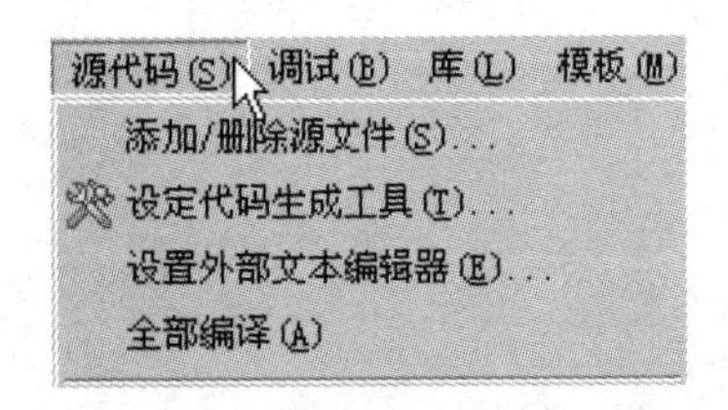

图 3-13　源代码菜单

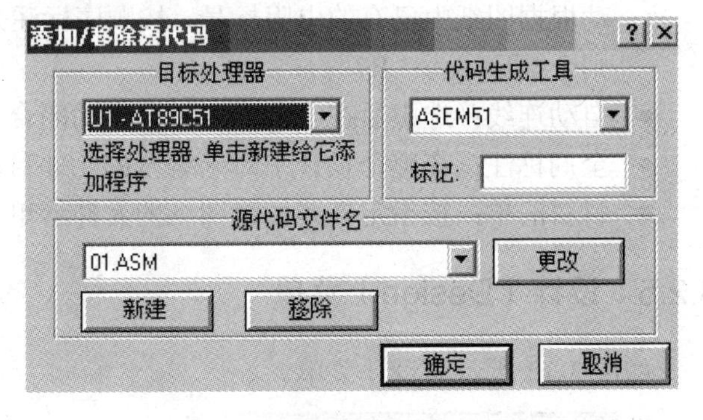

图 3-14　添加/删除源文件菜单项

“代码生成工具”是对生成的代码选用 ASEM51 工具。“源代码文件名”是给处理器确定带后缀（××.ASM）的源程序名称。具体操作过程由本章 3.5.3 节介绍.

- 设定代码生成工具：代码生成工具根据需要而设置，而编译规则可由系统自动定义。
- 全部编译：将添加到 Proteus 编译器中的程序进行编译，生成 hex 文件。

3.2.8 调试（Debug）菜单

详细介绍见本章 3.5.5 所述。

3.2.9 库（Library）菜单

库菜单主要是放置库中的元件、新建元件、拆装/组装元件等，其中“拾取元件/符号”菜单项与 ISIS 界面上的对象选择按钮“P”作用相同，即在此拾取的元件被放置到元件缓冲区，供放置时选用。通常在绘制线路图前，先在此拾取线路图中所需的元件，然后退出此菜单，在放置元件模式下放置元件。

3.2.10 模板（Template）菜单

选择“模板”菜单，弹出如图 3-15 所示对话框。然后可以选择下拉菜单的对应栏进行相关参数进行设置与修改。

- 跳转到主图：直接转向主图纸（当有多张图纸时）。在主图纸中设置的相关图纸参数将影响整个设计的所有图纸。
- 设置设计默认值：设置设计的默认参数，单击后弹出如图 3-16 所示的模板参数设置对话框窗口。在此窗口中主要设置图纸中的各种默认颜色、字体，仿真过程中各种参量的颜色，以上是否隐藏对象等。在该图中的“显示隐藏文本？”通常不打勾，这样在图纸上就不显示元件上的“<Text>”字样。

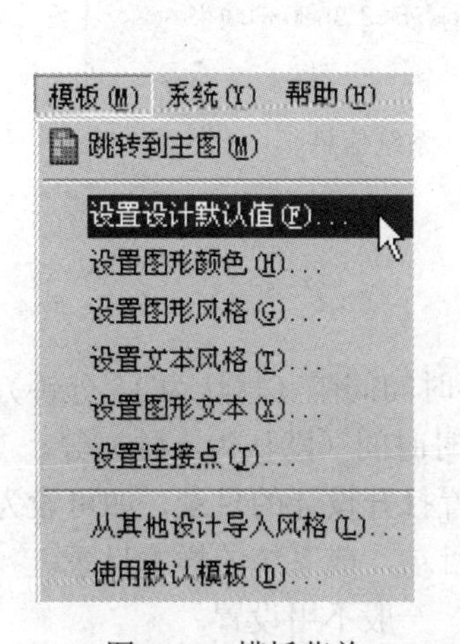

图 3-15　模板菜单

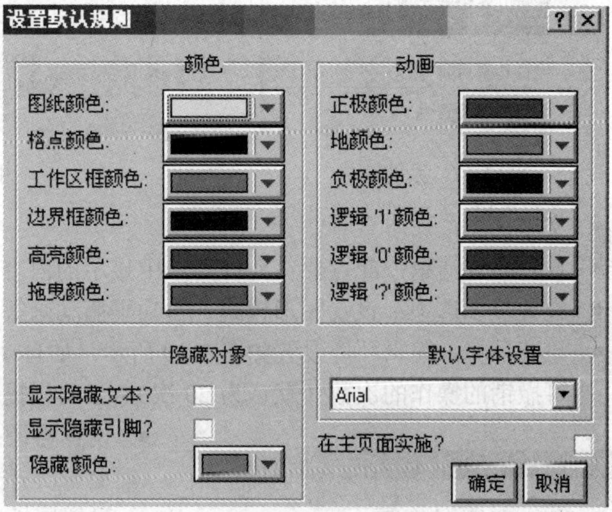

图 3-16　模板参数设置对话框

- 设置图形颜色：设置仿真图表中各种颜色。
- 设置图形风格：设置仿真图表中各种对象的线型、线宽、颜色等。
- 设置文本风格：设置设计中的文本的字体、大小等参数。
- 设置图形文本：设置要放置的文本属性，设置之后，放置的文本属性按这里设置的属性。
- 设置连接点：设置节点样式，可以选择的样式有方形、圆形和方片形（棱形）。
- 从其他设计导入风格：从已有的设计中设定的样式（包括颜色、字体等）应用于本设计。

3.2.11 系统（System）菜单

系统菜单如图 3-17 所示。系统菜单主要内容如下。

- 系统信息：如图 3-18 所示，显示 PROTEUS 软件的版本号，软件授权给何方，以及计算机系统的主要信息等。
- 检查更新：检查是否有更新信息，当然你的计算机必须联网，你所用的软件也必须是正版的。

系统(Y) 帮助(H)
系统信息(I)...
检查更新(U)...
文本视图(V)
设置元件清单(B)...
设置显示选项(D)...
设置环境(E)...
设置快捷键(K)...
设置路径(P)...
设置属性定义(D)...
设置图纸大小(S)...
设置文本编辑选项(T)...
设置动画选项(A)...
设置仿真选项(M)...
恢复默认设置(R)

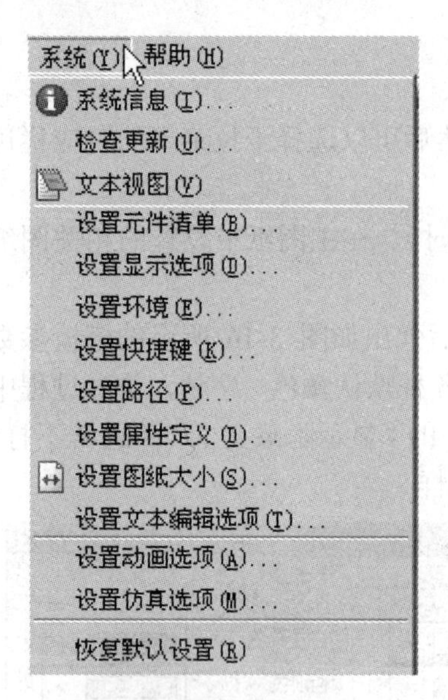

图 3-17 系统菜单

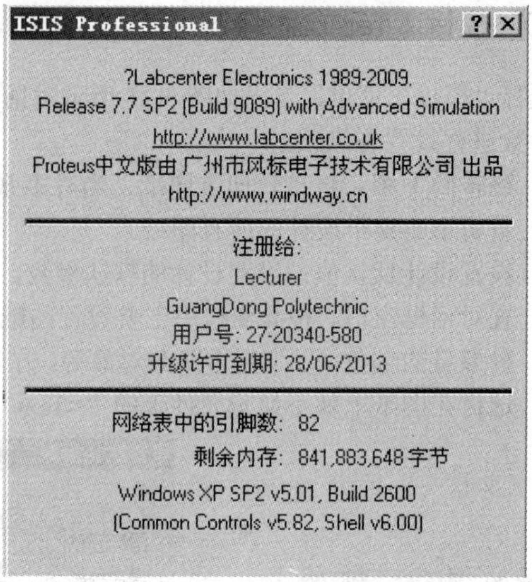

ISIS Professional
?Labcenter Electronics 1989-2009.
Release 7.7 SP2 (Build 9089) with Advanced Simulation
http://www.labcenter.co.uk
Proteus中文版由 广州市风标电子技术有限公司 出品
http://www.windway.cn
注册给:
Lecturer
GuangDong Polytechnic
用户号: 27-20340-580
升级许可到期: 28/06/2013
网络表中的引脚数: 82
剩余内存: 841,883,648 字节
Windows XP SP2 v5.01, Build 2600
(Common Controls v5.82, Shell v6.00)

图 3-18 系统信息

- 文本视图：文本查看。
- 设置元件清单：配置要在元件清单中显示的内容。
- 设置显示选项：设置图形模式、自功平衡动画等。
- 设置环境：编辑环境设置如图 3-19 所示，如自动保存时间间隔（默认为 15 分钟），可撤销的操作的次数（默认为 20 次），工具栏提示延时时间（默认为 1 秒）等。

环境设置
自动保存时间(分钟):
15
撤消的步数:
20
工具注释延迟时间(毫秒):
1000
文件菜单下最近打开的文件数目
4
使用0来禁止以上项目.
和ARES自动同步/保存?
在设计文件中保存/装载ISIS状态?
确定
取消

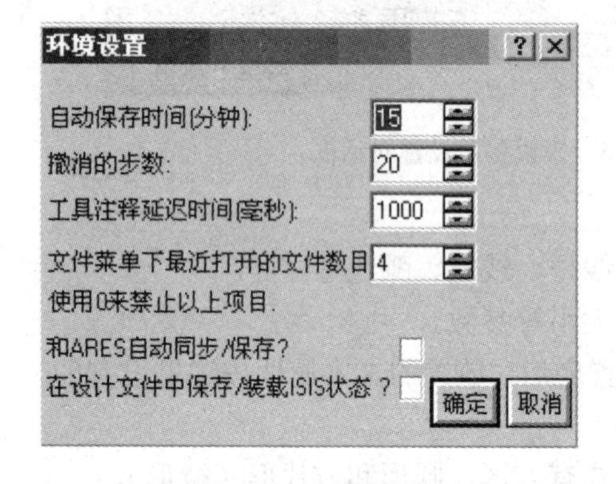

图 3-19 环境设置

- 设置路径：设置打开设计的目录，如可设为上一次打开的目录，或系统的样本目录。
- 设置属性定义：一般不用设置。
- 设置图纸大小：有 A0～A4 及自定义尺寸，单位为英寸（in）。系统默认图纸大小为 A4，长×宽为 10 in×7 in。若要改变图纸大小，单击“设置图纸大小”菜单项，弹出设置图纸对话框。如图 3-20 所示，每种尺寸都有两个编辑域，左边为 X 宽度，右边为 Y 高度。可选择 A0～A4 图纸中的一种，该操作只对当前页面有效。
- 设置文本编辑选项：可设置文本编辑器中文本对象的字体、字形、大小、效果、颜色等属性。
- 设置动画选项：单击此菜单后弹出如图 3-21 所示的设置动画选项窗口，在“仿真速度”中可对这些参数进行设置。在“动画选项”中可选择是否显示电压/电流探针的电压/电流值、是否以颜色的方式显示引脚的逻辑状态、是否以颜色的方式显示导线中的电压、是否在导线上显示电流的方向等。在“电压/电流 范围”中设定最大电压和最小电流。

Sheet Size Configuration
A4 10in by 7in
A3 15in by 10in
A2 21in by 15in
A1 32in by 21in
A0 44in by 32in
自定义 7in by 10in
确定
取消

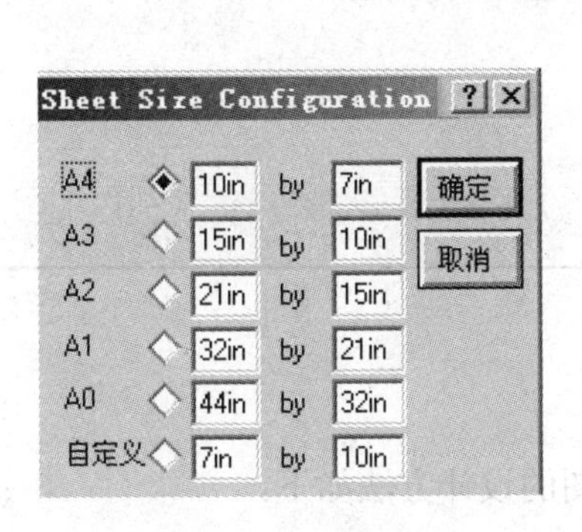

图 3-20　设置图纸

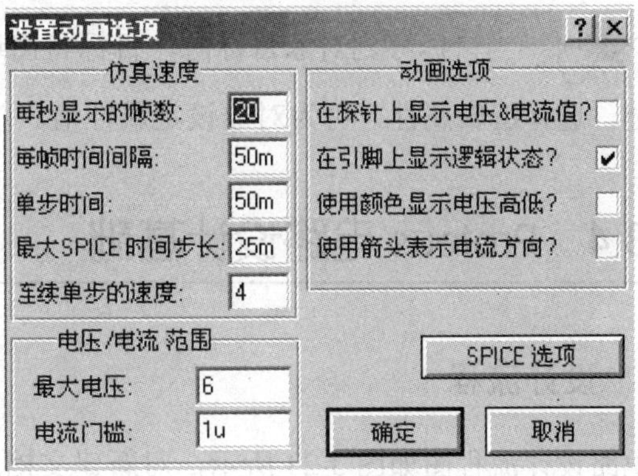

设置动画选项
仿真速度
每秒显示的帧数: 20
每帧时间间隔: 50m
单步时间: 50m
最大SPICE 时间步长: 25m
连续单步的速度: 4
动画选项
在探针上显示电压&电流值?
在引脚上显示逻辑状态?
使用颜色显示电压高低?
使用箭头表示电流方向?
电压/电流 范围
最大电压: 6
电流门槛: 1u
SPICE 选项
确定
取消

图 3-21　设置动画选项

- 设置仿真选项：仿真参数设置，通常使用默认值即可。
- 恢复默认设置：将“系统”菜单中所有的设置恢复到系统默认状态。

3.3　可视化助手

ISIS 界面直观，提供两种可视方式说明设计进行中将要发生的事，如图 3-22 所示。

1．虚线可视化助手

① 红色虚线轮廓：当光标移至对象上方时，其周围出现包围对象的红色虚线轮廓，说明该对象成为“热点”对象（即光标已捕捉到该对象）。

② 红色虚线：当光标移至电气连线（单连线、总线）时，沿电气连线中部出现红色虚线，说明该连线成为“热点”连线（即光标已捕捉到该连线对象）。

R1
10K

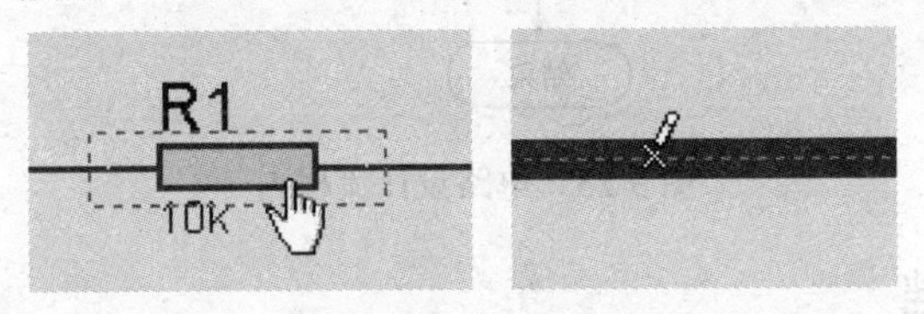

图 3-22　虚线轮廓和红色虚线“热点”图

2．多种光标形状

光标形状说明单击鼠标时将要发生的操作。

 标准光标：选择模式时，光标在编辑区空白处的形状。

 放置光标：单击进入放置对象状态。

 绿色铅笔，放置电气连线光标：单击开始连线或结束连线。

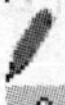

 蓝色铅笔，放置总线光标：单击开始连总线或结束连总线。

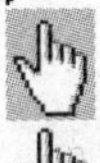

 单击选中光标下的对象。

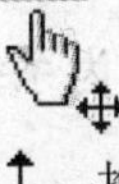

 移动：按下鼠标左键移动鼠标拖动对象。

 拖动：按下鼠标左键拖动可移动线段。

当鼠标移到对象目标时，目标将出现淡红色的背景框热点（如图 3-22），单击右键，选择编辑属性，可为对象设定属性值。

3.4 Proteus 电路设计基础

3.4.1 设计流程

电路设计流程图如图 3-23 所示，对新建文档原理图的设计方法如下。

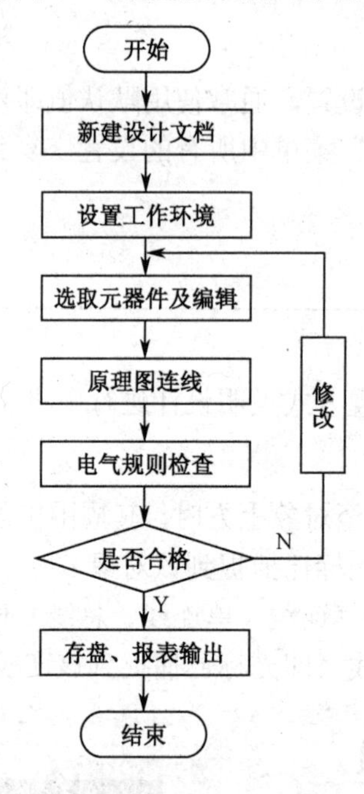

图 3-23 电路设计流程图

3.4.2 新建设计文档

在新建设计文档之前，事先自行定义文档的路径和名称。然后启动 Proteus ISIS 软件系统。单击“文件”（File）→“新建设计”（New Design）命令，弹出如图 3-24 所示的“创建新设计”（Create New Design）对话框。单击“确定（O）”按钮，则以默认模板（DEFAULT）建立一个新的空白文件。也可自行选择合适的模板。单击 ISIS 工作界面按钮，进入保存 ISIS 设计文件窗口，选择自行定义存放文件的路径，输入文件名后再单击“保存”按钮，则保存为新的设计文件，并自动加上后缀 DSN。具体保存操作过程见本章 3.5.1 节介绍。

3.4.3 设置工作环境

用户自定义图形外观（含线宽、填充类型、字符），可以忽略此项操作，此时为系统默认图形外观。

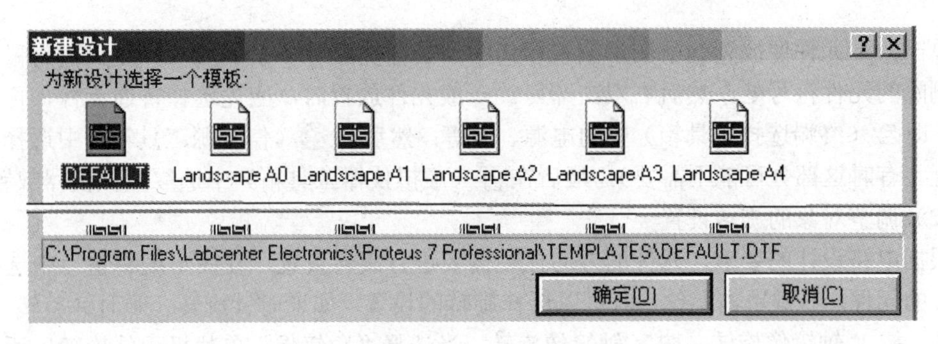

图 3-24　创建新设计文件

3.4.4　选取元器件及编辑

单击工具按钮元件模式，然后再在对象选择窗口中单击 P 按钮，就可进入元件选取窗口，如图 3-25 所示。

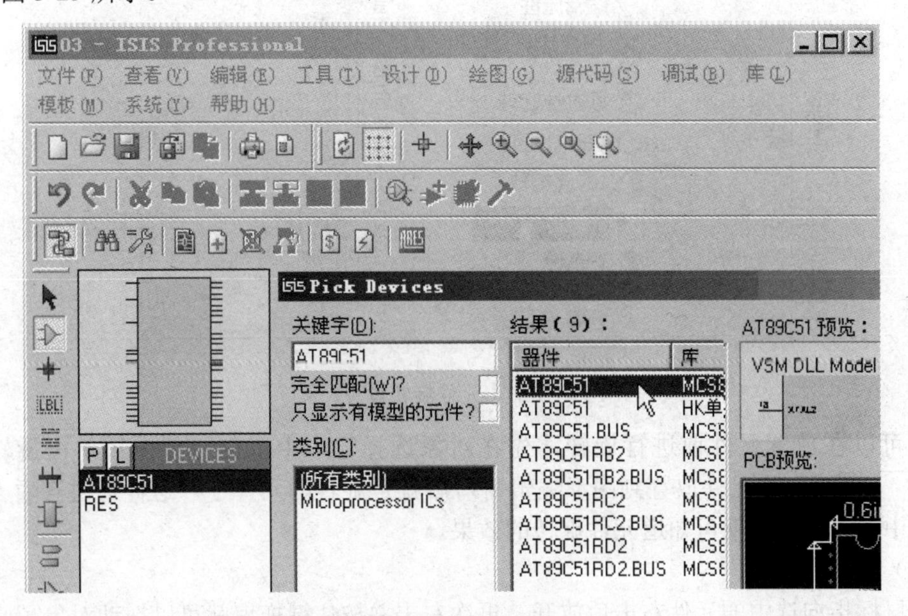

图 3-25　元件选取窗口

在图 3-25 的“关键字”文本框中输入所需元件的型号等关键内容后，软件就会自动在元件库中进行搜索，并在“结果”窗中显示与关键词相匹配的元件名称及其相关参数描述信息。单击“结果”窗中某一个元件，则右侧的元件预览框及 PCB 封装预览框中将同步显示该元件的电路符号及 PCB 封装符号。

当找到与设计要求相符的元件时，在“结果”窗中左键双击该元件，则元件就会放入原先 Proteus 软件主界面的对象选择窗口中。当选择完所有元件后，关闭元件选取窗口即可返回 Proteus 软件主界面。

（1）放置元件及删除元件

首先在对象选择窗口单击所放置好的元件；然后将鼠标移到图形编辑窗口中单击，此时鼠标会变成元件的红色虚影；当移动鼠标时红色虚影也随之移动，到需要放置的地方时，再次单击，则元件便放置到了图形编辑窗口中。若需要删除多余的元件，则只需将鼠标移动到删除的元件符号处，然后右双击即可。一般元件放置时，应先选择普通元件，再放置终端，即（终端选择工具箱）中的电源、地等；然后从（信号源工具箱）中选择信号源放置（有时这部分可能不需要）；最后在（虚拟仪器工具箱）中选取虚拟仪器放置。

（2）调整对象的旋转设置

根据电路设计的要求，元件的方向往往需要进行旋转设置。在图形编辑窗口中选择需要旋转的元件，右键单击元件，就可以选择旋转的设置，如逆时针旋转、顺时针旋转、180度旋转、按X轴镜像旋转、按Y轴镜像旋转。当选择“X-镜像”单片机元件旋转后所得图形如图3-26所示。

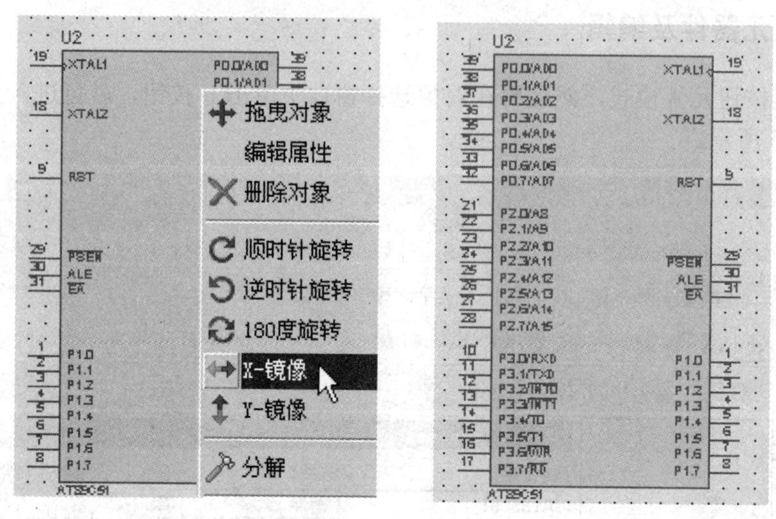

图3-26　元件旋转设置

也可以在放置元件前进行旋转，先在对象选择窗口中单击元件，再单击旋转按钮，将元件放置到图形编辑窗口后就是旋转的元件了，这样通过查看元件预览窗口中元件的形态就可知道元件旋转的效果。

（3）拖动元件

用鼠标指向选中的元件左击后放开，再次左击并按住键拖曳就可以拖动对象了。

（4）编辑元件属性

元件放置后，软件自动为每一个元件始定一个默认的属性参数，比如元件编号、容量、阻值等，但很多属性参数都需要根据设计要求进行编辑。编辑的对象类型有元件、终端、标签、脚本、总线、引脚、图形等。

- 编辑元件属性方法：将光标移到要编辑的元件或终端上，出现包围元件的虚线轮廓，同时光标变成手掌形，双击左键（或先右击选中元件，再单击编辑属性）出现该元件属性编辑框，在此框中进行编辑。

例如，要编辑电解电容C1属性，先将光标移至C1，出现如图3-27所示虚线轮廓和手掌形光标，双击则出现如图3-28所示的编辑元件属性对话框，可根据要求设置其属性，如编号、电容值、封装等。例如要重新设置电容值的值，则在原值上修改后按确定即可。按照相同的方法也可以设置其他元件的属性。

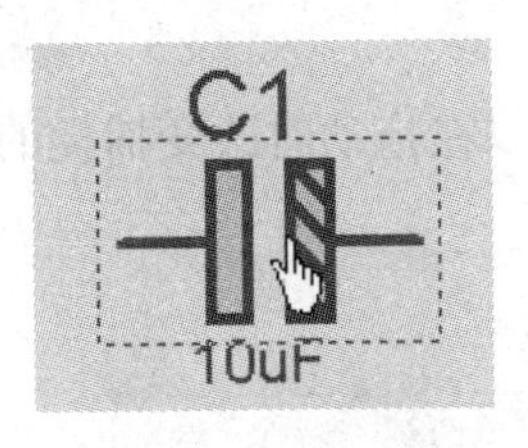

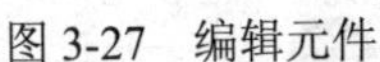

图 3-27 编辑元件

图 3-28 编辑元件属性

又如，选择单片机芯片，单击鼠标右键，选择“编辑属性”，打开“编辑元件”对话框，对“对象名”（Component Reference）、“对象型号”（Component Value）、“时钟频率”（Clock Frequency）及“源程序”（Program File）等关键几项进行定义。如图 3-29 所示为“编辑单片机属性”对话框，其中可以通过“源程序文件”项，选择××.HEX 文件（若单片机系统中已加载了多个可执行的程序）；通过“时钟频率”项，根据需要可设置为 6 MHz 或 12 MHz。若是其他类型元件，则对话框的名称将会做相应的变化。

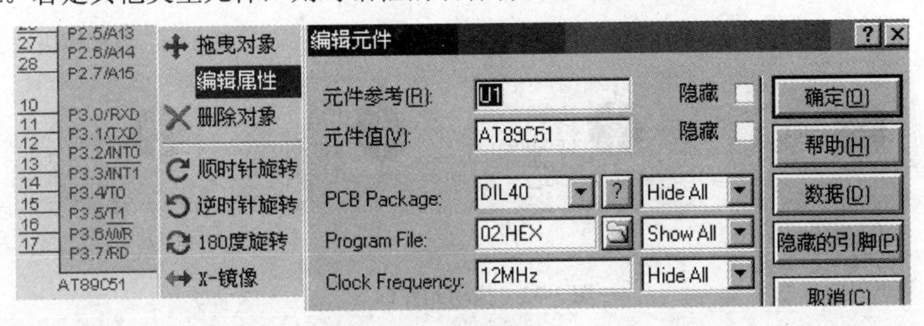

图 3-29 编辑单片机属性

- 编辑终端属性方法：若要编辑电源终端↑属性，先将光标移至↑上，出现包围↑的虚线轮廓，双击则弹出属性编辑框。该编辑框中标号（String）右边的组合框内默认为空（即默认电源为+5 V，不显示电源值），若要设置为+12 V 或−5 V，在框内输入+12 V 或−5 V 即可。还可在该编辑框中设置字符串的方位、大小、颜色、字体、字型等属性。设置它为+12 V，如图 3-30 所示。若电路要求电源为 5 V，可以采用默认值，无须设置。

（5）复制对象

复制元件的方法如下：

① 选中需要的对象；

② 单击（Copy）图标；

③ 将复制的轮廓拖到需要的位置单击左建，后击右键结束；

④ 电路模块（多个对像组成）复制的方法是单击左键选择模块复制范围，然后按第②、③步骤操作可完成，如图 3-31 所示。

（6）拖动元件标签

许多类型的元件附着有一个或多个属性标签。例如，每个元件都会有“参考”、“值”、“本文”等标签，可以很容易地移动这些标签使电路图看起来更美观。如图 3-32 所示，拖动标签的步骤如下：

① 选中元件；

② 用鼠标指向标签按住鼠标左键；

③ 拖动标签到需要的位置，如果想要定位得更精确的话，可以在拖动时改变捕捉的精度（使用 F4、F3、F2 键）；

④ 释放鼠标。

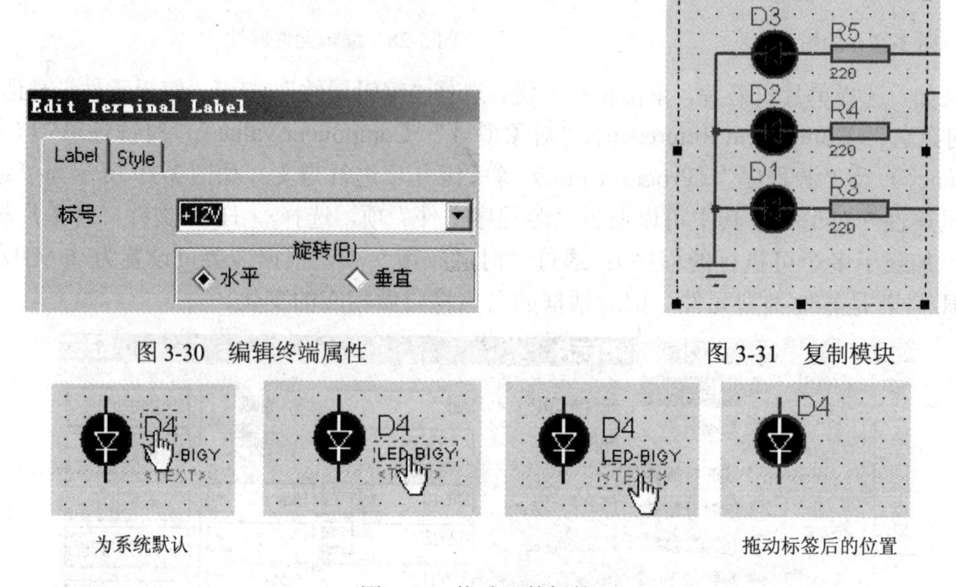

图 3-30 编辑终端属性

图 3-31 复制模块

图 3-32 拖动元件标签

3.4.5 原理图连线

接下来就可以进行连线了。连线时，将鼠标指针对准需连线的元件引脚，此时元件引脚出现红色框，单击一次元件引脚，然后将鼠标指针移动到与之连接的另一元件的引脚（引脚出现红色框）上再次单击，这样就完成了一条连线。若要删除连线，也是用双击鼠标右键来实现。对具有相同特性的画线，可采用重复布线的方法。先画一条，然后再在元件引脚双击即可。假设要连接一个 8 字节 ROM 的数据线到单片机 P0 口，只要画出某一条从 ROM 数据线到单片机 P0 口线，其余的单击 ROM 元件的引脚即可。

3.4.6 电气规则检查 ERC

ISIS 通过检查连接到每个网络的所有引脚类型来发现电路设计中的错误。这些错误可能是：某个输出引脚连接到其他的输出引脚造成信号冲突；输入没有驱动源；元件编号重复，导致不同元件无法区分，等等。

单击“工具”菜单→“电气规则检查”菜单项或单击工具栏，可生成电气检测报表，报表内容显示如图 3-33 所示的文本窗口，若电路原理图设计没有错误，则 ERC 检测结果将显示“已生成表格”及“ERC 没有发现错误”。

单击左下角的“Clipboard”按钮，可将检测结果复制到剪贴板中，或单击“Save As”按钮，保存为.ERC 文件。

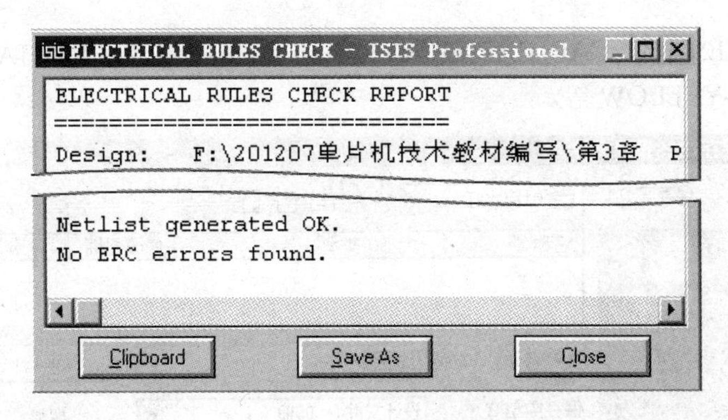

图 3-33　ERC 检测窗口

3.4.7　保存原理图

上述操作均完成后，基本的电路原理图就已完成。当然，此处并未包括单片机源程序添加等步骤，这部分将在后面的系统设计中说明。电路原理图完成后应及时保存，即单击工具按钮。另外，常将电路原理图导出为图片的形式。同时还可以查看设计好的原理图报表，参见 3.5.1 节中的介绍。

3.5　基于 Proteus 的设计实例

下面基于单片机的流水灯电路为例，说明电路原理图的 Proteus 设计与仿真方法。

3.5.1　Proteus 电路原理图设计

建立设计文档：为设计文档建立一个存放地点，并为设计文档取一个名称，如在 F 盘建立一个文件夹并命名为“01 流水灯”。

打开 Proteus ISIS 软件：开始→程序→Proteus 7 Professional→ISIS 7 Professional→取消（跳过查看样例设计）→进入 Proteus ISIS 操作界面。

新建设计文档：选择“文件”→“新建设计”→为新设计选择一个模板，通常选择“DEFAULT”默认方式→“确定”。

保存文档：单击工具栏后，将出现“保存 ISIS 设计文件”选择窗口，如图 3-34 所示。在“保存在”中寻找已建立好的文件夹（如：01 流水灯），并在“文件名”中输入 01（自编文件编号），当单击保存按钮后，ISIS 界面进入新建设计文件，如 01 - ISIS Professional，保存好文件后就可以进编辑了。若想查看保存的文件可单击按钮，打开 F 盘的“01 流水灯”文件夹，01.DSN 文件已经被保存在其中。

设置工作环境：用户可在“模板”菜单中定义图形的线宽、填充类型、字符等。若使用系统默认设置，则可跳过此步骤。

选取元器件：按设计要求，在对象选择窗口中单击“P”按钮，弹出“Pick Devices”对话框，在“关键字”中输入要选择的元器件名，然后在右边框中选中要选的元器件，则元器件列在对象选择窗口中。如图 3-25 所示，本设计所需选用的元器件为：AT89C51 总线型的微处理器；RES 电阻；CAP；CAP-ELEC；瓷片电容；电解电容；CRYSTAL 晶振；BUTTON 按键开关；LED-YELLOW 等。

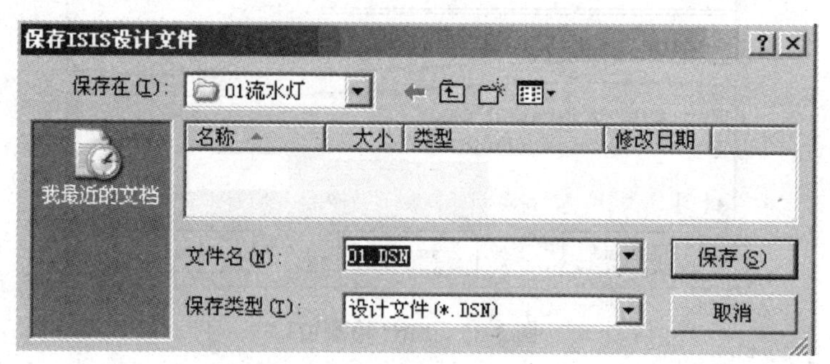

图 3-34　保存文档路径

放置元器件：在对象选择窗口中单击“AT89C51”，然后将鼠标指针移到右边的原理图编辑区的适当位置并单击放到原理图编辑区。用同样的方法将对象选择窗口中的其他元件放到原理图编辑区。

放置电源及接地符号：在器件选择器里单击“POWER”或“GROUND”，将鼠标指针移到原理图编辑区并双击，即可放置电源符号或接地符号。值得注意的是，这种电源为默认的+5 V 电源，若需要使用其他的电源，则需要对元器件参数进行设置。

对象的编辑：将选用的元件、终端等进行统一调整，放在适当的位置，当鼠标选中某元器件后，右击元器件，在弹出的对话框中选择“编辑属性”，可以对元器件参数进行设置，否则系统自动定义。

原理图连线：在原理图中连线分单根导线、总线和总线分支线 3 种。

① 单根导线：在 ISIS 编辑环境中，单击对象的第一个连接点，再单击另一个连接点，ISIS 就能自动绘制出一条导线，如果用户想自己决定走线路径，只需在想要拐点处单击即可。

② 总线：单击工具箱中的总线模式按钮，在编辑窗口欲连线处单击鼠标左键，放开键后，移动鼠标画出总线。若需要画转角直线则在此处单击鼠标左键，若画曲线则在此处单击鼠标左键并同时按下 Ctrl 控制键，在画出总线的终端双击鼠标左键即可。

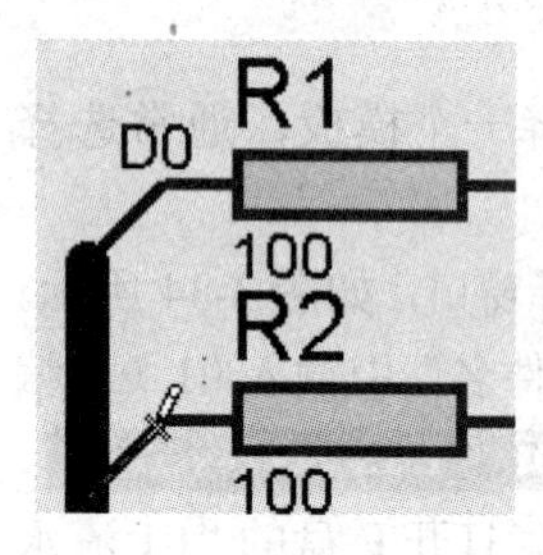

图 3-35　放置网络标号

③ 总线分支线：单击欲连线的点，将鼠标移到总线上单击即可。在连线过程中需要连线走曲线，可按住 Ctrl 控制键，连接完毕放开即可。采用快速连接法，首先选择某欲连线的点（如 P1.0 口）与总线连接，然后对其他欲连线的点（如 P1.1～P1.7 口）左键双击即可。

放置网络标号：单击工具栏中的（连线标号模式）按钮，在要标记的导线上单击，如图 3-35 所示。在弹出的对话框中输入网络标号及选择放置位置，然后单击“OK”按钮即可。完成的原理图连线如图 3-36 所示。

电路原理图导出：首先选择“文件→输出图形→输出位图”菜单项，在弹出的窗口中，如图 3-37 所示，设置图形及参数，若不修改参数，则导出图形的默认色彩为黑白色，即白色背景，元件、连线等则为黑色。设置好参数后，应在“输出文件?”栏中打“√”，即设置图形文件的保存路径及名称，然后单击“确定”按钮。这样，生成的电路原理图以 01.BMP 文件名自动存放在当前设计项目文件夹中。

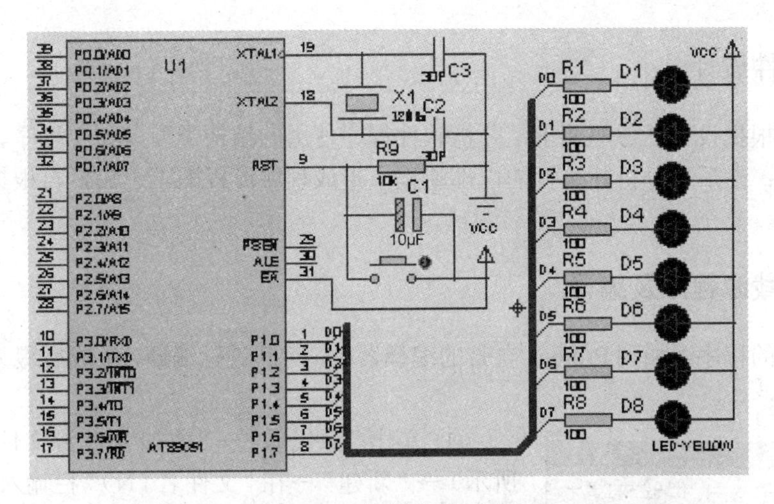

图 3-36　电路原理连线图

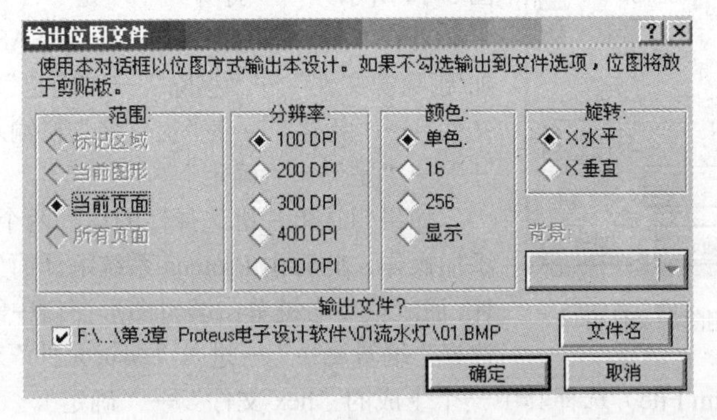

图 3-37　电路原理图导出方法

在 F 盘的“01 流水灯”文件夹中，打开 01.BMP 文件，可以看到如图 3-38 所示的电路原理图。

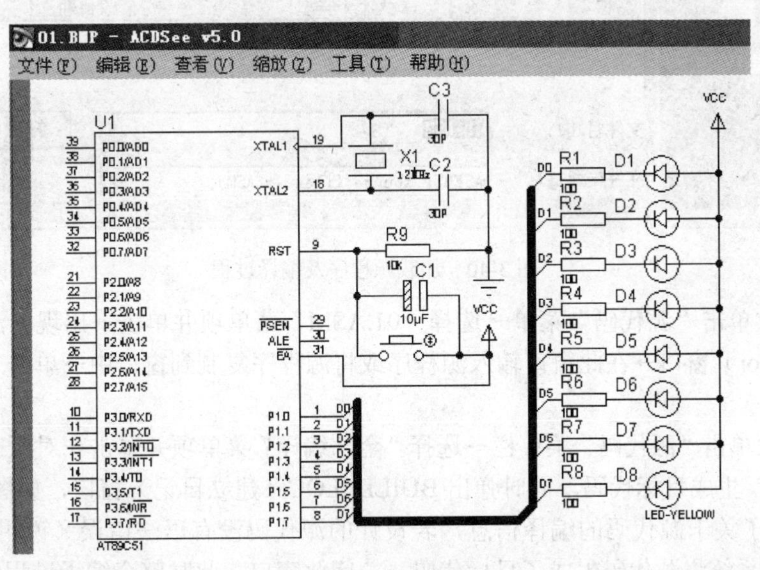

图 3-38　电路原理图

3.5.2 软件设计

首先要根据设计任务的要求，分析软件程序使用的结构类型，如主程序、延时子程序中断程序等；然后，分析其执行的内部流程，形成程序流程图。之后，再根据程序流程图写出源程序。

3.5.3 加载源程序及编译

将编写的程序添加到Proteus自带的编译器中，对其进行编译，生成后缀为HEX文件。操作过程为：

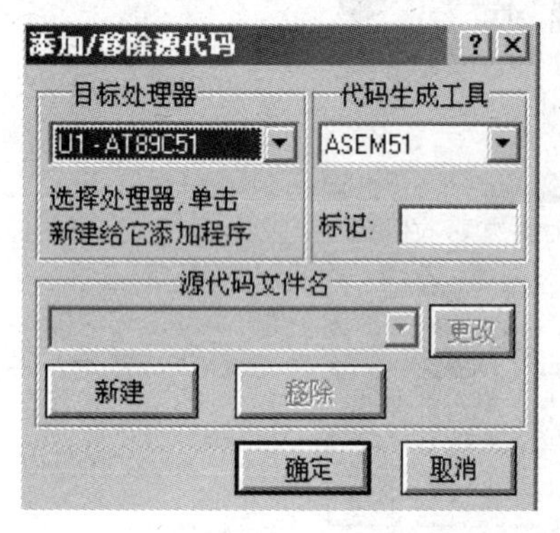

图3-39 添加/删除源文件窗口

① 单击“源代码”→“添加/删除源文件”（如图3-39所示）→“新建”→在“文件名（N）”栏输入01.ASM（如图3-40所示）→“打开”→“是”→“确定”。

若在“源代码”菜单中已有“××.ASM”文件则→“添加/删除源文件”→“移除”→“确定”（从项目中移除源文件）→“新建”→在“文件名”栏输入XX.ASM→“打开”→“是”→“确定”。

如果想让单片机选择性的运行两个以上程序，则直接添加操作，此时由Proteus系统编译而生成的多个hex文件，通过鼠标右键单击编辑图形窗口中的单片机芯片→再选择“编辑属性”→进入“编辑元件”对话框→打开“项目文件”（Program File）选择其中一个生成的“hex文件”→“确定”。

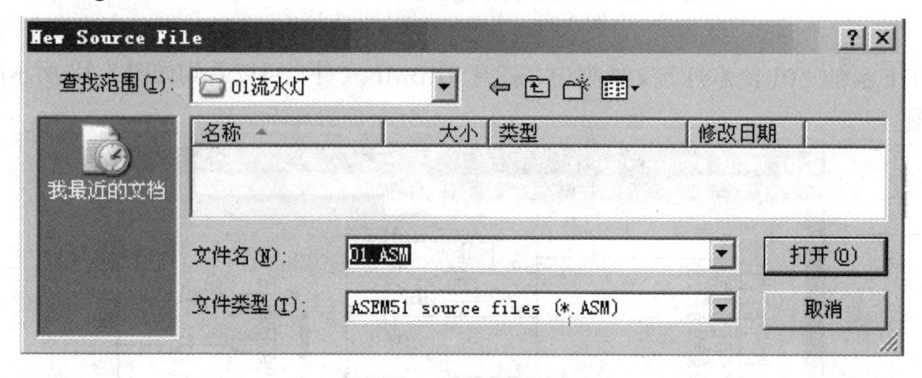

图3-40 加载源程序及编译过程

② 再次单击“源代码”菜单→选择“01.ASM”菜单项并单击→出现“源代码编辑”（Source Editor）窗口→在此窗口输入源程序或将源程序复制到窗口中→单击“保存”并关闭此窗口。

③ 再次单击“源代码”菜单栏→选择“全部编译”菜单项并单击→对所有源文件进行编译、链接、生成目标代码，同时弹出BUILD LOC（建立日记）窗口，如图3-41所示。此创建给出了关于源代码的编译信息，若设计的源代码没有语法错误（说明编译通过），Proteus ISIS系统将源代码生成了目标代码→关闭此窗口，此时整个编译过程结束。

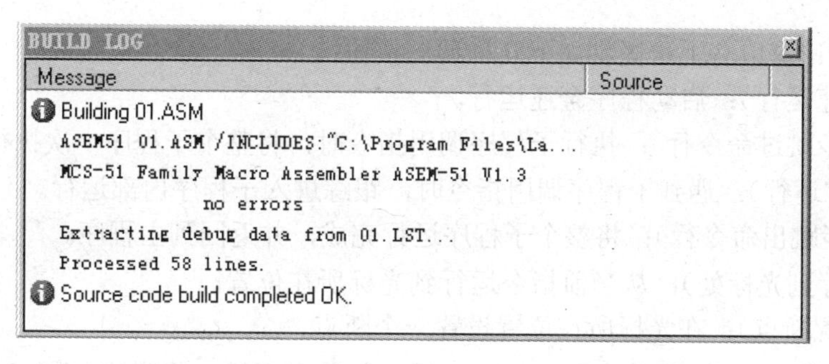

图 3-41　建立日记窗口

3.5.4　电路仿真

硬件设计与软件设计之后，接下来就可进行系统功能的仿真调试了。调试时，利用仿真进程控制按钮来控制系统的运行。如图 3-42 所示，单击运行按钮，则程序开始运行；再单击暂停按键，此时程序暂停，同时系统运行效果也保持在相应的状态不变。也可以选择步进的方式，即逐条执行程序，逐条观察执行的效果。

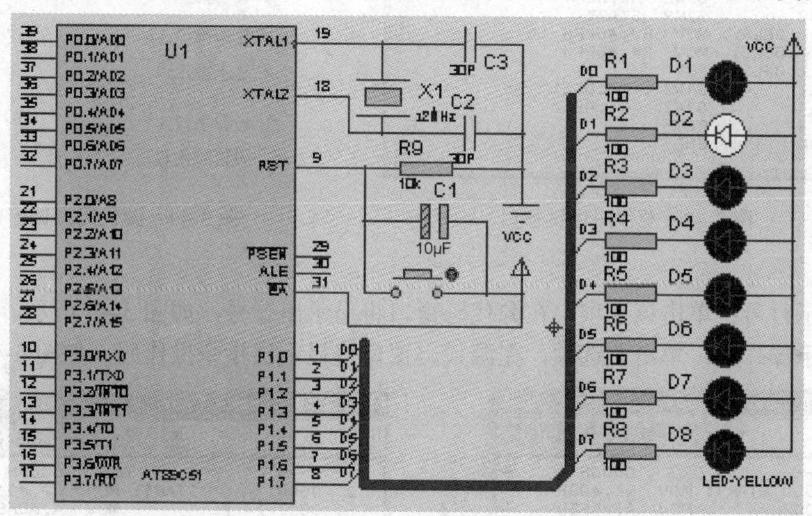

图 3-42　电路仿真图

3.5.5　源代码仿真与调试

在完成硬件电路和程序设计的前提下，即可进行源代码仿真与调试。以“01 流水灯”为例，源代码仿真与调试过程如下：

在图 3-42 所示的编辑图形窗口，单击“调试”菜单→“恢复弹出窗口”菜单项→“是”。单击启动全速运行→再单击暂停按钮，弹出如图 3-43 所示源代码调试窗口。

- 蓝色条代表当前命令行，在此处按动 F9 键，可设置断点；如果按动 F10 程序将单步执行。
- 红色箭头表示处理器程序计数器的当前位置。
- 红色圆圈标注的行说明系统在这里设置了断点。

源代码调试窗口右上角提供如下几种调试按钮：

（全速运行）：启动程序全速运行。

（单步跳过命令行）：执行子程序调用指令时，将整个子程序一次执行完。

（跟踪运行）：遇到子程序调用指令时，跟踪进入子程序内部运行。

（单步跳出命令行）：将整个子程序运行完成，并返回到主程序。

（运行到光标处）：从当前指令运行到光标所在位置。

（设置断点）：在光标所在位置设置一个断点。

➢ 将鼠标指向源代码调试窗口（空白处）并单击右键，将弹出如图 3-44 所示功能选项。

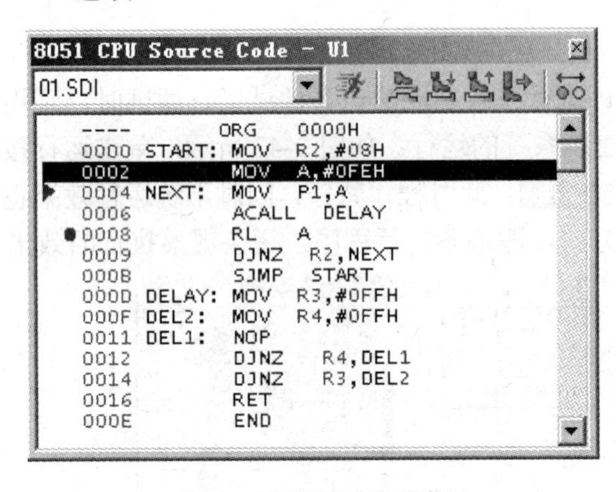

图 3-43 源代码调试窗口

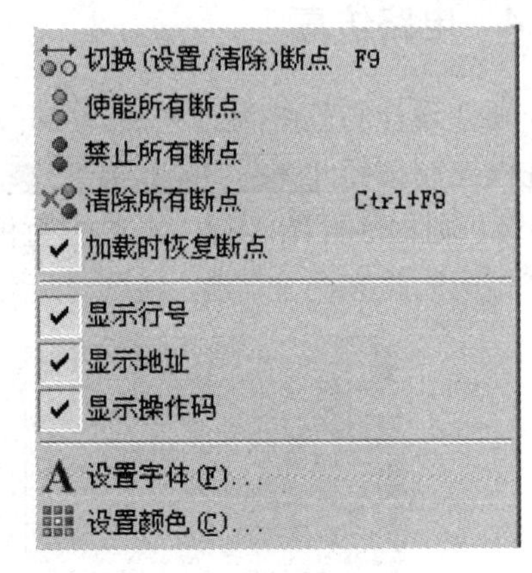

图 3-44 源代码调试窗口

其中：

➢ 显示行号：单击该选项，在源代码窗口将显示出行号，如图 3-45 所示。

➢ 显示操作码：单击该选项，在源代码窗口将显示出指令操作码，如图 3-46 所示。

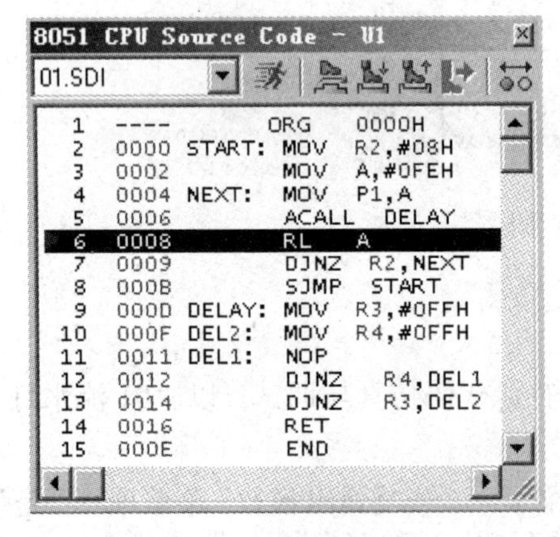

图 3-45 带行号源代码窗口

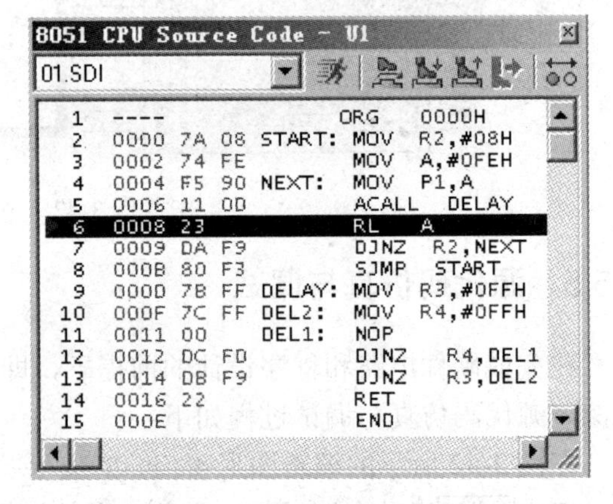

图 3-46 带操作码源代码窗口

3.5.6 单片机内部资源仿真与调试

为了分析系统运行状况，可以查看寄存器、SFR 存储器、数据存储单元等的同步状态变化。如图 3-47 所示，可在电路仿真系统暂停后单击“调试”菜单栏，在调试菜单项中选择：

➢ 单击“3．8051 CPU Registers”选项，单片机 CPU 寄存器窗口，可显示当前各个寄存器的值。

➢ 单击“4．8051 CPU SFR Memory”选项，单片机 SFR 寄存器窗口，可显示当前特殊功能寄存器的内容。

➢ 单击“5．8051 CPU Internal（IDATA）Memory”选项，单片机片内（数据）存储器窗口，可显示当前片内存储器的内容。

上述各个窗口的内容随着调试过程自动发生变化，按单步按钮运行时，各小窗口中各段的数据就会根据程序运行的状态变化具体显示。图 3-47 为系统处于图 3-42 的暂停状态时，CPU 寄存器、SFR 标志存储器和数据存储单元小窗口中数据的显示状态。

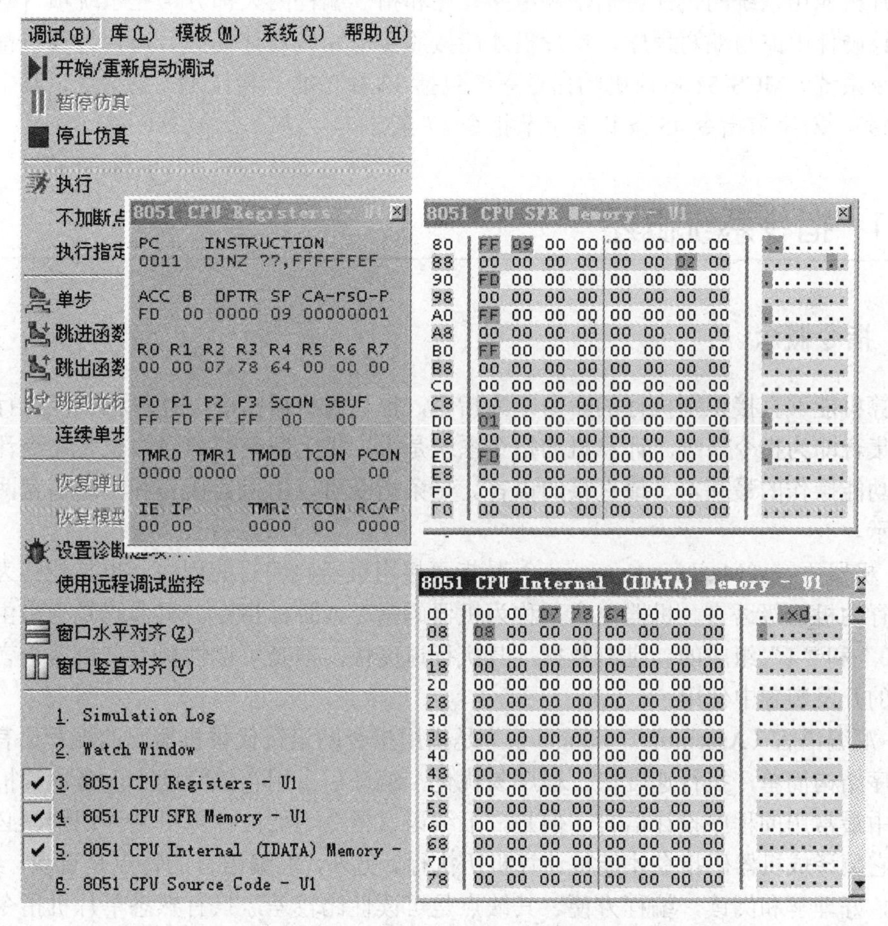

图 3-47 单片机内部资源仿真显示状态

仿真完毕后，就可做出系统运行效果是否达到设计功能要求的结论。若发现有不符的要求，则应先从程序指令方面去思考是否需要进行修改。最后再考虑修改硬件设计。

在 Proteus ISIS 平台中对硬件和软件的设计，并通过仿真与调试，将所有问题都已解决后，就可说系统的整体仿真设计就完成了。当然，最终还是需要将设计应用到实际的硬件实物上，只有那样才能说是真正完成了全部设计过程。

第4章 MCS-51单片机指令系统

单片机应用系统的设计包括硬件电路设计和指令编程两大部分，在系统项目确定后，合理设计硬件电路与编写程序，单片机才能按照要求完成设计任务。每台计算机都有其特有的指令系统。MCS-51单片机的指令系统包括33种功能，共计111条指令，其中单字节指令49条、双字节指令45条和3字节指令17条。

4.1 指令系统概述

4.1.1 指令概念

计算机能够直接识别执行的命令即为指令，也称为机器指令。计算机所能执行的所有指令的集合即为指令系统。计算机的指令系统是人、机之间交流信息，也是命令计算机完成各种功能操作的最基本、最直接的语言。一条指令可以用机器语言和汇编语言两种语言形式表示。

① 机器语言（Machine Language）是指直接用机器码编写的程序、也是能够为计算机直接执行的机器级语言。机器语言又称为机器码指令或目标指令。机器码是一串由二进制代码“0”和“1”组成的二进制数据，其执行速度快，但是可读性极差。机器语言一般只在简单的开发装置中使用。

② 汇编语言（Assembly Languagc）是指用指令助记符代替机器码的编程语言。汇编语言程序结构简单，执行速度快，程序易优化，编译后占用存储空间小，是单片机应用系统开发中最常用的程序设计语言。但是，汇编语言指令不能被计算机硬件识别，必须通过汇编将它翻译成机器码指令才能被计算机所执行。另外，汇编语言的特点是直观，易学习，易记忆，好理解和阅读，编程方便。其缺点是可读性比较差，只有熟悉单片机指令系统并具有一定的程序设计经验的人员，才能研制出功能复杂的应用程序。

③ 高级语言（High-Level Language）是在汇编语言的基础上用自然语言的语句来编写程序的，使用高级语言编写的程序可读性强，通用性好，适用于不熟悉单片机指令系统的用户。用高级语言编写程序的缺点是实时性不高，结构不紧凑，编译后占用存储空间比较大，这一点在存储器有限的单片机应用系统中没有优势。高级语言要被机器识别和执行，必须由相关的计算机软件（解释、编译程序）翻译成机器指令程序。

高级语言编程，特别是在控制任务比较复杂或者具有大量运算的系统中，高级语言更显示出了超越汇编语言的优势。而使用汇编语言适用于实时测控、自动化、智能化等应用系统，并且在控制系统不太复杂、实时性要求较高的控制系统中。所以，目前大多数用户仍然使用汇编语言进行单片机应用系统的软件设计。

4.1.2 指令格式及说明

1．指令格式

用助记符来描述机器指令的语言称为符号语言或汇编语言。助记符一般是由操作码和操作数两部分组成的。一般格式如下：一条汇编语言指令中最多包含 4 个区段，如下所示。

[标号：]　　操作码　　[目的操作数]［，源操作数］［；注释]

4 个区段之间要用分隔符分开：标号与操作码之间用"："隔开，操作码与操作数之间用空格隔开，操作数与注释之间用"；"隔开，如果操作数有两个以上，则在操作数之间要用逗号"，"隔开（乘法指令和除法指令除外）。

- 标号是表示该指令所在的符号地址，根据程序设计的需要而设置，可有可无。标号由 1～8 个字符串组成，第一个字符必须是英文字母，标号后必须用冒号"："。例如，"LOOP："、"LOOPl："、"DELAY：" 等格式。
- 操作码是指令功能的英文缩写，也表示指令的操作种类。如传送类、数据操作类、程序控制类、逻辑操作类等指令。如 MOV 表示数据传送操作，ADD 表示加法操作等。
- 操作数是一条指令操作的对象。操作数可以是数据，也可以是存放数据的有效地址。不同功能的指令，操作数的表达形式也不同。
- 注释是对指令功能所加注的中文或英文解释说明，为方便用户阅读程序和分析程序的可读性，对汇编语句来讲可有可无。注释前必须加分号。

2．指令的分类

传送类指令的作用是从哪里获取操作对象（源地址），传到何处去（称为目的地址）。一般的指令格式为目的地址写在前，源地址写在后。例如，MOV 60H，80H 指令，其功能表示将源地址 80H 里的内容送到目的地址 50H 中去。

数据操作类指令的作用是完成两个数据的运算，其中以累加器 A 的内容作为数据运算之一，而且运算后的结果也常常送到累加器 A 中保存。例如，ADD A，#80H 指令功能表示为：累加器 A 的内容加上 80H 这个数，所得结果放人累加器 A 中。

程序控制类指令的作用是控制程序转移去向的绝对或相对地址。因为操作对象是程序计数器 PC 和一个指定地址，所以可以省略不写 PC 寄存器的助记符。例如，AJMP LOOP 指令功能表示程序转移到 LOOP 所指定的地址去运行。

逻辑操作类指令的作用是进行逻辑运算，参数有单操作数和双操作数。循环移位操作则固定在累加器 A 中进行，位清 0、置位、求反等操作均是对某一位地址的，所以只有一个单操作数。若与、或和非逻辑操作则需两个操作数，结果放入目的操作数中。

3．指令字节

在 MCS-51 指令系统中，一条指令是机器语言的一个语句，每条指令翻译成机器码后，其字节数是不一样的。按照机器码的个数，指令可以分为一字节、二字节或三字节指令三种指令语法，见表4-1。

表4-1　字节指令语法

指 令 字 节	字　节　数			机 器 代 码
单字节指令：	操作码			
例如：	RET			22H
双字节指令：	操作码	数据或寻址方式		
例如：	CPL	A		
三字节指令：	操作码	数据或寻址方式	数据或寻址方式	
例如：	MOV	74H，	#0BH	75H　74H　0BH
三字节指令：	操作码	数据或寻址方式	数据或寻址方式	
例如：	CJNE	A	#00H	NEXT

操作码助记符表示指令的功能，操作数表示指令操作的对象。根据指令的语法要求，一条指令中可能有0～3个操作数。例如：

```
RETI                    ；中断返回，无操作数
CPL  A                  ；累加器逐位取反，只有一个操作数
ADD  A，#56H            ；两个操作数的情况
CJNE  R2，#60H，LOOP    ；3个操作数的情况，其中LOOP是另一条语句的标号
```

操作数地址表示参加运算的数据或数据的有效地址。操作数一般有以下几种形式；没有操作数项，即操作数隐含在操作码中，如RET指令；只有一个操作数，如CPL　A指令；有两个操作数，如MOV　A，#00H指令，操作数之间以逗号相隔，前面的操作数称为目的操作数，后面的操作数称为源操作数：有三个操作数，如CJNE　A，#00H，NEXT指令，操作数之间也以逗号相隔。

在介绍指令系统前，我们先了解一些特殊符号的意义，这对今后程序的编写都是相当有用的。

符号约定：

- Rn：当前选中的寄存器区中的8个工作寄存器R0～R7（n=0～7）。
- Ri：当前选中的寄存器区中的2个工作寄存器R0、R1（i=0，1）。
- Direct：8位的内部数据存储器单元中的地址。
- #data：表示在指令中的8位常数。
- #data16：表示在指令中的16位常数。
- addr16：表示16位目的地址。
- addr11：表示11位目的地址。
- rel：8位带符号的地址偏移量，取值范围为-128～+127。
- DPTR：数据指针，可用做16位地址寄存器。
- Bit：内部RAM或专用寄存器中的直接寻址位。
- A：累加器。
- B：专用寄存器，用于乘法和除法指令中。

- C：进位标志或进位位，或布尔处理机中的累加器。
- @：间址寄存器或基址寄存器的前缀，如@Ri，@DPTR。
- /：位操作数的前缀，表示对该位操作数取反，如/bit。
- ()：表示括号中单元的内容。
- (())：表示间接寻址单元内容。
- ←：箭头左边的内容被箭头右边的内容所代替。

4.2 寻址方式

操作数是指令的重要组成部分，它指定了参与运算的数或数所在单元地址，而如何得到这个地址就称为寻址方式。一般来说，寻址方式越多，指令功能就越强，灵活性越大。MCS-51 指令系统共使用了 7 种寻址方式，包括立即数寻址、直接寻址、寄存器寻址、寄存器间接寻址、变址寻址、相对寻址和位寻址等。

4.2.1 立即寻址

指令中的源操作数是立即数，这种寻址方式叫做立即寻址。立即数的类型可以是：

① 二进制（后缀为B），取值范围，0000 0000B～1111 1111B。

② 十进制（不带后缀），取值范围，000～255。

③ 十六进制（后缀为H），取值范围，00H～FFH（8位）和0000H～FFFFH（16位）。

立即数的字长可以是8位，也可以是16位。

指令格式：

```
MOV  A，#0001 0100B        ；将二进制的立即数 0001 0100B 送入到累加器 A 中
MOV  A，#20                ；将十进制的立即数 20 送入到累加器 A 中
MOV  A，#14H               ；将十六进制的立即数 14H 送入到累加器 A 中
```

这三条指令的功能和作用是一样的。注意，立即数前面必须加“#”号，以区别立即数和直接地址。

【例4-1】用等值的立即数送给累加器A，然后分别送到P1、P2和P3口，通过仿真电路实验，验证单片机CPU各寄存器及指令的功能。

指令仿真程序：

```
ORG  0000H
MOV  A，#00011000B         ；将 00010100B 立即数送到累加器 A
MOV  P1，A                 ；将累加器 A 的内容送到 P1 口
MOV  A，#24
MOV  P2，A
MOV  A，#18H
MOV  P3，A
SJMP  $
END
```

仿真结果：仿真电路如图 4-1 所示，P1、P2 和 P3 分别都输出同样的结果。打开单片机 CPU 寄存器窗口，可观察到 PC 指向 000CH，累加器（A）=18H、SP 指向 07H（栈底）、（PSW）=00H，R0～R7=00H，P0=FFH（复位值），P1=P2=P3=18H。

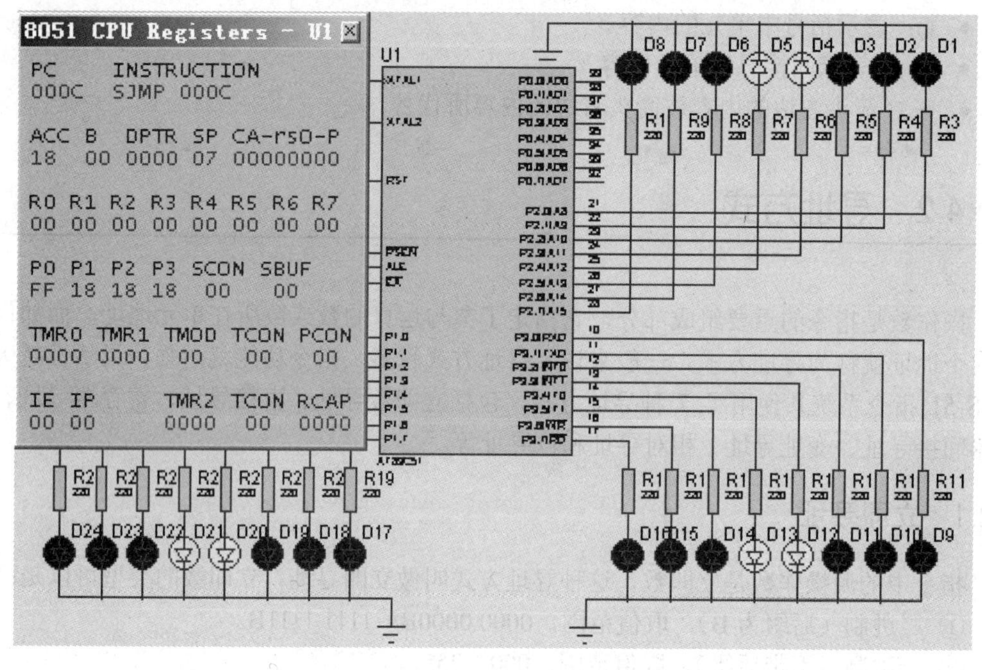

图 4-1　指令仿真图

例如：指令 MOV　A，#20H 执行的操作是将立即数 20H 送到累加器 A 中，该指令就是立即数寻址。该指令的执行过程如图 4-2 所示。

例如：

```
MOV  P1，#66H        ；将立即数 66H 送 P1 口
MOV  20H，#0CCH      ；将立即数 CCH 送 20H 单元
MOV  R0，#0FH        ；将立即数 0FH 送寄存器 R0 中
```

除了以上给出的 8 位立即数寻址的指令例子外，MCS-1 指令系统中有唯一一条 16 位转送指令，即

MOV　　DPTR，#1000H　；把 16 位立即数 1000H 传送到指针 DPTR 中

该指令的功能是向数据指针 DPTR 传送 16 位的立即数，立即数的高 8 位送入 DPH，低 8 位送入 DPL 中。这是一条三字节指令，指令代码为 90H、10H 和 00H。该指令的执行过程如图 4-3 所示。

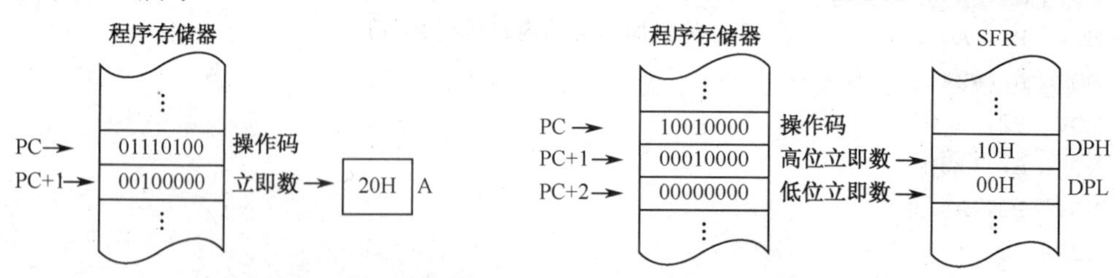

图 4-2　MOV　A，#20H 指令执行示意图　　图 4-3　MOV　DPTR，#1000H 指令执行示意图

4.2.2　直接寻址

在指令中直接给出操作数的地址，这种寻址方式就属于直接寻址方式。在这种方式中，指令的操作数部分直接是操作数的地址。在 MCS-51 单片机指令系统中，直接寻址方式中可以访问 3 种存储器空间：

① 内部数据存储器 RAM 中的低 128 字节单元（00H～7FH）。

② 特殊功能寄存器 SFR。特殊功能寄存器只能用直接寻址方式进行访问。

③ 位地址空间。

指令格式：

```
MOV  50H, 60H        ; 将片内 RAM 字节地址 60H 单元的内容送到 50H 单元中。
MOV  A, 52H          ; 将片内 RAM 字节地址 52H 单元的内容送累加器 A 中。
MOV  70H, A          ; 将 A 的内容传送给片内 RAM 的 70H 单元中。
```

说明：指令 MOV　A，52H 执行的操作是将内部 RAM 中地址为 52H 的单元内容传送到累加器 A 中，其操作数 52H 就是存放数据的单元地址，因此该指令采用的是直接寻址方式。直接寻址方式的区别是操作数前面没有加“#”号。

设 RAM 内部 52H 单元的内容是 66H，那么指令 MOV　A，52H 的执行过程如图 4-4 所示。

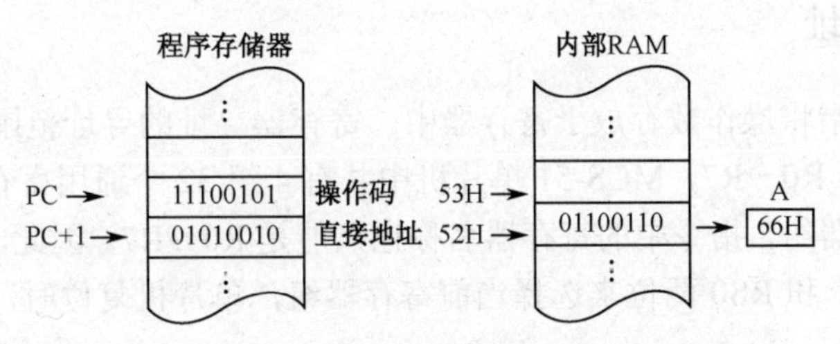

图 4-4　MOV　A，52H 指令执行示意图

在直接寻址中，指令给出的是存放操作数内部 RAM 的地址，而不是操作数本身，其寻址范围只限制在内部 RAM 中。

【例 4-2】用直接寻址方式进行传送源操作数，然后分别送到 P1、P2 和 P3 口，通过仿真电路实验，观察单片机片内数据存储器及验证指令的功能。

指令仿真程序：

```
ORG  0000H
MOV  30H, #77H       ; 将立即数（77H）送到 30H 地址单元中
MOV  P1, 30H         ; 将 30H 地址单元中的数据送到 P1 口
MOV  32H, 30H        ; 将 30H 地址单元中的数据送到 32H 单元中
MOV  P2, 32H
MOV  A, 30H
MOV  40H, A
MOV  P3, 40H
END
```

仿真结果：仿真电路如图 4-5 所示。P1、P2 和 P3 分别都输出同样的结果，打开单片机片内数据存储器窗口，可察看到各单元存放的值为：(30H)=77H、(32H)=77H、(40H)=77H。

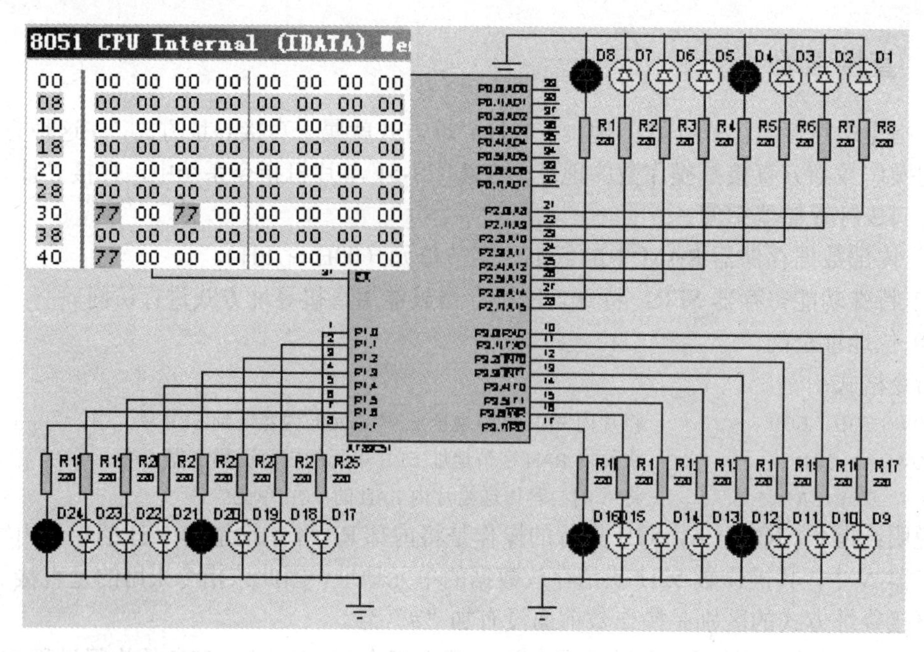

图 4-5 指令仿真图

4.2.3 寄存器寻址

寄存器寻址是指将操作数存放于寄存器中。寄存器寻址的寻址范围包括如下两部分：

① 通用寄存器 R0～R7，MCS-51 单片机中共有 4 组 32 个通用寄存器，但寄存器寻址只能使用当前寄存器组，指令中的寄存器名称也只能是 R0～R7。因此，在应用中，可以先通过 PSW 中的 RS1 和 RS0 两位来选择当前寄存器组，单片机复位时，RS1RS0=00，选中第 0 组工作寄存器。

② 部分专用寄存器。例如累加器 A、寄存器 B、数据指针 DPTR 和布尔处理器的位累加器 C 以及数据指针 DPTR 等。

指令格式：

```
MOV  A，Rn        ；将寄存器 Rn 内容送到 A，其中 n 为 0～7 之一。
MOV  Rn，A        ；将累加器 A 的内容送到 Rn。
MOV  B，A         ；将累加器 A 的内容送到 B。
```

例如：MOV A，R1

设 PSW 状态寄存器的 RS1、RS0 分别为 0、1，选择第 1 组的 R1，又设（R1）=62H。该指令的执行功能是将 R1 中的内容送入累加器 A 中，其指令代为 11101001，注意指令代码的低三位为 001，表示操作数为 R1。该指令的执行过程如图 4-6 所示。

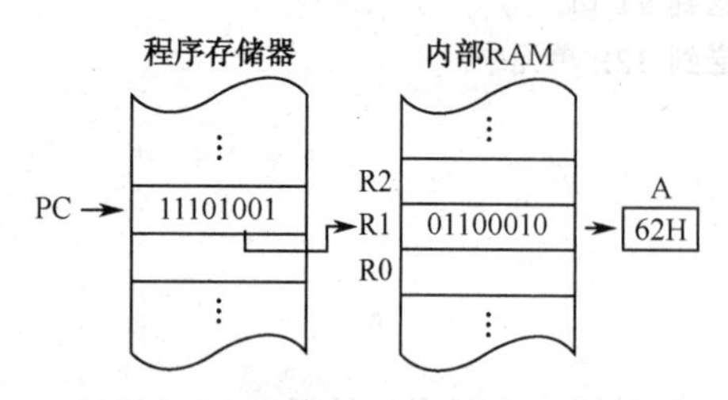

图 4-6 MOV A，R1 指令执行示意图

【例 4-3】用寄存器寻址方式进行传送源操作数，然后送到 P1 口，通过仿真电路实验，验证单片机 CPU 寄存器及指令的功能。

指令仿真程序：

```
ORG  0000H
MOV  R6, #99H
MOV  A, R6                ; 将寄存器 R6 的内容送到累加器 A 中
MOV  R7, A
MOV  B, A
MOV  P1, B
SJMP $
END
```

仿真结果：仿真电路如图 4-7 所示。打开单片机 CPU 寄存器窗口，可观察到累加器（A）= 99H、（B）=99H、SP 指向 07H 地址、（R6）=（R7）=99H、P1=99H、P0=P2=P3=FFH（为初始状态）。

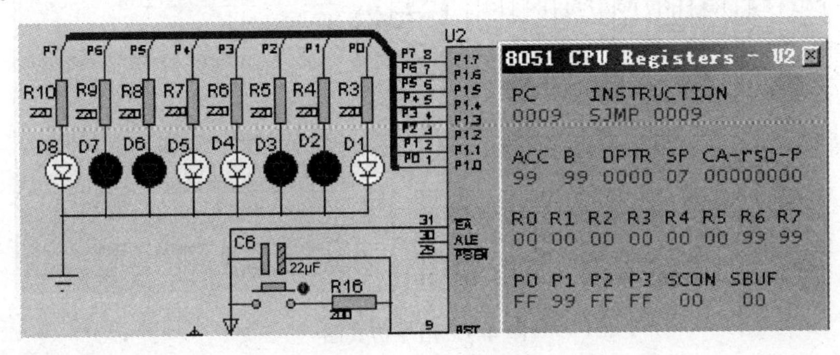

图 4-7　指令仿真图

4.2.4　寄存器间接寻址

指令指定某一寄存器的内容作为操作数地址。8051 单片机中寄存器间接寻址只能使用寄存器 R0、R1 作为地址指针，并且规定用 MOV 指令寻址内部 RAM 区的数据，用 MOVX 指令寻址外部 RAM 区域的数据。

注意：间接寻址寄存器前面必须加上符号“@”。

指令格式：

```
MOV  A, @R0              ; 将 R0 的内容作为内部 RAM 的某一地址，再将该地址单元中的内
                         容送到累加器 A 中
MOVX  A, @DPTR           ; 将由 DPTR 指定的外部 RAM 单元的内容送到累加器 A 中
MOVX  @DPTP, A           ; 将 A 中的内容送到 DPTR 指向的外部 RAM 单元中
```

例如：选择第 1 组的 R0，其指令代码为 11100110，注意最低位为 0，表示操作数为 R0。设（R0）= 26H，（26H）= 55H。则指令 MOV A，@R0 的执行结果是累加器 A 的内容为 55H，该指令的执行过程如图 4-8 所示。

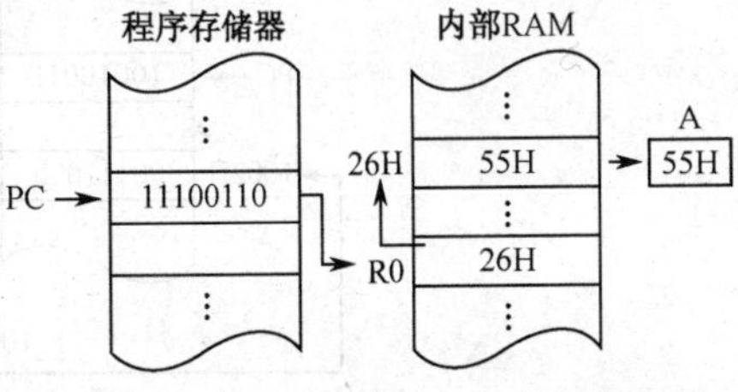

图 4-8　MOV　A，@R0 指令执行示意图

【例 4-4】用 P1 口的输出结果来说明寄存器间接寻址方式的操作过程，通过仿真电路实验，观察 CPU 寄存器和数据存储器的数据结果，同时验证指令的功能。

指令仿真程序：

```
ORG  0000H
MOV  26H, #55H
MOV  R0, #26H
MOV  A, @R0
MOV  P1, A
END
```

仿真结果：仿真电路如图4-9所示。打开单片机CPU寄存器窗口，可观察到累加器（A）=55H、（R0）=26H、P1（口）=55H；在数据存储器窗口中（00H）单元地止中存放的是R0的值，（26H）=55H；而P1口输出的是26H单元的数据。

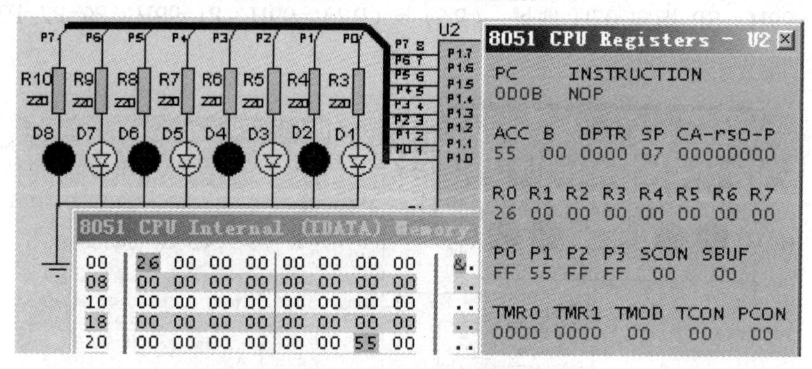

图4-9　指令仿真图

4.2.5　变址寻址

变址寻址是指将基址寄存器DPTR或PC的内容为基本地址与变址寄存器A（也称偏移量寄存器）的内容相加，相加所得结果作为操作数的地址。变址寻址只能对程序存储器中的数据进行寻址操作，并且只有读操作而无写操作。该类寻址方式主要用于查表操作。

指令格式：

MOVC　A，@A+DPTR　　；将累加器A（称为变址寄存器）和基址寄存器DPTR的内容相加，相加结果作为操作数存放的地址，再按照该地址将操作数取出来送到累加器A中。

例如，设累加器（A）=02H，（DPTR）=1000H，程序存储器ROM中，1002H单元的内容是38H，则指令MOVC　A，@A+DPTR的执行结果是累加器A的内容为38H，该指令的执行过程如图4-10所示。

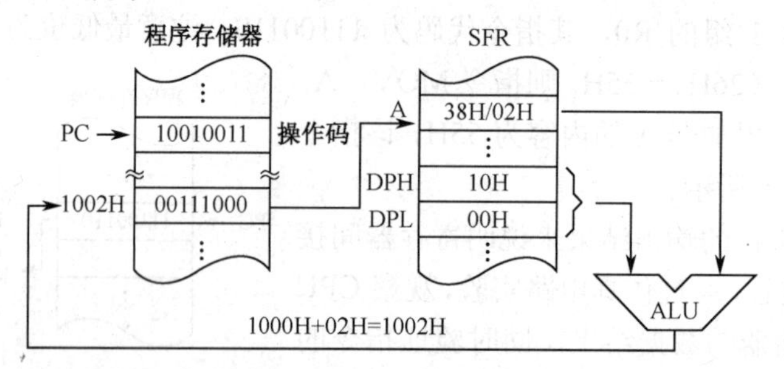

图4-10　MOVC　A，@A+DPTR指令执行示意图

【例 4-5】通过仿真电路实验，验证变址寻址 MOVC　A，@A+DPTR 指令的功能。

指令仿真程序：

```
ORG  0000H
MOV  DPTR，#1000H
MOV  A，#02H
MOV  P2，A
MOVC  A，@A+DPTR
MOV  P1，A
SJMP  $
ORG  1000H
DB  00H，28H，38H
END
```

仿真结果：仿真电路如图 4-11 所示。打开单片机 CPU 寄存器窗口和源代码调试窗口，可观察到 PC 指针指向程序存储器地址 000AH；累加器（A）=38H（当前值）、（DPTR）=1000H（对其赋值）、（PSW.0）=1（累加器 A 中“1”的个数为奇数）；P1 口输出 38H，P2 口为 A 的初始赋值 02H。

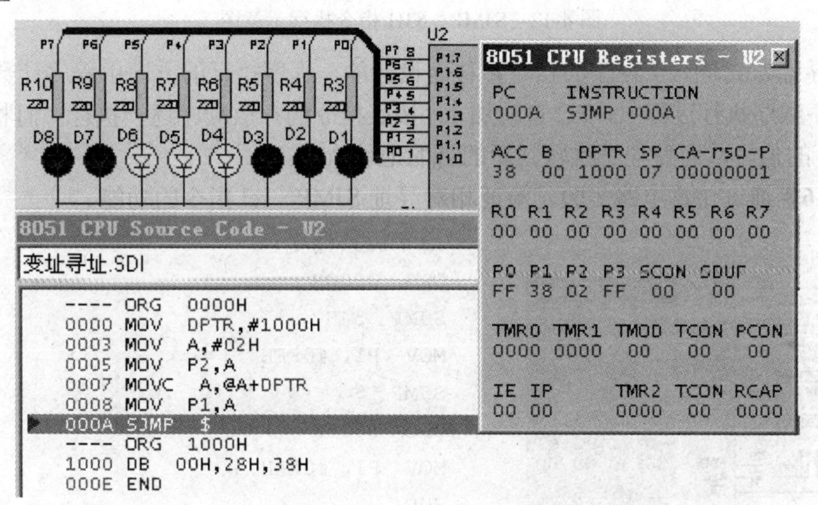

图 4-11　变址寻址指令仿真图

若将指令 MOV　A，#02H 改为 MOV　A，#01H，运行仿真电路，判断或验证输出结果，并分析原因。

又如：MOV C　A，@A+PC

其中，A 作为偏移量寄存器（称为变址寄存器）；PC 作为基址寄存器；A 中内容为无符号数和 PC 相加，从而得到其真正的操作数地址。

4.2.6　相对寻址

相对寻址是由程序计数器 PC 提供的基准地址与指令中提供的偏移量 rel 相加，得到程序转移的地址，从而实现程序的转移。与变址方式不同，该偏移量有正、负号，在该机器指令中必须以补码形式给出，所转移的范围为相对于当前 PC 值的−128～+127 之间。

例如，指令 SJMP　63H 执行的操作是将 PC 当前的内容与 63H 相加，结果再送回 PC 中，成为下一条将要执行指令的地址。

设指令 SJMP　63H 的机器码 80H　63H 存放在 1000H 开始处，当执行到该指令时，先从 1000H 和 1001H 单元取出指令，PC 自动变为 1002H；再将 PC 的内容与操作数 63H 相加，形成目标地址 1065H，再送回 PC，使得程序跳转到 1065H 单元继续执行。该指令的执行过程如图 4-12 所示。

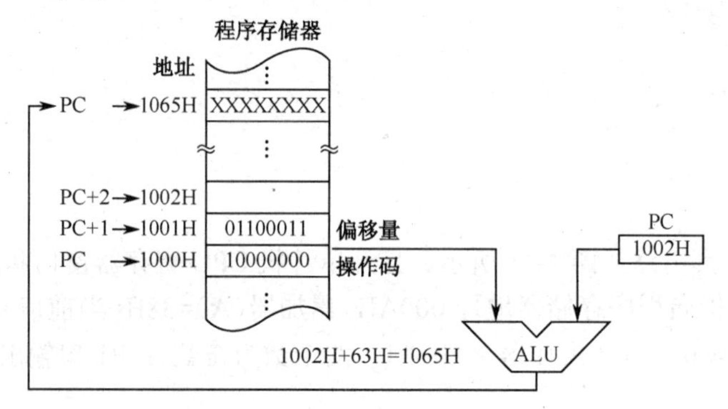

图 4-12　SJMP　63H 指令执行示意图

相对寻址方式是为了程序的相对转移而设计的，程序执行的方向由程序计数器 PC 确定，在程序顺序执行过程中，PC 自动加 1，按照指令的存放顺序逐一执行；而相对寻址中会修改 PC 的值，从而使程序跳转到新的目的地址执行。

【例 4-6】通过仿真电路实验，验证相对寻址 SJMP　rel 指令的功能。

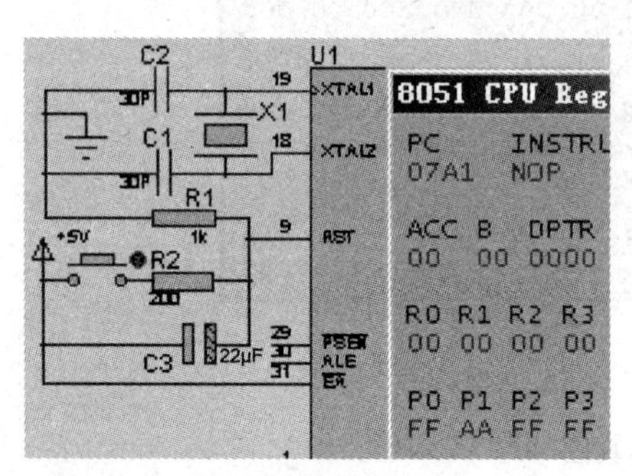

图 4-13　指令仿真图

指令仿真程序：

```
ORG  0000H
SJMP  54H
MOV  P1, #0FFH
SJMP  $
ORG  0056H
MOV  P1, #0AAH
END
```

当程序执行了相对寻址指令后，将转移到 0056H 处执行后续的指令，仿真结果如图 4-13 所示。

4.2.7　位寻址

位寻址是指按位进行的寻址操作。在 MCS-51 单片机中，上述介绍的 6 种寻址方式都是按字节进行的寻址操作。当我们把某一单元地址的某一位作为操作数时（二进制数的某一位），这个操作数的地址称为位寻址。位寻址区是在内部 RAM 中的两个区域：

① 在内部 RAM 中共 16 个单元的位寻址区，地址范围是 20H～2FH，每个单元为 8 位，共计 128 个位，位地址为 00H～7FH，可以按位进行操作。对这 128 个位有两种指令格式表示方式。

位地址表示方式：

例如：SETB 3DH　　；将内部RAM位寻址区中（单元地址为27H）的3DH位置1。
　　　CLR 25H　　；将内部RAM位寻址区中（单元地址为24H）的25H位清0。单元地址加位的方式（点操作符写法）。

例如：SETB 27H.5　；将内部RAM位寻址区中（单元地址为27H）的3DH位置1。
　　　MOV C，P1.0　；将P1.0的状态传送到C。
　　　SETB 20H.6　；将20H单元的第6位置1。

② 特殊功能寄存器SFR中的11个寄存器可以位寻址，包括83个位（相关内容可参见有关章节中位地址定义的内容）。对这些位在指令中有如下4种表示方法：

直接使用位地址：

例如：MOV C，0D0H　　；将程序状态字寄存器的D0位送到累加器C中

点操作符表示法：

例如：MOV C，0D0H.0

位名称表示法：

例如；MOV C，P

专用寄存器符号与点操作符表示法：

例如：MOV C，PSW.0

以上4个例子中给出了4种不同的位地址表示方法，它们表示的是同一个位地址PSW寄存器中的第0位。

例如：MOV C，07H

该指令属于位寻址指令，功能是将内容RAM 20H单元的D7位（位地址为07H）的内容传到位累加器C（Cy）中，该指令的执行过程如图4-14所示。

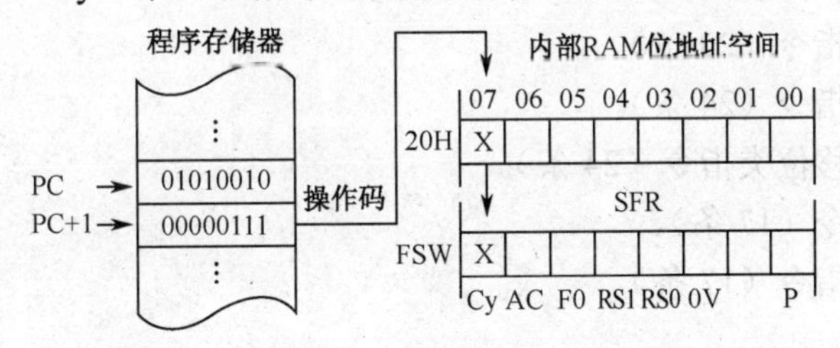

图4-14　MOV　C，07H指令执行示意图

【例4-7】若要将07H位的数据传送给C，可先将07H位送数据（送“1”），然后再用位传送指令来实现。通过仿真电路实验，验证指令的功能。

指令仿真程序：

```
ORG  0000H
SETB  07H
MOV  P2, 20H
MOV  C, 07H
MOV  P3, PSW
END
```

仿真结果：仿真电路如图4-15所示。打开单片机CPU寄存器窗口和数据存储器窗口，可观察到07H这一位被置“1”，即（20H）=80H，P2口输出的是20H单元的内容，最高位为07H位；07H这一位送给C，结果（PSW.7）=1，P3口输出的是PSW的内容，最高

位为 CY 位，结果显示 07H 位的内容已传送给 C 中。

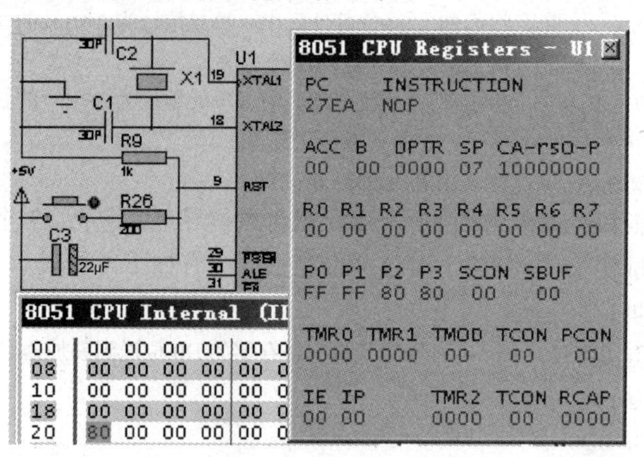

图 4-15　指令仿真图

4.3　指令系统

指令是计算机根据人们的要求来完成某项操作的命令，使用不同的指令具有不同的操作功能。对于不同内核的单片机都有自己独特的指令系统，掌握指令系统是学习和使用单片机的基础。MCS-51 指令系统有 42 种助记符，代表了 33 种功能，按指令的功能，MCS-51 指令系统可分为下列 5 类：

① 数据传送类指令（29 条）。

② 算术运算类指令（24 条）。

③ 逻辑运算及移位类指令（24 条）。

④ 位操作类指令（17 条）。

⑤ 控制转移类指令（17 条）。

4.3.1　数据传送类指令

数据传送指令是 MCS-51 单片机汇编语言程序设计中使用最频繁的指令，主要是对单片机系统的内部和外部资源赋值，其中包括数据传送指令、数据交换指令和堆栈操作指令。数据传送操作是指将数据从源地址传送到目的地址，源地址内容不变。

1．内部 RAM 和 SFR 间的传送指令 MOV

MOV 指令的有 4 种寻址方式：立即寻址、寄存器寻址、寄存器间接寻址和直接寻址。指令基本格式；

```
MOV  目的操作数，源操作数
```

功能：将第二操作数指定的字节内容传送到第一操作数指定的单元中，不影响源操作数字节，不影响任何别的寄存器或标志。数据传送类指令共有 15 种寻址方式的组合。

根据选择的目的操作数，MOV 指令可分为以下几种类型。

（1）以累加器 A 为目的地址的传送类指令（4 条）

指令助记符及说明：

操 作 码	目的操作数	源 操 作 数	机器码（B）	功 能 说 明	寻 址 方 式
MOV	A，	#data	01110100 data	；（A）←data	立即数寻址
MOV	A，	direct	11100101 direct	；（A）←（direct）	直接寻址
MOV	A，	Rn（n=0～7）	11101rrr（rrr=00～111）	；（A）←（Rn）	寄存器寻址
MOV	A，	@Ri	1110011i（i=0，1）	；（A）←（(Ri)）	寄存器间接寻址

这类指令的功能是将源操作数送到目的操作数累加器 A 中，并且传送指令的结果均影响程序状态字寄存器 PSW 的 P 标志。

例如：已知指定的单元内容为（31H）=10H、（R0）=30H、（30H）=38H，请指出每条指令执行后 A 内容的结果。

① MOV　A，#20H　　　；将立即数 20H 送到累加器 A 中

② MOV　A，31H　　　；将 31H 单元的内容送到累加器 A 中

③ MOV　A，R0　　　；将 R0 的内容送到累加器 A 中

④ MOV　A，@R0　　　；将 R0 所指的存储单元的内容送到累加器 A 中

解：① MOV　A，#20H 执行后 A=20H。

② MOV　A，31H 执行后 A=10H。

③ MOV　A，R0 执行后 A=30H。

④ MOV　A，@R0 执行后 A=38H。

将源操作数送到目的操作数累加器 A 的传送指令图如图 4-16 所示。

图 4-16　传送指令图

【例 4-8】若（30H）=10H、（29H）=38H，通过仿真电路，执行以下每条指令，分别验证单片机片内存放在寄存器中内容。

指令仿真程序：

```
ORG  0000H
MOV  31H, #10H
MOV  30H, #38H
MOV  A, 31H
MOV  P1, A
MOV  R0, #30H
MOV  A, R0
MOV  P2, A
MOV  A, @R0
MOV  P3, A
SJMP  $
END
```

仿真结果：仿真电路如图 4-17 所示，I/O 口用白色表示“1”高电平、黑色表示“0”低电平。打开单片机 CPU 寄存器窗口，可观察到 PC 在 0012H 地址处等待；（A）=38H（当前

值），（R0）=30H、同时将30H通过A从P2输出；P1口输出的是10H，即31H单元存放的10H立即数先到A，由A再送到P1口显示；P3口的输出38H、即输出（30H）的内容。

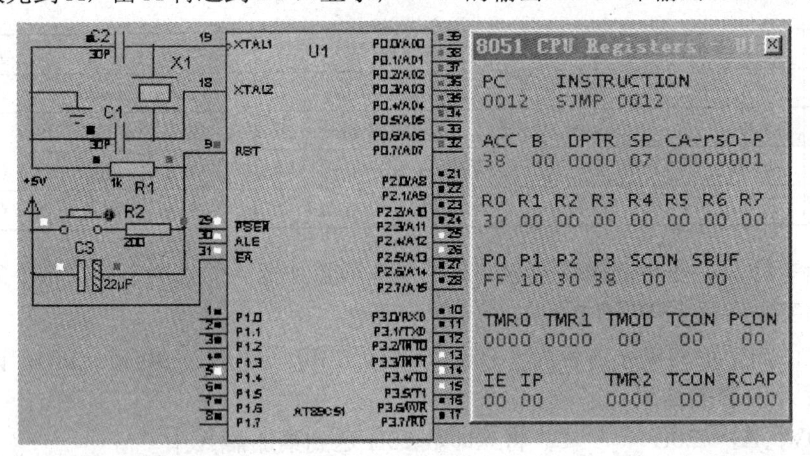

图4-17 指令仿真图

（2）以Rn为目的地址的传送类指令（3条）

指令助记符及说明

操 作 码	目的操作数	源 操 作 数	机器码（B）	功 能 说 明	寻 址 方 式
MOV	Rn，（n=0～7）	#data	01111rrr data （rrr=000～111）	；（Rn）←data	立即数寻址
MOV	Rn，（n=0～7）	direct	10101rrr direct （rrr=000～111）	；（Rn）←（direct）	直接寻址
MOV	Rn，（n=0～7）	A	11111rrr （rrr=000～111）	；（Rn）←（A）	寄存器寻址

这类指令的功能是将源操作数的内容送到指定的工作寄存器Rn中，即R0～R7中的任意一个。而Rn寄存器相互之间不能直接传送数据。以上传送指令的结果不影响程序状态字寄存器PSW标志。

（3）以直接地址为目的地址的传送类指令（5条）

指令助记符及说明

操 作 码	目的操作数	源 操 作 数	机器码（B）	功 能 说 明	寻 址 方 式
MOV	direct，	#data	01110101 direct data	；（direct）←（data）	立即数寻址
MOV	directY，	directX	10000101 directY directX	；（directY）←（directX）	直接寻址
MOV	direct，	A	11111010 direct	；（direct）←（A）	寄存器寻址
MOV	direct，	Rn（n=0～7）	10001rrr direct（rrr=000～111）	；（directX）←（Rn）	寄存器寻址
MOV	direct，	@Ri	1000011i（i=0，1）	；（directX）←（（Ri））	寄存器间接寻址

这类指令的功能是将源操作数的内容送到由直接地址direct所指定的片内RAM中。directX、directY或direct是指片内RAM的00H～7FH区域中任意单元。传送指令的结果不影响程序状态字寄存器PSW标志。

【例4-9】若（R0）=51H、（51H）=99H，通过仿真电路，执行以下指令，从I/O口和数据存储器输出的结果，并分别验证每条指令的执行过程。

指令仿真程序：

```
ORG  0000H
MOV  R0，#51H
MOV  51H，#99H
MOV  50H，#66H
MOV  R1，50H
MOV  P1，R1
MOV  0A0H，@R0
MOV  52H，R1
MOV  P3，52H
SJMP  $
END
```

仿真结果如图 4-18 所示，打开单片机 CPU 寄存器窗口可观察到 R0、R1 和 I/O 口的数据。打开数据存储器窗口可观察到（00H）=51H、（01H）=66H，这两地址是 R0 和 R1 的地址空间；（50H）=66H、（51H）=99H、（52H）=66H 表示这些地址存放的数据。

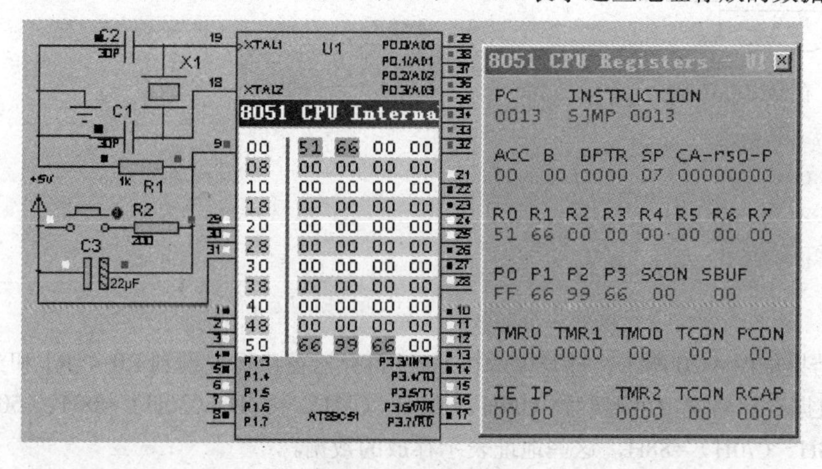

图 4-18　指令仿真图

其中，MOV　0A0H，@R0 指令与执行 MOV　P2，@R0 的结果是相同的。因为特殊功能寄存器 P2 的地址就是 A0H。

（4）以寄存器间接地址为目的地址的传送类指令（3 条）

指令助记符及说明

操 作 码	目的操作数	源 操 作 数	机器码（B）	功 能 说 明	寻 址 方 式
MOV	@Ri	#data	0111010i data （i=0，1）	；（Ri）←data	立即数寻址
MOV	@Ri	direct	1110011i direct	；（Ri）←（direct）	直接寻址
MOV	@Ri	A	1111011i	；（Ri）←（A）	寄存器寻址

这类指令的功能是将源操作数的内容送到由 R0 或 R1 的内容所指定的地址中去。传送指令的结果不影响程序状态字寄存器 PSW 标志。

例如：设（50H）=30H、（30H）=88H，请指出下列指令执行后各单元内容的变化情况。

① MOV　R1，50H

② MOV　70H，@R1
③ MOV　60H，70H
④ MOV　@R0，60H
解：① MOV　R1，50H　　执行后 R1=30H。
② MOV　70H，@R1　　执行后（70H）=88H。
③ MOV　60H，70H　　执行后（60H）=88H。
④ MOV　@R0，60H　　执行后 R0=88H。

存器间接寻址示意如图 4-19 所示。

内部RAM
70H 88H
R0 88H 60H 88H 指令(3)
指令(4)
R1 30H 50H 30H
指令(1)
30H 88H 指令(2)

图 4-19　存器间接寻址

【例 4-10】若（50H）=30H、（30H）=88H，通过仿真电路，执行以下指令，从单片机 I/O 口、CPU 寄存器和数据存储器的输出结果，分别验证每条指令的执行过程。

指令仿真程序：

```
ORG  0000H
MOV  30H，#88H
MOV  50H，#30H
MOV  R1，50H
MOV  P1，R1
MOV  70H，@R1
MOV  60H，70H
MOV  P2，60H
MOV  @R0，60H
MOV  P3，R0
END
```

仿真结果如图 4-20 所示，打开单片机 CPU 寄存器窗口可观察到 R0 、R1 和 I/O 口的数据。打开数据存储器窗口可观察到（00H）=88H、（01H）=30H；（30H）=88H、（50H）=30H、（60H）=88H、（70H）=88H，这些地址表示存放的数据。

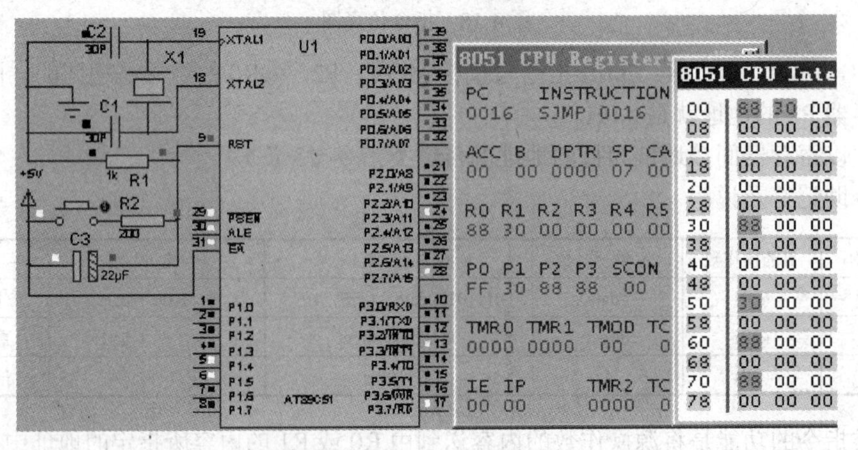

图 4-20　指令仿真图

2．外部数据存储器与累加器 A 传送类指令（4 条）

为了区别单片机内部数据传送指令 MOV，用 MOVX 助记符表示外部数据存储器的传送指令。MOVX 指令主要用于累加器 A 和外部扩充的 RAM 或扩展 I/O 口进行数据传送。这种传送指令有两种寄存器间接寻址方式。

① 用 R1 或 R0 进行寄存器间接寻址。这种方式能访问外部数据存储器（或 I/O 口）256 字节中的一个字节。若要访问更大的空间，需使用 P2 口输出高 8 位地址，此时需先给 P2 和 Ri 赋值，然后执行 MOVX 指令。

② 当用 DPTR 作为间接寻址的寄存器时，外部数据存储器的寻址范围可达 64 KB。

指令及助记符说明

操 作 码	目的操作数	源 操 作 数	机器码（B）	功 能 说 明	寻 址 方 式
MOVX	A	@DPTR	11100000	；(A) ← ((DPTR))	寄存器间接寻址
MOVX	A	@Ri	1110001i（i=0，1）	；(A) ← ((Ri))	寄存器间接寻址
MOVX	@Ri	A	1110001i	；((Ri)) ← (A)	寄存器寻址
MOVX	@DPTR	A	11110000	；((DPTR)) ← (A)	寄存器寻址

以上传送指令结果（未注明的）通常影响程序状态字寄存器 PSW 的 P 标志。

例如：设 P2=20H，现将 A 中数据存储到 20FEH 单元中。

程序方法一：

```
MOV  R1，#0FEH          ；R1←FEH
MOVX  @R1，A            ；(20FEH) ←A
```

程序方法二：

```
MOV  DPTR，#20FEH       ；(DPTR) ←20FEH
MOVX  @DPTR，A          ；(20FEH) ←A
```

这两种程序方法执行结果是一样的。

例如：将外部数据存储器 2020H 单元中的数据传送到外部数据存储器 2360H 单元中去。

解：

```
MOV  DPTR，#2020H
MOVX  A，@DPTR          ；先将 2020H 单元的内容传送到累加器 A 中
MOV  DPTR，#2360H
MOVX  @DPTR，A          ；再将累加器 A 中的内容传送到 2360H 单元中
```

3．查表类指令（2 条）

这两条指令采用变址寻址，以基址寄存器 PC 的当前值或 DPTR 中的内容为基地址，以累加器 A 为变址寄存器，基址寄存器与变址寄存器内容相加得到程序存储器某单元的 16 位地址值，通过 MOVC 指令将该存储单元的内容传送到累加器 A 中。

指令及助记符说明

操 作 码	目的操作数	源 操 作 数	机器码（B）	功 能 说 明	寻 址 方 式
MOVC	A	@A+PC	10000011	；(A) ← ((A) + (PC) +1)	变址寻址
MOVC	A	@A+DPTR	10010011	；(A) ← ((A) + (DPTR))	变址寻址

这两条指令主要用于查找存放在程序存储器表格中的数据，即完成从程序存储器读取数据的功能，因此，又称为查表指令。但由于这两条指令使用的基址寄存器不同，其适用

范围也不同。

第一条指令以PC作为基址寄存器，当CPU读取本条指令操作码后，PC会自动加1，并指向下一条指令的第一个字节地址，此时作为基址寄存器的PC已不是原值，而是PC+1。另外累加器A中的内容为8位无符号整数，这就使得本指令查表范围只能在以PC当前值开始后的256个字节范围内，使表格地址空间分配受到限制。执行该指令时，先将表首地址与查表指令的下一条指令地址之差再和A中的内容相加即可作为偏移量。

第二条指令的基址寄存器为数据指针DPTR，是一个16位的基址寄存器。由于DPTR的内容可赋不同的值，使得该指令范围较为广泛，表格常数可设置在64KB程序存储器的任何地址空间。

4．16位数据传送指令（1条）

指令助记符及说明

操作码	目的操作数	源操作数	机器码（B）	功能说明	寻址方式
MOV	DPTR	#data16	10010000 data15～8 data7～0	；（DPTR）←data16	立即数寻址

该条指令的功能是把16位立即数送入DPTR特殊功能寄存器中。而16位的数据指针DPTR由DPH与DPL组成，该指令执行后，16位立即数的高8位送入DPH中，低8位送入DPL中。传送指令的结果不影响程序状态字寄存器PSW标志。

5．数据交换类指令（5条）

交换指令对数据做双向传送，传送的双方互为源地址、目的地址。数据交换指令包括字节交换指令和半字节交换指令。

（1）字节交换指令

指令及助记符说明

操作码	目的操作数	源操作数	机器码（B）	功能说明	寻址方式
XCH	A	direct	11000101 direct	；（A）↔（direct）	直接寻址
XCH	A	Rn	11001rrr	；（A）↔（Rn）	寄存器寻址
XCH	A	@Ri	1100011i （i=0，1）	；（A）↔（（Ri））	间按寻址

执行上述指令后，累加器A中的内容与第二操作数所指定的直接寻址、工作寄存器或间接寻址的单元内容互相交换。

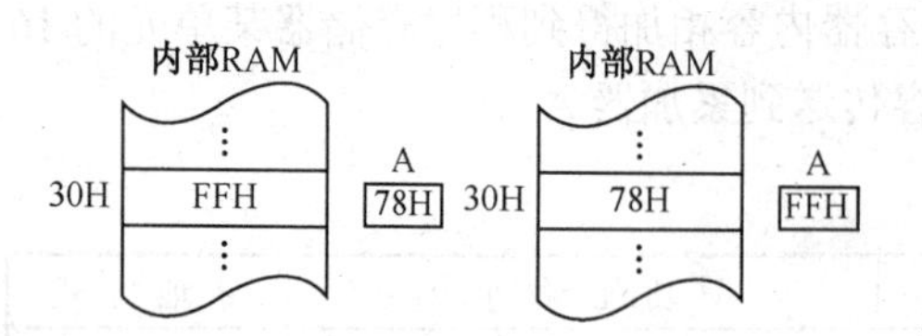

图4-21　XCH　A，30H指令执行过程示意图

例如：设（A）= 78H、（30H）= FFH，则执行指令

XCH　A，30H

结果：（A）= FFH、（30H）= 78H，从而实现了累加器A与内部RAM中30H单元的数据交换。该指令的执行过程如图4-21所示。

例如：设（A）= 78H、（38H）= FFH，（R1）= 38H则执行指令

XCH　A，@R1

结果：（A）= FFH、（38H）= 78H，从而实现了累加器A与内部数据存储器RAM中

38H单元的数据交换。

2）半字节交换指令

指令及助记符说明

操 作 码	目的操作数	源 操 作 数	机器码（B）	功 能 说 明	寻 址 方 式
XCHD	A	@Ri	1101011i（i=0，1）	；（A）↔（（Ri））	变址寻址

该指令将累加器A的低4位和寄存器间接寻址的内部RAM单元的低4位交换，高4位内容不变，不影响标志位。

例如：设（A）= 99H、（30H）= 66H、R0 = 30H，则执行指令

XCHD　A，@R0

结果：（A）= 96H、（30H）= 69H。

（3）累加器A中高4位与低4位交换指令

SWAP　A

执行该指令，累加器A中的高4位与低4位的内容互换，其结果仍存放在累加器A中。

例如：设（A）= 93H（10010110B），则执行指令SWAP　A后，结果：

（A）= 39H（01101001B）。

【例4-11】 设（30H）= 36H、（A）= 97H，通过仿真实验，先对这两个数据进行半字节交换；然后再实现A高低4位的互换。

指令仿真程序：

```
ORG  0000H
MOV  30H，#36H
MOV  A，#97H
XCH  A，30H
MOV  P1，A
MOV  R0，#30H
XCHD  A，@R0
MOV  P2，A
SWAP  A
MOV  P3，A
END
```

仿真结果如图4-22所示，当单片机执行了程序后，30H单元中的数据为69H。而高低4位互换也得到验证。

6．堆栈操作指令

堆栈操作指令有压入（PUSH）和弹出（POP）2条指令。

压入指令：PUSH　direct　　；（SP）←（SP）+1，（（SP））←（direct）

弹出指令：POP　　direct　　；（direct）←（（SP）），（SP）←（SP）-1

上述两条指令完成两种基本堆栈操作。堆栈中的数据以“后进先出”的方式处理，这种“后进先出”的原则是由堆栈指针SP来控制，SP用来自动跟踪栈顶地址。因为单片机堆栈编址采用向上生成方式，即栈底占用较低地址，栈顶占用较高地址，所以，入栈操作

是先将堆栈指针加 1，指向栈顶的上一个空单元，然后将直接寻址单元的内容压入到这个空单元中；出栈操作是弹出栈顶内容到直接寻址单元中，然后堆栈指针减 1，形成新的堆栈指针。

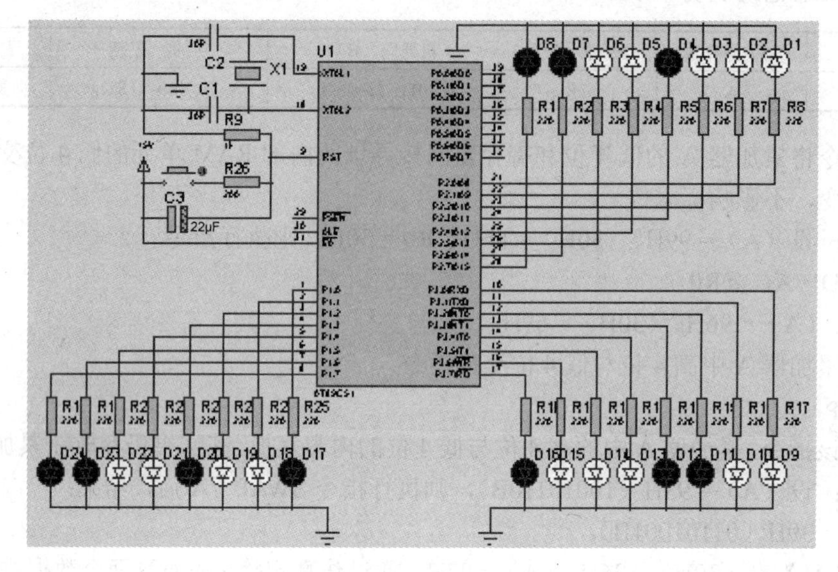

图 4-22　指令仿真图

用户可以设定内部 RAM 中的一块专用堆栈存储区，使用时一定先设堆栈指针，否则堆栈指针为：（SP）= 07H。

堆栈操作指令通常用于临时保护数据及当程序调用时保护现场和恢复现场。

例如：设堆栈指针为 30H，将累加器 A、PSW 和 DPTR 中的内容压入，然后根据需要再将它们弹出，编写实现该功能的程序段。

```
MOV  SP，#30H          ；设置堆栈指针，SP=30H 为栈底地址
PUSH  ACC              ；保护 A 中的数据
PUSH  PSW              ；保护标志寄存器中的数据
PUSH    DPH            ；保护 DPTR 内容
PUSH    DPL
…                      ；执行服务程序
POP  DPL               ；恢复 DPTR 内容
POP  DPH
POP  PSW               ；恢复标志寄存器中的数据
POP  ACC               ；恢复 A 中的数据
```

执行上述程序后，A、PSW 和 PSW 寄存器中的数据可得到恢复。

注意：将累加器压入堆栈或弹出堆栈时，应使用 PUSH　ACC 和 POP　ACC 指令，若使用 PUSH　A 和 POP　A 指令，程序编译时会出错。

4.3.2　算术运算类指令

8051 单片机具有丰富的算术运算类指令，主要完成加、减、乘、除四则运算，以及增量、减量和二–十进制调整操作。除增量、减量指令外，大多数算术运算指令会影响到状态

标志寄存器PSW。

1．加减运算指令

加减运算中，以累加器A为第一操作数，并存放操作后的结果。第二操作数可以是立即数、工作寄存器、寄存器间接寻址字节或直接寻址字节等4种。运算结果会影响溢出标志OV、进位CY、辅助进位AC和奇偶标志P。

（1）加法指令

加法指令如下：

操 作 码	目的操作数	源 操 作 数	机器码（B）	功 能 说 明	寻 址 方 式
ADD	A，	#data	00100100 data	；（A）←（A）+#data	立即寻址
ADD	A，	direct	00100101	；（A）←（A）+（drect）	直接寻址
ADD	A，	Rn （n=0～7）	00101rrr（rrr=000～111）	；（A）←（A）+（Rn）	寄存器寻址
ADD	A，	@Ri	0010011i（i=0，1）	；（A）←（A）+（(Ri)）	寄存器间接寻址

例如，执行指令：

```
MOV  A，#0C3H
ADD  A，#0AAH
```

两个数据的运算结果为：

```
    11000011
 +  10101010
 ------------
  1 01101101
```

请分析运算结果：CY=___？，OV=___？，AC=___？，P=___？，（PSW）=___H，（A）=___H。

【例4-12】设（A）=C3H，用AAH与A的内容相加，结果为何？影响到状态标志寄存器PSW的哪位？

指令仿真程序：

```
ORG  0000H
MOV  A，#0C3H          ；将C3H送给A
MOV  P1，A             ；将A的内容送P1口
ADD  A，#0AAH          ；将A的内容与AAH相加送回A
MOV  P3，A             ；将A的内容送P3口
MOV  P2，PSW           ；将PSW的内容送P2口
END
```

仿真结果如图4-23所示，当单片机执行了程序后，P1口显示的是累加器A的初值，当执行了ADD指令后，累加器A的值为两个立即数的和，ACC= 6DH（即P3口的值）。而PSW的状态为10000101B（P2口= 85H），其中，CY（PSW.7）= 1说明在加法运算中最高位有进位、OV（PSW.2）= 1说明累加器A产生了溢出、P（PSW.0）= 1说明在加法运算中有奇数个“1”。

例如，执行指令：

```
   00100011        MOV  A，#23H
 + 01011010        ADD  A，#5AH
 ----------
   01111101
```

运算结果：CY=0，OV=0，AC=0，P=0，（PSW）=00H，（A）=7DH。

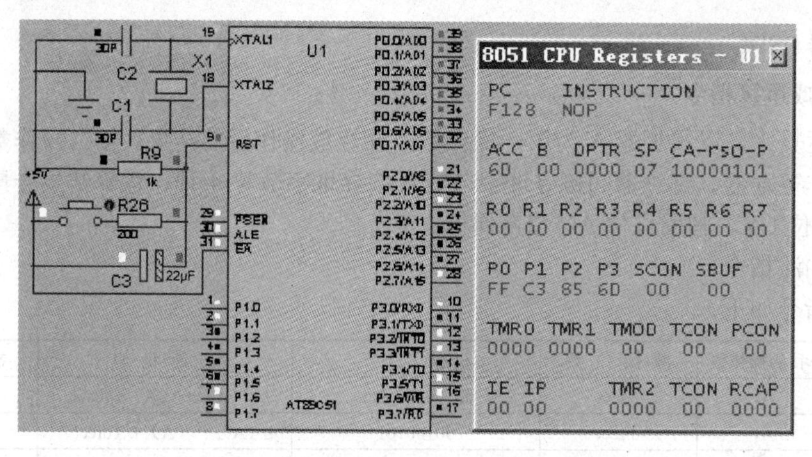

图 4-23　ADD　A，#0AAH 指令仿真图

溢出标志 OV 取决于带符号数进行运算时，和结果的第 6、7 位中有一位产生进位而另一位不产生进位，则使 OV 置 1，否则 OV 被清 0。OV＝1 表示两正数相加、和变成负数，或两负数相加、和变成正数的错误结果（即有正负的两个数进行运算时，结果超出了−128～+127）。

（2）带进位加法指令

带进位加法指令如下：

操　作　码	目的操作数	源 操 作 数	机器码（B）	功 能 说 明	寻 址 方 式
ADDC	A	#data	00110100 data	；（A）←（A）+#data+（C）	立即寻址
ADDC	A，	direct	00110101 direct	；（A）←（A）+（drect）+（C）	直接寻址
ADDC	A，	Rn	00111rrr（rrr=000～111）	；（A）←（A）+（Rn）+（C）	寄存器寻址
ADDC	A，	@Ri	0011011i	；（A）←（A）+（(Ri)）+（C）	寄存器间接寻址

带进位加法指令与加法指令的区别仅为考虑进位位，其他与加法指令相同。

【例 4-13】 设（A）＝0AAH，（R1）＝55H，C＝1，若执行 ADDC 指令，则

```
ADDC  A，R1
```

采用仿真实验，验证指令执行结果。

指令仿真程序：

```
  10101010
  01010101
+        1
-----------
[1]00000000
```

```
ORG  0000H
MOV  A，#0AAH
MOV  R1，#55H
SETB  C
MOV  P0，PSW
MOV  P1，A
ADDC  A，R1
MOV  P2，A
MOV  P3，PSW
SJMP  $
END
```

仿真结果如图4-24所示，当单片机执行了程序后，打开单片机CPU寄存器窗口，PC＝0010H（程序计数器执行到此等待）、（R1）＝55H；P0口＝80H（显示进位标志为“1”）、P1口＝AAH（显示A的初值）；ACC＝00H或P2口＝00H（显示运算后A的值）；（PSW）＝11000000B或P3口＝C0H，其中，CY（PSW.7）＝1说明在加法运算中最高位有进位、AC（PSW.6）＝1说明在加法运算中低4位向高4位进位。

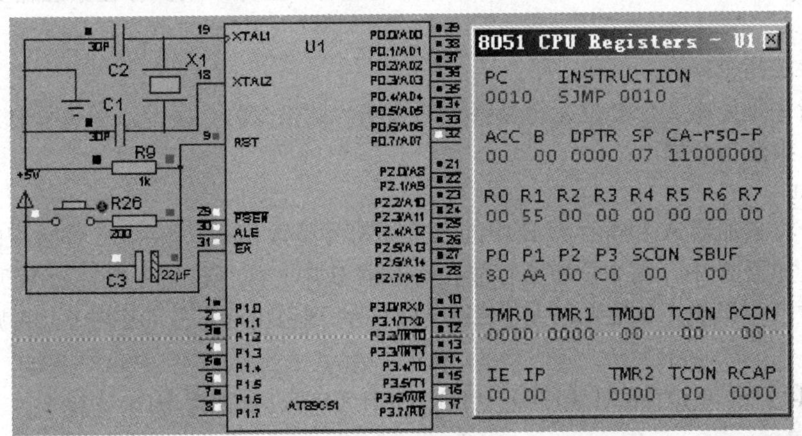

图4-24　指令仿真图

例如：设（A）=35H，（30H）=21H，C=0，则执行指令

ADDC　A，30H

运算结果：CY=0，OV=0，AC=0，（A）=56H

（3）带借位减指令

带借位减指令如下：

操　作　码	目的操作数	源 操 作 数	机器码（B）	功 能 说 明	寻 址 方 式
SUBB	A	#data	10010100 data	；（A）←（A）-#data-（C）	立即寻址
SUBB	A，	direct	10010101 direct	；（A）←（A）-（direct）-（C）	直接寻址
SUBB	A，	Rn	10011rrr　(rrr=000～111)	；（A）←（A）-（Rn）-（C）	寄存器寻址
SUBB	A，	@Ri	1001011i　(i=01)	；（A）←（A）-（(Ri)）-（C）	寄存器间接寻址

在加法中，CY＝1表示有进位，CY＝0表示无进位；在减法中，CY＝1则表示有借位，CY＝0表示无借位。

OV＝1表示带符号数相减时，从一个正数中减去一个负数得出了一个负数或从一个负数中减去一个正数时得出一个正数的错误情况。和加法类似，该标志也是由运算时，差的第6、7位两者借位状态经异或操作而得。

由于减法只有带借位减一条指令，所以在首次进行单字节相减时，须先清借位位，以免相减后结果出错。

例如：设（36H）＝0BAH，（37H）＝98H，请编写36H内容减去37H内容后，结果存入38H单元的程序。

```
MOV  A，36H            ；将36H单元内容送到A
CLR  C                 ；进位位C清0
```

```
SUBB  A, 37H         ; 将A内容减37H单元内容再减进位位，结果送到A
MOV  38H, A          ; 将A内容存入38H单元
```

执行上述程序后，(38H) =22H，CY=0，OV=0。

2．乘除运算指令

乘除运算指令在累加器A和寄存器B之间进行，运算结果保存在累加器A和寄存器B中。

（1）乘法指令

乘法指令是完成2个8位无符号整数的乘法，此指令为一字节，但执行时需用到4个机器周期。乘法指令如下：

```
MUL  AB
```

该指令将累加器A和寄存器B中的8位无符号整数相乘，得到16位乘积的低8位字节存放在累加器A中，高8位字节存放在寄存器B中。执行该指令将对PSW中CY、OV和P标志位产生影响：如果乘积大于255（FFH），则溢出标志位OV置1，否则清0；CY总是清0。

【例4-14】 设（A）=82H（130），（B）=38H（56），执行指令：

```
MUL  AB
```

指令仿真程序：

```
ORG  0000H
MOV  A, #82H          ; 被乘数送A
MOV  B, #38H          ; 乘数送B
MUL  AB               ; 相乘，积的低8位送A、高8位送B
SJMP  $
END
```

仿真结果如图4-25所示，当单片机执行了程序后，乘积为1C70H（7280）。打开单片机CPU寄存器窗口，PC=0006H（程序计数器执行到此等待），（A）=70H（存放A的结果），（B）=1CH（存放B的结果），OV（PSW.2）=1说明累加器A产生了溢出、P（PSW.0）=1说明在加法运算中有奇数个“1”。

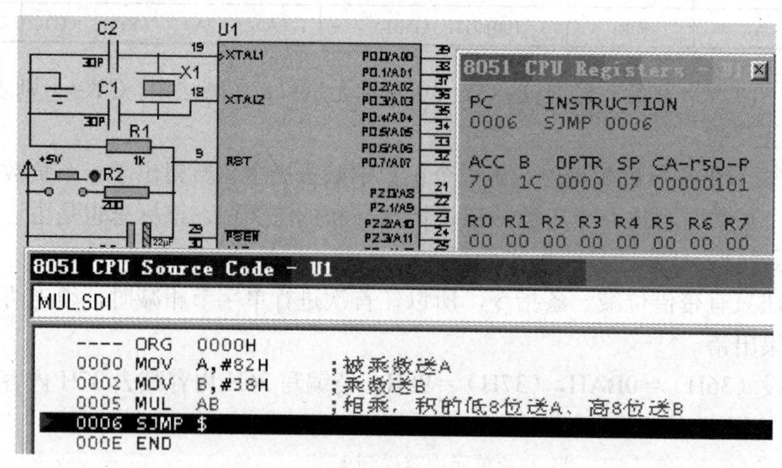

图4-25　指令仿真图

2）除法指令

除法指令也是一字节指令，执行时需用到4个机器周期。除法指令如下：

```
DIV  AB
```

该指令将累加器A中的8位无符号整数除以寄存器B中8位无符号整数，所得商放在累加器A中，余数存在寄存器B中，标志位CY和OV均清0。

若除数（B中内容）为00H，则执行后结果为不定值，并置位溢出标志OV。

例如，设累加器内容为147（93H），B寄存器内容为13（0DH），则执行命令：

```
DIV  AB
```

执行结果：（A）=0BH，（B）=04H，OV=0，CY=0

3．增量、减量指令

增量指令INC完成加1运算，减量运算DEC完成减1运算。这两条指令均不影响标志位。

（1）增量指令

增量指令如下：

```
INC  A              ;(A) ← (A) +1
INC  direct         ;(direct) ← (direct) +1
INC  @Ri            ;((Ri)) ← ((Ri)) +1
INC  Rn             ;(Rn) ← (Bn) +1
INC  DPTR           ;(DPTR) ← (DPTR) +1
```

INC指令将所指出的变量加1，结果送回原地址单元，原来内容若为0FFH，加1后将变成00H，运算结果不影响任何标志位。指令共使用3种寻址方式：寄存器寻址、直接寻址或寄存器间接寻址。

例如，设（A）=28H，（R0）=61H，内部数据RAM中（60H）=0A0H，（61H）=0FFH，则执行指令：

```
INC  A              ；A的内容加1
INC  60H            ；60H单元中的内容加1
INC  @R0            ；R0指定的地址单元的内容加1
```

执行结果：（A）=29H，（60H）=0A1H，（61H）=00H。

（2）减量指令

减量指令如下：

```
DEC  A              ;(A) ← (A) -1
DEC  direct         ;(direct) ← (direct) -1
DEC  @Ri            ;((Ri)) ← ((Ri)) -1
DEC  Rn             ;(Rn) ← (Rn) -1
```

上述指令将指定变量减1，结果送回原地址单元，原地址单元内容若为00H，减1操作后变成0FFH，不影响任何标志位。

例如，设A=28H，R0=61H，内部数据RAM中（60H）=0A0H，（61H）=0FFH，则执行指令：

```
DEC  A              ；A的内容减1
DEC  60H            ；60H单元中的内容减1
```

```
DEC  @R0          ；R0 指定的地址单元的内容减 1
```

执行结果：（A）=27H，（60H）=9FH，（61H）=0FEH。

4．十进制（BCD 码）调整指令

BCD 码又称二/十进制码，即二进制编码的十进制码。在单片机内部使用的都是二进制，但人们通常习惯使用十进制数，因此，就要将二进制数转换为十进制数。用二进制表示的十进制称为 BCD 码，BCD 编码用 4 位二进制码表示 0～9 的十进制数，即采用 0000～1001 这十个二进制编码来代表十个十进制数符号 0～9。

当用 BCD 码十进制数进行加法运算时，其运算结果，即和不一定是十进制的 BCD 码，必须经过十进制调整指令后，才能得到压缩型的 BCD 码的和的正确值。由于指令要利用 AC、CY 等标志位才能起到正确的调整作用，因此它必须跟在加法（ADD、ADDC）指令后面使用。

调整指令如下：

```
DA  A
```

在计算机系统中十进制数字 0～9 一般可用压缩型 BCD 码表示。两个压缩型 BCD 码按二进制数相加，

该指令的调整条件和方法为：

若相加后累加器低 4 位大于 9 或半进位位 AC=1，则加 06H 修正；

若相加后累加器高 4 位大于 9 或进位位 CY=1，则加 60H 修正；

若两者同时发生或高 4 位虽等于 9 但低 4 位修正有进位，则加 66H 修正。

当执行 DA　A 指令后，CPU 根据累加器 A 的原始数据值和 PSW 的状态，由硬件自动对累加器 A 进行加 06H、60H 或 66H 的操作。

使用时应注意：DA　A 指令不能对减法进行十进制调整。

【例 4-15】若（A）=87 BCD 码，（R3）=68 BCD 码相加，相加结果调整为十进制。

由于这两个二进制数的相加结果为 EFH，所得结果并不是 BCD 码，因此接着执行一条调整指令。

```
        (A)=1000 0111    BCD:87
+      (R3)=0110 1000    BCD:68
---------------------------------------------------
和      (A)=1110 1111    BCD:EF       CY=0，AC=0
调整  (+)   0110 0110
---------------------------------------------------
           10101 0101    BCD:155      CY=1，AC=1
```

采用仿真实验，验证指令执行结果。

指令仿真程序：

```
ORG  0000H
MOV  A，#87H
MOV  R3，，#68H
ADD  A，R3
MOV  P0，A
MOV  P2，PSW
DA  A
MOV  P1，A
```

```
MOV  P3, PSW
SJMP  $
END
```

仿真结果如图 4-26 所示，当单片机执行了程序后，打开单片机 CPU 寄存器窗口，此时可以看到 PC=0010H（程序计数器执行到此等待），(A)=55H（存放两个相加并调整后 A 的结果），(SP)=07H（初值），(PSW)=11000000B 或 P3 口=C0H，其中，CY（PSW.7）=1 说明在加法运算中最高位有进位、AC（PSW.6）=1 说明在加法运算中低 4 位向高 4 位进位。(R3)=68H（赋值），P0 口=EFH（是两个 BCD 码相加的结果）、P1 口显示当前累加器 A 的结果、P2 口=01H 给出调整前 PSW 的值。

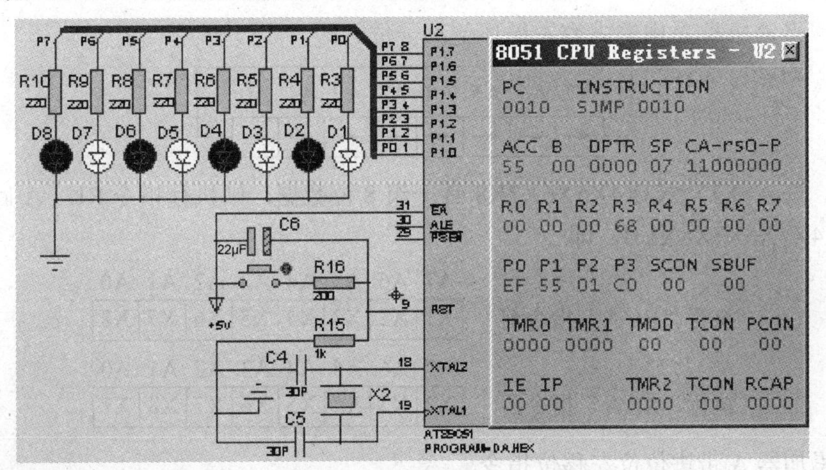

图 4-26　指令仿真图

4.3.3　逻辑运算及位移类指令

逻辑操作类指令包括逻辑与、逻辑或、逻辑异或、清除、取反、左右移位等逻辑操作，共有 24 条。按操作数可划分为单操作数和双操作数。

单操作数执行指令是对累加器 A 进行清 0、求反、左右移位等的逻辑操作，操作结果保存在累加器 A 中。

双操作数执行指令是累加器 A 和第二操作数之间进行逻辑与、或和异或操作。第二操作数可以是立即数、内部数据 RAM 某个单元和寄存器 Rn，以及特殊功能寄存器 SFR，逻辑操作的结果保存在 A 中。也可将直接寻址单元作为第一操作数与立即数、累加器 A 执行逻辑与、或和异或操作，结果存在直接寻址单元中。

执行这类指令时，除了标志位 P 跟随累加器 A 的变化和带进位的移位指令影响到 CY 位外，对 PSW 中其他标志位均无影响。

1．单操作数指令

（1）累加器 A 清 0

指令格式：

```
CLR  A              ;(A)←0
```

功能：将 00H 送入累加器 A 中。

（2）累加器 A 求反

指令格式：

```
CPL  A              ；(A) ← (Ā)
```

功能：将累加器内容按位取反后送入累加器 A 中。

例如，设累加器 A 原来内容为 67H，则执行

CLR　A 后将变成 00H，再执行 CPL　A 后将变为 0FFH。

（3）累加器 A 左移位指令

指令格式：

```
RL  A
```

功能：将累加器 A 中的内容左循环位移一位。即

A7	A6	A5	A4	A3	A2	A1	A0
←	←	←	←	←	←	←	←

例如，设 A=X1X2X3X4X5X6X7X8 B 一组 8 位数据，则执行指令 RL　A 后，结果：A=X2X3X4X5X6X7X8X1 B，即

	A7	A6	A5	A4	A3	A2	A1	A0
执行“RL A”指令前	X1	X2	X3	X4	X5	X6	X7	X8
执行“RL A”指令后	X2	X3	X4	X5	X6	X7	X8	X1

（4）累加器 A 带进位位左移位指令

指令格式：

```
RLC  A
```

功能：将累加器 A 中的内容与进位位 CY 一起左循环位移一位。即

CY	A7	A6	A5	A4	A3	A2	A1	A0
←	←	←	←	←	←	←	←	←

例如：设 A=X1X2X3X4X5X6X7X8 B 一组 8 位数据，CY=X0，则执行指令 RLC　A 后，结果：A=X2X3X4X5X6X7X8X0 B，即

	CY	A7	A6	A5	A4	A3	A2	A1	A0
执行“RL A”指令前	X0	X1	X2	X3	X4	X5	X6	X7	X8
执行“RL A”指令后	X1	X2	X3	X4	X5	X6	X7	X8	X0

（5）累加器 A 右移位指令

指令格式：

```
RR  A
```

功能：将累加器 A 中的内容右循环位移一位。即

A7	A6	A5	A4	A3	A2	A1	A0
→	→	→	→	→	→	→	→

例如：设 A=X1X2X3X4X5X6X7X8 B 一组 8 位数据，则执行指令 RR　A 后，结果：A=X8X1X2X3X4X5X6X7 B，即

	A7	A6	A5	A4	A3	A2	A1	A0
执行“RR A”指令前	X1	X2	X3	X4	X5	X6	X7	X8
执行“RR A”指令后	X8	X1	X2	X3	X4	X5	X6	X7

（6）累加器 A 带进位位 CY 右移位指令

指令格式：

```
RRC  A
```

功能：将累加器 A 中的内容与进位标志位 CY 一起右循环位移一位。即

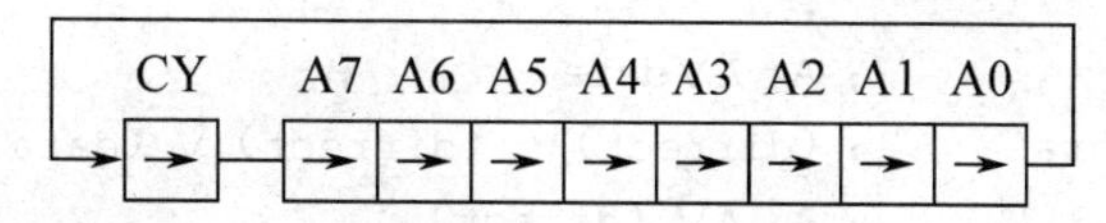

例如：设 A=X1X2X3X4X5X6X7X8 B 一组 8 位数据，CY=X0，则执行指令 RRC　A 后，结果：A=X0X1X2X3X4X5X6X7 B，即

	CY	A7	A6	A5	A4	A3	A2	A1	A0
执行“RRC A”指令前	X0	X1	X2	X3	X4	X5	X6	X7	X8
执行“RRC A”指令后	X8	X0	X1	X2	X3	X4	X5	X6	X7

注意：执行带进位的循环移位指令之前，必须给 CY 置位或清 0。

2．双操作数指令

双操作数指令主要用于累加器 A、立即数、内部存储器、直接地址单元相互之间的逻辑操作。逻辑操作是按位进行的。

（1）ANL 类指令

该类指令功能是将源操作数的内容和目的操作数内容按位相“与”，结果存入目的操作数指定单元中，源操作数不变。

逻辑与的规则定义为（其中∧表示逻辑与）：

0∧0=0∧1=1∧0=0

1∧1=1

指令格式：

```
ANL  A，#data                ；A←A∧data
ANL  direct，#data           ；(dirrect) ← (dirrect) ∧ (data)
ANL  A, direct               ；A←A∧ (direct)
ANL  direct,, A              ；(direct) ←A∧ (direct)
ANL  A，Rn                   ；A←A∧ (Rn)
ANL  A，@Rn                  ；A←A∧ ((Rn))
```

ANL 指令可用来屏蔽字节中的某些位，欲清除该位则用 0 去与该位相“与”，欲保留该位则用 1 去与该位相“与”。

例如：设（A）=0C3H，（R3）=0ADH，将两个寄存器的数据进行相“与”，其结果为何？执行指令：

```
ANL  A，R3
```

```
     C3H (11000011B)
∧    ADH (10101101B)
     81H (10000001B)
```

结果：（A）=81H（10000001B）。

（2）ORL 类指令

该类指令功能是将源操作数的内容和目的操作数内容按位相“或”，结果存入目的操作数指定单元中，源操作数不变。

逻辑或的规则定义为（其中∨表示逻辑或）：

```
0∨0=0
0∨1=1∨0=1∨1=1
```

指令格式：

```
ORL  A，#data              ；A←A∨data
ORL  direct，#data         ；(dirrect) ← (dirrect) ∨ (data)
ORL  A，direct             ；A←A∨ (direct)
ORL  direct，A             ；(direct) ←A∨ (direct)
ORL  A，Rn                 ；A←A∨ (Rn)
ORL  A，@Rn                ；A←A∨ ((Rn))
```

ORL 指令可用来将字节中的某些位置 1，欲保留（不变）的位用 0 去与该位相“或”，欲置位的位用 1 去与该位相“或”。

例如，设（A）=C3H，（R6）=ADH，执行指令：

```
ORL  A，R6
```

结果：（A）=EFH（11101111B）。

（3）XRL 类指令

该类指令功能是将源操作数的内容和目的操作数内容按位相“异或”，结果存入目的操作数指定单元中，源操作数不变。

逻辑异或的规则定义为（其中⊕表示逻辑异或）：

```
0⊕0=1⊕1=0
0⊕1=1⊕0=1
```

指令格式：

```
XRL  A，#data              ；A←A⊕data
XRL  direct，#data         ；(dirrect) ← (dirrect)  ⊕ (data)
XRL  A，direct             ；A←A⊕ (direct)
XRL  direct，A             ；(direct) ←A⊕ (direct)
XRL  A，Rn                 ；A←A⊕ (Rn)
XRL  A，@Rn                ；A←A⊕ ((Rn))
```

XRL 指令用来对字节中某些位取反。欲取反的位用 1 去与该位相“异或”，欲保留的位用 0 去与该位相“异或”。

例如，设（A）=C3H，（R4）=ADH，执行指令：

```
XRL  A，R4
```

结果：（A）=6EH（01101110B）。

【例 4-16】设（A）=10010110B，利用逻辑指令完成下面的操作：

① 将累加器 A 中的数据高 4 位清 0，低 4 位不变（即屏蔽掉累加器 A 的高 4 位）。

② 将累加器 A 中的数据高 4 位置 1，低 4 位不变。

③ 将累加器 A 中的数据低 4 位取反，高 4 位不变。

指令仿真程序：

```
ORG 0000H
MOV  A，#96H
ANL  A，#0FH
MOV  P1，A
MOV  A，#96H
ORL  A，#0F0H
MOV  P2，A
MOV  A，#96H
XRL  A，#0FH
MOV  P3，A
END
```

仿真结果如图 4-27 所示，单片机 I/O 口与 CPU 寄存器窗口都显示出 P1 口输出的结果为 06H，P2 口输出为 F6H，P3 口输出为 99H，符合例题要求。

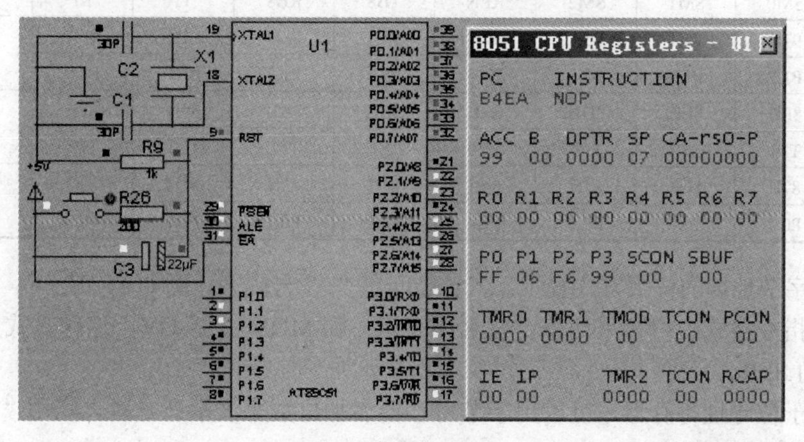

图 4-27　指令仿真图

4.3.4　位操作指令

位操作指令以位为处理对象，由于位的取值只能是 0 或 1，故又称之为布尔操作指令。在 MCS-51 单片机内部有一个布尔处理器，它以进位位 CY 作为 C 累加器，以片内 RAM 的位寻址区和特殊功能寄存器 SFR 中的 11 个可位寻址的寄存器作为位的操作对象，实现位变量传送、位状态控制、位逻辑运算及位条件转移等功能。位操作类指令共有 17 条。

位寻址区从 20H～2FH 共 16 个单元，共有 128 个位地址名称，见表 2-3。而特殊功能寄存器 SFR 中可位寻址的寄存器的每个位，也有名称定义，见表 4-2。

对于位寻址，常有以下四种不同的写法。

① 直接用位地址方式表示：如 MOV　C，0D2H。其中，0D2H 表示 PSW 中的 OV 位地址。

表 4-2 SFR 中的位地址分布

SFR	位名称/位地址								字节地址
	D7	D6	D5	D4	D3	D2	D1	D0	
B	F7H	F6H	F5H	F4H	F3H	F2H	F1H	F0H	F0H
ACC	E7H	E6H	E5H	E4H	E3H	E2H	E1H	E0H	E0h
	ACC.7	ACC.6	ACC.5	ACC.4	ACC.3	ACC.2	ACC.1	ACC.0	
PSW	D7H	D6H	D5H	D4H	D3H	D2H	D1H	D0H	D0H
	CY	AC	F0	RS1	RS0	OV	F1	P	
IP	BFH	BEH	BDH	BCH	BBH	BAH	B9H	B8H	B8H
	—	—	—	PS	PT1	PX1	PT0	PX0	
P3	B7H	B6H	B5H	B4H	B3H	B2H	B1H	B0H	B0H
	P3.7	P3.6	P3.5	P3.4	P3.3	P3.2	P3.1	P3.0	
IE	AFH	AEH	ADH	ACH	ABH	AAH	A9H	A8H	A8H
	EA	—	—	ES	ET1	EX1	ET0	EX0	
P2	A7H	A6H	A5H	A4H	A3H	A2H	A1H	A0H	A0H
	P2.7	P2.6	P2.5	P2.4	P2.3	P2.2	P2.1	P2.0	
SCON	9FH	9EH	9DH	9CH	9BH	9AH	99H	98H	98H
	SM0	SM1	SM2	REN	TB8	RB8	TI	RI	
P1	97H	96H	95H	94H	93H	92H	91H	90H	90H
	P1.7	P1.6	P1.5	P1.4	P1.3	P1.2	P1.1	P1.0	
TCON	8FH	8EH	8DH	8CH	8BH	8AH	89H	88H	88H
	TF1	TR1	TF0	TR0	IE1	IT1	IE0	IT0	
P0	87H	86H	85H	84H	83H	82H	81H	80H	80H
	P0.7	P0.6	P0.5	P0.4	P0.3	P0.2	P0.1	P0.0	

② 用字节地址的位数方式表示：二者之间用“.”号隔开。例如 MOV C，0D2H.2 等。

③ 在指令格式中直接采用位定义名称表示：如 MOV C，OV。这种方式只适用于可以位寻址的 SFR。

④ 对于位寻址寄存器，可以用字节寄存器名加位数来表示：二者之间用“.”号隔开。如 MOV C，PSW.2 等。

1．位数据传送指令

位数据传送指令（2 条）：

```
MOV  C, bit        ; (C) ← (bit)
MOV  bit, C        ; (bit) ← (C)
```

指令功能是实现进位 C 与某直接寻址位 bit 之间的内容传送。其中一个操作数必为位累加器（进位标志 C），另一个可以是任何直接寻址位（bit）。指令执行结果不影响其他寄存器或标志。

例如，将 23H 这位的内容传送到 27H 这一位，要执行这两条指令：

```
MOV  C, 23H        ; (C) ← (23H)
MOV  27H, C        ; (27H) ← (C)
```

例如：设（24H）=69H，用位传送指令将 23H 这位的内容传送到 27H 这一位。

指令程序：

```
ORG  0000H
MOV  24H, #69H
MOV  C, 23H
MOV  27H, C
END
```

例如：设内部数据 RAM 中（20H）=79H，执行指令：

MOV　C，07H；07H 是位地址，即字节地址 20H 的第 7 位，将使（C）=0。

2．位状态控制指令

位状态控制指令包括位的清 0、置位和取反指令。

（1）位清 0 指令

位清 0 指令如下：

```
CLR  bit            ；(bit) ←0，结果不影响 PSW
CLR  C              ；(C) ←0，结果影响 CY 标志
```

例如，内部数据 RAM 中地址 26H 的内容为 34H（00110100B），执行指令：

```
CLR  32H            ；32H 是字节地址 26H 第 2 位的位地址
```

将使 26H 单元的内容变为 30H（00110000B）。

（2）位置位指令

位置位指令如下：

```
SETB  bit           ；(bit) ←1，结果不影响 PSW
SETB  C             ；(C) ←1，结果影响 CY 标志
```

例如，输出口 P1 原已写入了 49H（01001001B），执行

```
SETB  P1.0
```

将使 P1 口输出数据变为 48H（01001000B）。

（3）位求反指令

位求反指令如下：

```
CPL  bit            ；(bit) ← (/bit)，结果不影响 PSW
CPL  C              ；(C) ← (/C)，结果不影响 PSW
```

例如，执行指令序列：

```
MOV  23H, #5DH         ；(25H) = (01011101B)
CPL  1BH               ；(25H) = (01010101B)
CPL  P1.7              ；P1.7 求反
```

3．位逻辑操作指令

位逻辑操作有位逻辑与和位逻辑或指令。

（1）位逻辑与指令

指令如下：

```
ANL  C, bit            ；(C) ← (C) ∧ (bit)
ANL  C, /bit           ；(C) ← (C) ∧ (/bit)
```

上述指令将直接寻址位的内容或直接寻址位内容取反后（不改变原内容）与位累加器 C 相与，结果保存在 C 中。“/bit”表示对该寻址位内容取反后再进行位操作。“与”逻辑操作示意图如图 4-28 所示。

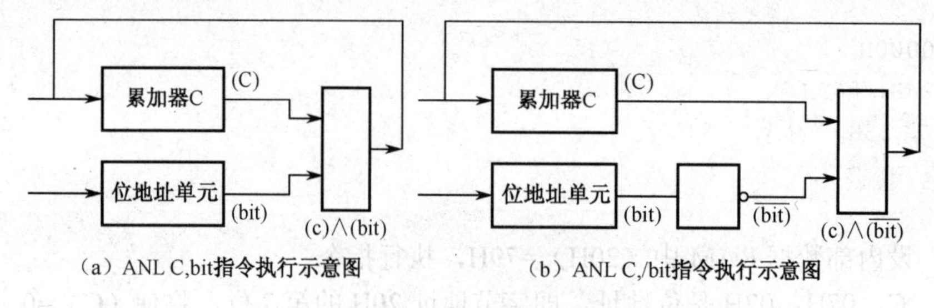

（a）ANL C,bit指令执行示意图　　（b）ANL C,/bit指令执行示意图

图 4-28 “与”逻辑操作示意图

例如，设位地址（2AH）= 1，（32H）= 1，同时累加器中（ACC.7）= 0 时，进位位 C = 1，否则 C 清 0。可执行指令序列：

```
MOV  C，2AH          ；(C) ← (2AH)
ANL  C，32H          ；(C) ← (C) ∧ (32H)
ANL  C，/ACC.7       ；(C) ← (C) ∧ (/ACC.7)
```

执行结果：（C）= 1。

（2）位逻辑或指令

该指令如下：

```
ORL  C，bit          ；(C) ← (C) ∨ (bit)
ORL  C，/bit         ；(C) ← (C) ∨ (/bit)
```

上述指令将直接寻址位内容或直接寻址位内容取反后（不改变原寻址内容）与位累加器 C 进行逻辑或，结果保存在 C 中。位逻辑“或”操作的示意图如图 4-29 所示。

例如，编写出位地址（2AH）= 1，（32H）= 1，累加器（ACC.7）= 0 相或的程序：

```
MOV  C，2AH          ；(C) ← (2AH)
ORL  C，32H          ；(C) ← (C) ∨ (32H)
ORL  C，/ACC.7       ；(C) ← (C) ∨ (/ACC.7)
```

执行结果：（C）=1。

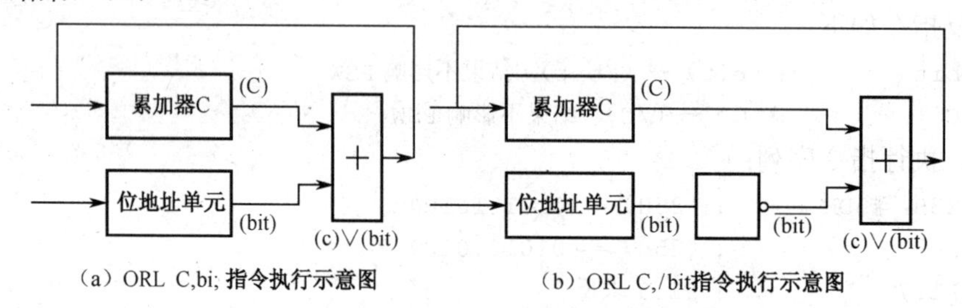

（a）ORL C,bi; 指令执行示意图　　（b）ORL C,/bit指令执行示意图

图 4-29 位逻辑“或”操作的示意图

【例 4-17】编程实现逻揖方程 $L = D(E+F) + \overline{G}$ 的运算结果，采用位赋值与位操作指令进行逻揖方程运算。其中，设 D（1F）= 1、E（1E）= 1、F（1D）= 0、G（1C）= 1，求 L（10）= ？。

字 节 地 址	位名称/位地址							
	D7	D6	D5	D4	D3	D2	D1	D0
2FH	7F	7E	7D	7C	7B	7A	79	78
⋮								
23H	1F	1E	1D	1C	1B	1A	19	18

指令仿真程序：

```
ORG  0000H
MOV  23H，#11010000B
MOV  C，1EH           ；把C←E，C=1
ORL  C，1DH           ；C∨F，C=1
MOV  00H，C           ；C→00H这一位
ANL  C，1FH           ；C∧D，C=1
MOV  08H，C           ；C→08H这一位
ORL  C，/1CH          ；C∨（/G），C=1
MOV  10H，C           ；C→10H这一位
END
```

仿真结果如图4-30所示，打开单片机数据存储器窗口可观察到字节地址23H的设置数据，而（E+F）的结果存放在字节地址20H的00H这一位、D（E+F）存放在位地址08H、D（E+F）+$\overline{G}$存放在位地址10H，即L=1。

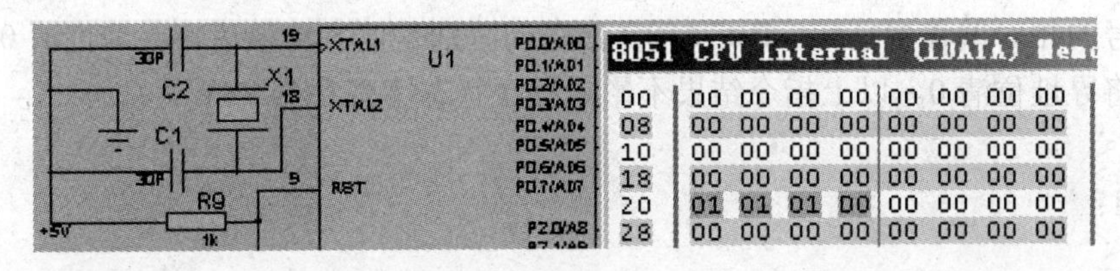

图4-30　指令仿真图

4．位条件转移指令

位条件转移指令分为判C和判直接寻址位状态转移两种。

（1）判C转移指令

用以下两条指令通过判断进位位C的状态决定执行程序是否转移。

指令格式如下：

```
JC    rel          ；若（C）=1，则（PC）←（PC）+rel，否则顺序执行。
JNC   rel          ；若（C）=0，则（PC）←（PC）+rel，否则顺序执行。
```

若JC　rel指令进位标志为1，而JNC　rel指令进位标志为0，则程序转向目标地址，否则顺序执行下一条指令。该操作不影响任何标志。

在实际编程中，偏移量rel一般用欲跳转的标号地址表示，这样可以增加程序的可读性，避免偏移量的计算。

例如，以下的程序在执行中，若遇到位条件转移指令后，将根据C的情况决定是否转移。

```
ORG      0000H
 ⋮
JC       M0              ；若CY=1，则转M0；否则顺序执行
 ⋮
JNC      M1              ；若CY≠1，则转M1；否则顺序执行
         ⋮
MO:      ⋮
```

```
     ⋮
M1:      :
     ⋮
SND
```

（2）判直接寻址位转移指令

指令格式如下：

```
JB  bit，rel         ；若（bit）=1，则转移，（PC）←（PC）+3+rel
                     ；若（bit）=0，顺序执行，（PC）←（PC）+3
JNB  bit，rel        ；若（bit）=0，则转移，（PC）←（PC）+3+rel
                     ；若（bit）=1，顺序执行，（PC）←（PC）+3
JBC  bit，rel        ；若（bit）=1，则转移，（PC）←（PC）+3+rel，且（bit）←0
                     ；若（bit）=0，顺序执行，（PC）←（PC）+3
```

当第1、3条指令的位变量为1或第2条指令位变量为0时，则程序转向目标地址去执行，否则顺序执行下一条指令。目标地址为PC当前值（（PC）←（PC）+3）与第3字节所给带符号的相对偏移量之和。JBC与JB指令的区别是前者转移后将寻址位清0，后者只转移而不将寻址位清0。以上指令结果不影响程序状态字寄存器PSW。

例如：

程序1：

```
     ⋮
     JB  32H，K1          ；（32H）=1，则转到K1；否则顺序执行
     ⋮
K1:  …
```

程序2：

```
     ⋮
     JNB  32H，K2         ；（32H）=0，则转到K2；否则顺序执行
     ⋮
K2:  …
     ⋮
```

程序3：

```
     ⋮
     JNC  32H，K3         ；（32H）=1，则转到K3；否则顺序执行
     ⋮
K3:  …
     ⋮
```

4.3.5 控制转移类指令

控制转移类指令的作用是改变程序计数器PC的内容，从而控制执行程序的走向。该类指令有无条件转移指令、条件转移指令、子程序调用和返回指令等。

1．无条件转移指令

无条件转移指令是控制程序计数器从当前地址转移到目标地址。指令操作码的基本助

记符为 JMP（转移），作用是将目标地址送入程序计数器 PC。由于转移距离和寻址方式不同，无条件转移指令可分为长转移（LJMP）、绝对转移（AJMP）、相对短转移（SJMP）和间接转移（JMP）。

（1）长转移指令

指令格式：

```
LJMP  addr16              ;（PC）←addr16
```

长转移指令直接将 16 位目标地址送入程序计数器 PC，地址转移可以从当前值到 64KB 程序存储器地址空间的任何单元，即 0000H～FFFFH。地址码的高 8 位和低 8 位分别装入 PC 中，执行指令后程序无条件转向指定的目标地址，执行结果不影响标志位。LJMP 为三字节指令。

例如，如果在程序存储器 0000H 单元存放一条指令

```
LJMP  0200H
```

则复位后单片机将跳到 0200H 单元去执行程序。

【例 4-18】若标号 M0 的地址为 1023H，则执行指令 LJMP　M0 后，程序将如何转移到哪里执行?

以下通过仿真指令程序，验证其结果。

指令仿真程序：

```
ORG  1000H
MOV  P2，#55H
LJMP  1023H
MOV  P1，#0FH
ORG  1023H
MOV  P1，#0F0H
MOV  A，#69H
SJMP $
END
```

仿真结果如图 4-31 所示，当程序执行到转移指令 LJMP，程序将转移到 1023H 的地址开始执行。打开单片机 CPU 寄存器窗口，可观察到与程序执行后相对应的结果。

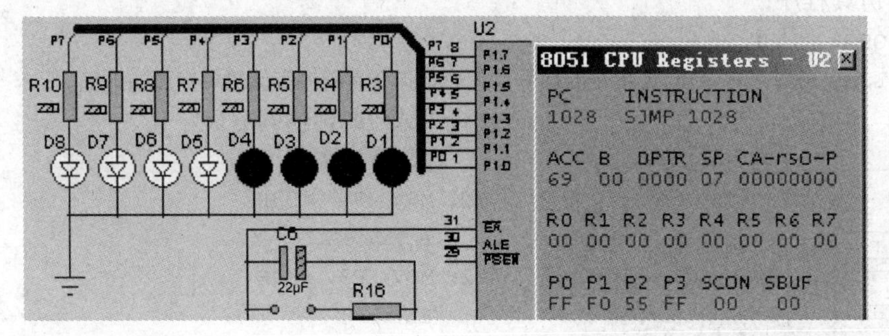

图 4-31　指令仿真图

（2）绝对转移指令

指令格式：

AJMP　addr11　　;（$PC_{10\sim0}$）←addr11

与LJMP指令的区别是AJMP指令的操作数提供的是11位转移地址。指令执行后，PC的内容先加2，然后由当前PC的高5位和指令中的11位偏移地址构成16位转移地址。程序转移范围为2KB区域，可以向前或向后转移。执行结果不影响标志位。AJMP为双字节指令。

例如设DELAY标号地址为1020H，LOOP标号地址为1200H，执行指令

```
DELAY：AJMP  LOOP
```

请分析结果。

解：执行该指令后PC首先加2变为1022H，然后由1022H的高5位和1200H的低11位拼装成新的PC值0001001000000000B，即程序从1200H开始执行。

（3）相对短转移指令

指令格式：

```
SJMP  rel          ；(PC) ← (PC) +2+rel
```

rel为相对偏移量，是一个8位带符号的数。

该指令控制程序无条件转向指定地址。所指定地址是先执行完本指令，PC自动增2，然后再与 rel 相加得到新的转移地址。指令的转移范围是以本指令的下一条指令为中心的−128～+127字节以内，负数表示反向转移，正数表示正向转移。本指令属于相对寻址方式。

例如：假定某程序中有如下指令：

```
SJMP  M00
⋮
M00：MOV  A，#00H
⋮
```

在指令SJMP　M00中，M00为相对偏移量，假定该偏移值为30H，本指令所在地址为1000H，请计算执行完SJMP　M00指令后PC的值。

解：指令SJMP　M00所在地址为1000H，执行完该指令后PC=1002H，再利用指令中的偏移量计算新的PC值：

```
PC=1002H+30H=1032H
```

【例4-19】用跳转指令LJMP、AJMP和SJMP分别转向P1、P2和P3口进行传送数据。

指令仿真程序：

```
    ORG  0000H
    LJMP  M0      ；M0为指令的标号，代表该指令在程序存储器中存放的地址
M1：MOV  P2，#66H
    SJMP  M2
M0：MOV  P1，#33H
    AJMP  M1
M2：MOV  P3，#99H
    END
```

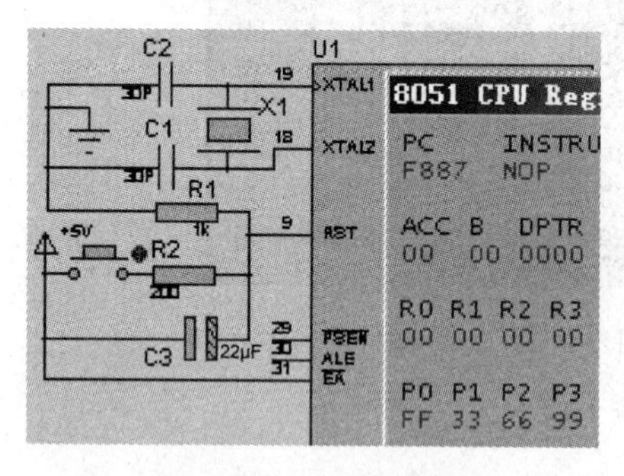

图4-32　指令仿真图

仿真结果如图4-32所示，P1口输出33H，P2口输出66H，P3口输出99H，从而实现数据传送。

在实际编程指令中，LJMP、AJMP和SJMP后面的addrl6、addrll或rel都是用标号来代替的，不一定

写出它们的具体地址。又由于 AJMP 和 SJMP 指令的跳转范围有限，而 LJMP（长转移指令）不受跳转范围的限制，因此，一般情况下可以使用 LJMP 指令代替 AJMP 和 SJMP 指令。

（4）间接转移指令

指令格式：

```
JMP @A+DPTR    ；（PC）←（A）+（DPTR）
```

该指令将累加器 A 的 8 位无符号数与作为基址寄存器 DPTR 中的 16 位数据相加，所得的值装入程序计数器 PC 作为转移的目标地址。目标地址进行 16 位加法，从低 8 位产生的进位将传送到高位。指令执行后不影响累加器和数据指针 DPTR 中的原内容，不影响任何标志。

该条指令多用于分支选择转移指令，和上述 3 条指令的主要区别是，其转移地址不是汇编或编程时确定的，而是在程序运行时动态决定的。因此，先由 DPTR 中装入多分支转移程序的首地址，再加上累加器 A 的内容，从而选择其中某一个分支程序实现转移。转移范围以 DPTR 内容为起始地址加上累加器 A（256 字节）的内容。

例如，根据 data 的数值设计散转表程序，要求当 data = 0 时，转处理程序 CASE_0；当 data = 1 时，转处理程序 CASE_1；当 data = 2 时，转处理程序 CASE_2；当 data = 3 时，转处理程序 CASE_3；当 data = 4 时，转处理程序 CASE_4。

程序代码如下：

```
MOV  DPTR，#TABLE              ；表首址送入 DPTR 中
MOV  A，#data                  ；取得跳转索引号
RL  A                          ；将索引号乘以 2（由于 AJMP 指令是 2 字节指令）
JMP  @A+DPTR                   ；以 A 中内容为偏移量
TABLE:
AJPM  CASE_0                   ；（A）=0 转 CASE_0 执行
AJPM  CASE_1                   ；（A）=1 转 CASE_1 执行
AJPM  CASE_2                   ；（A）=2 转 CASE_2 执行
AJPM  CASE_3                   ；（A）=3 转 CASE_3 执行
AJPM  CASE_4                   ；（A）=4 转 CASE_4 执行
```

例如：假定 DPTR=2000H，指出当累加器 A 的内容分别为 02H、04H、06H、08H 时，执行指令 JMP　@A+DPTR 后，PC 的值分别为多少？即：

当累加器 A=02H 时，执行指令 JMP　@A+DPTR 后，PC=2000H+02H=2002H。

当累加器 A=04H 时，执行指令 JMP　@A+DPTR 后，PC=2000H+04H=2004H。

当累加器 A=06H 时，执行指令 JMP　@A+DPTR 后，PC=2000H+06H=2006H。

当累加船 A=08H 时，执行指令 JMP　@A+DPTR 后，PC=2000H+08H=2008H。

2．条件转移指令

条件转移指令必须满足指令中规定的某种特定条件程序才能转移，否则程序将顺序执行。故称为条件转移指令，或称为判跳指令。转移范围与指令与 SJMP 相同。

（1）累加器 A 判 0 转移指令

指令格式：

```
JZ  rel    ；若 A=0，则（PC）←（PC）+2+rel，否则顺序执行，（PC）←（PC）+2
```

JNZ rel ；若A≠0，则（PC）←（PC）+2+rel，否则顺序执行，（PC）←（PC）+2

JZ 表示累加器的内容为 0，则转向指定的地址，否则顺序执行下条指令。

JNZ 指令恰巧相反，若累加器不等于 0，则转向指定地址，否则顺序执行下条指令。

两条指令均为双字节指令，并且执行指令后不改变累加器的内容，不影响标志位。

例如，执行程序：

```
MOV  A，#01H      ；01送累加器A
JZ   POOL1        ；A≠0，则顺序执行
DEC   A           ；A减1内容为0
JZ   POOL2        ；A=0转POOL2执行
⋮
```

或执行：

```
CLR      A        ；A清0
JNZ      POOL1    ；A=0，顺序执行
INC      A        ；A内容加1
JNZ      POOL2    ；A≠0，刚转POOL2执行
⋮
```

（2）比较转移指令

指令格式：

CJNE （目的操作数），（源操作数），rel

CJNE 指令的功能是比较目的操作数和源操作数的大小，如果它们的值不相等则转移，相等则继续执行。这条指令为 3 字节指令，PC 当前值（(PC）←（PC）+3）与指令中的偏移量（rel）相加即得到转移地址，如果目的操作数的无符号整数值大于或等于源操作数的无符号整数值，则标志位 C_Y=0，否则 C_Y=1。程序转移范围是从(PC)+3 为起始地址的−128～+127 共 256 个字节单元地址。执行指令不影响任何一个操作数。

该类比较转移指令有 4 条：

```
CJNE  A，#data，rel      ；若A≠#data，则（PC）←（PC）+3+rel，否则顺序执行，
                           （PC）←（PC）+3；若A<#data，则CY=1，否则CY=0
CJNE  A，direct，rel     ；若A≠（direct），则（PC）←（PC）+3+rel，否则顺序执行，
                           （PC）←（PC）+3；若A<（direct），则CY=1，否则CY=0
CJNE  Rn，#data，rel     ；若Rn≠#data，则（PC）←（PC）+3+rel，否则顺序执行，
                           （PC）←（PC）+3；若Rn<#data，则CY=1，否则CY=0
CJNE  @Ri，#data，rel    ；若（Ri）≠#data，则（PC）←（PC）+3+rel，否则顺序执行，
                           （PC）←（PC）+3；若（Ri）<#data，则CY=1，否则CY=0
```

【例 4-20】用 CJNE 指令对目的操作数和源操作数进行比较，然后根据比较结果分别向 P1、P2 和 P3 口传送数据。

指令仿真程序：

```
        ORG  0000H
        MOV  A，#66H
        MOV  R1，#60H
        MOV  60H，#88H
        CJNE  A，#67H，LOOP0
```

```
          MOV  P1，#0FFH
LOOP0:    MOV  P1，#0FH
          CJNE  R1，#60H，LOOP1
          MOV  P2，#0F0H
          CJNE  @R1，#89H，LOOP2
          MOV  P3，#0FFH
LOOP1:    MOV  P2，#0FFH
LOOP2:    MOV  P3，#3CH
          END
```

仿真结果如图 4-33 所示，P1 口输出 0FH，P2 口输出 F0H，P3 口输出 3CH，从而实现数据传送。

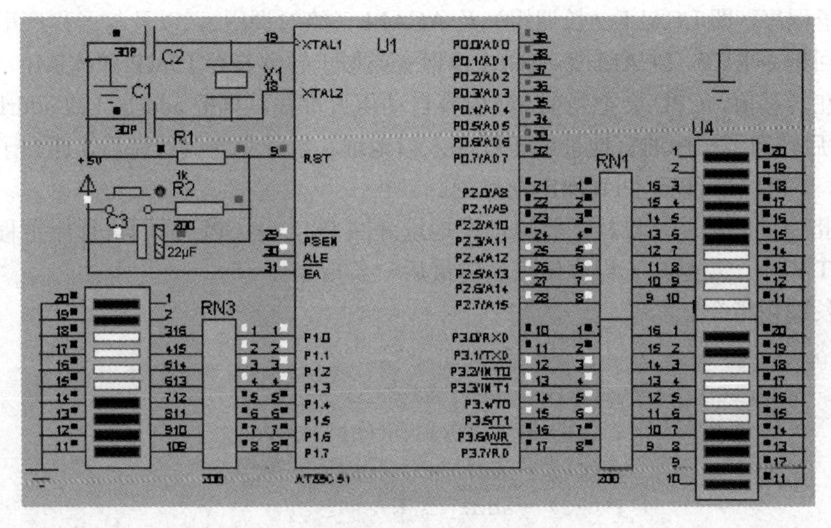

图 4-33　指令仿真图

（3）循环减 1 转移指令

指令格式：

DJNZ　（字节），rel

该指令减 1 与 0 比较，程序每执行一次该指令，就将第一操作数字节变量减 1，结果送回到第一操作数中，并判字节变量是否为 0，不为 0 转移，否则顺序执行。如果字节变量原值为 00H，执行该指令后，字节变量则为 FFH。

循环转移指令共有两条：

DJNZ　direct，rel　　；(direct)←(direct)-1，若(direct)≠0，则(PC)←(PC)+3+rel，否则顺序执行，(PC) ← (PC) +3

DJNZ　Rn，rel　　；Rn←Rn-1，若 Rn≠0，则 (PC) ← (PC) +2+rel，否则顺序执行，(PC) ← (PC) +2

DJNZ 指令通常用于循环程序中控制循环次数。若预先将内部 RAM 某单元或某寄存器中赋值了循环次数，则利用减 1 再比较是否为 0 作为转移条件，就可方便地控制循环次数。转移范围与 SJMP 指令相同。以上指令结果不影响程序状态字寄存器 PSW。

例如：若单片机系统采用 12 MHz 晶振，一个机器周期为 1 μs，由于 DJNZ 指令执行时间为两个机器周期，如果需要一定的延时时间，可以循环执行 DJNZ 指令 N 次。如果想在 P1.0 口产生一定宽度的脉冲信号，则执行以下程序段。

```
        CLRP1.0                         ；P1.0 输出变低电平
        MOVR2，#24                      ；赋循环初值
    K1：DJNZR2，K1                      ；(R2) ←(R2)-1，不为零继续循环
        SETB    P1.0                    ；P1.0 输出高电平
```

P1.0 从低电平变成高电平，并延时 50μs 的时间，若重复运行这段程序，则 P1.0 将会输出连续的脉冲信号。

3．子程序调用和返回指令

由于在程序设计中，为了使某些程序段可以重复使用。MCS-51 单片机有两条调用指令，称为子程序，即 LCALL（长调用）及 ACALL（绝对调用），以及与子程序配对使用的子程序返回指令 RET。LCALL 和 ACALL 指令类似于转移指令 LJMP 和 AJMP，不同之处在于它们在转移前，CPU 会把当前 PC 内容自动压人堆栈，再把 addrl6（或 addrll）地址送入 PC，然后转向子程序的首地址或子程序入口地址。当子程序执行完后，遇到子程序返回指令 RET，CPU 就可以返回到原出发点处。

RET 指令的功能是从堆栈中将原出发地址弹回 PC，让 CPU 返回执行原主程序。由此可见，RET 指令一定是在子程序结束后的最后一条指令。

（1）长调用指令

指令格式：

LCALL addrl6 ；(PC) ←(PC)+3
；(SP) ←(SP)+1；((SP)) ←PC_{7-0}
；(SP) ←(SP)+1，((SP)) ←PC_{15-8}
；(PC) ←$addr_{15-0}$

LCALL 提供 16bit 地址，可调用 64 KB 范围内所指定的子程序，由于是 3 字节指令，执行时首先（PC）+3→（PC），以获得下一条指令地址，并将此时 PC 内容压入（作为返回地址，先压入低字节后压入高字节）堆栈，堆栈指针 SP 加 2 指向栈顶，然后将目标地址 addrl6 装入 PC，转去执行子程序。指令执行不影响标志位。

例如：

```
LCALL   STR  ；表示调用 STR 子程序
```

（2）绝对调用指令

指令格式：

ACALL addrll ；(PC) ←(PC)+2
；(SP) ←(SP)+1 ((SP)) ←PC_{7-0}
；(SP) ←(SP)+1 ((SP)) ←PC_{15-8}
；(PC) ←$addr_{10-0}$

该指令提供 11 位目标地址，限在 2 KB 地址范围内调用，由于是双字节指令，所以执行时首先（PC）+2→（PC）以获得下一条指令的地址，然后将该地址压入堆栈作为返回地址，其他操作与 AJMP 指令相同。

由于 ACALL 指令的调用范围受 2 KB 的限制，因此，一般程序中使用 LCALL 指令代替它。

（3）返回指令

指令格式：

```
RET              ; PC15-8← ((SP)), (SP) ← (SP) -1
                 ; PC7-0← ((SP)), (SP) ← (SP) -1
```

RET 表示子程序结束需要返回主程序，所以执行该指令时，分别从堆栈中弹出调用子程序时压入的返回地址，使程序从调用指令（LCALL 或 ACALL）的下一条指令开始继续执行。

【例 4-21】 使用调用指令 LCALL 和 ACALL 分别向 P1、P2 和 P3 口传送数据。

指令仿真程序：

```
        ORG  0000H
        LCALL  NEXT0
        ACALL  NEXT1
        MOV  P3, #99H
        SJMP  $
NEXT0:  MOV  P1, #0C3H
        RET
NEXT1:  MOV  P2, #3CH
        RET
        END
```

仿真结果如图 4-34 所示，P1 口输出 C3H，P2 口输出 3CH，P3 口输出 99H，从而实现数据传送。

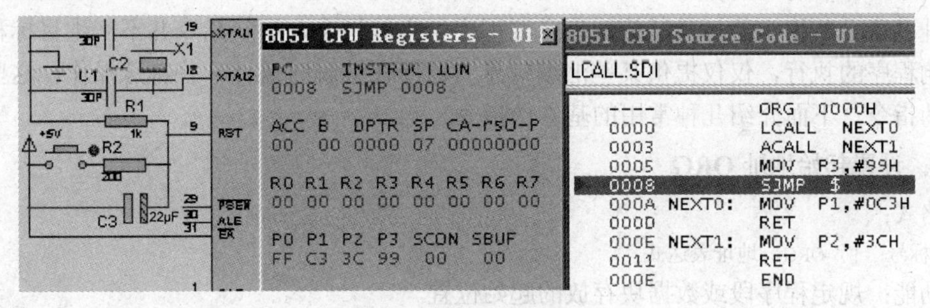

图 4-34　指令仿真图

4．其他指令

（1）中断返回指令

中断返回指令为：

```
RETI
```

该指令用于中断服务子程序的返回，其执行过程类似于 RET，详见第 6 章。

（2）空操作指令

```
NOP
```

操作：

```
(PC) ← (PC) +1
```

空操作指令除了使 PC 加 1 外，CPU 不做任何操作，当执行完该指令后，转向下一条指令去执行。由于是单周期指令，所以时间上只有一个机器周期，常用于精确延时时间。不影响任何寄存器和标志。

例如，利用 NOP 指令产生方波信号从 P2.7 输出。

```
ORG  0000H
LOOP: CLR  P2.7              ; P2.7 清 0 输出
NOP                          ; 空操作
NOP
NOP
NOP
SETB  P2.7                   ; 置位 P2.7 高电平
NOP
NOP
NOP
NOP
LJMP  LOOP
END
```

若改变程序中 NOP 指令的个数，将改变方波信号的周期。

4.3.6 常用伪指令

在 8051 单片机汇编语言程序设计中，用指令助记符编写的程序都可以一一对应地产生目标程序。但还有一些指令，具有和指令类似的形式，例如指定目标程序或数据存放的起始地址、给一些指定的标号赋值、表示源程序结束等指令，这些指令并不产生目标程序，不影响程序的执行，仅仅提供某些汇编信息，以便在汇编时执行一些特殊操作，这些指令称为伪指令。下面介绍几种常用的基本伪指令。

1．设置起始地址 ORG

格式；

[标号：] ORG 地址表达式

功能：规定程序段或数据块存放的起始位置。

ORG 伪指令是在每段源程序或数据块的开始。程序设计员可以将程序、子程序或数据块存放在存储器的任何位置。

例如：ORG 1000H ；表示下面的指令 MOV A，#30H 存放在 1000H 开始的单元。

MOV A，#30H

在实际应用中，若有中断服务子程序，则设置中断服务子程序的入口地址和主程序的起始存放地址。

2．定义字节数据 DB

格式：

[标号：] DB 字节数据表

功能：字节数据表可以是多个字节数据、字符串或表达式，它表示将字节数据表中的数据存入从标号开始的连续地址单元中。

例如：　　ORG　1000H

TAB：DB 2BH，0A0H，55H ；从 1000H 单元开始的地方存放数据 2BH，A0H

DB　'A'　　　　　　；41H（字母 A 的 ASCII 码）

3．定义字数据 DW

格式：

[标号：　DW　字数据表

功能：与 DB 类似，但 DW 定义的数据项为字，包括两个字节，存放时高位在前，低位在后。

例如：ORG　1000H

DATA：DW　324AH，3CH　；表示从 1000H 单元开始的地方存放数据 32H，4AH，00H，3CH（3CH 以字的形式表示为 003CH）

4．定义空间 DS

格式：

[标号：]　DS　表达式

功能：从指定的地址开始，保留多少个存储单元作为备用的空间。

例如：　　ORG　2000H

BUF：DS 50

TAB：DB　22H　；表示从 2000H 开始的地方预留 50（2000H～2031H）个存储字节空间。22H 存放在 2032H 单元

5．符号定义 EQU 或=

格式：

名称字符　EQU　数据或汇编符号

功能：将一个数据或特定的汇编符号赋予规定的名称字符，又称为等值指令。该指令只能定义单字节数据，并且必须遵循先定义后使用的原则，因此该语句通常放在源程序的开头部分。

例如：　READ EQU P1

MOV　A，READ

作用是将 READ 赋值为汇编符号 P1，在指令中 READ 就可以代替 P1 使用了。

6．数据地址赋值 DATA

格式：

符号名　DATA　表达式

功能：将一个内部 RAM 的地址赋给指定的符号名，数值表达式的值在 00H～0FFH 之间，但可以先使用后定义。

例如：

```
MM  EQU R1              ；MM 赋值后当做 R1 使用
LL  DATA  30H           ；LL 赋值后为 8 位数 30H
MOV  LL，MM             ；R1 的值赋给 30H 单元
```

MOV　A，#LL+1　　　　；立即数 31H 赋给累加器 A

7. 数据地址赋值伪指令 XDATA

格式：

符号名　XDATA　表达式

功能：将一个外部 RAM 的地址赋给指定的符号名，数值表达式的值在 0000H～0FFFFH 之间，可以先使用后定义，可用于双字节数据定义。

例如：　DELAY　XDATA　0356H

⋮

LCALL　DELAY　　；执行指令后，程序转到 0356H 单元执行

8. 汇编结束伪指令 END

格式：

[标号：]　END

功能：汇编语言源程序结束标志，用于整个汇编语言程序（包括伪指令）之后。

习题 4

一、单项选择题

1．计算机能直接识别的语言是______。

A．汇编语言　　B．自然语言　　C．机器语言　　D．硬件和软件

2．单片机能直接运行的程序叫______。

A．源程序　　B．汇编程序　　C．目标程序　　D．编译程序

3．MCS-51 汇编语言指令格式中，唯一不可缺少的部分是______。

A．标号　　B．操作码　　C．操作数　　D．注释

4．MCS-51 指令包括操作码和操作数，其中操作数是指______。

A．参与操作的立即数　　B．寄存器

C．操作数　　D．操作数或操作数地址

5．单片机在与外部 I/O 口进行数据传送时，将使用______指令。

A．MOV　　B．MOVC　　C．MOVX　　D．由 PC 而定

6．在寄存器间接寻址方式中，Ri 是指______。

A．R0～R7　　B．R0　　C．R1　　D．R0 或 R1

7．下列指令中，影响堆栈指针的指令是______。

A．LJMP　addrl6　　B．DJNZ　Rn，rel

C．LCALL　addrl6　　D．MOVX　A，@Ri

8．MCS-51 单片机有七种寻址方式，其中：MOVX　A，direct 指令的源操作数属于______寻址方式。

A．间接　　B．变址　　C．相对　　D．直接

9．在下列指令中，属判位转移的指令是______。

A．AJMP addrll　　B．CJNE　A，direct，rel

C．DJNZ　Rn，tel　　D．JNC　tel

10．在指令 MOV 30H，#55H 中，30H 是______。

A．指令的操作码　　B．操作数

C．操作数的目的地址　　D．机器码

11．将外部数据存储单元的内容传送到累加器 A 中的指令是______。

A．MOVX　A，@A+DPTR　　B．MOV　A，@R0

C．MOVC　A，@A+DPTR　　D．MOVX　A，@DPTR

12．指令 AJMP 的跳转范围是______。

A．256 B　　B．1 KB　　C．2 KB　　D．64 KB

13．8051 有 4 组工作寄存器区，将当前工作寄存器设置为第 2 组应使用的指令是______。

A．SETB　RS0 和 CLR　RS1　　B．CLR　RS0 和 SETB　RS1

C．CLR　RS0 和 CLR　RS1　　D．SETB　RS0 和 SETB　RS1

14．MCS-51 单片机中，下一条将要执行的指令地址存放在______中。

A．SP　　B．PSW　　C．PC　　D．DPTR

15．当执行 DAA 指令时，CPU 将根据______的状态自动调整，使 ACC 的值为正确的 BCD 码。

A．CY　　B．MOV 20H，R4

C．CY 和 AC　　D．RS0 和 RS1

16．下列指令不是变址寻址方式的是______。

A．JMP @A+DPTR　　B．MOVC A，@A+PC

C．MOVX A，@DPTR　　D．MOVC A，@A+DPTR

17．在堆栈操作中，当进栈数据全部弹出后，这时 SP 应指向______。

A．栈顶单元　　B．栈低单元

C．栈底单元地址加 1　　D．栈底单元地址减 1

18．在 51 单片机的指令系统中，用于非中断服务程序的子程序返回指令是______。

A．RET　　B．AJMP　　C．SJMP　　D．RETI

19．在 CPU 内部，反映程序运行状态或反映运算结果的一些特征寄存器是______。

A．PC　　B．PSW　　C．A　　D．SP

20．单片机中 PUSH 和 POP 指令常用来______。

A．保护断点　　B．保护现场

C．保护现场，恢复现场　　D．保护断点，恢复断点

二、填空题（可用指令仿真验证结果）

1．假定 A 的内容为 0FEH，执行完指令：RL　A 后，累加器 A 的内容为________。

2．假定 A 的内容为 0FEH，执行完指令：CPL　A 后，累加器 A 的内容为________。

3．假定 A 的内容为 0FEH，执行完指令：SWAP　A 后，累加器 A 的内容为________。

4．假定 A=82H，执行完指令：ANL　A，#17H 后，累加器 A 的内容为________。

5．假定 A=82H，（17H）=34H，执行完指令：ORL　A，17H 后，累加器 A 的内容为______。

6．假定 A=82H，R0=17H，（17H）=34H，执行完指令：XRL　A，@R0 后，累加器 A 的内容为_____。

7．假定 A=85H，（20H）=0FFH，CY=1，执行指令：ADDC　A，20H 后，累加器 A 的内容为_______，CY 的内容为_______，AC 的内容为________，OV 的内容________为。

8．假定A=56H，R5=67H，执行如下指令后，累加器A的内容为________，CY的内容为________。

ADD　A，R5

DA　A

9．假定A=40H，B=0A0H，执行指令：MUL　AB后，寄存器B的内容为_______，累加器A的内容为________，CY的内容为_______，OV的内容为________。

10．假定A=0FEH，B=15H，执行指令：DIV　AB后，累加器A的内容为_______，寄存器B的内容为______，CY的内容为_____，OV的内容为_______。

三、分析题

1．指出下列指令的寻址方式及执行的操作结果：

① MOV　A，data

② MOV　A，#data

③ MOV　A，R1

④ MOV　A，@R0

⑤ MOVC　A，@A+DPTR

⑥ MOVC　A，@A+PC

⑦ MOV　DPTR，#4000H

⑧ JZ　20H

⑨ MOV　C，20H

⑩ MOV　A，20H

2．已知：寄存器R0=30H，内部RAM（20H）=78H，内部RAM（30H）=56H，请指出每条指令执行后累加器A内容的变化。

① MOV　A，#20H

② MOV　A，20H

③ MOV　A，R0

④ MOV　A，@R0

3．已知：R0=30H，R1=40H，R2=50H，内部RAM（30H）=34H，内部RAM（40H）=60H，请指出下列指令执行后各单元内容相应的变化：

① MOV　A，R2

② MOV　R2，40H

③ MOV　@R1，#88H

④ MOV　30H，40H

⑤ MOV　40H，@R0

4．若内部RAM（20H）=5EH，指出下列指令的执行结果：

① MOV　A，20H

② MOV　C，04H

③ MOV　C，20H．3

5．已知A=7AH，R0=30H，（30H）=A6H，CY=1，写出以下各条指令执行之后的结果。

① XCH　A，R0

② XCH　A，30H

③ XCH　A，@R0

④ XCHD　A，@R0

⑤ SWAP　A

⑥ ADD　A，R0

⑦ ADD　A，30H

⑧ ADD　A，#30H

⑨ ADDC　A，30H

⑩ SUBB　A，30H

⑪ SUBB　A，#30H

⑫ DA　A

⑬ RL　A

⑭ RLC　A

⑮ JNZ　LOOP

⑯ CJNE　A，30H，LOOP

6．请写出完成下列操作的指令：

① 使累加器 A 的低 4 位清 0，其余位不变。

② 使累加器 A 的低 4 位置 1，其余位不变。

③ 使累加器 A 的低 4 位取反，其余位不变。

④ 使累加器 A 中的内容全部取反。

7．将累加器 A 清 0 的指令有很多种，请按下面的要求写出指令：

① 数据传送指令________。

② 逻辑与操作指令________。

③ 逻辑异或操作指令________。

④ 累加器清 0 指令________。

四、简答题

1．什么叫寻址方式？什么叫堆栈？

2．8051 单片机指令系统有哪几种寻址方式？

3．什么是 PC，它有什么作用？

4．简述累加器的 ACC 的作用。

5．分别指出无条件长转移指令、无条件绝对转移指令、无条件相对转移指令和条件转移指令的转移范围是多少。

第5章 MCS-51单片机汇编语言程序设计

汇编语言是一种面向机器的语言，其特点是程序结构紧凑、实时性强，能直接对存储器及硬件接口进行管理和控制，充分发挥硬件的作用。因此特别适合用于实时测控、软硬件密切结合的单片机程序设计与应用系统。

程序设计是单片机应用系统设计的主要内容。单片机的所有操作都是在程序的执行下进行，在熟悉8051单片机指令系统的基础上，本章学习8051单片机的汇编语言程序设计方法，并利用基于Proteus的仿真技术，掌握汇编语言程序设计的仿真实例。

5.1 汇编语言程序设计的基本步骤

在设计和开发单片机应用系统时，应根据任务的要求对硬件和软件进行综合考虑。由于程序设计主要按照分析任务、算法优化、程序总体设计、绘制流程图、编写源程序、源程序汇编、调试程序等步骤进行。

单片机汇编语言程序设计的基本步骤如下：

1．分析题意、明确任务

分析题意包括硬件电路和软件编程，也是整个项目设计工作的基点。明确任务是实现系统功能的设计思想。在整个系统设计与分析中，对硬件电路设计方案和软件编程结构要有明确的思路。

2．分配资源、优化算法

对单片机内外资源的合理使用和分配是保障应用系统的可靠运行性。一是分配内存工作区时，要根据程序区、数据区、暂存区、堆栈区等预计所占空间大小，对片内外存储区进行合理分配并确定每个区域的首地址，便于编程使用；二是在编程之前，要规划好寄存器和存储单元空间的使用，对计算精度、编程工作量等方面的差别，需要进行比较和优化算法。

3．绘制程序流程图、设计程序结构

程序流程图是程序结构的一种图解表示方法，也是解题步骤的重要环节，特别是编写比较复杂的程序时，设计程序流程图是十分必要的。结构合理的程序流程图，能比较清楚、形象地表达程序运行的过程，并且直观、清晰地体现程序的设计思路，对编写程序和分析程序有极大的帮助。流程图的绘制是一个由粗到细的过程，需要反复修改，力求完善。

4．源程序的编辑

用编辑软件在微型计算机上编写单片机的汇编语言源程序。源程序编写的基本原则：

一是要依据于 8051 单片机汇编语言的基本规则及规定使用的指令集（包括伪指令）；二是将流程图所表明的编程步骤，编写出一个有序的指令流，从而实现流程图中每一框图内的要求。所编写的源程序要力求简单明了、层次清晰、具备可读性（必要时加注释），具有运行时间短，占用存储单元少的特点。编写完成的源程序应以“ASM”的扩展名保存，以备汇编程序调用。

5．源程序的汇编

由汇编语言编写的源程序必须转换为单片机所能执行的机器码形式的目标程序，这个转换的过程即为汇编。目标程序有两种文件格式：BIN 文件和 HEX 文件。BIN 文件是由编译器生成的二进制文件，是程序的机器码；HEX 文件是由 Intel 公司定义的一种格式，这种格式包括地址、数据和校验码，并用 ASCII 码来存储，可供显示和打印。

目前，大多数的汇编程序都将源程序的编辑、汇编、与单片机仿真器的通信、程序调试等集成在一个软件包内，使用时非常方便。生成的目标文件程序经 PC 机的串行口传到开发机上，经仿真调试无误后，再经编程器将调试好的目标程序固化到程序存储器 ROM 中。

在设计和开发单片机应用系统中，不论是简单的还是复杂的程序，都是由基本结构程序构成的，通常可分为 4 种基本形式：顺序结构、分支结构、循环结构、子程序等形式。本章通过编程实例，使读者进一步熟悉和掌握单片机的指令系统及程序设计的方法和技巧，提高编程能力。

由于单片机复位时 PC=0000H，本章例题不涉及中断，所以各例均以 ORG　0000H 作为起始指令。

5.2　顺序程序设计

顺序程序设计是最简单、最基本的程序结构，其特点是顺序执行程序中的每一条指令，直到全部指令执行完毕为止。本节通过实例介绍简单程序的设计方法。

5.2.1　顺序程序结构

顺序程序结构是最单一的程序结构，其程序流向也是唯一的，而程序的具体内容不一定简单。顺序程序是构成复杂程序的基础，其结构流程图如图 5-1 所示。

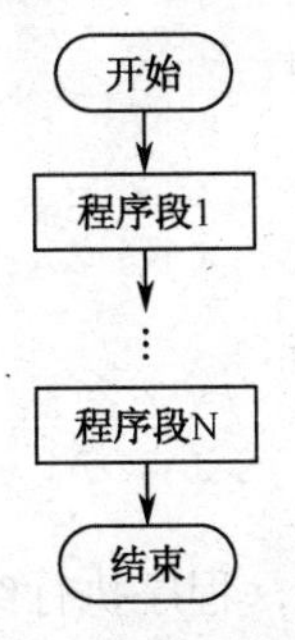

图 5-1　顺序结构流程图

5.2.2 顺序程序设计实例

【例 5-1】将内部 RAM 中从 50H 开始的 3 个单元中存放的十六进制数和内部 RAM 中从 60H 单元开始的 3 个单元中存放的十六进制数相加，结果存放到以 70H 开始的单元中。

① 题意分析如图 5-2 所示。

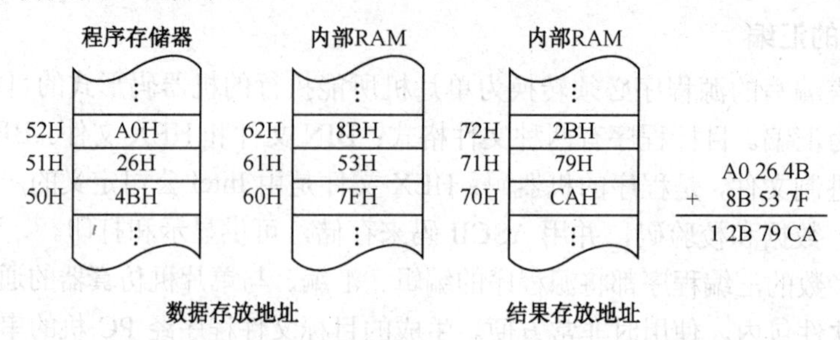

图 5-2 题意分析示意图

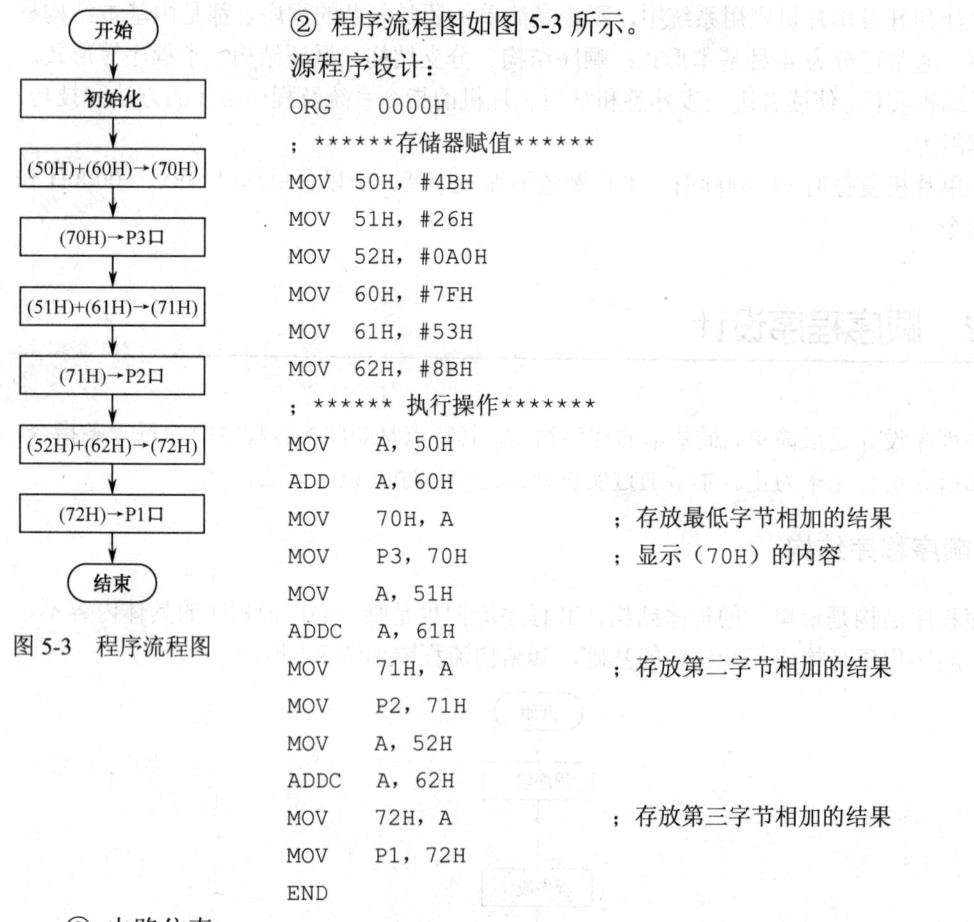

图 5-3 程序流程图

② 程序流程图如图 5-3 所示。

源程序设计：

```
ORG    0000H
；******存储器赋值******
MOV  50H，#4BH
MOV  51H，#26H
MOV  52H，#0A0H
MOV  60H，#7FH
MOV  61H，#53H
MOV  62H，#8BH
；****** 执行操作*******
MOV     A，50H
ADD     A，60H
MOV     70H，A                ；存放最低字节相加的结果
MOV     P3，70H               ；显示（70H）的内容
MOV     A，51H
ADDC    A，61H
MOV     71H，A                ；存放第二字节相加的结果
MOV     P2，71H
MOV     A，52H
ADDC    A，62H
MOV     72H，A                ；存放第三字节相加的结果
MOV     P1，72H
END
```

③ 电路仿真。

顺序结构硬件原理图如图 5-4 所示，程序执行结果：（70H）= 2BH，并由 P1 口输出；（71H）= 79H，并由 P2 口输出；（72H）= CAH，并由 P3 口输出。

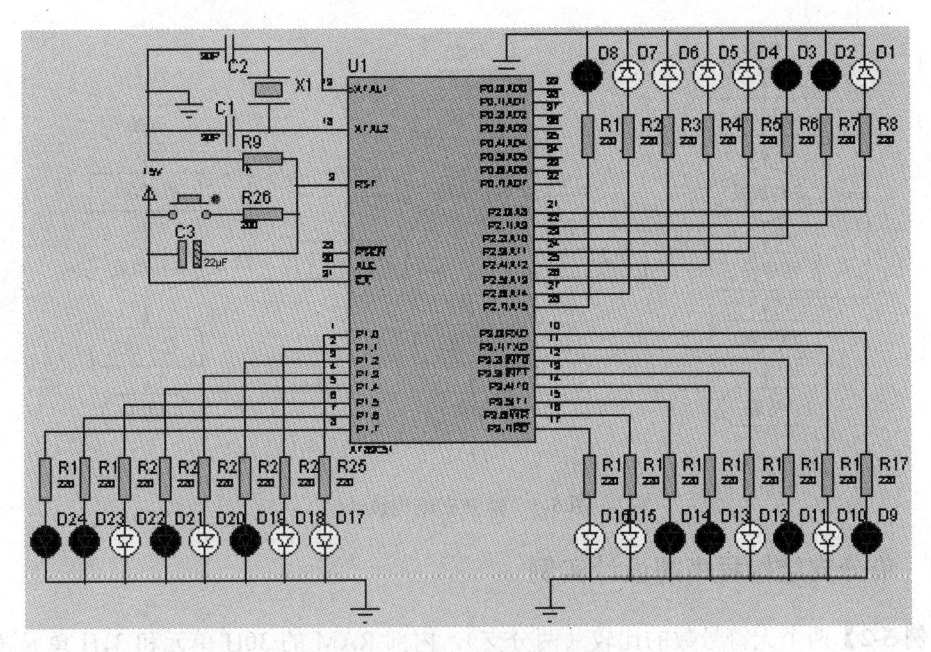

图 5-4 顺序结构硬件原理图

5.3 分支程序设计

由于实际问题一般都是比较复杂的，要求计算机能根据给定的逻辑判断或条件选择转向不同处理方式，从而表现出某种智能。因此，由指定条件而改变程序执行顺序的流向，称为分支程序结构，其主要特点是程序的流向有两个或两个以上的出口。分支结构编程关键是如何确定判断或选择的条件及选择合理的分支指令。本节通过实例介绍分支程序设计方法。

通常，根据分支程序中出口的个数分为单分支结构程序（两个出口）和多分支结构程序（三个或三个以上出口，也称为散转程序）。

5.3.1 单分支结构程序的形式

单分支结构在程序设计中应用最广，拥有的指令也最多。单分支结构一般为两个出口。如图 5-5 所示，单分支结构程序有以下几种典型形式：

如图 5-5（a）所示，当条件成立则跳过程序段②，执行程序段③，条件不成立则执行程序段②。

如图 5-5（b）所示，当条件成立则执行分支程序①，否则执行分支程序②。

如图 5-5（c）所示，当条件成立则顺序往下执行，否则重复执行程序段①，直到条件成立，才顺序往下执行。

分支结构程序的组成形式不只上述三种，应根据实际需要，灵活组合。分支结构程序允许嵌套，即一个分支接着一个分支，形成树根式的多级分支程序结构。

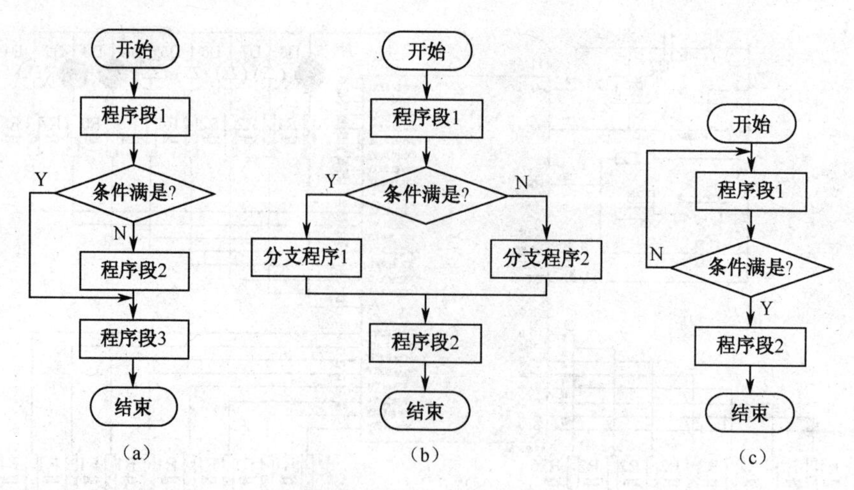

图 5-5　单分支结构设计

5.3.2　单分支结构程序的设计实例

【例 5-2】 两个无符号数的比较（两分支）。内部 RAM 的 30H 单元和 31H 单元各存放了一个 8 位无符号数，请比较这两个数的大小。

若（30H）≥（31H），则 P1.0 管脚连接的 LED 发光；

若（30H）<（31H），则 P1.1 管脚连接的 LED 发光。

① 题意分析。本例是典型的分支程序，根据两个无符号数的比较结果（判断条件），程序可以选择两个流向之中的某一个，分别点亮相应的 LED。

比较两个无符号数常用的方法是将两个数相减，然后判断有否借位 CY。若 CY=0，无借位，则（30H）≥（31H）；若 CY=1，有借位，（30H）<（31H）。设 30H=80H，31H=7FH。

② 程序流程图如图 5-6 所示。

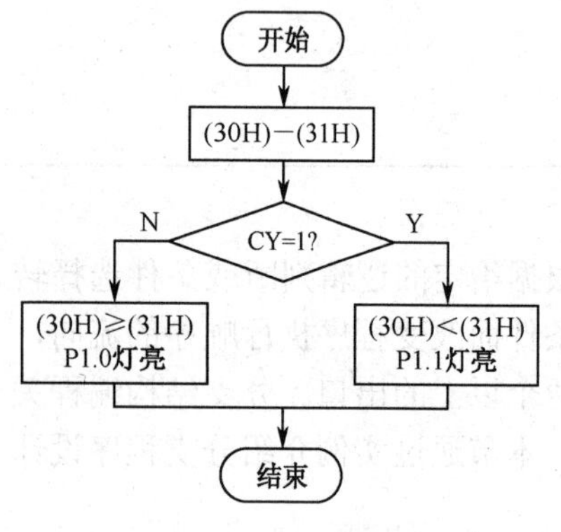

图 5-6　分支流程图

③ 源程序设计。

```
        ORG   0000H
        MOV   P1, #00H
        MOV   30H, #80H
        MOV   31H, #7FH
        MOV   A, 30H            ; A← (30H)
        CLR   C                 ; CY=0
        SUBB  A, 31H            ; A←A- (31H) -CY
        JC    L1                ; CY=1，转移到 L1
        SETB  P1.0              ; CY=0，(30H) ≥ (31H)，点亮 P1.0 连接的 LED 灯
        SJMP  FINISH            ; 跳转到结束等待
L1:     SETB  P1.1              ; (30H) < (31H)，点亮 P1.1 连接的 LED 灯
FINISH: SJMP  $
        END
```

④ 电路仿真如图 5-7 所示，P1.0 口的 LED 灯被点亮，说明了（30H）≥（31H）。

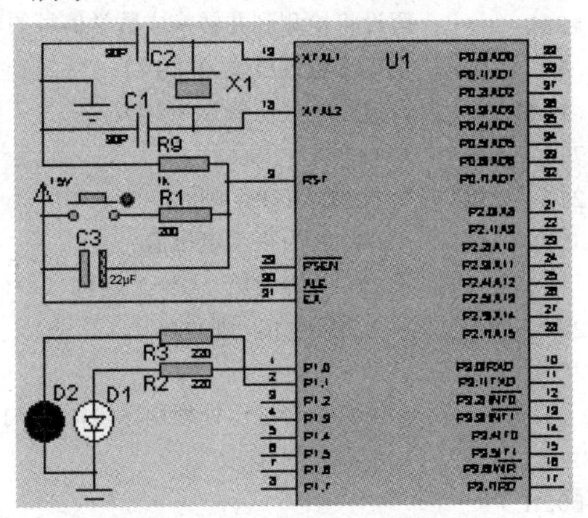

图 5-7　分支结构硬件原理

5.3.3　多分支程序设计与实例

在实际程序中，程序有多个流向（三个以上），称为多分支程序。常见的多分支程序可用比较转移指令来实现的。

【例 5-3】用 CJNE 指令实现窗口工作电压值的监视电路。检测电压 V 存放到 R7 中，与设定电压比较，设定电压的低位与高位为 V1、V2（V1<V2），V1 存放在 BUF1（20H）、V2 存放在 BUF2（21H）单元内．若 V 介于 V1、V2 之间，显示正常；若 V>V2 显示过压；若 V<V1 显示欠压。

① 多分支流程图如图 5-8 所示。

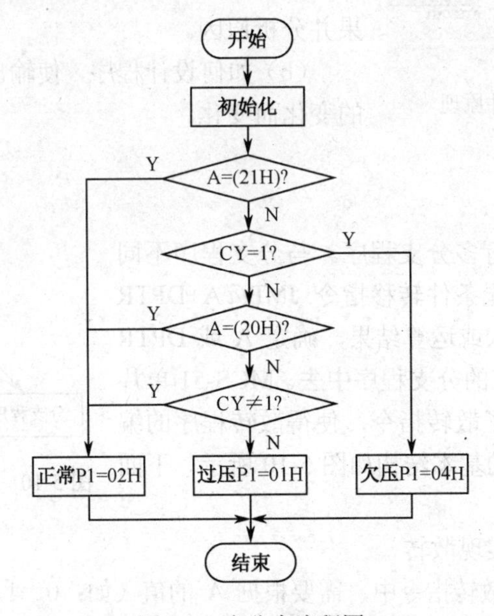

图 5-8　多分支流程图

② 源程序设计。

```
        ORG 0000H
        MOV  R7，#99H        ；假设将检测到并转换成数字信号的电压值（3V）存放在R7中
        MOV  20H，#0CCH      ；设定比较过压值为（4V）
        MOV  21H，#66H       ；设定比较欠压值为（2V）
MAIN:   MOV  A，R7
        CJNE  A，21H，CON1    ；99H>66H，则CY=0
        AJMP  KEEP           ；KEEP为正常电压值
CON1:   JC  LOP1             ；LOP1为欠压，CY=1则转
        CJNE  A，20H，CON2    ；99H<CCH，则CY=1
        AJMP  KEEP
CON2:   JNC  LOP2            ；LOP2为过压处理程序段，CY≠1则转
        AJMP  KEEP
KEEP:   MOV  P1，#02H
        AJMP $
LOP1:   MOV  P1，#04H
        AJMP  $
LOP2:   MOV  P1，#01H
        AJMP  $
        END
```

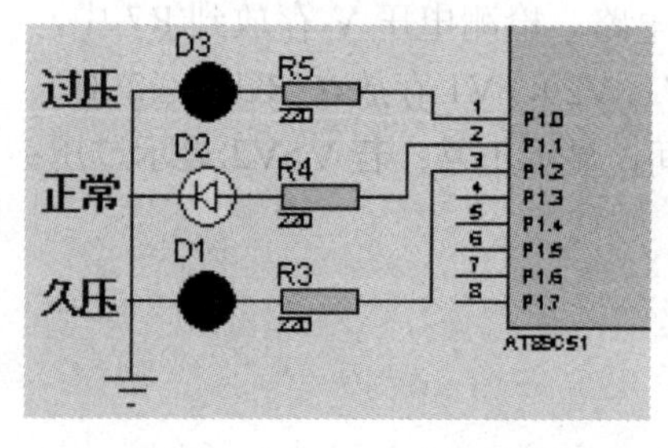

图5-9　多分支结构硬件原理

③ 电路仿真如图5-9所示，由于检测到的电压值为3 V（存放在R7中），即介于2 V和4 V之间，故D2发光管被点亮。

④ 手动与思考

（a）请改变R7的值，重新运行程序，观察输出结果并分析原因。

（b）如何设计程序，使输出显示自动跟随输入电压的变化而变化。

5.3.4　散转程序

散转程序是一种并行多分支程序。与分支程序不同的是散转程序常用一条无条件转移指令JMP@A+DPTR作为散转指令，根据输入或运算结果，确定A或DPTR的内容，直接跳转到相应的分支程序中去。MCS-51单片机指令系统中专门提供了散转指令，使得散转程序的编程更加简洁。散转程序的基本结构如图5-10所示。下面介绍两种方法。

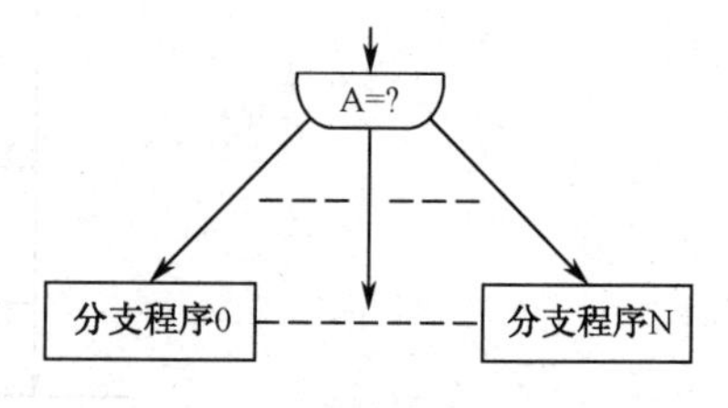

图5-10　散转程序的基本结构示意图

（1）用转移指令表实现散转

在JMP@A+DPTR散转指令中，需要根据A的值（如：0、1、…、*n*），相应地转向处理程序0、处理程序1、…、处理程序*n*。此时可用转移指令AJMP或LJMP组成一个转移表。

【例5-4】 某单片机系统有16个键，经键盘扫描得到键码值（00H～0FH）存放在R3

中，每个键对应着一个处理程序，各入口地址分别为 KEY0、KEY1、…、KEYF．编程实现由键码寻找转移执行处理程序的功能。

```
        MOV  A, R3
        RL  A    ；乘 2
        MOV  DPTR, #TAB      ；赋表首址
        JMP    @A+DPTR       ；根据 A 值查跳转
TAB:    AJMP  KEY0           ；跳转表
        AJMP  KEYI
        ⋮
        AJMP  KEYF
```

在此程序中，数据指针 DPTR 固定，根据累加器 A 的内容，程序转入相应的分支程序中去。本例采用转移指令表法，就是先用无条件转移指令 AJMP 或 LJMP 按一定的顺序组成一个转移表，再将转移表首地址装入数据指针 DPTR 中，然后将控制转移方向的数值装入累加器 A 中做变址，最后执行散转指令，实现散转。指令转移表的存储格式如图 5-11 所示。

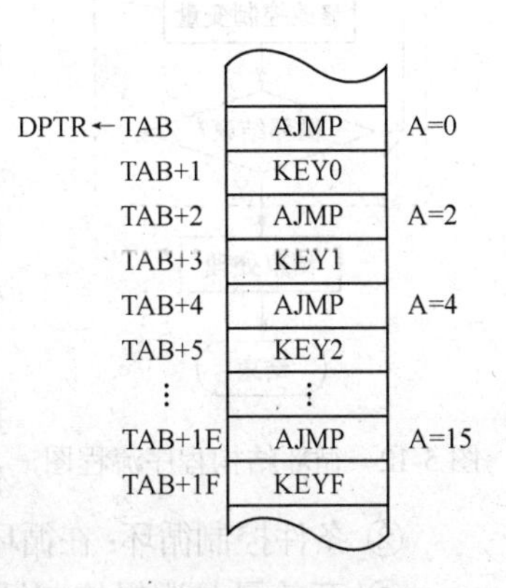

图 5-11　指令转移表的存储格式

由于无条件转移指令 AJMP 是双字节指令，因此控制转移方向 A 的数值要乘以 2。

```
A=0 转向    AJMP  KEY0
A=2 转向    AJMP  KEY1
A=4 转向    AJMP  KEY2
⋮
A=15 转向    AJMP  KEYF
```

（2）用转移地址表实现散转

当转移范围比较大时，可使用转移地址表方法。即每个处理程序的入口地址直接置于地址表内，用查表指令找到对应的转向地址，将它装入 DPTR 中．将累加器清零后，用指令 JMP　@A+DPTR 直接转向各个处理程序的入口。

5.4　循环程序设计

在实际应用程序设计中，有时需要多次重复执行某一段程序段，为了缩短程序代码，减少程序占用的空间，采用循环程序可以大大地优化程序结构。循环程序是指当某种条件满足时，能够重复执行某一段程序的程序结构。在 8051 型单片机的指令系统中设有专用的循环指令，单独作为一种程序结构的形式进行程序设计。

这种结构的设计思想是：先执行一次循环体程序，再判断循环控制条件是否满足。若不满足，再次执行循环体程序，直到满足循环控制条件时，才退出循环。例如，为了实现软件延时 1ms，若采用 NOP 指令，当 f_{osc}=12 MHz 时，需由近 1000 条 NOP 指令组成，而改用循环结构程序，则只需少数几条指令即可完成。由此可见，使用循环程序可高效率地简化源程序的编程结构。

5.4.1 循环结构程序段的组成

循环结构程序流程图如图 5-12 所示。它由以下 4 个主要部分组成。

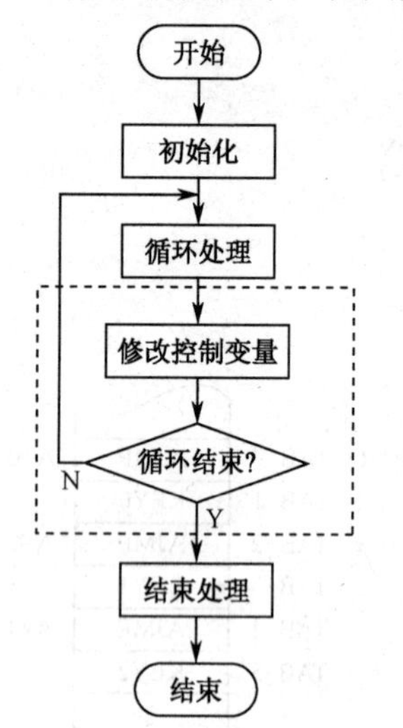

图 5-12 循环结构程序流程图

（1）初始化部分

程序在进入循环处理之前，必须依据某些条件先设立初值，例如循环次数、工作寄存器的选择及其他变量的初始值等，为进入循环程序做准备。

（2）循环处理部分

循环处理部分又称循环体，是循环结构程序的核心，是完成某种功能的重复执行部分。

（3）循环控制部分

在重复执行循环处理程序的过程中，需要不断修改和判别循环变量，直到符合结束循环的条件。一般情况下，循环控制有以下几种方式。

① 计数循环：如果循环次数已知，则可以用计数器计数来控制循环次数，这种控制方式用得比较多。循环次数要在初始化部分预置，在控制部分修改，每循环一次，计数器内容减 1。

② 条件控制循环：在循环次数未知的情况下，一般通过设立结束条件来控制循环的结束。

③ 开关量与逻辑控制循环：这种方法经常用在过程控制程序设计中，这里不再详述。

（4）结束处理部分

这部分程序用于存放执行循环程序所得结果及恢复各工作单元的初值等。

5.4.2 循环程序实例

1. 单重循环程序设计

【例 5-5】设计一电路，用发光二极管经限流电阻接单片机的 I/O 口 P1.0～P1.7，按照从 P1.0 到 P1.7 的顺序，依次点亮 P1 口连接的 LED，并不断循环。

① 题意分析。这种显示方式是一种动态显示方式，逐一点亮一个灯，使人们感觉到点的位置在移动。根据点亮灯的位置，我们要向 P1 口依次送入如下的立即数：

```
MOV  P1，#0FEH 点亮 P1.0 连接的 LED
MOV  P1，#0FDH 点亮 P1.1 连接的 LED
MOV  P1，#0FBH 点亮 P1.2 连接的 LED
⋮
MOV  P1，#7FH 点亮 P1.7 连接的 LED
```

以上完全重复地执行往 P1 口传送立即数的操作，会使程序结构松散，若用循环程序来实现，程序结构将会十分简便。初步设想的程序流程图如 5-13 所示。

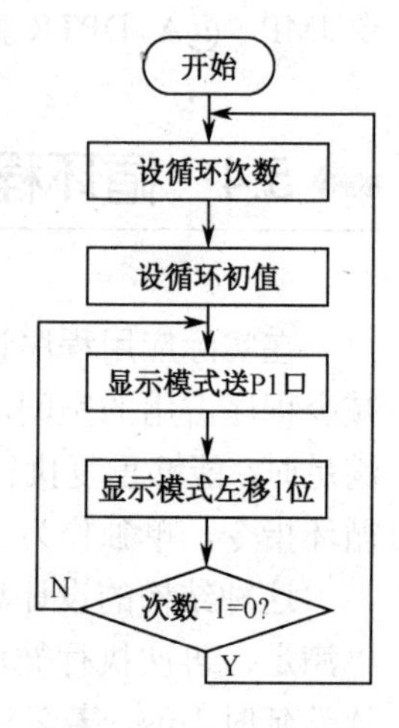

图 5-13 程序流程图

② 源程序设计。

```
         ORG  0000
START:   MOV  R2，#08        ; 设置循环次数
         MOV  A，#0FEH       ; 设定初值
NEXT:    MOV  P1，A          ; 初值送 P1 口，点亮 LED 灯
         RL  A               ; 左移一位
         DJNZ  R2，NEXT      ; 次数减 1，不为零，继续循环点亮下一个 LED 灯
         SJMP  START         ; 反复循环点亮 8 个 LED 灯
         END
```

执行上面程序后，结果是8个灯全部被点亮，但是，程序执行速度很快，逐一点亮LED的间隔太短，看上去就是同时点亮了，因此，必须在点亮一个LED后加一段延时时间程序，人眼才能区别出来灯是逐个被点亮的。

在设计正确的程序之前，先介绍延时程序。

2．双重循环程序设计——延时程序设计

在单片机汇编语言程序设计中使用到延时程序非常广泛。例如，动态LED显示程序设计、LCD接口程序设计、键盘接口程序设计中的软件消除抖动、串行通信接口程序设计等都运用了延时程序。所谓延时，就是让CPU做一些与主程序功能无关的操作（例如将一个数字逐次减1直到0为止）来消耗掉CPU的时间。因此对于延时程序段来讲，必须知道每一条指令的执行时间，才能精确计算出来整个延时程序的延时时间。这里涉及到单片机的时钟周期、机器周期和指令周期等重要的概念。

时钟周期$T_{时钟}$是计算机的基本时间单位，与单片机使用的晶振频率有关。若f_{osc}=12 MHz，那么$T_{时钟}=1/f_{osc}$=1/12 MHz=83.3 ns。

机器周期$T_{机器}$是指CPU完成一个基本操作，如取指操作、读数据操作等所需要的时间。

机器周期的计算方法：$T_{机器}=12T_{时钟}$=83.3 ns×12=1 μs。

指令周期是指执行一条指令所占用的全部时间。由于指令汇编后有单字节指令、双字节指令和三字节指令，因此一个指令周期通常含1～4个$T_{机器}$。

【例5-6】设计一个延时100 ms的程序，设单片机时钟晶振频率为f_{osc}=12 MHz。

题意分析：设计延时程序的关键是计算延时时间。延时程序一般采用循环程序结构编程，通过确定循环程序中的循环次数和循环程序段这两个因素来确定延时时间。

延时程序段如下：

```
DELAY:  MOV  R3，#100           ┐
DEL2:   MOV  R4，#250       ┐   │
DEL1:   NOP         ; 1T ┐  │   │
        NOP         ; 1T ├ 4 μs ├ 1 ms ├ 100 ms
        DJNZ  R4，DEL1  ; 2T ┘  │   │
        DJNZ  R3，DEL2      ┘   │
        RET                     ┘
```

由于指令MOV　R4，#0FFH、NOP、DJNZ的执行时间分别为1μs、1μs、2μs。NOP为空操作指令，其功能是取址、译码，然后不进行任何操作便进入下一条指令，经常用于产生一个机器周期的延迟。

延时程序段为双重循环，下面分别计算内循环和外循环的延时时间。

内循环的循环次数为 250 次，循环过程为以下 3 条指令：

```
NOP                 ; 1 μs
NOP                 ; 1 μs
DJNZ    R4, DEL1    ; 2 μs
```

所以内循环的延时时间为：（1 μs+1 μs+2 μs）×250=1 ms。

外循环的循环次数为 100 次，循环过程如下：

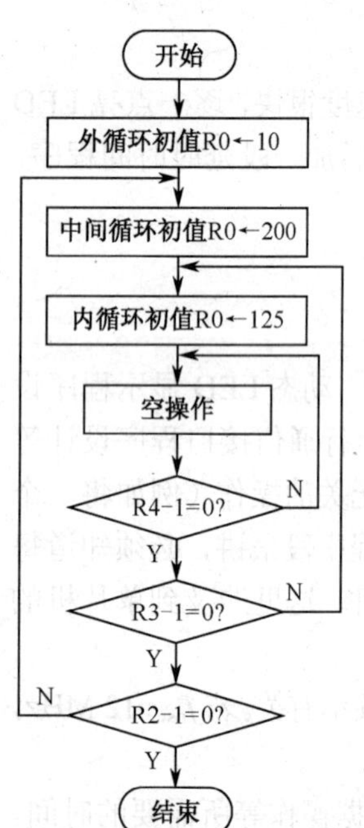

图 5-14 程序流程图

```
MOV  R4, #250       ; 2 μs
1 ms 内循环          ; 1000 μs
DJNZ  R3, DEL2      ; 2 μs
```

外循环一次的时间为 1000 μs+2 μs+2 μs=1004 μs，循环 100 次，另外加上第一条指令

```
MOV  R3, #100       ; 1 μs
```

的循环时间 1 μs，因此外循环总的循环时间为：

$$1\ \mu s+(1000\ \mu s+2\ \mu s+2\ \mu s)\times 100=100500\ \mu s\approx 100\ ms$$

以上是比较精确的计算方法，一般情况下，在外循环的计算中，经常忽略比较小的时间段，例如将上面的外循环计算公式简化为：

$$1000\ \mu s\times 100=100000\ \mu s=100\ ms$$

与精确计算值相比，误差为 0.5 ms，但在要求不是十分精确的情况下，这个误差是完全可以接受的。

【例 5-7】设计一个延时 1 s 的程序，设单片机时钟晶振频率为 f_{osc}=12 MHz。

① 题意分析。使用三重循环延时结构。程序流程图如图 5-14 所示。内循环延时 0.5 ms（循环次数为 125），第二层循环延时 0.1 s（循环次数为 200），第三层循环延时 1 s（循环次数为 10）。

② 延时程序段如下。

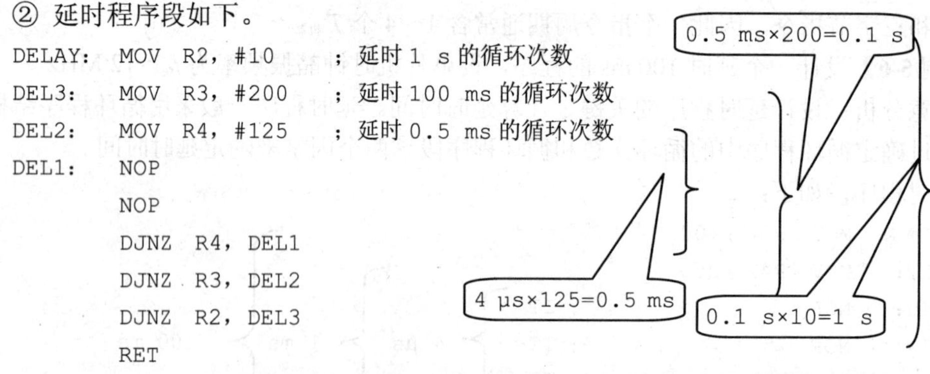


```
DELAY:  MOV  R2, #10     ; 延时 1 s 的循环次数
DEL3:   MOV  R3, #200    ; 延时 100 ms 的循环次数
DEL2:   MOV  R4, #125    ; 延时 0.5 ms 的循环次数
DEL1:   NOP
        NOP
        DJNZ  R4, DEL1
        DJNZ  R3, DEL2
        DJNZ  R2, DEL3
        RET
```

③ 程序说明：本例中，第二层循环和外循环都采用了简化计算方法，编程关键是延时 0.5 ms 的内循环程序如何编制。

以上是延时程序的基本编制方法，若需要延时更长或更短时间，只要用同样的方法采用更多重或更少重的循环即可。

增加了延时程序的例 5-5，其流程图如图 5-15 所示。

④ 源程序设计：

```
        ORG   0000H
START:  MOV  R2, #08H
        MOV  A, #0FEH
NEXT:   MOV  P1, A
        ACALL  DELAY
        RL   A
        DJNZ  R2, NEXT
        SJMP  START
DELAY:  MOV  R3, #0FFH
DEL2:   MOV  R4, #0FFH
DEL1:   NOP
        DJNZ   R4, DEL1
        DJNZ   R3, DEL2
        RET
        END
```

开始
设循环次数
设循环初值
显示模式送P1口
延时
显示模式左移1位
次数-1=0?
N
Y

图 5-15　程序流程图

⑤ 电路仿真如图 5-16 所示。

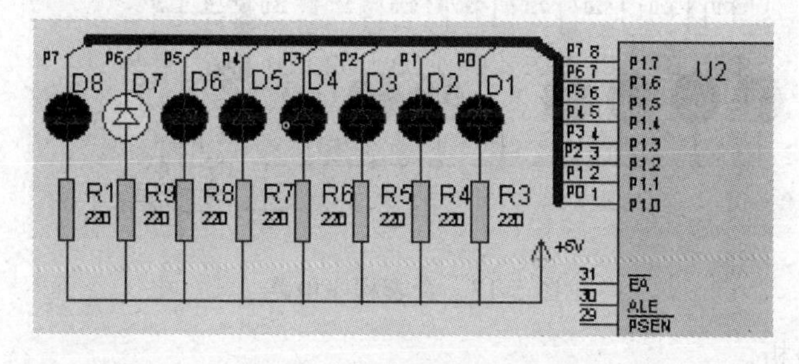

图 5-16　循环程序电路

5.5 查表程序设计

在单片机应用系统中，查表程序使用频繁。利用它能避免进行复杂的运算或转换过程，广泛应用于显示、打印字符的转换及数据补偿、计算、转换等程序中。

查表就是根据自变量 *x* 的值，在表中查找到 *y*，使 y=*f*（*x*）。*x* 和 *y* 可以是各种类型的数据。表的结构也是多种多样的，数据是在编程时通过 DB 伪指令将其存入程序存储器 ROM 中形成数据表格的。MCS-51 单片机提供了两条专门用于查表操作的查表指令：

```
MOVC  A, @A+DPTR          ; (A+DPTR) →A
MOVC  A, @A+PC            ; FC+1→PC, (A+PC) →A
```

其中，DPTR 为数据指针，一般用于存放表首地址；累加器 A 是查表的偏移量（即在表格中的第几项数据）。

【例 5-8】在程序中定义一个 0～9 的平方表，利用查表指令找出累加器 A=03 的平方值。

① 题意分析。所谓表格是指在程序中定义的一中有序的常数，如平方表、字型码表、

键码表等。因为程序一般都是固化在程序存储器（通常是只读存储器）中，因此可以说表格是预先定义在程序的数据区中，然后和程序一起固化在 ROM 中的一串常数。

② 源程序设计。

```
          ORG  0100H
          MOV  DPTR，#TABLE          ；表首地址送 DPTR
          MOV  A，#03                ；被查数字 05→A
          MOVC  A，@A+DPTR           ；查表求平方
          MOV  P1，A
          SJMP  $
TABLE:    DB  0，1，4，9，16，25，36，49
          DB  64，81                 ；存放了 0～9 的平方值
          END
```

③ 程序说明。从程序存储器中读数据时，只能先读到累加器 A 中，然后再送到题目要求的地方。

④ 电路仿真如图 5-17 所示。

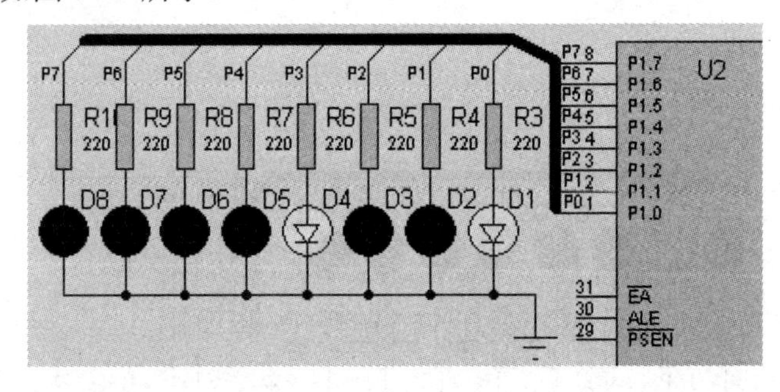

图 5-17　查表程序电路

⑤ 输出结果分析。

仿真输出结果为 9，即 $3^2=9$。同样，改变指令 MOV　A，#03 的立即数，也会得到相对应的结果。但是必须注意，由于小于等于 9 的十六进制与十进制的描述是一样的，而大于 9 的十进制用二进制来显示时结果是十六进制形式，如 25 的十进制，显示结果为 19H。

5.6　子程序调用设计

在实际程序编制时，经常会遇到同一个程序段被多次使用，例如延时程序、数码转换、查表程序、算术运算程序段等功能相对独立的程序段，这些相对独立的程序段存放在某一存储区域，需要时通过调用指令即可调用，这种程序称为子程序。调用程序称为主程序，被调用的程序称为子程序。

5.6.1　子程序调用及返回过程

当主程序在运行中需要使用子程序时，只要执行调用子程序的指令，使程序转到子程序。当子程序执行完毕，依靠最后一条返回指令自动返回主程序，然后继续执行主程序。

在 MCS-51 指令系统中，提供了两条调用子程序指令 ACALL、LCALL 及一条返回主程序的指令 RET。

子程序调用及返回过程如图 5-18 所示。

子程序只需编写一次，主程序可以反复调用它。设主程序中 LCALL 指令的具体地址为 002AH，子程序具体地址为 0060H。CPU 执行到 LCALL 指令后将调用子程序，具体操作是：

① PC 自动加 1 功能使 PC=002DH（LCALL　addr16 为 3 字节指令），指向下一条指令的地址，此时 PC 中的内容即为断点地址；

② 保存 PC 中的断点地址 002DH；

③ 将子程序 SUB 的入口地址 0060H 赋给 PC，即 PC=0060H；

④ 程序转向 SUB 子程序运行。

当 CPU 执行完子程序后，遇到 RET 返回指令，具体操作是：

① 取出执行调用指令时保存的断点地址 002DH，并将它赋给 PC，即 PC=002DH；

② 程序转向断点处继续执行主程序。

在子程序调用过程中，断点地址 002DH 是自动保存和取出的，并且将断点地址存放在堆栈中的，堆栈是一个存放临时数据（例如断点地址）的内存区域。堆栈的巧妙设计使程序设计不必考虑断点地址的具体存放位置。

当主程序需要两次调用子程序时，其程序走向按编号顺序执行。如图 5-19 所示为子程序两次被调用、返回过程。

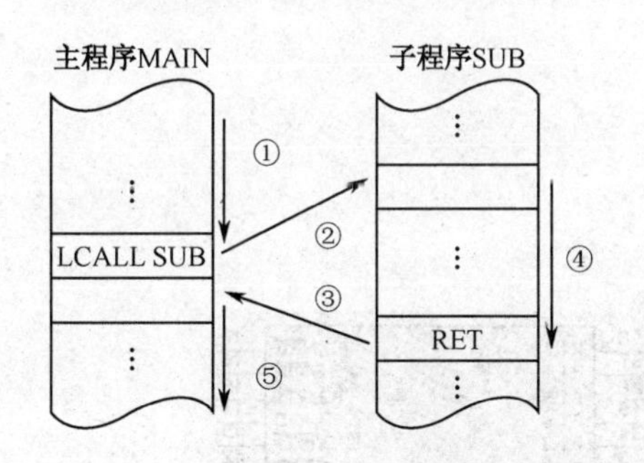

图 5-18　子程序调用及返回过程示意图

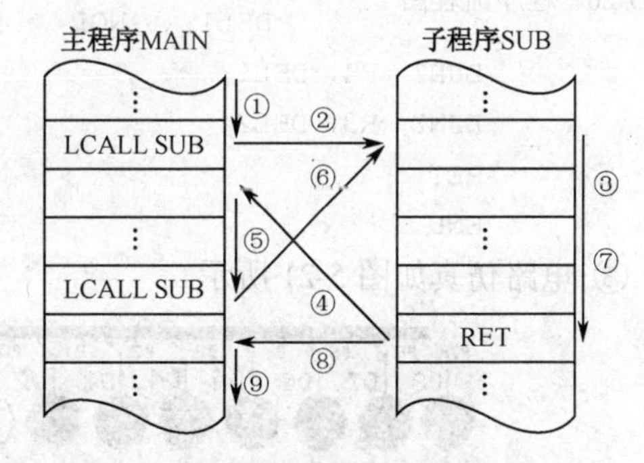

图 5-19　子程序两次被调用、返回过程示意图

在编制子程序时，要注意以下几点：

① 子程序的首地址必须要用标号，此标号也就是该子程序的名称。子程序的最后一定要设置一条返回指令。

② 子程序的入口条件和出口条件。主程序要根据子程序的入口条件提供所需的数据，存放到指定的寄存器或存储单元；根据出口条件取得读子程序的运行结果。

③ 现场保护。主程序在调用子程序时，虽然硬件电路已对断点做了保护，当对子程序中所用到的资源（如寄存器等）与主程序所用的资源相同时，必须在转到子程序之前对主程序中所用的资源进行保护（即将其内容压入堆栈），在子程序返回时再恢复。现场保护需要程序设计人员编程来实现。

【例 5-9】延时子程序。编程使 P1 口连接的 8 个 LED 按下列方式显示：从 P1.0 连接的 LED 灯开始，每个 LED 灯闪烁 10 次，再移向下一个 LED 灯，让其同样闪烁 10 次，循环不止。

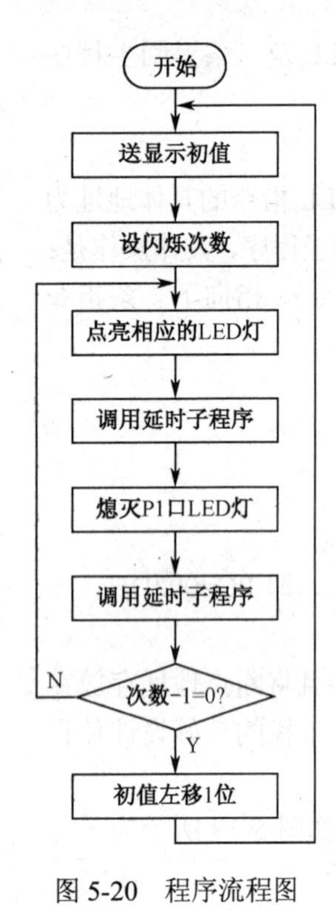

图 5-20　程序流程图

① 题意分析。

按照题目要求：每个 LED 灯闪烁 10 次，要设定闪烁次数；LED 灯点亮与熄灭要维持一定的时间，要用到延时程序；每个 LED 灯分别被点亮，可采用位移方式；本例的程序流程图如图 5-20 所示。

在图 5-19 中，两次使用延时程序段，因此我们将延时程序编成子程序。

② 源程序设计。

```
        ORG  0100H
MAIN:   MOV  A，#0FEH          ；送显示初值
LOP1:   MOV  R0，#10           ；定义闪烁次数
LOP2:   MOV  P1，A             ；点亮 LED 灯
        LCALL  DELAY          ；调用延时子程序
        MOV  P1，#0FFH         ；熄灭 P1 口所有的灯
        LCALL  DELAY
        DJNZ  R0，LOP2         ；闪烁次数有 10 次？没有则继续
        RL   A                ；A 左移，准备下一个灯闪烁
        SJMP   LOP1           ；循环不止
DELAY:  MOV  R3，#0FFH         ；延时子程序
DEL2:   MOV  R4，#0FFH
DEL1:   NOP
        DJNZ  R4，DEL1
        DJNZ  R3，DEL2
        RET
        END
```

③ 电路仿真如图 5-21 所示。

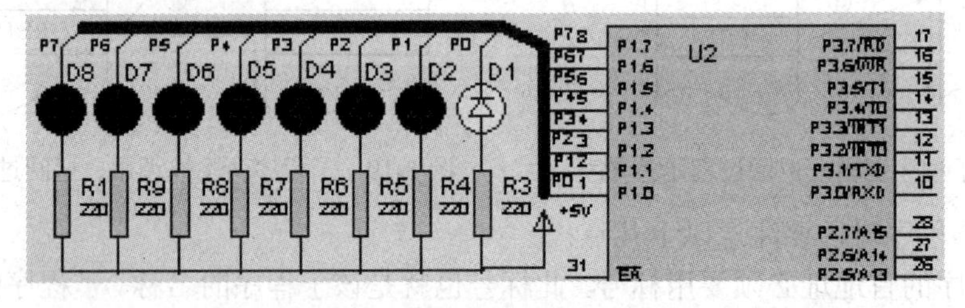

图 5-21　子程序调用及返回电路

④ 程序说明。

在本例中，MAIN 为主程序，DELAY 为延时子程序。当主程序 MAIN 需要延时功能时，就用一条调用指令 LCALL（或 ACALL）DELAY 即可。子程序的第一条语句必须有一个标号，如 DELAY，代表该子程序第一个语句的地址，也称为子程序入口地址，供主程序调用。子程序的最后一条语句必须是子程序返回指令 RET。

子程序一般紧接着主程序结束后存放，子程序只需编写一次，主程序可以反复调用它。例 5-9 的主程序和子程序的执行过程如图 5-22 所示。

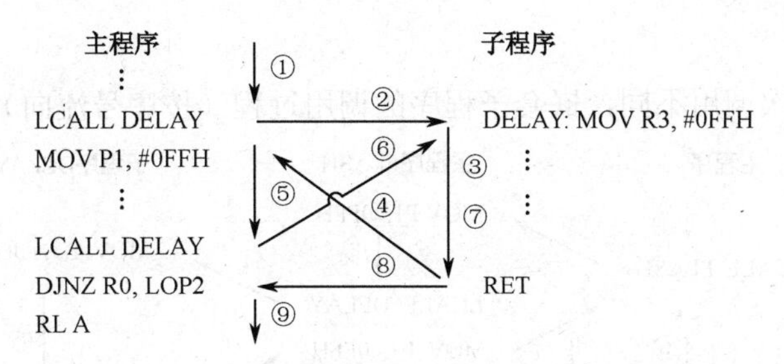

图 5-22 主程序和子程序执行过程示意图

5.6.2 子程序嵌套

一个子程序在其运行过程中，还可以调用其他的子程序，这称为子程序嵌套．MCS-51 对于程序嵌套的层数没有限制，但要为堆栈容量所允许。子程序嵌套如图 5-23 所示。

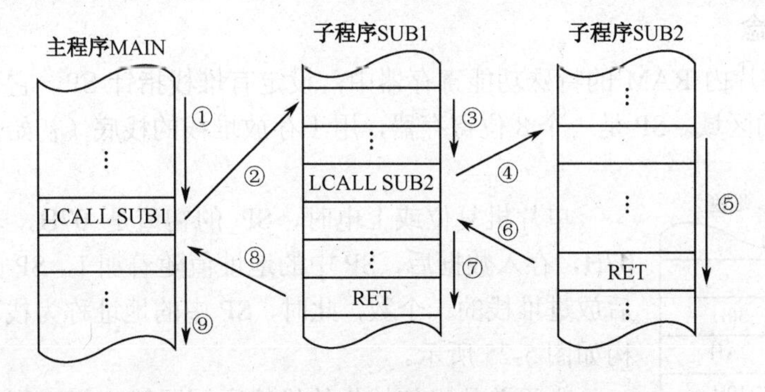

图 5-23 子程序嵌套示意图

【例 5-10】修改上面的程序，将一个灯的闪烁过程也编成子程序形式。源程序如下：

```
          ORG  0100H
MAIN:     MOV  A，#0FEH           ；送显示初值
COUN:     ACALL  FLASH            ；调闪烁子程序
          RL  A                   ；A 左移，准备下一个灯闪烁
          SJMP  COUN              ；循环不止
FLASH:    MOV  R0，#10            ；定义闪烁次数
FLASH1:   MOV  P1，A              ；点亮 LED 灯
          LCALL  DELAY            ；调用延时子程序
          MOV  P1，#0FFH          ；熄灭 P1 口所有的灯
          LCALL  DELAY
          DJNZ  R0，FLASH1        ；闪烁次数有 10 次？没有则继续
          RET
DELAY:    MOV  R3，#0FFH          ；延时子程序
DEL2:     MOV  R4，#0FFH
DEL1:     NOP
          DJNZ  R4，DEL1
          DJNZ  R3，DEL2
          RET
```

```
END
```

与子程序的多次调用不同，嵌套子程序的调用过程（按序号流向）如图 5-24 所示。

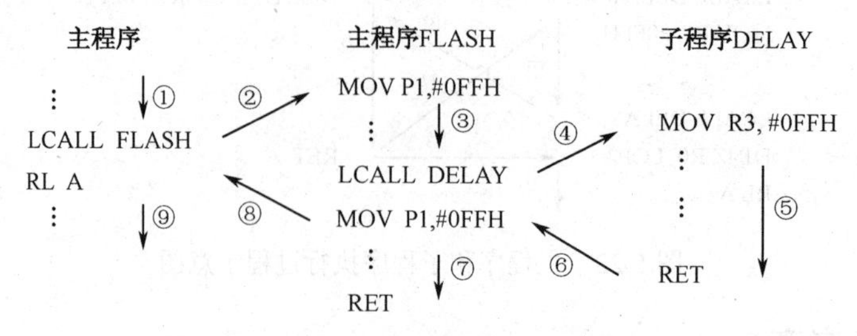

图 5-24　程序中嵌套子程序的调用过程

5.6.3　堆栈结构

1．堆栈概念

MCS-51 在片内 RAM 的特殊功能寄存器中，设定有堆栈指针 SP，它是后进先出存取数据操作方式的区域。SP 是一个 8 位寄存器，用于存放堆栈的栈底（初始化）地址和栈顶地址。

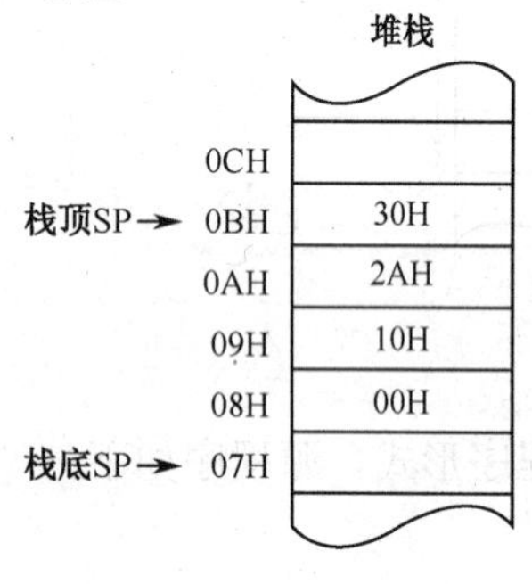

图 5-25　堆栈结构示意图

单片机复位或上电时，SP 的初值是 07H，表示堆栈栈底为 07H，存入数据后，SP 中的地址值随着加 1。SP 的值总是指向最后放进堆栈的一个数，此时，SP 中的地址称为栈顶地址。堆栈结构如图 5-25 所示。

由于单片机初始化的堆栈区域同第 1 组工作寄存器区重合，也就是说，当将堆栈栈底设在 07H 处时，就不能使用第 1 组工作寄存器，如果存入堆栈的数据量比较大的话，甚至第 2 组和第 3 组工作寄存器也不能使用了。因此，在汇编语言程序设计中，通常总是将堆栈区的位置设在用户 RAM 区。例如，

```
MOV  SP，#50H    ；将堆栈栈底设在内部 RAM 的 50H 处
```

2．堆栈的作用

堆栈是为了子程序调用和返回而设计的，执行调用指令（LCALL、ACALL）时，CPU 自动将断点地址压入堆栈进行保护现场；执行返回指令 RET 时，自动从堆栈中弹出断点地址而恢复现场。

5.7　基于 Proteus 的汇编语言程序设计与仿真实例

5.7.1　广告灯电路设计与仿真

1．设计任务

发光二极管经限流电阻接单片机的 P1.0 ～P1.7 口，编程实现：发光二极管从 P1.7～P1.0 逐个点亮，然后又从 P1.0～P1.7 逐个熄灭；之后，8 个发光二极管同时闪烁 6 次；最

后不断循环。

2．设计思路

（1）电路设计

由于流过发光二极管的电流一般为 5 mA 左右，在硬件上采用单片机直接输出的电路形式。打开 Proteus 的 ISIS，通过对象选择器按钮，从元件库中选择如下元器件：AT89C51（单片机）、RES（电阻）、CAP（电容）、CAP-ELEC（电解电容）、LED-YELLOW（发光二极管）、BUTTON（按键开关）、CRYSTAL（晶振），并置入对象选择器窗口。然后将选择的元器件、电源和地线放置在编辑窗口中，连接电路如图 5-27 所示。

（2）编程思路

在程序编程上，向某端口传送一组数据，经过延时，再传送另外一组数据，然后判断是否传送完毕，之后再执行下一种程序状态，最后不断循环。由于单片机程序设计具有灵活性，因此，程序设计有 3 种方案。

方案一：采用传送指令对单片机的 I/O 口直接赋值。

方案二：采用移位指令实现二极管循环点亮。

方案三：采用查表法实现二极管循环点亮。

本次项目仿真采用方案三。

3．程序设计分析

① 程序流程图如图 5-26 所示。

② 源程序设计。

```
        ORG  0000H
        LJMP  MAIN
        ORG  0100H
MAIN:   MOV  R6, #16
        MOV  R5, #6
        MOV  DPTR, #TABL
        MOV  R0, #0
LOOP1:  MOV  A, R0;
        MOVC  A, @A+DPTR;
        MOV  P1, A
        INC   R0
        LCALL  DELAY
        DJNZ   R6, LOOP1;
LOOP2:  MOV  P1, #0FFH
        LCALL  DELAY;
        MOV  P1, #00H
        LCALL  DELAY;
        DJNZ  R5, LOOP2
        SJMP  MAIN
DELAY:  MOV  R2, #5
DEL3:   MOV  R3, #30
```

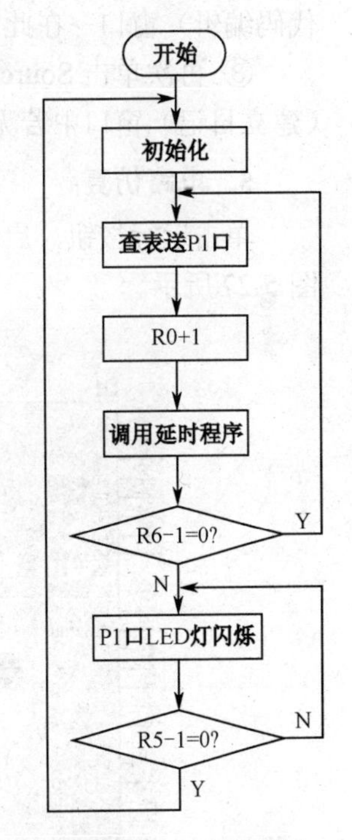

图 5-26　程序流程图

```
DEL2:    MOV  R4, #125
DEL1:    NOP
         NOP
         DJNZ  R4, DEL1
         DJNZ  R3, DEL2
         DJNZ  R2, DEL3
         RET
TABL:    DB 7FH, 3FH, 1FH, 0FH, 07H, 03H, 01H, 00H
         DB 01H, 03H, 07H, 0FH, 1FH, 3FH, 7FH, 0FFH
         END
```

4．编译与文件加载

将编写的程序添加到Proteus自带的编译器中，对其进行编译，生成hex文件。操作过程如下：

① 单击Source（源代码）→添加/删除源文件→新建→在“文件名（N）”栏输入XX.ASM→打开→是→确定。若在Source（源代码）中已有YY.ASM源文件，则→添加/删除源文件→移除→确定（从项目中移除源文件）→新建→在“文件名（N）”栏输入XX.ASM→打开→是→确定。

② 再次单击Source（源代码）→选择“XX.ASM”栏并单击→出现Source Editor（源代码编辑）窗口→在此窗口输入源程序或将源程序复制到窗口中→单击保存并关闭。

③ 再次单击Source（源代码）→选择“全部编译（A）”栏并单击→在出现BUILD LOC（建立日记）窗口中若无错误，说明编译通过→关闭此窗口，此时整个编译过程已结束。

5．电路仿真

单击运行按钮，启动系统仿真，观察仿真结果与设计任务要求是否一致，仿真电路如图5-27所示。

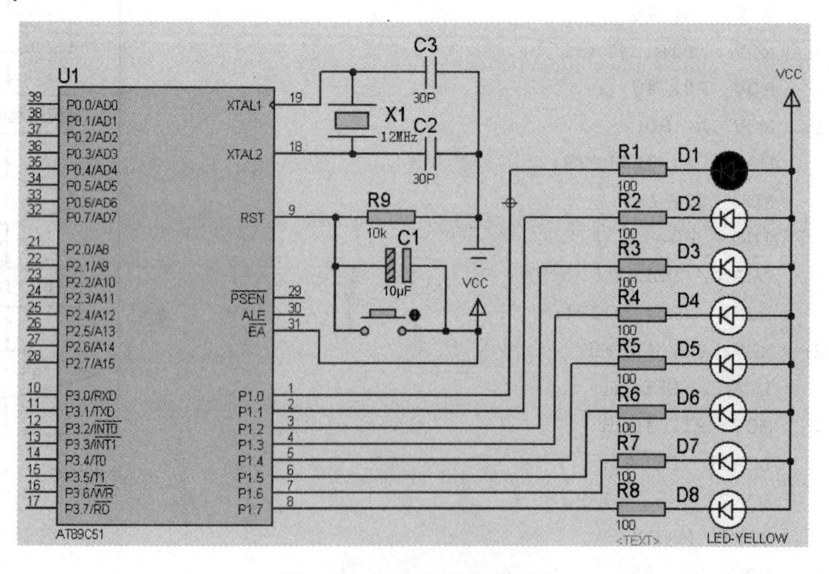

图5-27　广告灯电路设计

6．动手与思考

① 如何改变流水灯的显示速度？并观察显示状况。

② 在现实生活中，有各种各样的广告灯效应，如何实现任意花样的广告灯设计？

5.7.2 开关状态显示电路设计与仿真

1．设计任务

设计两个开关，使 CPU 可以察知两个开关组合出的 4 种不同状态。然后分别控制每种状态，使 8 个 LED 显示出不同的亮灭模式。

2．设计思路

（1）电路设计

用两个输入开关，通过单片机 P3 口的输入状态，控制 P2 口的 8 个 LED 灯，使输出显示对应输入状态的设计功能。例如，要求 P3 口的开关状态对应的 P2 口的 8 个 LED 的显示方式如下：

P3.1	P3.0	显示方式
0	0	交叉亮
0	1	低 2 位和高 2 位连接的灯亮
1	0	中间连接的灯亮
1	1	低 4 位连接的灯亮，高 4 位灭

打开 Proteus 的 ISIS，通过对象选择器按钮，从元件库中选择如下元器件：AT89C51（单片机）、RES（电阻）、CAP（电容）、CAP-ELEC（电解电容）、LED-YELOW（发光二极管）、SW-SPST（开关）、CRYSTAL（晶振），并置入对象选择器窗口。然后将选择的元器件、电源和地线放置在编辑窗口中，连接电路得到图 5-29 所示。

（2）编程思路

散转程序的特点是利用散转指令实现向各分支程序的转移。

3．程序设计分析

① 程序流程如图 5-28 所示。

② 源程序设计。

```
        ORG   0000H
        MOV  P3, #00000011B      ; 确定P3口的P3.4和P3.5位为输入状态
        MOV  A, P3               ; 读P3口相应引脚线信号
        ANL   A, #00000011B      ; 逻辑"与"操作，屏蔽掉无关位
        RL   A                   ; 循环左移一位，A×2→A
        MOV  DPTR, #TABLE        ; 将转移指令表的基地址送数据指针DPTR
        JMP  @A+DPTR             ; 散转指令
ONE:    MOV  P2, #55H            ; 显示方式1，S0接地、S1接地
        SJMP  $                  ; 等待
TWO:    MOV  P2, #3CH            ; 显示方式2，S0接高电平、S1接地
        SJMP  $
THREE:  MOV  P2, #0C3H           ; 显示方式3，S0接地、S1接高电平
```

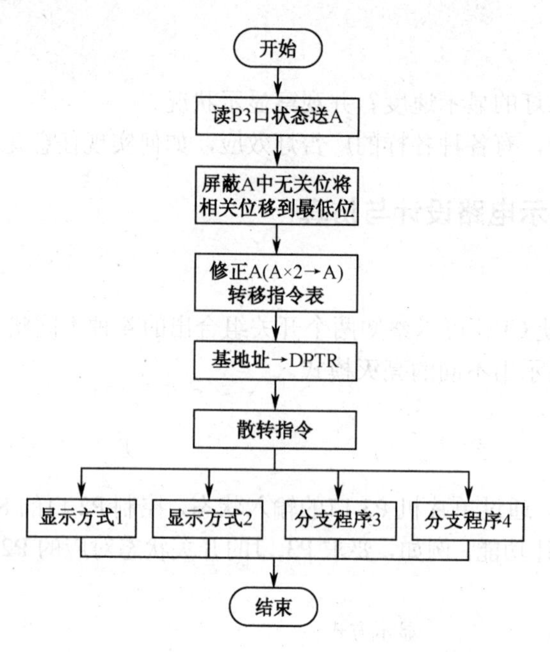

图 5-28 程序流程图

```
          SJMP  $
FOUR:     MOV  P2，#0F0H            ；显示方式 4，S0 接高电平、S1 接高电平
          SJMP   $
TABLE:    AJMP  ONE                 ；转移指令表
          AJMP  TWO
          AJMP  THREE
          AJMP  FOUR
          END
```

③ 程序说明。

(a) MCS-51 的 4 个 I/O 端口在读引脚数据时，必须连续使用两条指令，首先必须使欲读的端口引脚所对应的锁存器置位，然后再读引脚状态，这样才能读取正确的数据。如：

```
MOV  P3，#0FFH   ；P3 端口锁存器各位置 1
MOV  A，P3       ；A←P3 端口引脚状态
```

(b) 由于无条件转移指令 AJMP 是两字节指令，因此控制转移方向的 A 中的数值为

```
A=0 转向    AJMP  ONE
A=2 转向    AJMP  TWO
A=4 转向    AJMP  THREE
A=6 转向    AJMP  FOUR
```

(c) 程序中，从 P3 口读入的数据分别为 00H、01H、02H、03H，经 RL 移位指令后分别为 00H、02H、04H、06H。用 RL 移位指令相当于将 A 的数据乘以 2，即修正 A 的值。例如 A=2，散转过程如下：

```
JMP  @A+DPTR   ；PC=TABLE+2→AJMP  TWO
```

4．编译与文件加载

将编写的程序添加到 Proteus 自带的编译器中，对其进行编译，生成 hex 文件。

5．电路仿真

设 S0=0，S1=1。单击“运行”按钮，启动系统仿真，观察仿真结果与设计任务要求是否一致，仿真电路如图 5-29 所示。

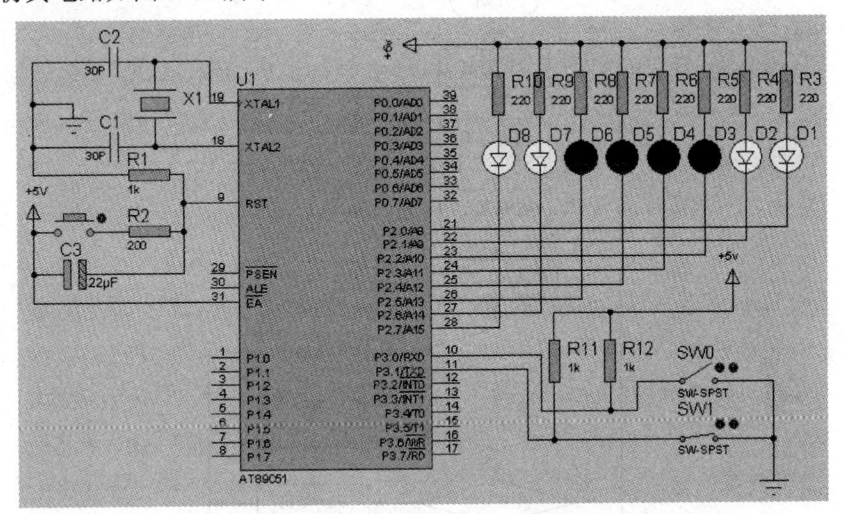

图 5-29　开关状态显示电路

6．动手与思考

① 分析源程序中 ANL 指令的作用？

② 若改变 P3 口的输入位（如以 P3.4 和 P3.5 作为输入控制方式），如何编程实现设计任务要求？

5.7.3　汽车转向与刹车控制器设计与仿真

1．设计任务

用发光二极管模拟汽车前后灯，设计一个控制器，符合汽车转向灯和刹车灯指示要求。

2．设计思路

（1）电路设计

硬件电路由 AT89C51 单片机、发光二极管等电路组成。用 1 个双向单联开关指示左右方向的控制指示灯，用 1 个复位开关实现刹车功能。打开 Proteus 的 ISIS，通过对象选择器按钮，从元件库中选择如下元器件：AT89C51（单片机）、RES（电阻）、CAP（电容）、CAP-ELEC（电解电容）、CRYSTAL（晶振）、LED-YELOW（发光二极管）、BUTTON（按键开关）、SW-ROT-3（选择开关），并置入对象选择器窗口。然后将选择的元器件、电源和地线放置在编辑窗口中，连接电路如图 5-31 所示。

（2）编程思路

在程序编程上，当汽车左转向时接通开关使 P1.0 引脚为低电平，汽车右转向时接通开关使 P1.1 引脚为低电平；当汽车刹车时接通开关使 P1.2 引脚为低电平。在系统程序控制下，先读开关状态，然后根据开关状态，按汽车转向或刹车灯要求，对 P1.3、P1.4、P1.5、P1.6 端口进行控制。

3．程序设计分析

① 程序流程如图 5-30 所示。

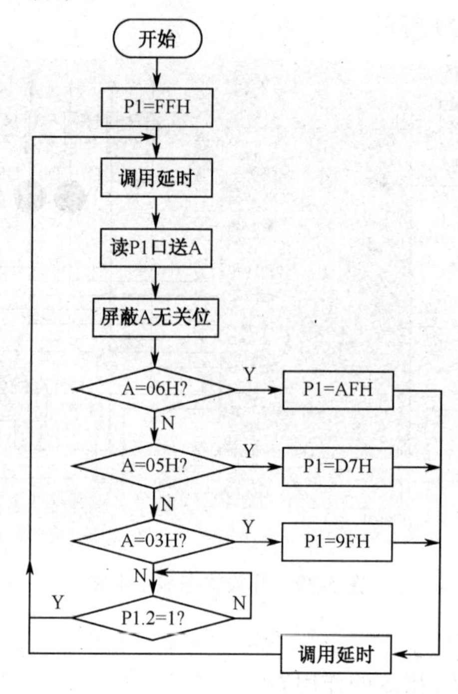

图 5-30　程序流程图

② 源程序设计。

```
        ORG  0000H
        LJMP  START
        ORG  0100H
START:  MOV  P1，#0FFH          ；在读取 P1 口数据前，先对 P1 口赋值高电平
        LCALL  DELAY
        MOV  A，P1              ；读取 P1 口数据并送到 A
        ANL  A，#00000111B      ；与 A 的内容相与送回 A，作用是屏蔽无关位
        CJNE  A，#06H，LP1      ；判断若 A≠06H，即 P1.0 不为 0 则转 LP1，否则顺序执行
        MOV  P1，#10101111B     ；当 P1.0=0，使 P1.4 和 P1.6 变为低电平，点亮对应的发
                                  光二极管
        LCALL  DELAY
        SJMP  START
LP1:    CJNE  A，#05H，LP2      ；判断若 A≠05H，即 P1.1 不为 0 则转 LP2，否则顺序执行
        MOV  P1，#11010111B     ；当 P1.1=0，使 P1.3 和 P1.3 变为低电平，点亮对应的发
                                  光二极管
        LCALL  DELAY
        SJMP  START
LP2:    CJNE  A，#03H，START    ；判断若 A≠03H，即 P1.2 不为 0 则转 START，否则顺序执行
        MOV  P1，#10011111B     ；当 P1.2=0，使 P1.5 和 P1.6 变为低电平，点亮对应的发
                                  光二极管
```

```
LP3:     JB  P1.2，START      ；P1.2=1，则跳转，否则顺序执行；刹车时 P1.2 为 0，没放
                               开则等待
         SJMP  LP3
DELAY:   MOV  R0，#0FFH
D1:      MOV  R1，#0FFH
D2:      DJNZ  R1，D2
         DJNZ  R0，D1
         RET
         END
```

4．编译与文件加载

将编写的程序添加到Proteus自带的编译器中，对其进行编译，生成hex文件。

5．电路仿真

单击“运行”按钮，启动系统仿真，单击电路图中的左右开关和刹车按键，观察仿真结果与设计任务要求是否一致，仿真电路如图5-31所示。

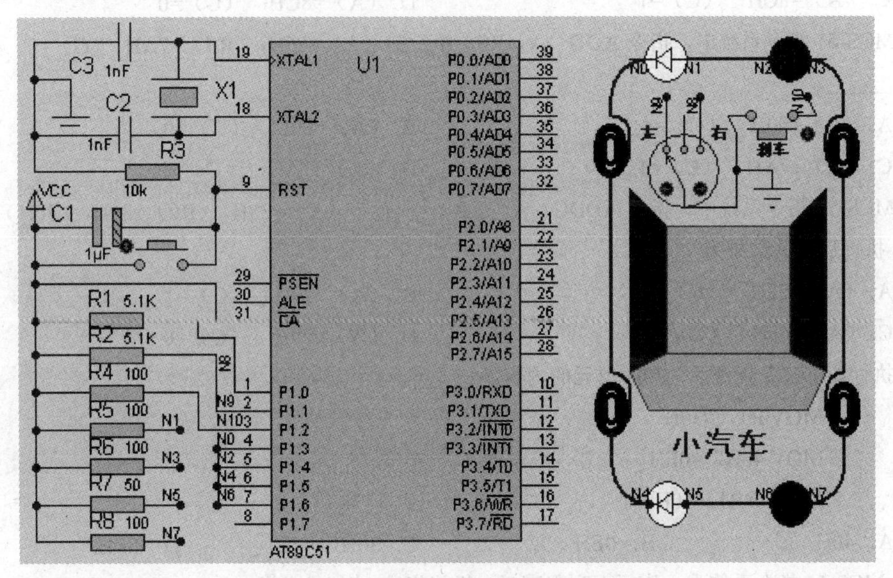

图5-31　汽车转向与刹车控制器电路

6．动手与思考

① 动手改变指示灯的闪烁速度。

② 设计增加喇叭输出功能。

习题5

一、单项选择题

1．设A=AFH　（20H）=81H，指令ADDC　A，20H执行后的结果是______。

A．A=81H　　B．A=30H　　C．A=AFH　　D．A=20H

2．已知：A=D2H，（40H）=77H，执行指令 ORL　A，40H 后，其结果是______。

A．A=77H　　B．A=F7H　　C．A=D2H　　D．以上都不对

3．指令 MUL　AB 执行前（A）=18H，（B）=05H，执行后 A、B 的内容是______。

A．90H，05H　　B．90H，00H　　C．78H，05H　　D．78H，00H

4．MCS-51 指令系统中，指令 MOV　A，@R0，执行前（A）=86H，（R0）=20H，（20H）=18H，执行后______。

A．（A）=86H　　B．（A）=20H　　C．（A）=18H　　D．（A）=00H

5．已知 A=87H，（30H）=76H，执行 XRL　A，30H 后，其结果为______。

A．A=F1H　（30H）=76H　P=0　　B．A=87H　（30H）=76H　P=1

C．A=F1H　（30H）=76H　P=1　　D．A=76H　（30H）=87H　P=1

6．MCS-51 指令系统中，指令 ADD　A，R0　执行前（A）=38H，（R0）=54H，（C）=1，执行后，其结果为______。

A．（A）=92H　（C）=1　　B．（A）=92H　（C）=0

C．（A）=8CH　（C）=1　　D．（A）=8CH　（C）=0

7．MCS-51 指令系统中，指令 ADD　A，R0　执行前（A）=86H，（R0）=7AH，（C）=0，执行后，其结果为______。

A．（A）=00H　（C）=1　　B．（A）=00H　（C）=0

C．（A）=7AH　（C）=1　　D．（A）=7AH　（C）=0

8．MCS-51 指令系统中，指令 ADDC　A，@R0　执行前（A）=38H，（R0）=30H，（30H）=FOH，（C）=1，执行后，其结果为______。

A．（A）=28H　（C）=1　　B．（A）=29H　（C）=1

C．（A）=68H　（C）=0　　D．（A）=29H　（C）=0

9．执行如下三条指令后，30H 单元的内容是______。

```
MOV R1，#30H
MOV 40H，#0EH
MOV @R1，40H
```

A．40H　　B．0EH　　C．30H　　D．FFH

10．MCS-51 指令系统中，执行下列程序后，堆栈指针 SP 的内容为______。

```
MOV     SP，#30H
MOV     A，20H
LCALL   1000
MOV     20H，A
SJMP    $
```

A．00H　　B．30H　　C．32H　　D．07H

11．MCS-51 指令系统中，执行下列指令后，其结果为______。

```
MOV   A，#68
ADD   A，#53
DA    A
```

A．A=21　CY=1　OV=0　　B．A=21　CY=1　OV=1

C．A=21　CY=0　OV=0　　　　D．以上都不对

12．执行下列程序后，累加器A的内容为______。

```
        ODG    0000H
        MOV    A，#00H
        ADD    A，#02H
        MOV    DPDR，#0050H
        MOVC   A，@A+DPDR
        MOV    @R0，A
        SJMP   $
        ORG    0050H
BAO:    DB  00H，02H，0BH，68H，09H，0CH
        END
```

A．00H　　B．02H　　C．0BH　　D．0CH

二、填空题

1．将内部数据存贮器53H单元的内容传送至累加器，其指令是________。

2．跳转指令SCJP的转移范围为________。

3．假定指令SJMP next所在地址为0100H，标号next代表的地址为0123H（即跳转的目标地址为0123H），那么该指令的相对偏移量为________。

4．DA指令是______________指令，它只能紧跟在__________指令后使用。在调用子程序时，为保证程序调用和返回不致混乱，常采用保护现场的措施。

5．常在进入子程序后要用________指令保护现场DPH、DPL、ACC等。在退出子程序之前要用POP指令依次恢复现场，用_______指令返回。

6．当单片机复位时PSW=______，SP=______，P0～P3口均为_______电平。

7．MCS-51指令：MOV　A，@R0；表示将R0指示的__________内容传送至A中。

8．MCS-51指令：MOVX　A，@DPTR；表示将DPTR指示的地址单元中的______传送至A中。

9．已知：A=1FH，(30H)=83H，执行 ANL　A，30H 后，结果：A=_______，(30H)=_______。

10．MCS-51指令系统中，执行指令

ORG　2000H

TAB：DB　A，B，C，D　表示将A、B、C、D的ASII码值依次存入_______开始的连续单元中。

11．单片机内部数据传送指令_______用于单片机内部RAM单元及寄存器之间，单片机与外部数据传送指令_______用于单片机内部与外部RAM或I/O接口之间，_______指令用于单片机内部与外部ROM之间的查表。

12．若SP=60H，PC=2345H，标号LABEL所在的地址为3456H，问执行长调用指令LCALL　LABEL后，堆栈指针SP=____________？，CP=____________？

13．若已知（30H）=08H，下列程序执行：

```
MOV     R1，#30H
MOV  A，  @R1
```

```
RL    A
MOV   R1，A
RL    A
RL    A
ADD   A，R1
```

结果：（A）=______。

14．下列程序执行后，按要求回答问题。

```
ORG    2000H
MOV   A，#00H
MOV   B，#01H
MOV   SP，#10H
PUSH  ACC
PUSH  B
RET
```

结果：（SP）=______，（PC）=________。

15．运行前：CY=0，AC=0，OV=0，P=0。

```
MOV   A，#77H
MOV   B，#34H
ADD   A，B
DA    A
```

结果：（A）=______，CY=______。

三、简答题

1．何谓查表程序？MCS-51 有哪些查表指令？它们有什么本质的区别？

2．何谓子程序？一般在什么情况下采用子程序方式？它的结构特点是什么？

3．何谓循环结构子程序？MCS-51 的循环转移指令有何特点？

4．用指令编写 1 s 的延时程序。

5．利用循环实现软件延时 10 ms 的子程序。

6．给出三种交换内部 RAM20H 单元和 30H 单元的内容的操作方法。

7．说明利用单片机进行 25H+9BH 运算后对各标志位的影响。

8．编写计算 257A126BH+890FEA72H 的程序段，并将结果存入内部 RAM40H～43H 单元（40H 存低位）。

四、基于 Proteus 设计与仿真的综合应用

1．设计一个柱形流水灯显示电路

① 编程使 P1.0～P1.7 口所接的发光二极管从第 1 个被点亮，然后第 1 和第 2 个被点亮，依此类推，之后 8 个发光二极管全亮，点亮时间间隔为 100 ms，最后不断重复。

② 采用 Proteus 仿真软件设计硬件电路与编辑程序，在仿真中验证设计结果。

2．用编程实现 $c=a^2+b^2$ 的值

① 设 a=3，存放于 RAM 的 30H 单元；b=4，存放于 31H 单元；c 结果存放于 32H 单元。主程序可

通过调用子程序 LOOP，用查表方式分别求得 a^2 和 b^2 的值，然后进行相加得到最后的 c 值。

② 采用 Proteus 仿真软件直接对 AT89C51 芯片进行编辑程序，运行仿真后打开“8051 CPU Registers” CPU 寄存器窗口，验证 30H、31H 和 32H 单元的结果是否正确。

3．单字节二进制数转换为三位 BCD 码的子程序

① 设 8 位二进制数已在 A 中，且 A=123，转换后的百位数存入 RAM 的 20H 单元，十位数存入 21H 单元，个位数存入 22H 单元。

② 采用 Proteus 仿真软件设计硬件电路与编辑程序，从 P0 口输出百位数字、P1 口输出十位数字和 P2 口输出个位数字，在仿真中验证设计结果。

4．设计一个温度监视电路

① 检测温度 T 存放到 R6 中，编程实现与设定的标准温度相比较，标准温度在 $T1$～$T2$ 之间（$T1<T2$），$T1$ 存放在 BUF1（20H）、$T2$ 存放在 BUF2（21H）单元内．若 T 介于 $T1$、$T2$ 之间，显示正常（用绿色发光二极管显示）；若 $T>T2$ 说明温度过高（用红色发光二极管显示）；若 $T<T1$ 说明温度过低（用黄色发光二极管显示）。

② 采用 Proteus 仿真软件设计硬件电路与编辑程序，并在仿真中验证设计结果。

5．警示信号灯的设计

① 设计一警示信号灯为来往的行人、车辆、航行提供安全保障。

② 用 8 个发光二极管组成一个圆图，间隔轮流闪烁 N 次，显示出旋转的警示光环。光环消失后，用一个发光二极管在光环的中央闪烁 N 次，之后不断重复这两种显示状态。

第6章 MCS-51单片机的定时与中断系统

单片机应用系统主要用于检测、控制及智能化仪器仪表等领域，因此在实时控制中，常常需要实时时钟来实现定时或延时控制，而对外界事件进行计数也需要到计数器。因此8051内部具备了两个定时/计数器的定时和计数功能。中断系统是计算机的重要组成部分，实时控制、故障自动判断往往采用中断处理方式，以及计算机与外围设备间传送数据、实现人机对话等也常用到中断方式。中断系统的应用使计算机的功能更强，效率更高，使用更加灵活方便。本章将阐述单片机内部集成的定时/计数器及中断系统的概念和应用。

6.1 单片机的定时/计数器

8051单片机内部设有两个16位的可编程定时/计数器，称为定时器0（T0）和定时器1（T1）。它们均可用做定时器或计数器，为单片机系统提供定时和计数功能。

6.1.1 单片机定时/计数器的结构及工作原理

1．定时/计数器组成框图

定时/计数器逻辑结构如图6-1所示。定时/计数器是由定时器0（T0）、定时器1（T1）、定时器方式寄存器TMOD和定时器控制寄存器TCON组成。

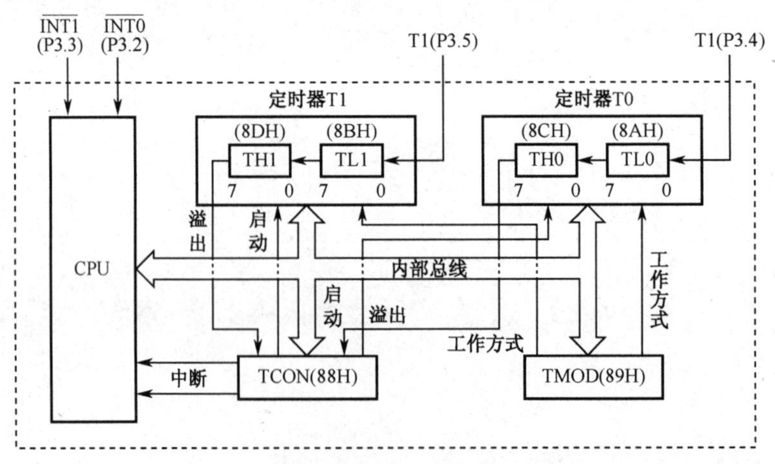

图6-1 8051定时/计数器逻辑结构图

每个定时器都是16位加法计数器，分别由两个8位专用寄存器组成。定时器T0由TH0和TL0组成，定时器T1由TH1和TL1组成。每个定时器都可由软件设置为定时工作方式或计数工作方式，以及定时时间、计数值、启动、中断请求等灵活多样的可控功能方式。这些功能都由特殊功能寄存器TMOD和TCON控制。

TMOD、TCON与定时器T0、定时器T1间通过内部总线及逻辑电路连接，TL0、TL1、TH0、TH1的访问地址依次为8AH～8DH，每个寄存器均可以被单独访问。TMOD用于设置定时器的工作方式，TCON用于控制定时器的启动与停止。

2．定时/计数器工作原理

单片机定时/计数器的结构框图如图6-2所示。

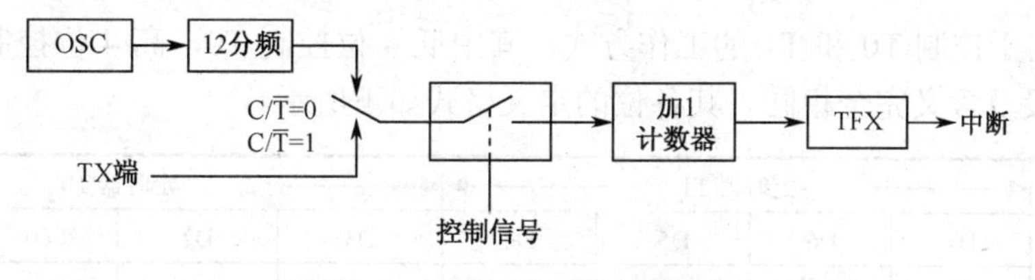

图6-2　定时/计数器的结构框图

由图6-2可知，定时/计数器的核心是一个加1计数器，计数脉冲有两个来源，一个是系统的时钟振荡器，另一个是外部脉冲源。计数器对两个脉冲源之一进行输入计数，每输入一个脉冲，计数值加1。当计数器计满后，将从最高位输出一个脉冲使特殊功能寄存器TCON（定时器控制寄存器）的TF0位或TFl位置1，作为计数器的溢出中断标志。如果定时/计数器工作于定时状态，则表示定时的时间到；若工作于计数状态，则表示计数回零。所以，加1计数器的基本功能是对输入脉冲进行计数，至于其工作于定时还是计数状态，则取决于外接什么样的脉冲源。用做定时器时，对内部机器周期脉冲进行计数，由于机器周期是定值，所以计数值乘以机器周期就是定时时间，因此为定时功能。用做计数器时，对从芯片引脚T0（P3.4）或T1（P3.5）上输入的脉冲进行计数，每输入一个脉冲，加法计数器加1，就是外部事件的计数，则为计数功能。

（1）定时/计数器设置为定时工作方式

由于定时器的定时时间与单片机系统的振荡频率紧密相关。定时器对MCS-51单片机的片内振荡器输出经12分频后的脉冲计数，如果单片机系统采用12 MHz晶振，即一个机器周期为1 μs，计数频率为1 MHz，这是最短的定时周期。若计数器对内部机器周期进行计数，每送一个机器周期，计数器加1，如送1000个机器周期，则定时时间为1 ms。定时/计数器在实际使用中，要让定时/计数器计满溢出，才能获得定时时间。适当选择定时器的初值可获取各种定时时间。

（2）定时/计数器设置为计数工作方式

计数器对来自输入T0（P3.4）或T1（P3.5）引脚的外部脉冲信号进行计数，由外部脉冲信号产生由高电平至低电平的下降跳变时，触发计数器的值加1。计数器对外部输入信号的占空比没有特别的限制，但必须保证输入信号的高电平与低电平的持续时间大于一个机器周期，因此，最高检测频率为振荡频率的1/24。

不论是设置定时还是计数方式，当启动定时器工作后，定时器就按被设定的工作方式独立工作，不再占用 CPU 的操作时间，只有在计数器计满溢出时才可能中断 CPU 当前的操作。

关于定时器的中断将在 6.3 中讨论。

6.1.2　定时/计数器的方式寄存器和控制寄存器

启动定时/计数器工作之前，必须对定时/计数器初始化，也就是通过 CPU 将一些命令（称为控制字）写入定时/计数器中。定时/计数器的初始化是由方式寄存器 TMOD 和控制寄存器 TCON 来完成的。

1．定时/计数器方式寄存器 TMOD

TMOD 用于控制 T0 和 T1 的工作方式，其中低 4 位控制 T0，高 4 位控制 T1。T0 和 T1 的方式字段及含义完全相同。其各位的定义格式如下所示。

	← 定时器 T1 →				← 定时器 T0 →			
位	D7	D6	D5	D4	D3	D2	D1	D0
TMOD（89H）	GATE	$C/\overline{T}$	M1	M0	GATE	$C/\overline{T}$	M1	M0

① GATE：门控位。

当 GATE＝0 时，软件控制位 TR0 或 TR1 置 1 即可启动定时器；当 GATE＝1 时，软件控制位 TR0 或 TR1 需置 1，同时还需 $\overline{INT0}$（P3.2）或 $\overline{INT1}$（P3.3）为高电平方可启动定时器，即允许外中断 $\overline{INT0}$、$\overline{INT1}$ 启动定时器。

② $C/\overline{T}$：定时/计数器功能选择位。

$C/\overline{T}=0$ 时，设置为定时器工作方式；$C/\overline{T}=1$ 时，设置为计数器工作方式。

③ M1 和 M0：方式控制位。

两位操作方式控制，形成 4 种编码，对应于 4 种工作方式，见表 6-1。

表 6-1　定时/计数器工作方式

M1　M0	工 作 方 式	功 能 说 明
0　0	方式 0	13 位计数器
0　1	方式 1	16 位计数器
1　0	方式 2	自动再装入 8 位计数器
1　1	方式 3	定时器 0：分成两个 8 位计数器 定时器 1：停止计数

TMOD 不能位寻址，只能用字节指令设置高 4 位来定义定时器 T1 的工作方式，用低 4 位来定义定时器 T0 的工作方式。复位时，TMOD 所有位均置 0。

2．定时/计数器控制寄存器 TCON

TCON 的作用是控制定时器的启动、停止，标志定时器的溢出和中断情况。其格式如下：

位 （位地址）	D7 （8FH）	D6 （8EH）	D5 （8DH）	D4 （8CH）	D3 （8BH）	D2 （8AH）	D1 （89H）	D0 （88H）
TMOD（88H）	TF1	TR1	TF0	TR0	IE1	IT1	IE0	IT0

TCON 各位定义如下：

① TF1（TCON.7）：定时器 T1 溢出标志位。

当定时器 T1 计满溢出时，由内部硬件自动置 TF1=1，并向 CPU 申请中断。CPU 响应进入中断服务程序后，该位由内部硬件自动清 0。

② TR1（TCON.6）：定时器 T1 运行控制位。

由软件置 1 或清 0 来启动或关闭定时器 T1。当 GATE=1，且 $\overline{INT1}$ 为高电平时，TR1 置 1 启动定时器 T1；当 GATE=0 时，TR1 置 1 即可启动定时器 T1。

③ TF0（TCON.5）：定时器 T0 溢出标志位。

其功能及操作情况同 TF1。

④ TR0（TCON.4）：定时器 T0 运行控制位。

其功能及操作情况同 TR1。

⑤ IE1（TCON.3）：外部中断 T1（$\overline{INT1}$）请求标志位。

⑥ IT1（T CON.2）：外部中断 T1 触发方式选择位。

⑦ IE0（TCON.1）：外部中断 T0（$\overline{INT0}$）请求标志位。

⑧ IT0（TCON.0）：外部中断 T0 触发方式选择位。

TCON 中的低 4 位用于控制外部中断，与定时/计数器无关，它们的含义将在 6.3.3 节中介绍。当系统复位时，TCON 的所有位均清 0。

TCON 的字节地址为 88H，可以位寻址，清溢出标志位或启动定时器时都可以用位操作指令。

6.1.3 定时/计数器初始化及步骤

由于定时/计数器的功能是通过软件编程确定的，因此，一般在使用定时/计数器前都要对其进行初始化。

初始化步骤如下；

① 确定工作方式——对 TMOD 赋值。

采用赋值语句 MOV TMOD，#data，确定 T1 或 T0 的工作方式。

例如：MOV TMOD，#10H

表明定时器 T1 工作于方式 1，且为定时器方式。

② 预置定时或计数的初值——直接将初值写入 TH0、TL0 或 TH1、TL1。

上节已论述了 8051 单片机定时/计数器有 4 种工作模式，可由软件对方式寄存器 TMOD 中的控制位 M1 和 M0 进行设置，即方式 0、方式 1、方式 2 和方式 3。由于定时/计数器在不同的方式下，其计数的值也不同。设最大计数值为 M，则各种工作方式下的 M 值如下：

方式 0：$M=2^{13}=8192$

方式 1：$M=2^{16}=65536$

方式 2：$M=2^{8}=256$

方式 3：定时器 T0 分成两个 8 位计数器，所以两个定时器的 M 值均为 256。

因定时/计数器工作的实质是做“加 1”计数，所以，当最大计数值 M 值已知时，初值 X 可计算如下：

X=M-计数值

定时/计数器初值的设定，应根据计数值的取值选择某工作方式下的 M 值，再通过计算获取初直。

【例 6-1】需要 50 ms 定时时间，即要求每 50 ms 溢出一次。若选择中定时器 T1，采用方式 1 定时，M = 65536，而单片机为 12 MHz 晶振，则计数周期 T = 1 μs，则计数值：（50×1000）μs/1 μs = 50000，所以，计数初值为

X=65536−50000=15536=3CB0H

将 3C、B0 分别预置给 TH1、TL1，便可完成定时器 T1 初值的设定。

③ 启动定时/计数器工作——将 TR0 或 TR1 置 1。

GATE = 0 时，直接由软件置位启动；GATE = 1 时，除软件置位外，还必须在外中断引脚处加上相应的电平值才能启动。直接由软件置位启动，其指令为：

```
SETB  TR0
```

以上为定时/计数器的初始化过程，读者可通过下面的例子或以后的实训项目熟悉其应用。

6.1.4　定时/计数器的工作方式

通过对 TMOD 寄存器中控制位 $C/\overline{T}$ 和 M0、M1 位进行设置，可选择 4 种工作方式。除了方式 3 以外，其他 3 种方式的基本原理都是一样的。用户首先通过指令来控制 TMOD 的功能和工作方式，然后将计数的初值装入 TH 和 TL 来控制计数长度，之后通过对 TCON 中相应位进行置位或清 0 来控制定时/计数器的启动或停止，最后还可以读出 THTLTCON 中的内容来查询定时/计数器的状态。

1．方式 0

方式 0 时选择定时器（T0 或 T1）的高 8 位和低 5 位组成一个 13 位的定时/计数器。如图 6-3 所示为定时器 T0 在方式 0 时的逻辑电路结构，定时器 1 的结构和操作与定时器 0 完全相同。

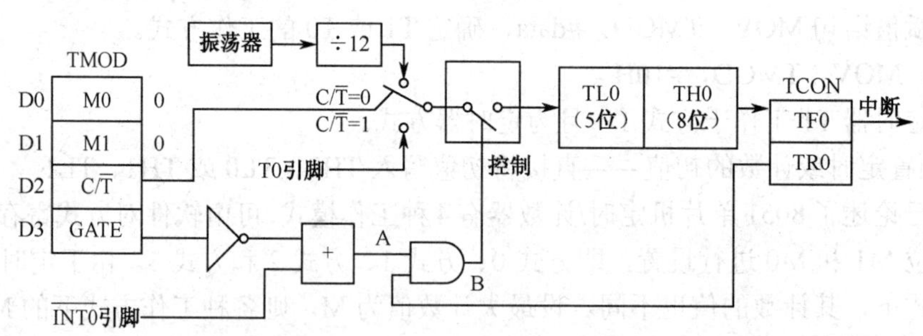

图 6-3　定时器 T0（或 T1）在方式 0 逻辑电路结构图

在这种方式下，16 位寄存器（TH0 和 TL0）只用了 13 位，其中 TL0 的高 3 位未用。当 TL0 的低 5 位溢出时，向 TH0 进位；TH0 溢出时向中断标志位 TF0 进位，并申请中断。

$C/\overline{T} = 0$，控制开关接片内振荡器 12 分频输出端，定时器 T0 对机器周期计数，这是定时工作方式。其定时时间为：

$$t=(2^{13}-\text{T0 初值})\times\text{机器周期}=(2^{13}-\text{T0 初值})\times\text{振荡周期}\times 12$$

如果计数初值为 0 时，最长的定时时间为：

$$t=(2^{13}-0)\times(1/12\text{MHz})\times 12=8.192\text{ ms}$$

当 $C/\overline{T}$ =1 时，控制开关接通外部输入脉冲信号，外部计数脉冲由引脚（P3.4）输入与 13 位计数器相连，当外部信号电平发生由 1 到 0 的负跳变时，计数器加 1，此时，定时器 T0 成为计数工作方式。

当 GATE=0 时，或门输出恒为 1，$\overline{\text{INT0}}$ 被封锁。仅由 TR0 直接控制定时器 T0 的启动和关闭。TR0=1，接通控制开关，定时器 0 从初值开始计数直至溢出。溢出后，16 位加法计数器为 0，TF0 置位并申请中断。如要循环计数，则定时器 T0 需重置初值，且需用软件将 TF0 复位。

当 GATE=1 时，与门的输出由 $\overline{\text{INT0}}$ 的输入电平和 TR0 位的状态来确定。若 TR0=l，则与门打开，外部信号电平通过 $\overline{\text{INT0}}$ 引脚直接开启或关断定时器 T0。当 $\overline{\text{INT0}}$ 为高电平时，允许计数，否则停止计数；若 TR0=0，则与门被封锁，控制开关被关断，停止计数。

【例 6-2】 单片机系统采用 12 MHz 晶振，用定时器 T1，方式 0，以定时器查询方式，实现 1 s 的定时。

分析：由于方式 0 采用 13 位计数器，其最大定时时间为：8192×1 μs=8.192 ms，所以，可选择定时时间为 5 ms，即定时/计数器的计数值为 5000，再循环 200 次。

确定定时器 T1 的初值为：

X=M−计数值=8192−5000=3192=C78H=0110001111000B

因 13 位计数器中 TL1 的高 3 位未用，应填写 0，TH1 占高 8 位，所以，X 的实际填写值应为：

X=0110001100011000B=6318H

即 TH1=63H，TL1=18H，又因采用方式 0 定时，故 TMOD=00H。

可编写 1 s 延时子程序如下：

```
DELAY:
        MOV  R3，#200          ；定义 5ms 定时循环次数
        MOV  TMOD，#00H        ；设定时器 T1 为方式 0
        MOV  TH1，#63H         ；置定时器初值
        MOV  TL1，#18H
        SETB  TR1              ；启动 T1
LP1:
        JBC  TF1，LP2          ；查询计数溢出
        SJMP  LP1              ；未到 5 ms 继续计数
LP2:
        MOV  TH1，#63H         ；重新置定时器初值
        MOV  TL1，#18H
        DJNZ  R3，LP1          ；未到 1 s 继续循环
        RET                    ；返回主程序
```

若改变 R3 的初值，可以获得 5 ms 整数倍的定时时间，如 R3 的初值为 2 或 20，则定时时间为 10 ms 或 100 ms。

2．方式 1

方式 1 是一个构成一个 16 位定时/计数器，其结构与操作与方式 0 基本相同，唯一区别是二者计数位数不同。在方式 1 中，TH0 与 TL1 是以全 16 位参与操作。用于定时工作方式时，定时时间为：

$$t=（2^{16}-\text{T0 初值}）\times \text{振荡周期}\times 12$$

定时器工作于方式 1 时，其逻辑结构图如图 6-4 所示。用于计数方式时，可对外部脉冲计数长度为 2^{16}=65536 个。

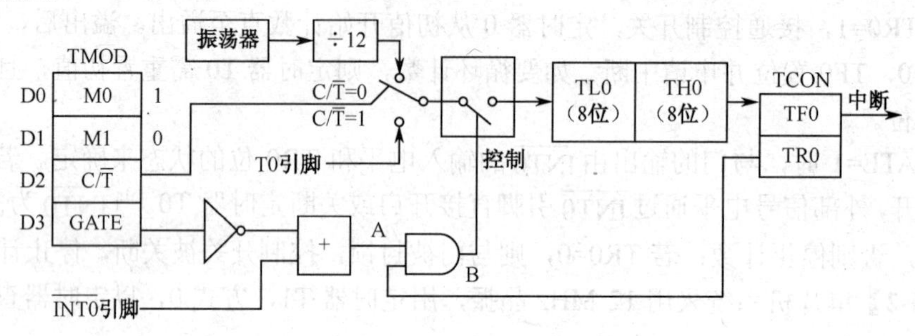

图 6-4　定时/计数器方式 1 逻辑结构图

【例 6-3】单片机系统采用 12 MHz 晶振，用定时器 T0，方式 1，以定时器查询方式，实现 1 s 的定时。

分析：由于方式 0 采用 16 位计数器，其最大定时时间为：65536×1 μs = 65.536 ms，所以，可选择定时时间为 50 ms，即定时/计数器的计数值为 50000，再循环 20 次。

确定定时器 T0 的初值为

X=M−计数值=65536−50000=15536=3CB0H

即 TH0=3CH，TL0=B0H，又因采用方式 1 定时，故 TMOD=01H。

可编写 1s 延时子程序如下：

```
DELAY:
        MOV  R3，#20              ；定义 50 ms 定时循环次数
        MOV  TMOD，#01H           ；设定时器 T0 为方式 1
        MOV  TH0，#3CH            ；设定时器 T0 初值
        MOV  TL0，#0B0H
        SETB  TR0                 ；启动 T0
LP1:
        JBC  TF0，LP2             ；查询计数溢出
        SJMP  LP1                 ；未到 50 ms 继续计数
LP2:
        MOV  TH0，#3CH            ；重新置定时器初值
        MOV  TL0，#0B0H
        DJNZ  R3，LP1             ；未到 1 s 继续循环
        RET                       ；返回主程序
```

3．方式 2

方式 2 具有初值自动装入功能，16 位加法计数器的 TH0 和 TL0 具有不同的作用，其

中，TL0 是 8 位计数器，TH0 是重置初值的 8 位缓冲器，其逻辑结构图如图 6-5 所示。

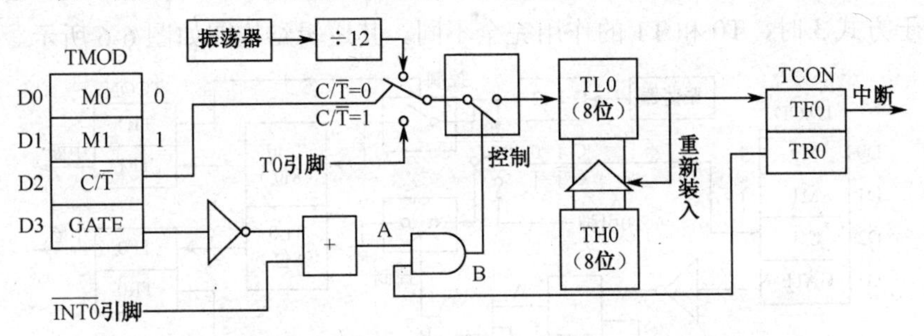

图 6-5　定时器 T0（或定时器 T1）在方式 2 时的逻辑结构图

由于方式 0 和方式 1 用于定时或循环计数，在每次计满溢出后，计数器都复位为 0，所以要进行新一轮计数时还需重置计数初值。这不仅导致编程麻烦，而且影响定时时间精度。方式 2 具有初值自动装入功能，避免了上述缺陷，可产生相当精确的定时时间。

在程序初始化时，TL0 和 TH0 由软件赋予相同的初值，当 TL0 计数溢出，不仅使溢出中断标志位 TF0 置 1，同时自动将 TH0 中的内容重新再装载到 TL0 中，继续计数，不断循环重复。用于定时工作方式时，其定时时间为：

$$t=（2^8-\text{T0 初值}）\times\text{振荡周期}\times 12$$

用于计数工作方式时，最大计数长度为 2^8=256 个外部脉冲。

【例 6-4】单片机系统采用 12 MHz 晶振，用定时器 T1，方式 2，以定时器查询方式，实现 1 s 的定时。

分析；因方式 2 是 8 位计数器，其最大定时时间为：256×1 μs=256 μs，为实现 1 s 延时，可选择定时时间为 250 μs，再循环 4000 次。定时时间选定后，可确定计数值为 250，则定时器 T1 的初值为：X=M−计数值=256−250=6=6H。由于采用定时器 T1，方式 2 工作，因此，TMOD=20H。

可编写 1 s 延时子程序如下：

```
DELAY:
        MOV  R5，#40          ；定义 25 ms 定时循环次数
        MOV  R6，#100         ；定义 250 μs 定时循环次数
        MOV  TMOD，#20H       ；设定时器 1 为方式 2
        MOV  TH1，#06H        ；设定时器 T1 初值
        MOV  TL1，#06H
        SETB  TR1             ；启动定时器 T1
LP1:
        JBC   TF1，LP2        ；查询计数溢出
        SJMP   LP1            ；无溢出则继续计数
LP2:
        DJNZ   R6，LP1        ；未到 25 ms 继续循环
        MOV   R6，#100
        DJNZ   R5，LP1        ；未到 1  s 继续循环
        RET
```

4．方式3

工作于方式3时，T0和T1的作用完全不同。其逻辑结构图如图6-6所示。

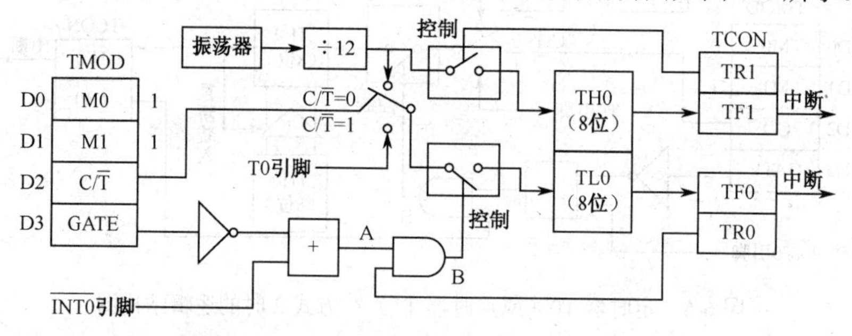

图6-6　定时器T0在方式3时的逻辑结构图

方式3只适用于定时/计数器T0，定时/计数器T1处于方式3时相当于TR1=0，停止计数。定时器T0在方式3下被拆成两个独立的8位计数器TL0和TH0，这样就可以使8051单片机增加一个附加的8位定时/计数器。

在这种方式下，TL0使用了定时器T0的所有控制位：$C/\overline{T}$、GATE、TR0、INT0和TF0。TH0则被限制为一个定时器（计数机器周期），同时和定时器T1的TR1和TF1连用，借用定时器T1的中断标志和运行控制位。

若系统需要增加一个额外的8位定时器时，才设置定时/计数器T0工作于方式3。当定时/计数器工作于方式3时，由于TH0控制了定时器T1的中断，此时定时/计数器T1虽可定义为方式0、方式1和方式2，但只能用在不需要中断控制的场合。例如，工作于自动装载方式（方式2），作为串行口的波特率发生器使用。TL0和TH0的定时时间分别为：

TL0：t=（256−TL0初值）×振荡周期×12

TH0：t=（256−TH0初值）×振荡周期×12

【例6-5】单片机系统采用12MHz晶振，用定时器T0，方式3，以定时器查询方式，实现信号灯循环显示的显示时间，显示时间间隔为1 s。

分析：根据题意，定时器T0中的TH0只能作为定时器，定时时间可设为250μs；TL0设置为计数器，计数值可设为200。TH0计满溢出后，用软件复位的方法使T0（P3.4）引脚产生负跳变，TH0每溢出一次，T0引脚便产生一个负跳变，TL0便计数一次。TL0计满溢出时，延时时间应为50 ms，循环20次便可得到1 s的延时。

由上述分析可知，TH0定时初值为：

$$X=(256-250)=6=06H$$

TL0计数初值为：

$$X=(256-200)=56=38H$$

定时器T0的工作方式为：计数、方式3，即

$$TMOD=00000111B=07H$$

可编写1s延时子程序如下：

```
DELAY:
        MOV  R3，#20            ；定义50 ms计数循环初值
        MOV  TMOD，#07H         ；设定时器T0为方式3计数
```

```
        MOV  TH0，#06H            ；设TH0初值
        MOV  TL0，#38H            ；设TL0初值
        SETB  TR0                 ；启动TL0
        SETB  TR1                 ；启动TH0
LP1:
        JBC   TF1，LP2            ；查询TH0定时溢出（250 μs）
        SJMP  LP1                 ；未到250 μs继续
LP2:
        MOV  TH0，#06H            ；重置TH0初值
        CLR   P3.4                ；T0引脚产生负跳变
        NOP                       ；负跳变持续
        NOP
        SETB  P3.4                ；T0引脚恢复高电平（在P3.4产生一个脉冲）
        JBC   TF0，LP3            ；查询TL0计数溢出（有200个脉冲？）
        SJMP  LP1                 ；50 ms未到继续计数（250 μs×200=50000 μs=50 ms）
LP3:
        MOV  TL0，#38H            ；重置TL0初值
        DJNZ  R3，LP1
        RET
```

6.2 基于Proteus的定时/计数器设计与仿真实例

在实际工程中都需要用到实时控制系统，而单片机的定时/计数器就是实时控制的重要部件，通过下面一些简单的实例举例，将进一步提高定时/计数器的编程技巧和灵活应用。

6.2.1 广告灯电路设计与仿真

1. 设计任务

利用单片机定时器/计数器设计一个由P1口连接的LED信号灯电路，编程实现信号灯从右至左被逐个点亮，然后又从左至右被逐个点亮，并不断循环显示，点亮时间与灭灯时间间隔为1 s。

2. 设计思路

（1）电路设计

在硬件上采用单片机的I/O口直接输出的电路形式。打开Proteus的ISIS，通过对象选择器按钮，从元件库中选择如下元器件：AT89C51（单片机）、RES（电阻）、CAP（电容）、CAP-ELEC（电解电容）、LED-YELOW（发光二极管）、BUTTON（按键开关）、CRYSTAL（晶振），并置入对象选择器窗口。然后将选择的元器件、电源和地线放置在编辑窗口中，连接电路如图6-8所示。

（2）编程思路

系统采用12 MHz晶振，用定时器编制1 s的延时程序，采用定时器T0、方式1、定时

50 ms，用工作寄存器 R2 做 50 ms 计数单元，实现信号灯的延时控制。

- 方式寄存器 TMOD 的确定

T0 工作方式 1：M1M0=01

T0 为定时状态：C/T=0

T0 为软件启动：GATE=0

T1 不用，取值为 0

即：TMOD=01H

	定时器T1				定时器T0			
	0	0	0	0	0	0	0	1
TMOD	GATE	$C/\overline{T}$	M1	M0	GATE	$C/\overline{T}$	M1	M0

- 定时器 T0 初值的确定

X=M−计数值=65536-50000=15536=3CB0H

即 TH0=3CH，TL0=B0H，

3．程序设计分析

① 程序流程图如图 6-7 所示。

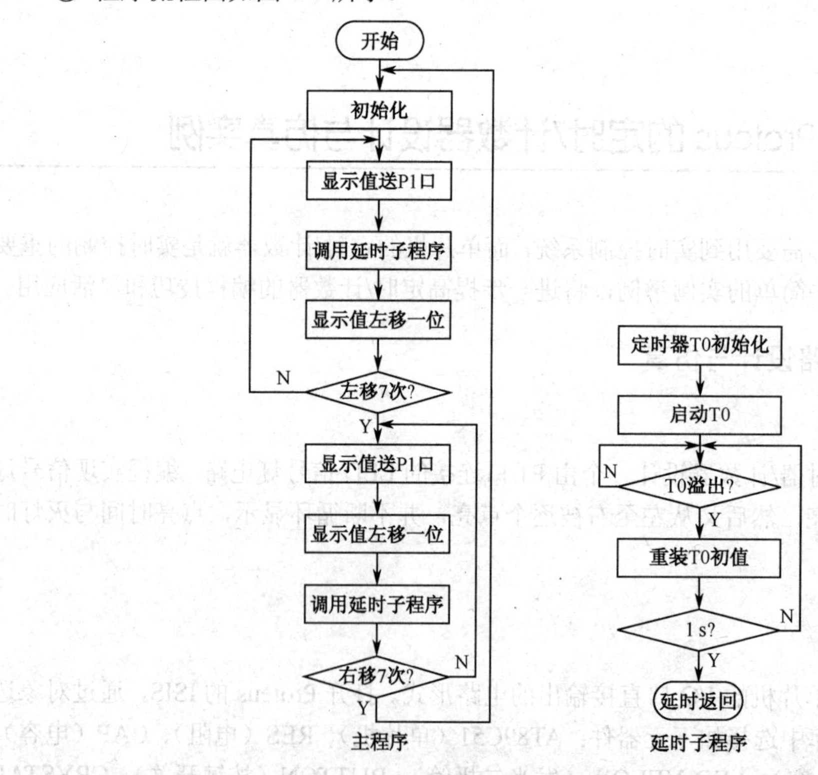

图 6-7 程序流程图

② 源程序设计。

```
        ORG  0000H
MAIN:   MOV  R1, #07H        ; 设置灯左循环次数
        MOV  A, #0FEH        ; 初值送 A
```

```
NEXT:    MOV  P1, A              ; 点亮右边第一个LED灯
         ACALL  DELAY            ; 调用1 s延时子程序
         RL  A                   ; 左移一位
         DJNZ  R1, NEXT          ; 判断左移有7次？否则继续
         MOV  R1, #07H           ; 重设循环次数
NEXT1:   MOV  P1, A
         RR  A                   ; 右移一位
         ACALL  DELAY
         DJNZ  R1, NEXT1
         SJMP  MAIN              ; 返回主程序
DELAY:   MOV  R2, #20
         MOV  TMOD, #01H
         MOV  TH0, #3CH
         MOV  TL0, #0B0H
         SETB  TR0
LP1:     JBC  TF0, LP2
         SJMP  LP1
LP2:     MOV  TH0, #3CH
         MOV  TL0, #0B0H
         DJNZ  R2, LP1
         RET
         END
```

4．编译与文件加载

将编写的程序添加到Proteus自带的编译器中，对其进行编译，生成hex文件。

5．电路仿真

单击“运行”按钮，启动系统仿真，观察仿真结果与设计任务要求是否一致，仿真电路如图6-8所示。

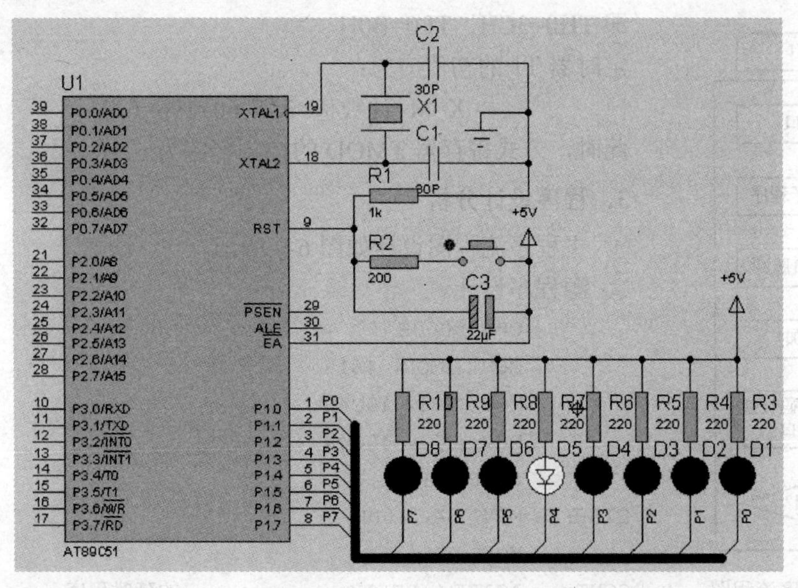

图6-8　广告灯电路图

6．动手与思考

① 若改用定时器 T1，程序指令如何编写？

② 试用查表程序结构实现本例功能。

6.2.2 电子秒表设计与仿真

1．设计任务

用单片机定时/计数器设计一个秒表，以 BCD 码方式显示，并由 P1 口连接的 LED 灯输出。发光二极管亮表示 1，灭表示 0。计满 60 s 后从头开始，依次循环。

2．设计思路

（1）电路设计

在硬件上采用单片机的 I/O 口直接输出的电路形式。打开 Proteus 的 ISIS，通过对象选择器按钮，从元件库中选择如下元器件：AT89C51（单片机）、RES（电阻）、CAP（电容）、CAP-ELEC（电解电容）、LED-YELOW（发光二极管）、BUTTON（按键开关）、CRYSTAL（晶振），并置入对象选择器窗口。然后将选择的元器件、电源和地线放置在编辑窗口中，连接电路如图 6-10 所示。

（2）编程思路

系统采用 12 MHz 晶振，定时器 T0 工作于定时方式 1，产生 1 s 的定时；定时器 T1 工作在方式 2，产生 60 次的计数脉冲。当定时器 T0 定时 1 s 时间到时，由软件在 P3.5 引脚产生负跳变，再由定时器 T1 进行计数，计满 60 次（即，1 min）溢出，然后再重新开始计数。按上述设计思路，可选择定时器 T0 定时时间为 50 ms，再循环 20 次。

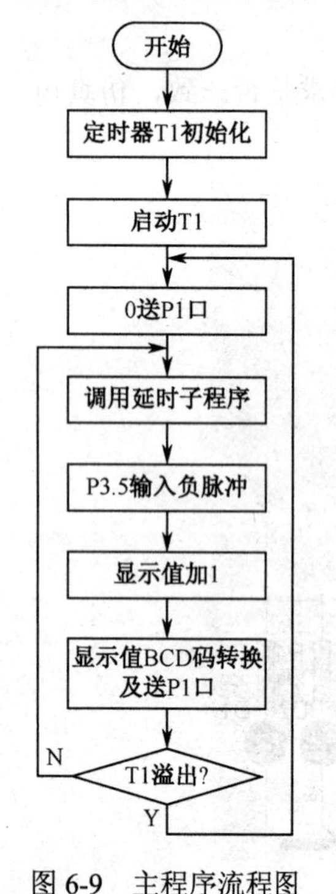

图 6-9 主程序流程图

定时器 T0 的初值为：

$$X=M-计数值=65536-50000$$
$$=15536=3CB0H，$$

即 TH0=3CH，TL0=B0H。

定时器 T1 的初值应为：

$$X=M-计数值=256-60=196=C4H$$

此时，方式寄存器 TMOD 的控制字应为 61H。

3．程序设计分析

① 主程序流程图设计如图 6-9 所示。

② 源程序设计。

```
        ORG 0000H
        MOV  TMOD, #61H
        MOV  TH1, #0C4H
        MOV  TL1, #0C4H
        SETB  TR1
DISP:   MOV   A, #00H
        MOV   P1, A
CONT:   ACALL   DELAY          ; 1 s 的延时程序
```

```
        CLR   P3.5            ；T1引脚产生负跳变
        NOP
        NOP
        SETB  P3.5            ；T1引脚恢复高电平
        ADD   A，#01H         ；加1
        DA    A               ；将十六进制数转换成BCD数
        MOV   P1，A           ；点亮
        JBC   TF1，DISP       ；查询定时器1计数溢出（60个负跳变后将溢出）
        SJMP  CONT            ；不到60 s继续计数
DELAY:  MOV   R3，#14H        ；50 ms循环次数
        MOV   TH0，#3CH
        MOV   TL0，#0B0H      ；50 ms定时时间
        SETB  TR0
LP1:    JBC   TF0，LP2
        SJMP  LP1
LP2:    MOV   TH0，#3CH
        MOV   TL0，#0B0H
        DJNZ  R3，LP1         ；不到1 s继续
        RET
        END
```

4．编译与文件加载

将编写的程序添加到Proteus自带的编译器中，对其进行编译，生成hex文件。

5．电路仿真

单击“运行”按钮，启动系统仿真，观察仿真结果与设计任务要求是否一致，仿真电路如图6-10所示。此时仿真电路显示的时间为30 s。

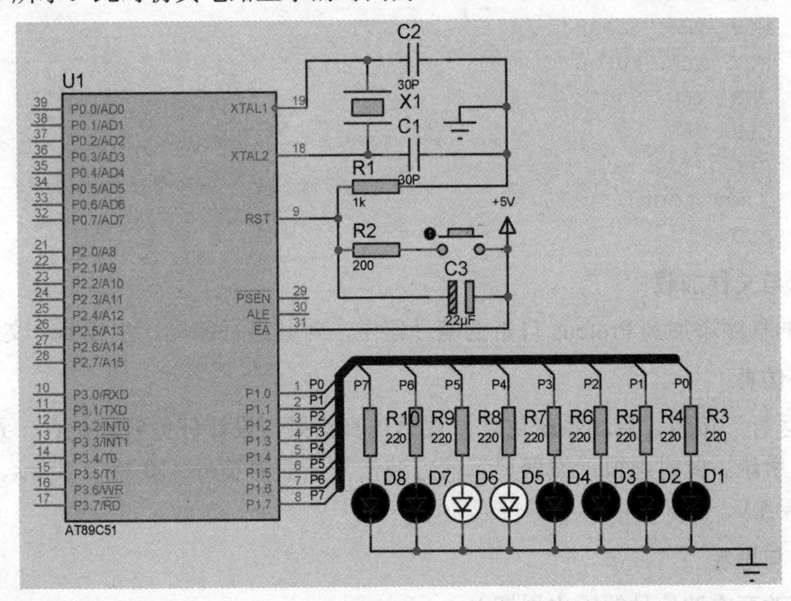

图6-10　电子秒表电路图

6．动手与思考

① 若定时器T0改用方式0，程序指令如何编写？

② 修改程序设置电子秒表的计时时间。

6.2.3 方波发生器的设计与仿真

1．设计任务

用单片机定时/计数器设计周期为20 ms的方波信号，从P1.0引脚上输出。

2．设计思路

（1）电路设计

在硬件上采用单片机的P1.0口直接输出的电路形式。打开Proteus的ISIS，通过对象选择器按钮，从元件库中选择如下元器件：AT89C51（单片机）、RES（电阻）、CAP（电容）、CAP-ELEC（电解电容）、CRYSTAL（晶振），并置入对象选择器窗口。然后将选择的元器件、虚拟示波器、电源和地线放置在编辑窗口中，连接电路如图6-11所示。

（2）编程思路

系统采用12 MHz晶振，利用定时器T0，工作方式1，每隔10 ms的定时时间使P1.0引脚上取反一次，即可在P1.0引脚上产生周期为20 ms的方波。设CPU不做其他工作，则可采用查询方式进行控制。按这种设计思路可知，方式寄存器TMOD的控制字应为01H，定时器T0的初值应为：

$$X=65536-10000=55536=D8F0H$$

3．源程序设计

```
        ORG  0000H
        MOV  TMOD，#01H
        SETB  TR0
LOOP:   MOV  TH0，#0D8H
        MOV  TL0，#0F0H
        JNB  TF0，$
        CLR  TF0
        CPL  P1.0
        SJMP  LOOP
        END
```

4．编译与文件加载

将编写的程序添加到Proteus自带的编译器中，对其进行编译，生成hex文件。

5．电路仿真

单击“运行”按钮，启动系统仿真，观察仿真结果与设计任务要求是否一致，仿真电路如图6-11所示。此时虚拟示波器显示的方波信号周期为2 ms×10格 = 20 ms、输出幅度为0.5 V×10 = 5 V。

6．动手与思考

① 如何改变方波信号的输出周期？

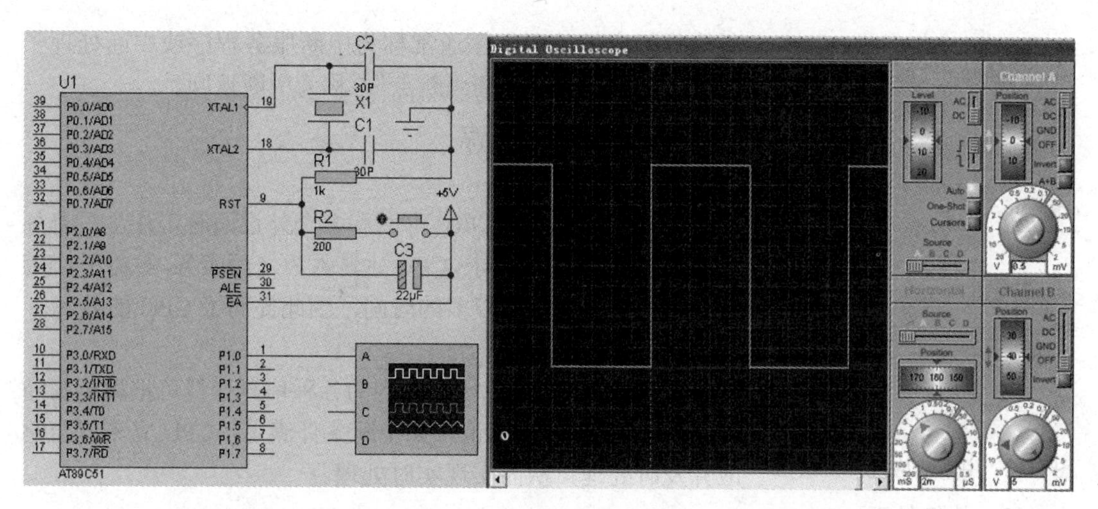

图 6-11 方波生发器电路图

② 按照本应用项目编写的程序结构，如何设计方波周期为 20 μs 的输出信号，此时，是否为最小周期？

定时/计数器既可用做定时也可用做计数，不仅其应用方式非常灵活，而且定时器定时在时间精确上都要高于软件定时。但是，不论是采用软件定时还是采用定时器采用查询工作方式定时，都要占用 CPU 的工作时间。如果采用中断工作方式，则在其定时期间 CPU 可处理其他工作，从而可以充分发挥定时/计数器的功能，大大提高 CPU 的效率。

6.3 MCS-51 中断系统

在实际应用中，往往有许多外部或内部事件需要 CPU 及时处理，此时 CPU 必须改变原来执行程序的顺序，进入中断程序并处理突发事件。实时控制、故障自动处理、计算机与外围设备间的数据传送采用中断系统是计算机的重要组成部分。中断系统的应用大大提高了计算机效率。

6.3.1 中断系统的概念及特点

1．中断的概念

中断是通过硬件改变 CPU 当前的工作状态而执行另外一种工作方式，计算机在执行程序的过程中，当外界或其他硬件（例如定时器、串行口等）出现某种特殊情况时，这种特殊情况就会以一定的方式向 CPU 发出中断请求信号，在 CPU 允许的情况下，CPU 暂时中断当前执行的程序而转去执行相应的处理程序，待处理程序执行完毕后，再继续执行原来被中断的程序。CPU 的这种处理过程称为“中断”，如图 6-12 所示。

原来正常运行的程序称为主程序。离开主程序的位置（或地址）称为“断点”。引起中断的原因或能发出中断申请的来源称为“中断源”。中断源提出中断申请称为“中断请求”。CPU 暂时中止自身的事务转去处理事件的过程，称为 CPU 的中断响应过程。进入“中断”

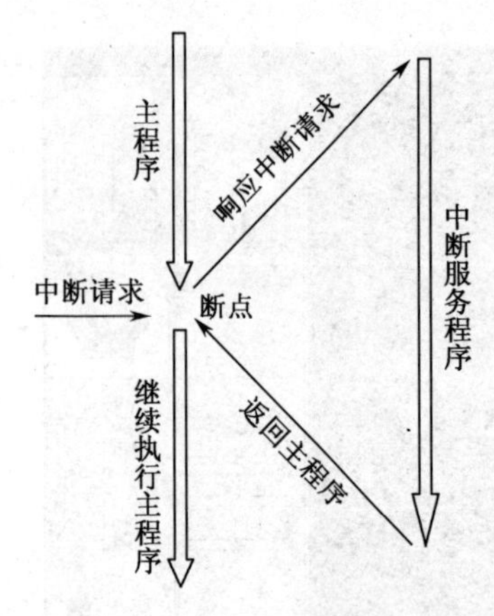

图 6-12　中断响应过程流级图

所执行相应的处理程序通常称为中断服务程序或中断处理子程序。处理完毕再回到“断点”，称为中断返回。

2．中断系统的特点

（1）分时操作

利用中断功能，CPU 可以和多个外设同时工作。只有外设向 CPU 发出中断请求，CPU 才转入为之而服务，避免了 CPU 为查询而等待所浪费较多的时间，因此提高了 CPU 的效率。

（2）实时处理

在实时控制中，现场采集到的各种信息变量可根据要求随时向 CPU 发出中断申请，如中断条件满足，CPU 立刻就会响应并及时处理，从而实现实时处理。

（3）故障处理

计算机在运行过程中若出现事先难以预料的情况或故障，如掉电、存储出错、运算溢出等，可以通过中断系统自行处理，无须停机。

6.3.2　中断系统的组成及中断源

1．中断系统的组成

MCS-51 单片机中断系统由中断源、中断控制电路和中断入口地址等组成，其结构框图如图 6-13 所示。

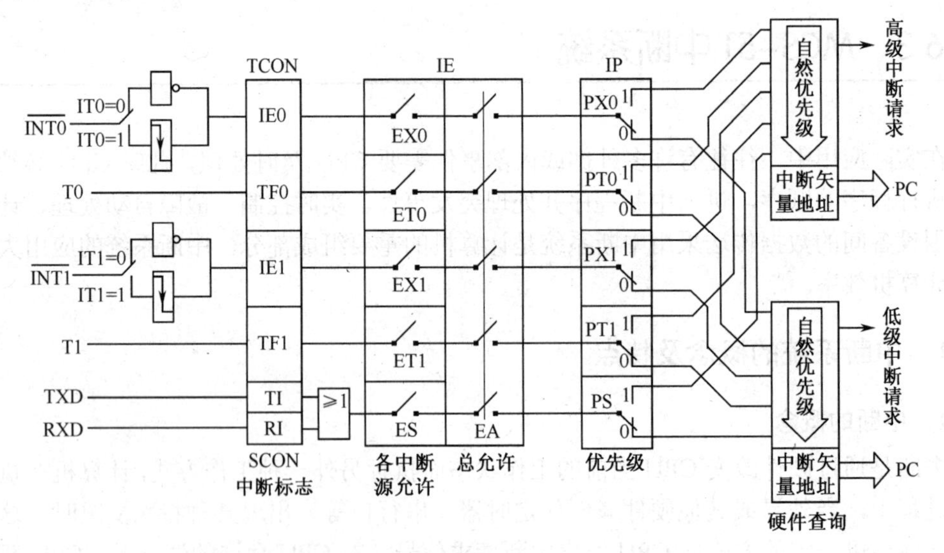

图 6-13　中断系统结构框图

MCS-51 单片机中断系统有 5 个中断源，分别为外部中断请求 $\overline{INT0}$ 和 $\overline{INT1}$、定时器 T0 溢出中断请求 TF0、定时器 T1 溢出中断请求 TF1 和串行中断请求 RI 或 TI。与中断有关的 4 个寄存器分别为特殊功能寄存器 TCON 和串行口控制寄存器 SCON、中断允许控制寄存器 EI 和中断优先级控制寄存器 IP。

2．中断源

MCS-51 中 8051 中断系统有以下 5 个中断源：

① $\overline{\text{INT0}}$：外部中断 0 请求，低电平有效。通过 P3.2 引脚输入；

② $\overline{\text{INT1}}$：外部中断 1 请求，低电平有效。通过 P3.3 引脚输入；

③ T0：定时/计数器 T0 溢出中断请求；

④ T1：定时/计数器 T1 溢出中断请求；

⑤ TX/RX：串行口中断请求，当串行口完成一帧数据的发送或接收时请求中断。

3．中断入口地址

当某一中断源的中断请求被 CPU 响应后，CPU 将会自动将此中断源的中断入口地址（又称中断矢量地址）装入 PC，从此地址开始执行中断服务程序。一般在此地址单元中存放一条绝对跳转指令，跳转至用户所安排的中断服务程序地址处。MCS-51 单片机各中断源的矢量地址是固定的，见表 6-2。

表 6-2　8051 单片机中断源矢量地址

中 断 源	矢 量 地 址
$\overline{\text{INT0}}$ 外部中断 0 中断	0003H
T0 定时/计数器 0 中断	000BH
$\overline{\text{INT1}}$ 外部中断 1 中断	0013H
T1 定时/计数器 1 中断	001BH
RI/TI 串行口中断	0023H

6.3.3　中断系统控制寄存器

8051 中断系统控制电路由 4 个专用寄存器组成，功能介绍分别如下。

1．中断请求标志

（1）TCON 寄存器中的中断标志

TCON 为定时器 T0 和定时器 T1 的控制寄存器，同时也锁存定时器 T0 和定时器 T1 的溢出中断标志及外部中断 $\overline{\text{INT0}}$ 和 $\overline{\text{INT1}}$ 的中断标志等。TCON 寄存器有关位与各控制位的含义如下：

位（位地址）	D7（8FH）	D6（8EH）	D5（8DH）	D4（8CH）	D3（8BH）	D2（8AH）	D1（89H）	D0（88H）	复位值
字节地址 88H	TF1	—	TF0	—	IE1	IT1	IE0	IT0	00H

TF1：定时器 T1 的溢出中断请求标志位。定时器 T1 启动计数后，从初值开始加 1 计数，计满溢出后由内部硬件置位 TF1，同时向 CPU 发出中断请求。此标志一直保持到 CPU 响应中断后才由硬件自动清 0。也可由软件查询该标志，并由软件清 0。

TF0：定时器 T0 的溢出中断请求标志位。其操作功能与 TF1 相同。

IE1：外部中断 1（$\overline{\text{INT1}}$）中断请求标志位。当主机检测到外部中断 1 端口出现有高电平到低电平跳变或低电平有效时，由内部硬件使 IE1 置 1，并向 CPU 请求中断处理。当 CPU 响应中断、转向该中断服务程序执行后，IE1 标志位由内部硬件自动清 0。

IT1：外部中断1的中断触发方式控制位。

当软件复位IT1为0时，外部中断1控制为电平触发方式。若在外部中断1（$\overline{INT1}$）端口出现低电平，则使IE1标志置1，向CPU请求中断处理。

当软件置位IT1为1时，外部中断1控制为边沿触发方式。若外部中断1请求电平由高电平下降为低电平时，则使IE1标志置1，向CPU请求中断处理。

IE0：外部中断0（$\overline{INT0}$）中断请求标志位。其操作功能与IE1相同。

IT0：外部中断0的中断触发方式控制位。其操作功能与IT1相同。

（2）SCON寄存器中的中断标志

SCON是串行口控制寄存器，其低两位TI和RI锁存串行口的发送中断标志和接收中断标志，其格式及含义如下：

位（位地址）	D7	D6	D5	D4	D3	D2	D1（99H）	D0（98H）	复位值
字节地址98H		—		—			TI	RI	00H

TI：串行口发送中断请求标志。CPU将数据写入发送缓冲器SBUF时，就启动发送，每发送完一帧串行数据后，硬件都使TI置位，向CPU请求中断。CPU响应中断时并不清除TI，必须在中断服务程序中由软件对TI清0。

RI：串行口接收中断请求标志。在串行口允许接收时，每接收完一个串行帧，硬件都使RI置位。同样必须由软件清0。

2．中断允许控制

8051型单片机对中断的开放或屏蔽是由中断允许寄存器IE控制的。用户可以通过软件方法来控制是否允许某中断源的中断，允许中断称为中断开放，不允许中断称为中断屏蔽。IE的格式如下：

位（位地址）	D7（AFH）	D6	D5	D4（ACH）	D3（ABH）	D2（AAH）	D1（A9H）	D0（A8H）	复位值
字节地址A8H	EA			ES	ET1	EX1	ET0	EX0	00H

中断允许寄存器IE对中断的开放和关闭实行两级控制，总开关控制位EA和5个中断源独立控制位。各位含义如下：

EA：总中断允许控制位。EA=1，开放所有中断，各中断源的允许和禁止可通过相应的中断允许位单独加以控制；EA=0，禁止所有中断。

ES：串行口中断允许位。ES=1，允许串行口中断；ES=0，禁止串行口中断。

ET1：定时器T1中断允许位。ET1=1，允许定时器1中断；ET1=0，禁止定时器T1中断。

EX1：外部中断1（$\overline{INT1}$）中断允许位。EX1=1，允许外部中断1中断：EX1=0，禁止外部中断1中断。

ET0：定时器T0中断允许位。ET0=1，允许定时器T0中断；ET0=0，禁止定时器T0中断。

EX0：外部中断 0（$\overline{INT0}$）中断允许位。EX0=1，允许外部中断 0 中断；EX0=0，禁止外部中断 0 中断。

8051 单片机系统复位后，EI 中各中断允许位均被清 0，即禁止所有中断。

3．中断优先级控制

由于中断请求的随机性，同一时间有可能出现两个或两个以上的中断源请求。为此，在中断系统中设置了优先响应技术，使主机首先响应优先级别高的中断请求。8051 型单片机的中断优先级分为两级：高优先级和低优先级。通过软件的控制和硬件的查询来实现优先控制。每个中断源都可通过编程设置为高优先级和低优先级，也可以实现中断二级嵌套。具体由中断优先级寄存器 IP 来控制。IP 的格式如下：

位（位地址）	D7	D6	D5	D4（BCH）	D3（BBH）	D2（BAH）	D1（B9H）	D0（B8H）	复位值
字节地址 B8H		—		PS	PT1	PX1	PT0	PX0	00H

专用寄存器 IP 为中断优先级寄存器，它锁存各中断源优先级控制位。IP 中的每一位均可由软件来置 1 或清 0，且 1 表示高优先级，0 表示低优先级。其各位定义如下：

PS：串行口中断优先控制位。PS=1，设定串行口中断为高优先级中断；PS=0，设定串行口中断为低优先级中断。

PTl：定时器 T1 中断优先控制位。PTl=1，设定定时器 T1 中断为高优先级中断；PTl=0，设定定时器 T1 中断为低优先级中断。

PXl：外部中断 1 中断优先控制位。PX1=1，设定外部中断 1 中断为高优先级中断；PX1=0，设定外部中断 1 中断为低优先级中断。

PT0：定时器 T0 中断优先控制位。PT0=1，设定定时器 T0 中断为高优先级中断；PT0=0，设定定时器 T0 中断为低优先级中断。

PX0：外部中断 0 中断优先控制位。PX0=1，设定外部中断 0 中断为高优先级中断；PX0=0，设定外部中断 0 中断为低优先级中断。

当系统复位后，IP 低 5 位全部清 0，所有中断源均设定为低优先级中断。

8051 的中断优先级可以归纳为以下几条基本原则：

① 当多个中断源同时发出中断请求时，优先权高的中断能先被响应，只有对优先权高的中断处理结束后才能响应优先权低的中断。计算机按中断源优先权高低逐次响应的过程称为优先权排队。这个过程可通过硬件电路来实现，也可通过软件查询来实现。

② 任何一种中断一旦得到响应，与其同级的或者比其低级的中断请求即被禁止。

③ CPU 响应了低级中断请求之后，仍可以响应高级中断的请求。如 CPU 响应某一中断时，若有优先权高的中断源发出中断请求，则 CPU 会中断正在进行的中断服务程序，并保留这个程序的断点（类似于子程序嵌套），响应高级中断，即高级中断可以打断低级中断。高级中断处理结束以后，再继续进行被中断的中断服务程序，这个过程称为中断嵌套，其流程图如图 6-14 所示。

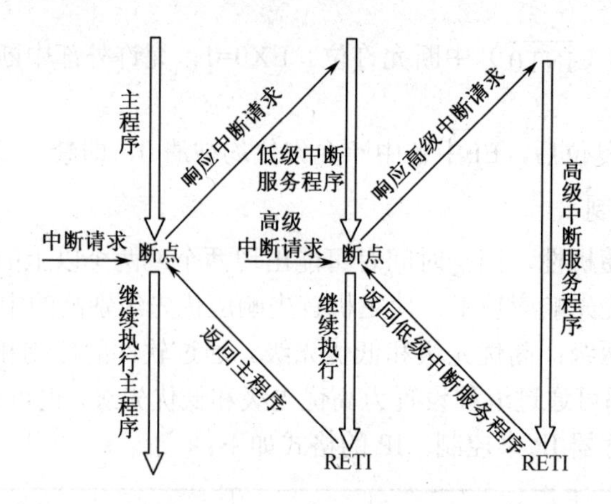

图 6-14 中断嵌套流程图

如果发出新的中断请求的中断源的优先权级别与正在处理的中断源同级或更低，则 CPU 不会响应这个中断请求，直至正在处理的中断服务程序执行完以后才能去处理新的中断请求。

④ 如果几个同一优先级的中断源同时向 CPU 申请中断，CPU 将通过内部硬件查询逻辑，按自然优先级顺序确定先响应哪个中断请求。自然优先级由硬件形成，排列见表 6-3。

表 6-3 中断源自然优先级排列顺序

中 断 源	同级内的中断优先级
外部中断 0	最高
定时/计数器 T0 溢出中断	↓
外部中断 1	↓
定时/计数器 T1 溢出中断	↓
串行口中断	最低

6.3.4 中断处理过程

中断处理过程可分为 3 个阶段：中断响应、中断处理和中断返回。8051 单片机的中断处理过程叙述如下。

1. 中断响应

中断响应是 CPU 对中断源中断请求的响应。当 8051 的 CPU 工作时，在每个机器周期的 S5P2 期间顺序采样每个中断源，CPU 在下一个机器周期 S6 期间按优先级顺序查询中断标志，若查询到某个中断标志为 1，并且还必须满足下列条件，才能在再下一个机器周期的 S1 期间按优先级进行中断处理。

① 无同级或高优先级中断正在服务执行中；

② 现行指令已执行到最后一个机器周期并结束，即当前指令执行完；

③ 当前正执行的指令不是中断返回指令（RET1）或访问专用寄存器 IE 和 IP 的指令。

满足上述三个条件，CPU 在下一机器周期响应中断，即中断系统将控制程序转向对应的中断服务程序去执行。只要上述三个条件中有任何一条不满足，将取消本次中断请求，CPU 不响应中断请求，而是在下一机器周期继续查询，等待上述条件满足后再做处理。

2．中断响应过程

中断响应过程包括保护断点和将程序转向中断服务程序的入口地址。

首先，中断的断点保护是由硬件自动实现的，通过长调用指令（LACLL）将自动把断点地址压入堆栈保护（但不包含保护累加器A、状态寄存器PSW和其他寄存器的内容），然后，将对应的中断入口地址装入程序计数器PC中（由硬件自动执行），使程序转向该中断入口地址，执行中断服务程序。MCS-51 系列单片机各中断源的入口地址由硬件事先设定，地址分配见表6-2。

通常在这些中断入口地址处存放一条绝对跳转指令，使程序跳转到用户所设定的中断服务程序的起始地址上去。

3．中断处理

CPU响应中断后将转向中断入口地址，中断服务程序从开始执行第一条指令，到返回指令“RETI”为止，这个过程称为中断处理或中断服务。不同的中断源服务的内容及要求也不同，一般包括两部分内容，一是保护现场，二是完成中断源请求的服务。

通常在主程序中都会用到累加器A、状态寄存器PSW及其他一些寄存器等资源，如果在中断服务程序中要用到这些资源，则在进入中断服务之前应将这些资源的内容保护起来（保护现场），以防止这些资源原有的有效内容在中断服务程序中被改动，而在中断结束，执行RETI指令之前应恢复现场。

在编写中断服务程序时应注意以下几点：

① 由于中断源的中断入口地址是指定的位置，并且它们之间只相隔8个字节，不能容纳普通的中断服务程序，因此，通常在中断入口地址单元通常存放一条无条件转移指令，指向中断服务程序存储的启始地址或存储空间。

② 在执行当前中断程序时，若要禁止其他更高优先级中断源的打断，可用软件关闭CPU的总中断，或用软件禁止更高优先级的中断，在中断返回前再开放中断。

③ 在保护和恢复现场时，为了避免现场数据遭到破坏或造成混乱，一般应先关闭CPU的中断，使CPU暂不响应新的中断请求。在保护现场之后，若允许高优先级中断打断它，则应开中断。同样在恢复现场之前应关闭中断，恢复之后再开中断。

4．中断返回

中断返回是指中断处理完成后，计算机返回原来断开的位置（即断点），继续执行原来的程序。中断返回由中断返回指令 RETI 来实现。该指令的功能是将断点地址从堆栈中弹出，送回到程序计数器PC中。此外，RETI指令会复位内部与中断优先级有关的触发器，表示CPU已脱离一个相应优先级的中断响应状态。

中断处理过程流程图如图6-15所示。

5．中断请求的撤除

CPU响应中断请求后即进入中断服务程序，在中断返回前，应撤除该中断请求，否则会引起重复中断而导致错误。MCS-51各种中断源请求撤除的方法分别为：

（1）定时器中断请求的撤除

对于定时器0或1溢出中断，CPU在响应中断后即由硬件自动清除其中断标志位TF0或TF1，无需采取其他措施。

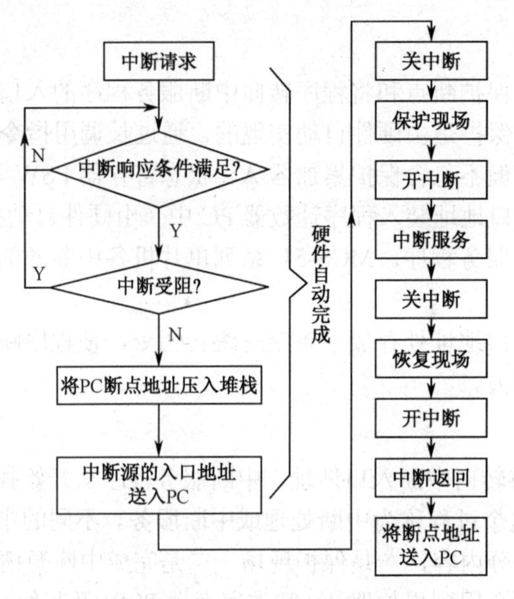

图 6-15 中断处理过程流程图

（2）串行口中断请求的撤除

CPU 在响应中断后，硬件不能自动清除中断请求 TI、RI 标志位，必须在中断服务程序中用软件将其清除。

（3）外部中断请求的撤除

边沿触发的外部中断 T0 或 T1，在 CPU 响应中断后，由硬件自动清除其中断标志位 IE0 或 IE1，无需其他措施。

电平触发的外部中断，在 CPU 响应中断后，硬件不会自动清除其中断请求标志位 IE0 或 IE1，而且也不能用软件将其清除。因此，需要相应的控制接口电路才能解决问题。

6．外部中断响应时间

中断响应时间是指从中断请求标志位置位到 CPU 开始执行中断服务程序的第一条指令所持续的时间。CPU 不是在任何情况下都对中断请求都予以响应，而且对于不同的中断请求，其响应时间也是不同的。对外部中断，CPU 在每个机器周期的 S5P2 期间采样其输入引脚 $\overline{\text{INT0}}$ 或 $\overline{\text{INT1}}$ 端的电平，如果中断请求有效，则置位中断请求标志位 IE0 或 IE1，然后在下一个机器周期再对这些值进行查询。因此，中断请求信号的低电平至少应维持一个机器周期。如果 CPU 响应中断请求，则使用调用指令 LACLL，该调用指令的执行时间是两个机器周期。此时，外部中断响应时间至少需要 3 个机器周期，这是最短的中断响应时间。如果中断请求受阻，中断响应时间将延长。若系统中只有一个中断源，则中断响应时间为 3～8 个机器周期。

在实际应用中，中断响应时间是不需要考虑的，只有在精确定时的时候才需要考虑中断响应时间，以实现精确的定时控制。

6.3.5 外部中断源的扩展

在实际应用中，往往外部中断源不仅只有两个，而 8051 单片机仅有两个外部中断请求

输入端 $\overline{\text{INT0}}$ 和 $\overline{\text{INT1}}$ 是不能满足需求的。因此，可根据需要扩充外部中断源。

1．用定时器做外部中断源

MCS-51 单片机的两个定时/计数器，可作为外部中断请求使用。此时，可将定时器设置成计数方式，计数初值可设为满量程，则当它们的计数输入端 T0（P3.4）或 T1（P3.5）引脚发生负跳变时，计数器将加 1 产生溢出中断，并向 CPU 发出中断申请。根据此特性，可将 T0 脚或 T1 脚作为外部中断请求输入线，将计数器的溢出中断作为外部中断请求标志。

【例 6-6】 将定时器 T0 扩展为外部中断源。

解：将定时器 T0 设定为方式 2（自动恢复计数初值），TH0 和 TF0 的初值均设置为 FFH，允许定时器 T0 中断，CPU 开放中断，源程序如下：

```
MOV   TMOD, #06H
MOV  TH0, #0FFH
MOV  TL0, #0FFH
SETB  TR0
SETB  ET0
SETB  EA
 ⋮
```

同样，也可将定时器 1 扩展为外部中断源。

2．中断和查询的方法

外部中断输入端口（$\overline{\text{INT0}}$ 和 $\overline{\text{INT1}}$ 脚）都可以通过相与的关系连接多个外部中断源。用外部中断输入端口和并行输入端口作为多个中断源的识别，可达到扩展外部中断源的目的，其电路原理图如图 6-16 所示。

由图 6-16 可知，4 个外部扩展中断源通过 1 个四输入与门电路与 $\overline{\text{INT0}}$（P3.2）相连；若 4 个外部扩展中断源 EXINT0～EXINT3 中任一个出现低电平，则与门输出为 0，此时，$\overline{\text{INT0}}$ 使脚为低电平，从而发出中断请求。当 CPU 响应中断后，先依次查询 P1 口的中断源输入状态，然后转入相应的中断服务程序执行，从而达到多个外部信号实时处理的目的，实现外部中断源的扩展。

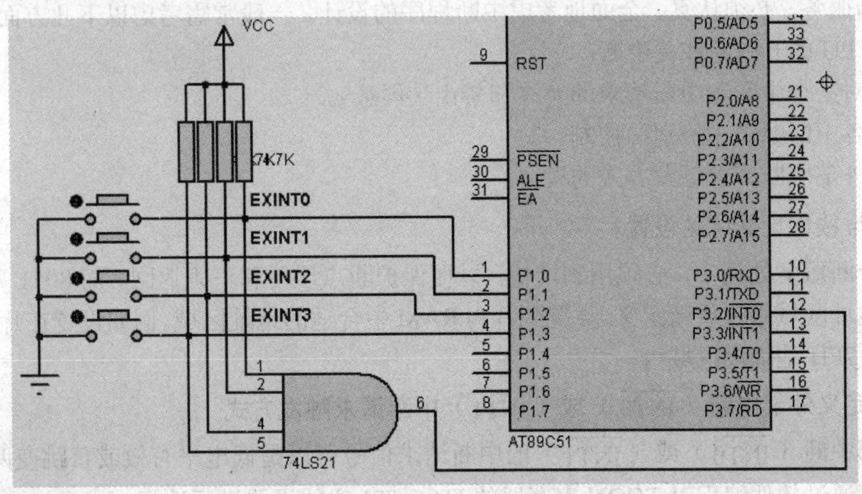

图 6-16　扩展外部中断源的原理图

中断服务程序如下：

```
        ORG     0003H           ; 外部中断 0 入口
        AJMP    INTT0           ; 转向中断服务程序入口
          ⋮
INTT0:  PUSH    PSW             ; 保护现场
        PUSH    ACC
        JB      P1.0，EXT0      ; 中断源查询并转相应中断服务程序
        JB      P1.1，EXT1
        JB      P1.2，EXT2
        JB      P1.3，EX'13
EXIT:   POP     ACC             ; 恢复现场
        POP     PSW
        RETI
EXT0:     ⋮                     ; EXINT0 中断服务程序
        AJMP    EXIT
EXT1:     ⋮                     ; EXINT1 中断服务程序
        AJMP    EXIT
EXT2:     ⋮                     ; EXINT2 中断服务程序
        AJMP    EXIT
EXT3:     ⋮                     ; EXINT3 中断服务程序
        AJMP    EXIT
```

同样，外部中断 1（INTl）也可做相应的扩展。

6.3.6　中断服务程序的设计

中断服务程序的设计实质上是对 4 个与中断有关的特殊功能寄存器 TCON、SCON、IE 和 IP 进行设置和控制。中断设置和控制程序一般都包含在主程序中，根据需要通过中断初始化程序来完成。中断服务程序是一种具有特定功能的独立程序段，为了能稳定、可靠地实施中断服务，必须认真、全面地考虑中断程序的设计。一般常需考虑以下几方面的内容。

① CPU 的开中断和关中断。

② 对某个中断源中断请求的允许和禁止（屏蔽）。

③ 各中断源优先级别的控制。

④ 外部中断请求触发方式的设定。

1．堆栈地址区域的设置

在中断服务处理中，必须用到堆栈，以便保护断点现场和正确返回。而 8051 型单片机的堆栈地址区域必须重新定义，设置到片内 RAM 中合适的地址区域。例如设置在片内 RAM 的 60H～7FH 地址段区域内。

2．定义外部中断（$\overline{\text{INT0}}$）或（$\overline{\text{INT1}}$）中断请求触发方式

外部中断（$\overline{\text{INT0}}$）或（$\overline{\text{INT1}}$）的中断请求信号可以是低电平有效或负跳变两种触发方式。可通过软件编程对 TCON 寄存器的 IT0、IT1 位的设置进行选择。

3．中断控制寄存器EI的设置

8051型单片机的中断设有两级控制，是可编程的。因此，需通过软件编程对中断响应进行适时控制，即开/关中断。

4．中断源优先级的设置

8051型单片机的中断源设有两级优先级，需根据各中断源的轻、重、缓、急，通过软件编程对中断优先级寄存器IP的相应位进行设置。

以上内容通常需在实施中断服务之前进行预置，即通常所说的中断程序初始化。

【例6-7】 设外部中断$\overline{INT1}$为高级中断，其余为低级中断，并选用负跳变触发方式，堆栈区设置在68H～7FH地址段。主程序中初始化程序段如下：

```
⋮
MOV  SP，#68H       ；定义堆栈区域
SETB  IT1           ；定义外部中断1（INT1）为负跳变触发
SETB  EA.           ；开总中断控制位
SETB  PX1           ；定义外部中断1（INT1）为高级中断
SETB  EX1           ；开外部中断1（INT1）
⋮
```

对应于多中断源的允许/禁止控制位，可在应用程序中适时开/关控制。

5．采用中断时的主程序结构

8051型单片机的应用程序有其特殊的结构，这是因为5个中断源的中断矢量被固定设置在程序存储器起始地址的0003H～0032H区域，用于存放中断服务程序的一条转移指令，在实际编程中，需另开辟中断服务程序区段，从而形成程序结构的特殊性。

主程序、包括中断服务程序的设计结构如下：

```
        ORG  0000H
        LJMP  MAIN      ；转向主程序
        ORG  0003H
        LJMP  INT0      ；在矢量地址0003H～0005H存放一条LJMP指令
         ⋮
        ORG  0100H      ；设置0100H为主程序起始地址
MAIN:                   ；以下为主程序区
         ⋮
        ORG  1000H
INT0:                   ；INT0中断服务程序
         ⋮
```

程序中ORG为伪指令，其功能是指定该目标程序的起始地址，而标号MAIN的目标地址为0100H，即主程序从0100H地址开始。外部中断0（$\overline{INT0}$）服务程序的起始地址定义在1000H开始。若外部中断0（$\overline{INT0}$）服务程序的起始地址没有具体的定义，那么则是以中断服务程序的标号在主程序中的所在位置而开始。

上述仅列举了外部中断0，其余中断的编程结构也类同。

6.4 基于 Proteus ISIS 的中断系统仿真

6.4.1 周期为 20 ms 方波发生器的设计与仿真

1. 设计任务

采用中断的方式实现在 P1.0 引脚上输出周期为 20 ms 的方波。

2. 设计思路

（1）电路设计

在硬件上采用单片机的 P1.0 口直接输出的电路形式。打开 Proteus ISIS，通过对象选择器按钮，从元件库中选择如下元器件：AT89C51（单片机）、RES（电阻）、CAP（电容）、CAP-ELEC（电解电容）、BUTTON（按键开关）、CRYSTAL（晶振），并置入对象选择器窗口。然后将选择的元器件、电源和地线放置在编辑窗口中，连接电路如图 6-18 所示。

（2）编程思路

系统采用 12 MHz 晶振，在端口线上输出方波，由于方波周期为 20 ms，故高、低电平的时间均为 10 ms。设定时/计数器 T0 承担 10 ms 的定时任务，工作在方式 1，则定时的初值为：

$$X=65536-10000=55536=D8F0H$$

当 10 ms 时间到时，T0 产生中断，在中断服务程序中对 P1.0 的输出信号取反。如此循环往复，即可输出方波信号。

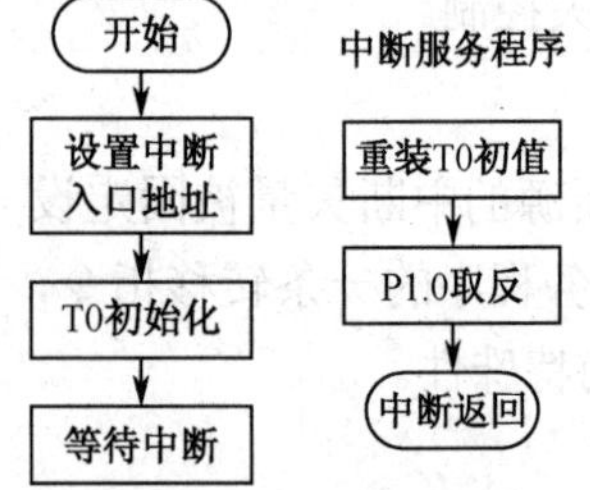

图 6-17 程序流程图

3. 程序设计分析

① 程序流程图如图 6-17 所示。

② 源程序设计：

```
        ORG  0000H
        AJMP  MAIN             ；转主程序
        ORG  000BH
        AJMP  CONT0            ；转 T0 中断服务程序
        ORG  0100H
MAIN:   MOV  SP，#60H
        MOV  TMOD，#01H        ；T0 的初始化程序
        MOV  TL0，#0F0H        ；T0 置初值
        MOV  TH0，#0D8H
        SETB  TR0              ；启动 T0
        SETB  ET0              ；允许 T0 中断
        SETB  EA               ；CPU 开中断
        AJMP  $
CONT0:  MOV  TL0，#0F0H
        MOV  TH0，#0D8H
        CPL  P1.0
```

```
RETI
END
```

4．编译与文件加载

将编写的程序添加到 Proteus 自带的编译器中，对其进行编译，生成 hex 文件。

5．电路仿真

单击“运行”按钮，启动系统仿真，观察仿真结果，此时虚拟示波器分别显示的方波信号周期为 2 ms×10 格=20 ms，输出幅度为 0.5 V×10=5 V。仿真电路如图 6-18 所示。

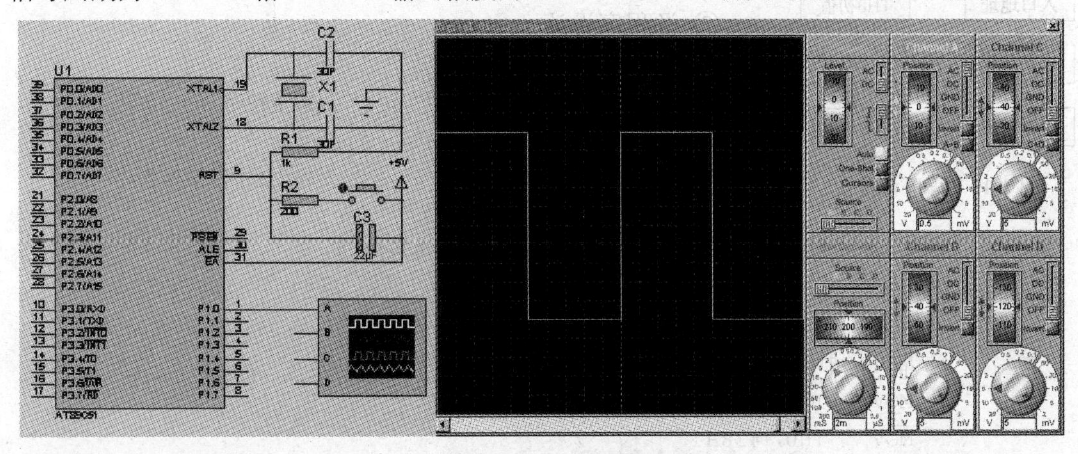

图 6-18　方波发生器

6．动手与思考

① 若使用定时器 T1，程序如何设计？请分析。

② 如何通过编程改变方波信号的占空比输出？

6.4.2　二路方波发生器的设计与仿真

1．设计任务

用单片机定时/计数器 T0 工作在模式 3，分别从 P1.0 和 P1.1 产生 200 μs 和 400 μs 的方波。

2．设计思路

（1）电路设计

在硬件上采用单片机的 P1.0 和 P1.1 口直接输出的电路形式。打开 Proteus 的 ISIS，通过对象选择器按钮，从元件库中选择如下元器件：AT89C51（单片机）、RES（电阻）、CAP（电容）、CAP-ELEC（电解电容）、BUTTON（按键开关）、CRYSTAL（晶振），并置入对象选择器窗口。然后将选择的元器件、电源和地线放置在编辑窗口中，连接电路如图 6-20 所示。

（2）编程思路

系统采用 12 MHz 晶振，定时/计数器 T0 工作在模式 3 的情况下，TL0 和 LH0 作为两个独立的 8 位定时器，分别设置 100 μs 和 200 μs 的定时中断。设定当 TL0 定时器溢出后，产生定时器 T0 中断，并转 T0 中断服务程序，使 P1.0 引脚不断地取反；当 TH0 定时器溢出后，产生定时器 T1 中断，并转 T1 中断服务程序，使 P1.1 引脚不断地取反；从而实现二路方波信号的输出。TL0 和 TH0 的定时时间分别为：

TL0：t=256−TL0 初值=256−100=156=9CH

TH0：t=256−TH0 初值=256−200=56=38H

3. 程序设计分析

① 程序流程图如图 6-19 所示。

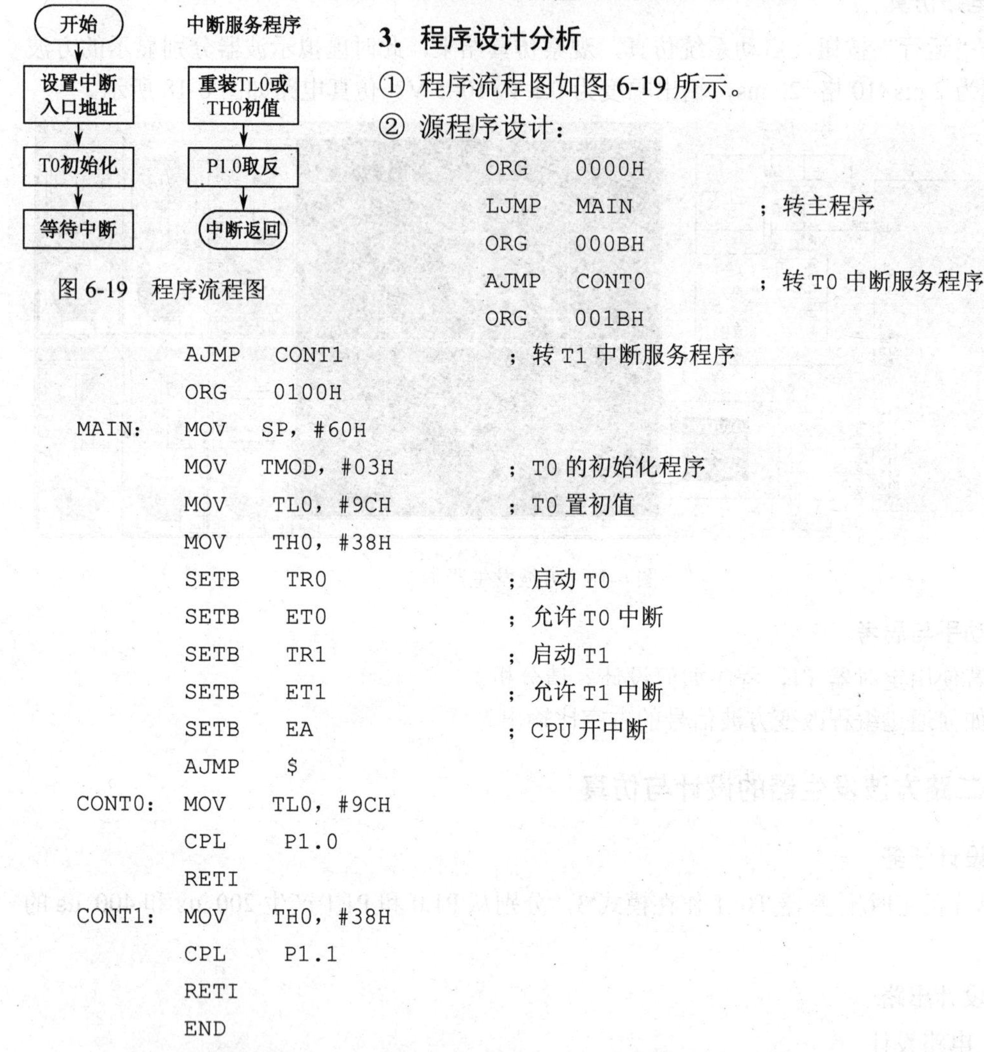

图 6-19 程序流程图

② 源程序设计：

```
        ORG     0000H
        LJMP    MAIN              ；转主程序
        ORG     000BH
        AJMP    CONT0             ；转 T0 中断服务程序
        ORG     001BH
        AJMP    CONT1             ；转 T1 中断服务程序
        ORG     0100H
MAIN:   MOV     SP，#60H
        MOV     TMOD，#03H        ；T0 的初始化程序
        MOV     TL0，#9CH         ；T0 置初值
        MOV     TH0，#38H
        SETB    TR0               ；启动 T0
        SETB    ET0               ；允许 T0 中断
        SETB    TR1               ；启动 T1
        SETB    ET1               ；允许 T1 中断
        SETB    EA                ；CPU 开中断
        AJMP    $
CONT0:  MOV     TL0，#9CH
        CPL     P1.0
        RETI
CONT1:  MOV     TH0，#38H
        CPL     P1.1
        RETI
        END
```

4. 编译与文件加载

将编写的程序添加到 Proteus 自带的编译器中，对其进行编译，生成 hex 文件。

5. 电路仿真

单击“运行”按钮，启动系统仿真，观察仿真结果，此时虚拟示波器分别显示的方波信号周期为 50 μs×4 格=200 μs、50 μs×8 格=400 μs，输出幅度为 1 V×5=5 V。仿真电路如图 6-20 所示。

6. 动手与思考

① 如何改变方波信号的输出周期？

② 若周期参数与设计值存在误差，请分析原因。

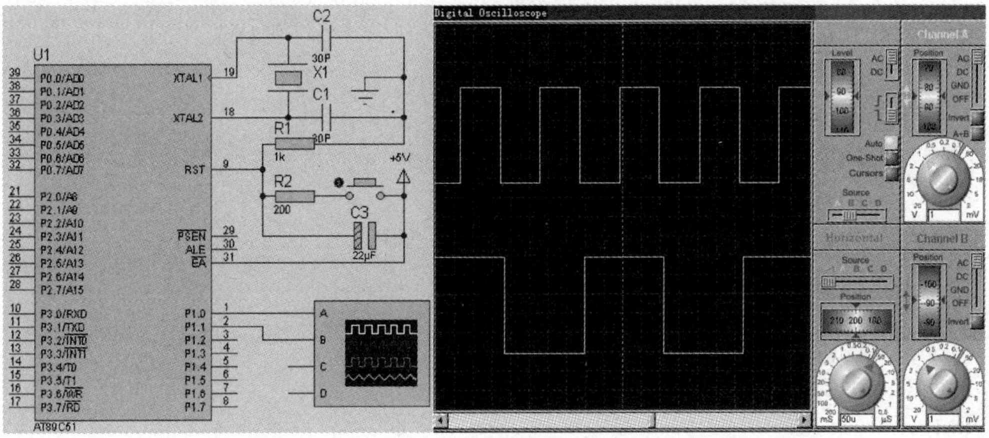

图 6-20　二路方波生发器

6.4.3　彩灯中断控制电路设计与仿真

1．设计任务

用单片机中断系统设计彩灯控制电路，彩灯由 8 个 LED 发光二极管组成，其中红、绿、兰、黄各 2 个，构成 4 组彩灯显示状态。在非中断状态，主程序运行的是 4 组彩灯交替点亮形成流水灯模式，并且不断循环，当按下某一按键开关（K1～K4），则对应某一种色彩灯闪烁 5 次，然后返回主程序。

2．设计思路

（1）电路设计

在硬件上采用单片机的 P0 口，外接上拉电阻和限流电阻与 8 个发光二极连接，中断开关接 P3 的两个外部中断和两个定时/计数器的输入端口。打开 Proteus 的 ISIS，通过对象选择器按钮，从元件库中选择如下元器件：AT89C51（单片机）、RES（电阻）、CAP（电容）、CAP-ELEC（电解电容）、BUTTON（按键开关）、CRYSTAL（晶振）、RESPACK-8（排阻）和 R×8（排阻）并置入对象选择器窗口。然后将选择的元器件、电源和地线放置在编辑窗口中，连接电路如图 6-22 所示。

（2）编程思路

由于有 4 种中断源，在实际电路中，除了使用 $\overline{INT0}$ 和 $\overline{INT1}$ 外部中断源外，还可以用两个定时/计数器作为外部中断请求使用。将定时器设置成计数方式，计数初值可设为满量程，当计数器加 1 将溢出而产生中断，并向 CPU 发出中断申请。定时器 T0、T1 设定为方式 2（自动恢复计数初值），初值均设置为 FFH。

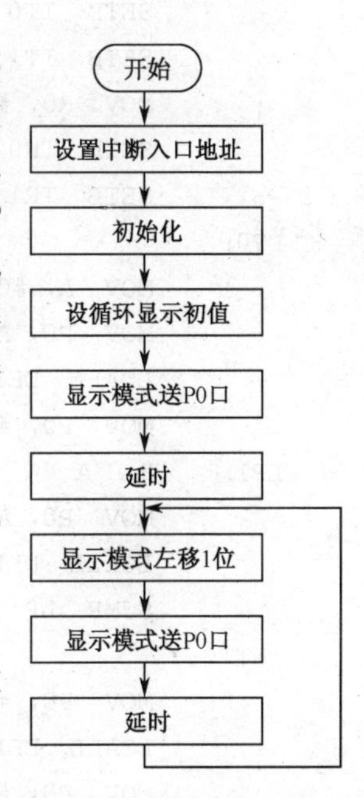

图 6-21　程序流程图

3．程序设计分析

① 程序流程图如图 6-21 所示。

② 源程序设计：

```
        ORG  0000H
        LJMP  MAIN
        ORG  0003H              ；外部中断 0 入口
        LJMP  INTT0
        ORG  0013H              ；外部中断 1 入口
        LJMP  INTT1
        ORG  000BH              ；定时器中断 0 入口
        LJMP  CONT0
        ORG  001BH
        LJMP  CONT1             ；定时器中断 1 入口
        ORG  0100H
MAIN:
        MOV  SP，#60H           ；建立堆栈区
        MOV  TMOD，#66H         ；两个定时计数器设定为重装方式 2
        MOV  TH0，#0FFH
        MOV  TL0，#0FFH
        MOV  TH1，#0FFH
        MOV  TL1，#0FFH
        SETB  EX0               ；外部中断 0 允许中断
        SETB  EX1               ；外部中断 1 允许中断
        SETB  ET0               ；定时器 0 中断允许
        SETB  ET1               ；定时器 1 中断允许
        SETB  EA                ；总中断允许
        SETB  IT0               ；外部中断 0 设置为下降沿触发
        SETB  IT1
        MOV  R0，#5
        SETB  TR0
        SETB  TR1
LP0:
        MOV  A，#0EEH
        MOV  P0，A
        LCALL  DELAY
        MOV  P0，#0FFH
LP1:    RL  A
        MOV  P0，A
        LCALL  DELAY
        SJMP  LP1
INTT0:
        MOV  P0，#0EEH
        LCALL  DELAY
        MOV  P0，#0FFH
        LCALL  DELAY
```

```
        DJNZ  R0，INTT0
        MOV  R0，#5
        RETI
INTT1:
        MOV  P0，#0DDH
        LCALL  DELAY
        MOV  P0，#0FFH
        LCALL  DELAY
        DJNZ  R0，INTT1
        MOV  R0，#5
        RETI
CONT0:
        MOV  P0，#0BBH
        LCALL  DELAY
        MOV  P0，#0FFH
        LCALL  DELAY
        DJNZ  R0，CONT0
        MOV  R0，#5
        RETI
CONT1:
        MOV  P0，#77H
        LCALL  DELAY
        MOV  P0，#0FFH
        LCALL  DELAY
        DJNZ  R0，CONT1
        MOV  R0，#5
        RETI
DELAY:  MOV  R3，#200
DEL2:   MOV  R4，#200
DEL1:   NOP
        DJNZ  R4，DEL1
        DJNZ  R3，DEL2
        RET
        END
```

4．编译与文件加载

将编写的程序添加到Proteus自带的编译器中，对其进行编译，生成hex文件。

5．电路仿真

仿真电路如图6-22所示，单击“运行”按钮，启动系统仿真，在单片机运行中按下k4按键，可观察到单片机产生中断并进入到定时器T1的中断服务程序，即发光二极D4和D8将闪烁5次，然后返回主程序。

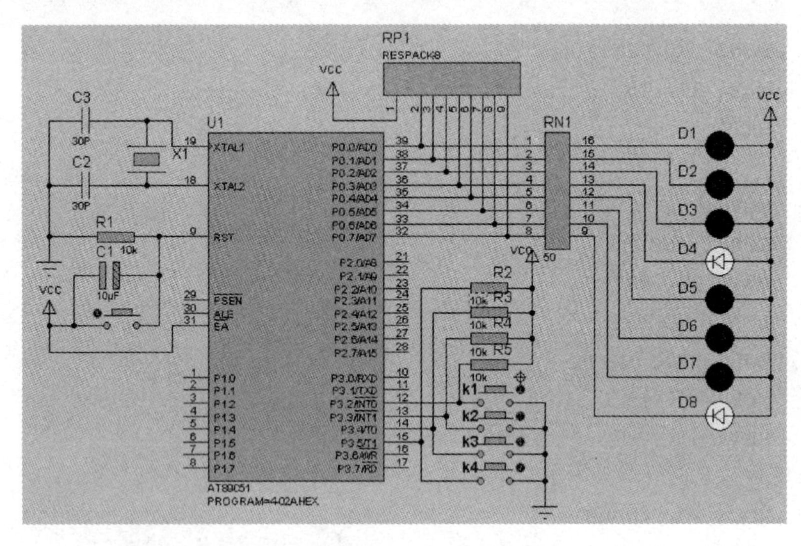

图 6-22　彩灯中断控制电路

6．动手与思考

① 在进行某个中断服务时，后来的中断源能否打断当前的中断吗？

② 如果需要优先控制，如何设定优先级，请分析。

6.4.4　电子圆模式电路设计与仿真

1．设计任务

通过单片机系统的中断和查询方法，以外部中断输入端口和并行输入端口作为 4 个中断源的识别信号。在硬件电路中，将 P1 和 P2 口连接的 LED 灯组成一个电子圆，分别完成以下电子圆的模式控制：

① LED 灯逐个点亮并不断地循环，形成扫描式电子圆的效果。

② 16 个 LED 灯组成两组循环交替闪烁，形成旋转的电子圆。

③ 用对称的两组 LED 灯（相连），沿着电子圆不断地循环旋转。

④ 每个 LED 灯分别被点亮，然后逐个失灭，形成圆形的电子圆。

外部中断输入端口（$\overline{\text{INT0}}$或$\overline{\text{INT1}}$脚）都可以通过线或的关系连接多个外部中断源。便可达到扩展外部中断源的目的，其电路原理图如图 6-24 所示。

2．设计思路

（1）电路设计

在硬件上采用单片机的 P1 和 P2 接限流排阻与 LED 灯连接形成输出电路的形式，将 16 个 LED 灯设计成电子圆图面；用四输入与门和按键开关组成扩展外部中断源电路。打开 Proteus 的 ISIS，通过对象选择器按钮，从元件库中选择如下元器件：AT89C51（单片机）、RES（电阻）、CAP（电容）、CAP-ELEC（电解电容）、BUTTON（按键开关）、CRYSTAL（晶振）、74LS21（四输入与门）、LED-BIGY（黄色发光二极管）、RX8（排阻），并置入对象选择器窗口。然后将选择的元器件、电源和地线放置在编辑窗口中，连接电路如图 6-24 所示。

（2）编程思路

系统采用 12MHz 晶振，定时/计数器 T0 工作在模式 1。中断控制请参考 6.3.5 节的第 2 点分析原理。当进入某个中断服务程序后，应根据要求编程实现各自的任务，同时，在每次运行中断服务程序完成后，都要检测是否有新的中断产生，若有，中断标志位（IE0）将置“1”，单片机将转向新的中断服务程序，否则继续运行本中断服务程序。

3．程序设计分析

① 程序流程图如图 6-23 所示。

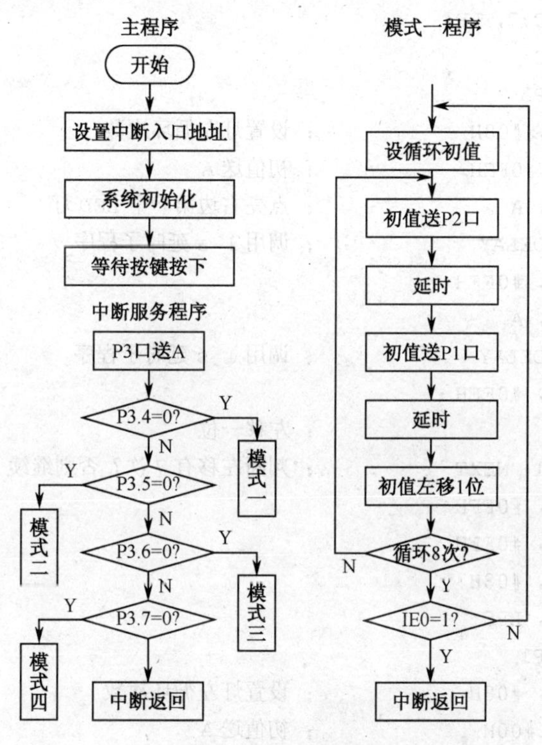

图 6-23　程序流程图

② 源程序设计：

```
        ORG  0000H
        AJMP  MAIN
        ORG  0003H                    ；外部中断 0
        AJMP  INTT0
        ORG  0100H
MAIN:   MOV  SP, #60H
        MOV  TCON, #01H               ；外部中断 0 电平触发方式
        MOV  TMOD, #06H               ；定时计数器 T0 设定为重装方式 2
        MOV  TH0, #0FFH
        MOV  TL0, #0FFH
        SETB  EX0                     ；允许外部 0 中断
        SETB  EA                      ；总中断充许
        SETB  TR0
```

```
        MOV  P1, #0FFH
        MOV  P2, #0FFH
        SJMP $
INTT0:  PUSH ACC
        MOV  A, P3
        JNB  ACC.4, LP1
        JNB  ACC.5, LP2
        JNB  ACC.6, LP3
        JNB  ACC.7, LP4
        POP  ACC
        LJMP  LP5
LP1:    MOV  R1, #08H           ; 设置灯左循环次数
        MOV  A, #0FEH           ; 初值送 A
NEXT:   MOV  P2, A              ; 点亮右边第一个 LED 灯
        ACALL  DELAY            ; 调用 1 s 延时子程序
        MOV  P2, #0FFH
        MOV  P1, A
        ACALL  DELAY            ; 调用 1 s 延时子程序
        MOV  P1, #0FFH
        RL  A                   ; 左移一位
        DJNZ  R1, NEXT          ; 判断左移有 7 次? 否则继续
        MOV  P2, #0FFH
        MOV  P1, #0FFH
        MOV  R1, #08H
        JB  IE0, LP5
        SJMP  LP1
LP2:    MOV  R1, #08H           ; 设置灯左循环次数
        MOV  A, #00H            ; 初值送 A
NEXT1:  MOV  P2, A              ; 点亮右边第一个 LED 灯
        ACALL  DELAY            ; 调用 1 s 延时子程序
        ACALL  DELAY
        MOV  P2, #0FFH
        MOV  P1, A
        ACALL  DELAY
        ACALL  DELAY
        MOV  P1, #0FFH
        DJNZ  R1, NEXT1         ; 判断左移有 7 次? 否则继续
        MOV  R1, #08H
        JB  IE0, LP5
        SJMP  LP2
LP3:    MOV  R1, #08H           ; 设置灯左循环次数
        MOV  A, #77H            ; 初值送 A
NEXT2:  MOV  P2, A              ; 点亮右边第一个 LED 灯
```

```
        MOV  P1, A
        ACALL  DELAY
        ACALL  DELAY
        MOV  P1, #0FFH
        RL  A                        ; 左移一位
        DJNZ  R1, NEXT2              ; 判断左移有 7 次? 否则继续
        MOV  R1, #08H
        JB  IE0, LP5
        SJMP  LP3
LP4:    MOV  R1, #08H                ; 设置灯左循环次数
        MOV  A, #0FEH                ; 初值送 A
M4:     MOV  P2, A                   ; 点亮右边第一个 LED 灯
        ACALL  DELAY
        MOV  P1, A
        ACALL  DELAY                 ; 调用 1 s 延时子程序
        MOV  B, A
        RL  A
        ANL  A, B
        DJNZ  R1, M4                 ; 判断左移有 7 次? 否则继续
        MOV  R1, #8H
        MOV  P1, #00H
        MOV  P2, #00H
        ACALL  DELAY
        MOV  A, #80H
M5:     MOV  P1, A
        ACALL  DELAY
        MOV  P2, A
        ACALL  DELAY
        MOV  B, A
        RR  A
        ORL A, B
        DJNZ  R1, M5
        MOV  R1, #8H
        MOV  P1, #0FFH
        MOV  P2, #0FFH
        ACALL  DELAY
        JB  IE0, LP5
        SJMP  LP4
LP5:    RETI
DELAY:  MOV  R3, #100
DEL2:   MOV  R4, #0FFH
DEL1:   DJNZ  R4, DEL1
        DJNZ  R3, DEL2
```

```
        RET
        END
```

4．编译与文件加载

将编写的程序添加到 Proteus 自带的编译器中，对其进行编译，生成 hex 文件。

5．电路仿真

仿真电路如图 6-24 所示，单击“运行”按钮，启动系统仿真，在单片机运行中分别按下 k1、k2、k3、k4 按键，观察单片机运行每种中断服务程序及电子圆的情况，图 6-24 中所示的是按下 k2 按键时电子圆显示（两组交替）的状况。

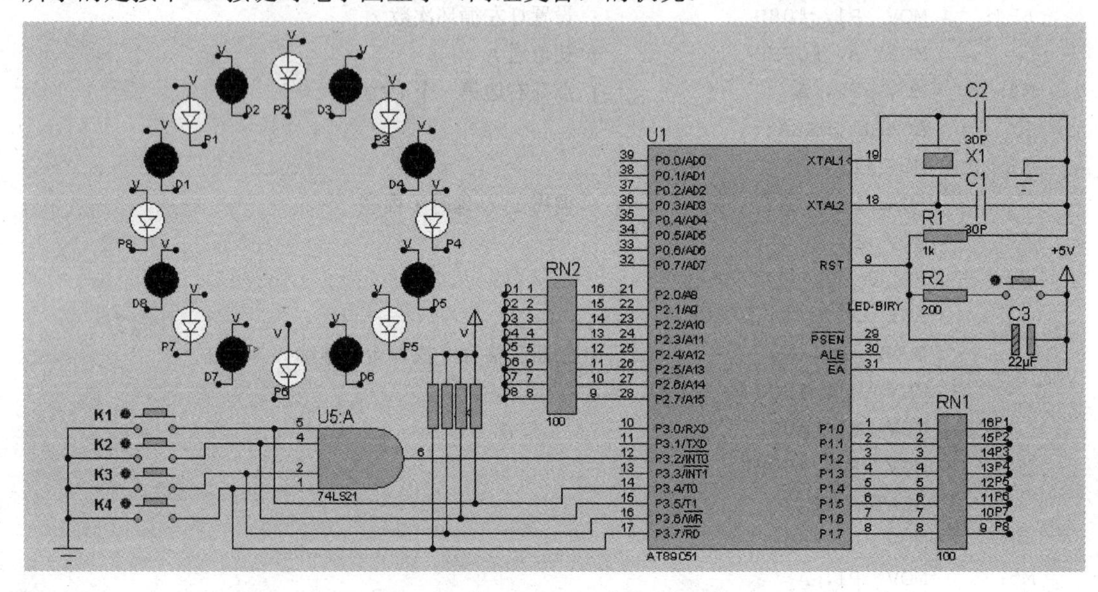

图 6-24　电子圆模式电路

6．动手与思考

① 根据需要或兴趣，自行设计不同模式的电子圆花样。

② 请自行设计模式二、模式三和模式四的中断程序流程图。

本节的电路设计与仿真，涉及到按键开关的使用还没有考虑到去抖问题，若要使电路可靠运行必须加入防抖动措施，防抖动原理将在后面章节中介绍。

习题 6

一、选择题

1．定时器/计数器工作方式 1 是________。

A．8 位计数器结构　　B．2 个 8 位计数器结构

C．13 位计数结构　　D．16 位计数结构

2．若 8051 的定时器 T1 用做定时方式，模式 1，则工作方式控制字为________。

A．01 H　　B．05 H　　C．10 H　　D．50 H

3．定时器若工作在循环定时或循环计数场合，应选用________。

A．工作方式 0　　B．工作方式 1　　C．工作方式 2　　D．工作方式 3

4．启动定时器 0 开始计数的指令是使 TCON 的________。

A．TF0 位置 1　　B．TR0 位置 1　　C．TR0 位置 0　　D．TR1 位置 0

5．使 8051 的定时器 T0 停止计数的指令是________。

A．CLR　TR0　　B．CLR　TR1　　C．SETB　TR0　　D．SETB　TR1

6．下列指令中，判断若定时器 T0 计满数就转 LP 的是________。

A．JB　T0，LP　　B．JNB　TF0，LP

C．JNB　TR0，LP　　D．JB　TF0，LP

7．若 8051 的定时器 T1 用做定时方式，模式 1，则初始化编程为________。

A．MOV　TOMD，#01H　　B．MOV　TOMD，#50H

C．MOV　TOMD，#10H　　D．MOV　TCON，#02H

8．若单片机的振荡频率为 12 MHz，设定时器工作在方式 1 需要定时 1 ms，则定时器初值应为____。

A．500　　B．1000　　C．2^{16}-500　　D．2^{16}-1000

9. 设 MCS-51 单片机晶振频率为 12 MHz，定时器做计数器使用时，其最高的输入计数频率应为____。

A．2 MHz　　B．1 MHz　　C．500 kHz　　D．250 kHz

10．使用定时器/计数器 T0 工作于定时、以方式 2 产生 100 μs 定时，在 P1.0 口输出周期为 200 μs 的连续方波。已知晶振频率为 12 MHz。TH0 的初值为____，TL0 初值为____。

A．0C9H，0FFH　　B．0FFH，0C9H　　C．0CEH，0CEH　　D．9CH，9CH

11．以中断方式进行定时的应用，则应用程序中的初始化内容应包括________。

A．设置系统复位工作方式、设置计数初值

B．系统复位、设置计数初值、设置中断方式

C．设置工作方式、设置计数初值、打开中断

D．设置工作方式、设置计数初值、禁止中断

12．MCS-51 单片机在同一优先级的中断源同时申请中断时，CPU 首先响应________。

A．外部中断 0　　B．外部中断 1　　C．定时器 0 中断　　D．定时器 1 中断

13．当 CPU 响应定时器 T1 的中断请求后，程序计数器 PC 的内容是________。

A．0003 H　　B．000 BH　　C．0013 H　　D．001 BH

14．当 CPU 响应外部中断 0（1NT0）的中断请求后，程序计数器 PC 的内容是________。

A．0003 H　　B．000 BH　　C．0013 H　　D．001 BH

15．MCS-51 单片机在同一级别中除串行口外，级别最低的中断源是________。

A．外部中断 1　　B．定时器 T0　　C．定时器 T1　　D．串行口

16．当外部中断 0 发出中断请求后，中断响应的条件是________。

A．SETB　ET0　　B．SETB　EX0

C．MOV　IE，#81H　　D．MOV　IE，#61H

17．8051 响应中断后，中断的一般处理过程是________。

A．关中断，保护现场，开中断，中断服务，关中断，恢复现场，开中断，中断返回

B．关中断，保护现场，保护断点，开中断，中断服务，恢复现场，中断返回

C．关中断，保护现场，保护中断，中断服务，恢复断点，开中断，中断返回

D. 关中断，保护断点，保护现场，中断服务，关中断，恢复现场，开中断，中断返回

18. 8051 单片机共有 5 个中断入口，在同一级别里，5 个中断源同时发出中断请求时，程序计数器 PC 的内容变为________。

A. 000 BH　　B. 0003 H　　C. 0013 H　　D. 001 BH

19. MCS-51 单片机响应中断的过程是________。

A. 断点 PC 自动压栈，对应中断矢量地址装入 PC

B. 关中断，程序转到中断服务程序

C. 断点压栈，PC 指向中断服务程序地址

D. 断点 PC 自动压栈，对应中断矢量地址装入 PC，程序转到该矢量地址再转至中断服务程序首地址

20. 执行中断处理程序最后一句指令 RETI 后，________。

A. 程序返回到 ACALL 的下一句　　B. 程序返回到 LCALL 的下一句

C. 程序返回到主程序开始处　　D. 程序返回到响应中断时指令的下一句

二、填空题

1. MCS-51 单片机 8051 中有______个______位的定时/计数器，可以被设定的工作方式有四种。

2. MCS-51 单片机的定时器内部结构由__________，__________，___________，___________ 4 部分组成。

3. 对于 8051 的定时器，若用软启动，应使 TOMD 中的___________。

4. 使定时器 T0 未计满数就原地等待的指令是__________。

5. 若 8051 的定时器 T0 用做计数方式，模式 1（16 位），则工作方式控制字为________。

6. 定时器方式寄存器 TMOD 的作用是________。定时器控制寄存器 TCON 的作用是________。

7. 8051 单片机允许 5 个中断源请求中断，都可以用软件来屏蔽，即利用中断允许寄存器________来控制中断的允许和禁止。

8. 在 51 系列单片机中，低优先级的中断_______高优先级的中断，以实现中断的嵌套。

9. 在 MCS-51 单片机内部结构中，TMOD 为模式控制寄存器，主要用来控制_______的启动与停止。

10. 单片机中 PUSH 和 POP 指令通常用来_______________。

11. MCS-51 的中断系统由_________、_________、_________、_________等寄存器组成。

12. MCS-51 单片机的中断矢量地址有_________、_________、________、________、_________。

13. 中断源中断请求撤除包括_________、_________、____________等三种形式。

14. 中断响应条件是______________、__________、_________；阻止 CPU 响应中断的因素可能是____________、_____________、______________。

15. 单片机内外中断源按优先级别分为高级中断和低级中断，级别的高低是由_______寄存器的置位状态决定的。同一级别中断源的优先顺序是由_______决定的。

三、简答题

1. MCS-51 采用 12 MHz 的晶振，定时 1 ms，如用定时器方式 1 时的初值应为多少？

2. 基于 51 单片机编程过程中，需要用到定时器 T0 实现 5 ms 的延时，请确定定时器 T0 的工作方式。

3. 用定时器 T0，方式 1 实现 1 s 的延时。

4. MCS-51 定时/计数器的定时功能和计数功能有什么不同?分别应用在什么场合下?

5．软件定时与硬件定时的原理有何异同?

6．89S51 单片机片内设有几个定时/计数器？它们是由哪些特殊功能寄存器组成？做定时器时，定时时间与哪些因数有关？做计数器时，对外界计数频率有何限制？

7．简述 MCS-51 单片机定时/计数器的 4 种工作方式的特点及如何选择和设定这 4 种工作方式。

8．系列单片机的定时计数器 T0、T1 正在计数或定时，CPU 能否做其他事情?为什么?

9．若规定外部中断 1 边沿触发方式，高优先级，写出初始化程序。

10．以定时器/计数器 1，以计数的方式来实现外部中断，写出初始化程序。

11．什么叫中断?中断有什么特点?

12．系列单片机具有几个中断源，分别是如何定义的?其中哪些中断源可以被定义为高优先级中断，如何定义?

13．写出 MCS-51 的所有中断源，并说明哪些中断源在响应中断时，由硬件自动清除，哪些中断源必须用软件清除，为什么？

四、基于 Proteus 设计与仿真的综合应用

1．脉冲信号发生器的 Proteus 设计与仿真。

① 用单片机定时/计数器设计周期为 20 ms 的矩形脉冲，设占空比为 1:5，从 P1.0 引脚上输出。

② 在硬件上采用单片机的 P1.0 口直接输出的电路形式。系统采用 12MHz 晶振，利用定时器 T0，工作方式 1，采用查询方式进行控制。

2．脉冲宽度测量 Proteus 的设计与仿真

① 当门控位 GATE=1 时，职种控制位 TR0 或 TR1 需置 1，同时还需 $\overline{INT0}$（P3.2）或 $\overline{INT1}$（P3.3）为高电平方可启动定时器，若 $\overline{INT0}$（P3.2）或 $\overline{INT1}$（P3.3）为低电平则停止定时器工作。

② 设定时器 T1 工作于模式 1，定时方式，其 GATE=1，测试 $\overline{INT1}$ 引脚脉冲宽度。设脉中宽度以机器周期为单位，且小于 65536 个机器周期。测试时应在 $\overline{INT1}$ =0 时，置 TR1=1。当 $\overline{INT1}$ =1 时，定时器 T1 开始工作；$\overline{INT1}$ =0 时，定时器 T1 停止工作。此时 TH1、TL1 的内容便是待测信号脉冲的宽度，并存入 40 H 和 41 H 单元中。

3．汽车电子报警系统（外部中断源扩展）的 Proteus 设计与仿真

① 在汽车电子报警系统中，用于检测润滑油液面高度、燃油液面高度、冷却水温度、安全带是否扣上和车门是否关上等功能。

② 在程序设计上采用中断加查询的方法，中断服务程序完成中断源的判断和相应的动作。硬件设计上用 $\overline{INT0}$ 作为润滑油液面高度检测的中断请求，用 $\overline{INT1}$（经中断源扩展）作为其他项的中断请求。选择某个 I/O 口连按 5 个发光二极管指示对应的报警显示，并且每项报警的同时用一个峰鸣器提示。

4．带有通道控制的简易交通信号系统的 Proteus 设计与仿真

① 正常情况下 A、B 通道车辆轮流放行，A 通道放行 60 s（其中 5 s 用于警告），B 通道放行 30 s（其中 5 s 用于警告）；一通道有车而另一通道无车时，控制有车通道放行；有紧急车辆通过时，A、B 通道均禁止通行（时间为 10 s）。

② 用绿、黄、红三种发光二极管表示车辆允许通行、警告和禁止通行，两个外部中断源作为通道选择控制，并设紧急车辆为优先级。

第 7 章 单片机显示接口技术

在单片机应用系统中，显示器是一个不可缺少的人机交互设备之一，是单片机应用系统中最基本的输出装置。通常需要用显示器显示运行状态及中间结果等信息，便于人们观察和监视单片机系统的运行情况。单片机应用系统最常用的显示器是 LED（发光二极管显示器）和 LCD（液晶显示器），这两种显示器可显示数字、字符及系统的状态，它们的驱动电路简单、易于实现且价格低廉，因而得到广泛应用。

7.1 LED 显示器与接口技术

目前常用的 LED 显示器有 LED 状态显示器（俗称发光二极管）、LED 七段显示器（俗称数码管）、LED16 段显示器及点阵 LED 显示器。发光二极管可显示两种状态，用于显示系统状态；数码管用于显示数字或字符；LED 十六段显示器用于显示字符；点阵 LED 用于显示一些简单图形和字符。

7.1.1 LED 数码管结构及工作原理

七段发光数码管，简称 LED。LED 数码管的显示与应用非常普遍，可用于显示 0～9 的数字，也可以显示 A、B、C、D、E、F、H、L、P 等字符。

1. LED 数码管结构

LED 显示器是由若干个发光二极管组成的，按“日”字排列成的数码管。LED 数码管的阳极连在一起称为共阳极数码管，而阴极连在一起称为共阴极数码管。每段 LED 的笔画分别称为 a、b、c、d、e、f、g，另有一段构成小数点。一位 LED 数码管的结构如图 7-1 所示。

2. LED 数码管的工作原理

选用共阳极数码管时，只要在某个发光二极管加上高电平，当发光二极管导通时，相应的一个点或一个笔画即被点亮。而选用共阴极数码管时，要使某一段发光二极管发亮，则须加上低电平。控制不同组合的二极管导通，就能显示出各种数字或字符。LED 数码管的使用与发光二极管类同，根据其材料不同正向压降一般为 1.5～2 V，额定电流为 10 mA，最大电流为 40 mA。静态显示时取 10 mA 为宜，动态扫描显示时，可加大脉冲电流，但一般不超过 40 mA。

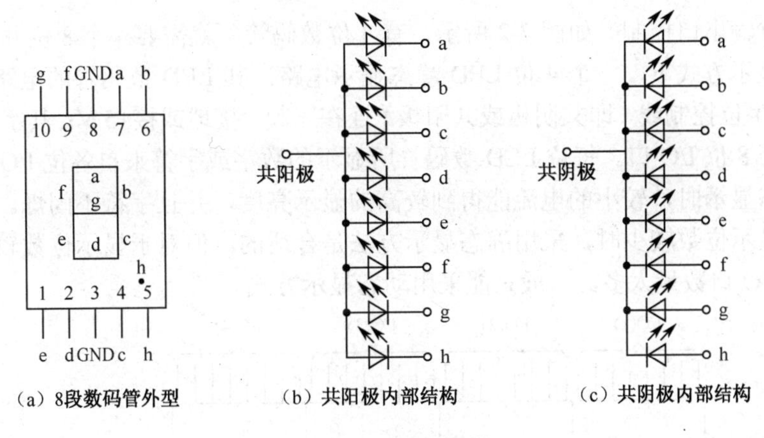

（a）8段数码管外型　（b）共阳极内部结构　（c）共阴极内部结构

图 7-1　LED 数码管

3．数码管字型编码

要显示各种数字或字符，只需要将不同高低的电平信号送往不同的发光二极管将其点亮即可。这些用来控制 LED 显示的不同电平组合的代码称为字符的字段码(也称为字形码)。共阴极显示器与共阳极显示器的字段码是逻辑非的关系。字段码的编码顺序与 LED 显示器字段的关系，见表 7-1。LED 显示器显示的数字和字符与字段码的对应关系，见表 7-2。

表 7-1　字段码和字段

字 段 码	D7	D6	D5	D4	D3	D2	D1	D0
LED 字段	h	g	f	e	d	c	b	a

表 7-2　8 段 LED 显示器字段码

显 示 字 符	共阴极代码	共阳极代码	显 示 字 符	共阴极代码	共阳极代码
0	3FH	C0H	9	6FH	90H
1	06H	F9H	A	77H	88H
2	5BH	A4H	B	7CH	83H
3	4FH	B0H	C	39H	C6H
4	66H	99H	D	5EH	A1H
5	6DH	92H	E	79H	86H
6	7DH	82H	F	71H	84H
7	07H	F8H	灭	00H	FFH
8	7FH	80H			

7.1.2　LED 数码管的控制方式

LED 数码管有静态显示控制和动态显示控制两种方法。

1．静态显示控制

静态显示控制下，一位 LED 数码管与单片机的一个 I/O 口相连接可输出某数字或字符，但这一位数码管的字段控制线和字段码是独立的。在此显示方式下显示一位数字或字符就需要一个8位输出口控制。如图7-2所示，有4位数码管，就需要4个8位并行输出口。

在静态显示方式下，一个4位LED静态显示电路，其LED数码管的电路连接方法是每位LED的字位控制线（即共阴极或共阳极）连在一起，接地或接+5 V；其字段码（a～h）分别接到一个8位I/O口。每位LED数码管所显示的数字或字符来自各位I/O口所传送的字段码。静态显示时，较小的电流能得到较高的显示亮度，并且字符不闪烁。在应用系统设计时，当显示位数较少时，采用静态显示方法是合适的。但对于显示位数较多时，静态显示所需的I/O口数量太多，一般只能采用动态显示方式。

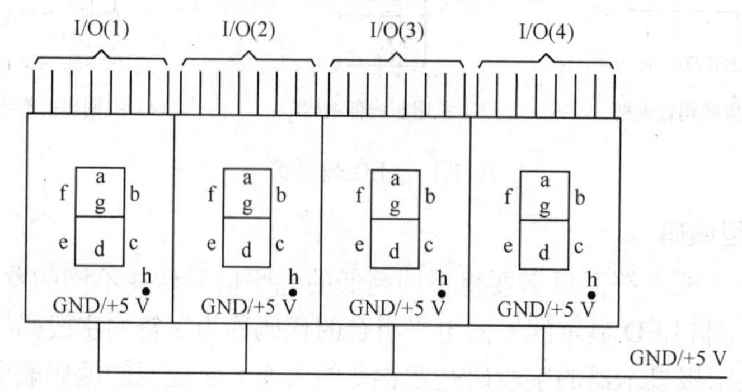

图7-2　四位LED静态显示

2．动态显示控制

动态显示控制就是采用扫描的方法将多个 LED 数码管逐个点亮，对于某一数码管来说，每隔一段时间点亮一次，利用人眼的视觉暂留效应可以看到动态的整个显示，但必须保证有足够快的扫描速度，才能使字符不闪烁。

3．动态显示原理

以动态方式显示时，各位数码管分时轮流选通。即在某一时刻只选通一位数码管，并送出相应的段码，在另一时刻选通另一位数码管，并送出相应的段码。依此规律循环，即可使各位数码管显示出各自的数字或字符，虽然这些数字或字符是在不同的时刻分别被显示出来的，但由于人眼存在视觉暂留效应，因此只要每位显示间隔足够短就可以给人以同时显示的感觉。

4．显示扫描时间

数码管的亮度即与各二极管的导通电流有关，也与点亮的持续时间和间隔时间的比值有关。合理地选择二极管的导通电流和扫描时间参数，可以得到亮度较高且较稳定的显示效果。采用动态显示应注意，一是软件资源能够容忍程序进行不停的刷新，二是其扫描频率，扫描频率过高，往往显示的亮度偏低，扫描频率过低，特别是低于25 Hz时，人眼就有闪烁的感觉。

5．8位动态显示电路

若数码管的位数不超过8位时，则控制数码管各位公共极电位只需一个8位输出口（称为字位数据口或扫描口），控制数码管各位显示字形的字段码输出口也只需要一个8位输出口（称为字段数据口）即可。如图图7-3所示为8位LED动态显示方式。

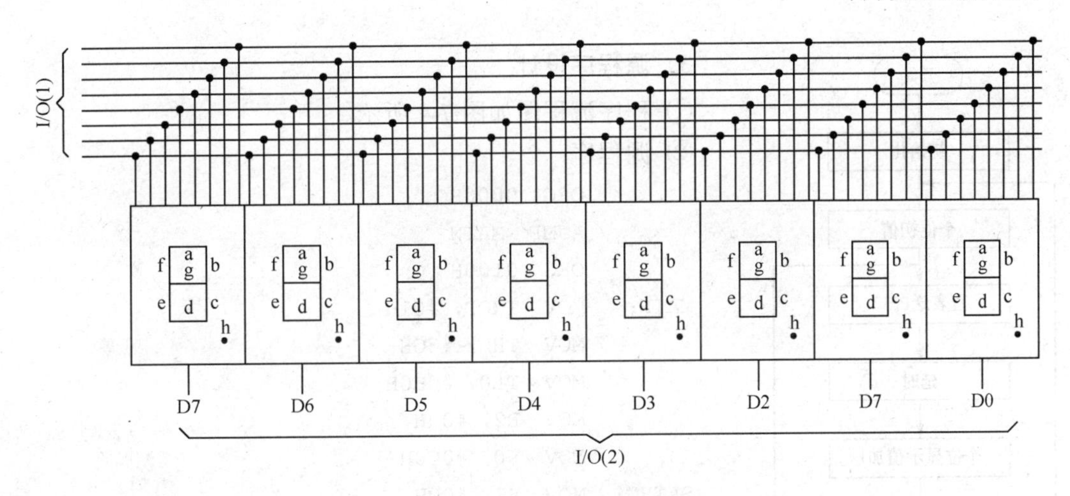

图 7-3　8 位动态显示方式

7.2　基于 Proteus 的 LED 显示器与接口电路设计

通过 Proteus 仿真实例掌握单片机与 LED 显示器的电路设计，掌握 LED 显示器与接口电路的编程方法。

7.2.1　基于 Proteus 的电子秒表电路设计

1．设计任务

采用两位 LED 数码管和单片机定时/计数器设计一个秒表显示电路，显示时间从 0 开始，每隔 1 s 显示时间加 1，秒值到 99 后自动清 0，依次循环显示。

2．设计思路

（1）电路设计

在硬件上采用单片机的 P2 口输出个位、P0 口输出十位，两个 I/O 口经限流电阻后将输出数据送到两个共阳极的 LED 数码管。打开 Proteus 的 ISIS，通过对象选择器按钮，从元件库中选择如下元器件：AT89C51（单片机）、RES（电阻）、CAP（电容）、CAP-ELEC（电解电容）、BUTTON（按键开关）、CRYSTAL（晶振）、RESPACK-8（上拉电阻）、RX8（限流排阻）、7SEG-COM-AN-GRN（绿色共阳数码管），并置入对象选择器窗口。然后将选择的元器件、电源和地线放置在编辑窗口中，连接电路如图 7-5 所示。

（2）编程思路

系统采用 12 MHz 晶振，定时/计数器 T0 工作在模式 1，定时时间为 1 s。利用查表编程结构每隔 1 s 送出两位显示值，首先送出当前个位值，然后加 1 再判断为 10 吗？不为 10 将继续；否则十位加 1 并判断为 10 吗？如此循环，从而实现秒值的输出。定时/计数器的计数值可选择定时时间为 50 ms，再循环 20 次。确定定时器 T0 的初值为

$$X=M-\text{计数值}=65536-50000=15536=3CB0H$$

即 TH0=3CH，TL0=B0H，又因采用方式 1 定时，故 TMOD=01H。

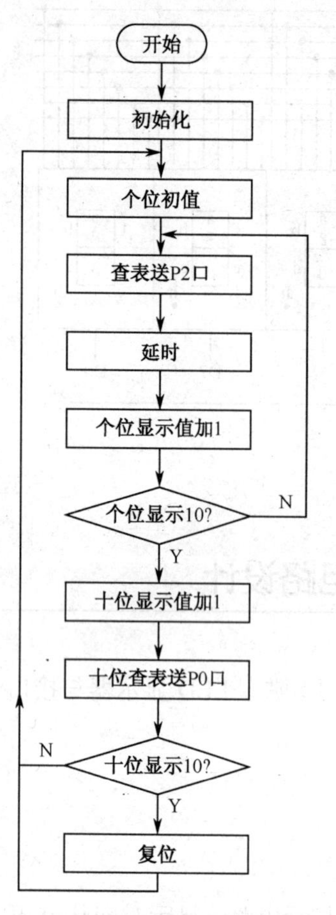

图 7-4　程序流程图

3. 源程序设计

① 程序流程图如图 7-4 所示。

② 源程序：

```
          ORG  0000H
          AJMP  MAIN
          ORG  0100H
MAIN:     MOV  TMOD, #01H
          MOV  TH0, #3CH
          MOV  TL0, #0B0H
          MOV  R2, #00H
          MOV  P0, #0C0H
SATRT:    MOV  R1, #00H
          MOV  DPTR, #TAB
DISP:     MOV  A, R1
          MOVC  A, @A+DPTR
          MOV  P2, A
          LCALL  DEALY1S
          INC  R1
          CJNE  R1, #10, DISP
          MOV  R1, #00H
          INC  R2
          MOV  A, R2
          MOVC  A, @A+DPTR
          MOV  P0, A
          CJNE  R2, #10, SATRT
          MOV  R2, #00H
          MOV  P0, #0C0H
          LCALL  SATRT
TAB:      DB 0C0H, 0F9H, 0A4H, 0B0H, 99H, 92H, 82H, 0F8H
          DB 80H, 90H
DEALY1S:
          MOV  R3, #14H
          SETB  TR0
LP1:      JBC  TF0, LP2
          SJMP  LP1
LP2:      MOV  TH0, #3CH
          MOV  TL0, #0B0H
          DJNZ  R3, LP1
          RET
          END
```

4. 编译与文件加载

将编写的程序添加到 Proteus 自带的编译器中，对其进行编译，生成 hex 文件。

5．电路仿真

单击“运行”按钮，启动系统仿真，观察仿真结果，仿真电路如图 7-5 所示。此时电路显示值为 28 s。

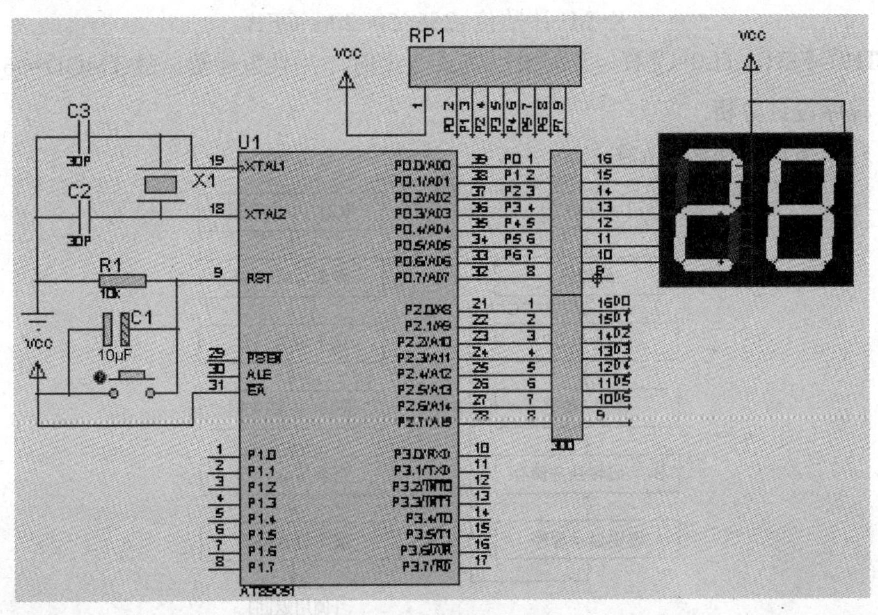

图 7-5　电子秒表电路

6．动手与思考

① 在程序设计中，改变哪条指令数据，使电路实现 60 s 的显示功能？

② 若采用阴极数码管，电路和程序又如何设计？

7.2.2　基于 Proteus 的脉冲计数电路设计

1．设计任务

用两位数码管对外部脉冲信号进行计数，计数值最大为 50，计满后又从 0 开始。要求采用动态扫描的方法，编程实现端口数据的显示。

2．设计思路

（1）电路设计

在硬件电路设计中，用 P3.4 端口接计数开关，开关的通断产生模拟外部脉冲信号，P0 口接限流排阻连接到两位一体的共阳极数码管，用 P3.0 和 P3.1 端口控制数码管的位选，实现动态扫描。打开 Proteus 的 ISIS，通过对象选择器按钮，从元件库中选择如下元器件：AT89C51（单片机）、RES（电阻）、CAP（电容）、CAP-ELEC（电解电容）、BUTTON（按键开关）、CRYSTAL（晶振）、RESPACK-8（上拉电阻）、RX8（限流排阻）、2N4125（三极管）、7SEG-MPX2-CA-BLUE（共阳极数码管），并置入对象选择器窗口。然后将选择的元器件、电源和地线放置在编辑窗口中，连接电路如图 7-7 所示。

（2）编程思路

利用单片机内部计数器的功能，对外部脉冲信号计数，先将计数器初值设为 0，然后开启计数器。用30 H单元存放定时器0的计数值，然后将30 H的值转换成BCD吗，百位存放在20 H单元，十位存放在21H单元，个位存放在22 H单元，由于仅显示两位数，百位可不考滤。接着将21 H或22 H单元值作为查表的变址，取出对应的值送到数码管显示。

X=M−计数值=256−50=206=CEH

即TH0=FFH，TL0=CEH，又因采用方式2定时，并且为计数，故TMOD=06 H。

3．程序设计分析

① 程序流程图如图7-6所示。

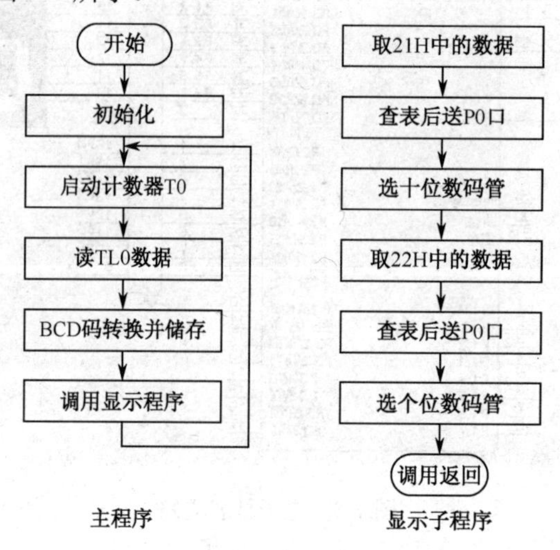

图7-6　程序流程图

② 源程序：

```
        ORG 0000H
        SJMP MAIN
MAIN:
        MOV TMOD，#06H          ；定时器T0/计数方式/方式2
        MOV TH0，#0FFH          ；送初值
        MOV TL0，#0CDH
        SETB EA
        MOV P0，#0FFH
        SETB TR0                ；启动T0，准备计数
ST:
        MOV A，TL0              ；T0的低8位送累加器A
        SUBB A，#0CDH
        MOV 30H，A
        LCALL BTOD
        LCALL DISP
        JBC  TF0，MAIN
        SJMP ST
BTOD:                           ；BCD码转换程序
        MOV A，30H
```

```
        MOV B，#100
        DIV AB
        MOV 20H，A              ；百位送 20H 单元
        MOV A，B
        MOV B，#10
        DIV AB
        MOV 21H，A              ；十位送 21H 单元
        MOV 22H，B              ；个位送 22H 单元
        RET
DISP:
        MOV DPTR，#TAB          ；定义首表址
        MOV A，21H
        MOVC A，@A+DPTR         ；取数送 A
        MOV P0，A
        CLR P3.0                ；选通十位数码管
        LCALL DELAY             ；延时
        SETB P3.0
        MOV A，22H
        MOVC A，@A+DPTR
        MOV P0，A
        CLR P3.1                ；选通个位数码管
        LCALL DELAY
        SETB P3.1
        RET
DELAY:
        MOV R7，#20
D00:    MOV R6，#100
D11:    DJNZ R6，D11
        DJNZ R7，D00
        RET
TAB:    DB 0C0H，0F9H，0A4H，0B0H，99H，92H，82H，0F8H
        DB 80H，90H，88H，83H，0C6H，0A1H，86H，8EH
        END
```

4．编译与文件加载

将编写的程序添加到 Proteus 自带的编译器中，对其进行编译，生成 hex 文件。

5．电路仿真

单击“运行”按钮，启动系统仿真，观察仿真结果，仿真电路如图 7-7 所示。此时电路计数的显示值为 28 计数值。

6．动手与思考

① 请分析静态与动态显示的优缺点。

② 为计数器电路增加清 0 和计满报警功能，硬件和软件如何设计？

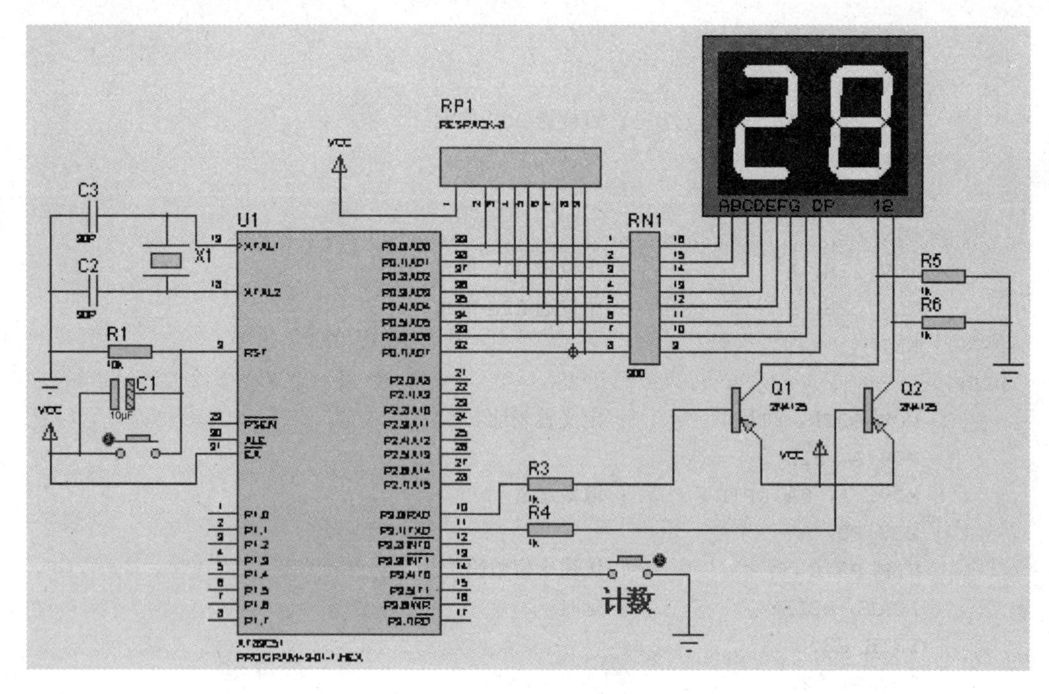

图 7-7　脉冲计数电路

7.2.3　基于 Proteus 的篮球竞赛 24 s 定时器电路设计与仿真

1．设计任务

设计篮球竞赛 24 s 定时器电路，用两位 LED 数码管动态扫描显示，具有启动、暂停、清零功能，定时器从 24 s 开始倒计时，当显示时间为 0 时发出警示声。

2．设计思路

（1）电路设计

硬件电路由 98C51 单片机、两位一体共阴极数码管、74HC245 驱动电路等组成。其中，74HC245 是总线驱动器，典型的 TTL 型三态缓冲门电路。秒值由 P2 口输出，经驱动器和限流排阻送到数码管的字段码引脚，由 P3.0 和 P3.1 接数码管的位选通引脚。用 3 个按键开关实现启动、暂停、清零，并外接讯响器报警等功能。打开 Proteus 的 ISIS，通过对象选择器按钮，从元件库中选择如下元器件：AT89C51（单片机）、RES（电阻）、CAP（电容）、CAP-ELEC（电解电容）、BUTTON（按键开关）、CRYSTAL（晶振）、74HC245（集成电路）、RX8（限流排阻）、7SEG-MPX2-CA-BLUE（共阳数码管），并置入对象选择器窗口。然后将选择的元器件、电源和地线放置在编辑窗口中，连接电路如图 7-9 所示。

（2）编程思路

利用单片机内部计数器的功能，先将计数器初值设为 24 s，当启动计数器 T0 后调用显示程序，显示程序将存放秒值转变为 BCD 码，十位存放在 20 H 单元，个位存放在 21 H 单元，然后用查表指令取出相应的段码数据，分别送到对应的数码管显示。显示时间为 1 s 后返回主程序。接着主程序减 1 并判断显示值为 0？不为 0 继续调用显示程序，为 0 则显示 0 并报警。

3．程序设计与分析

① 程序流程图如图 7-8 所示。

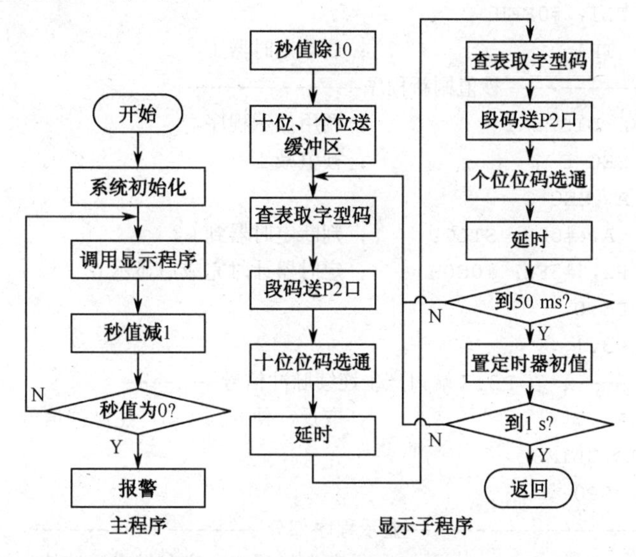

图 7-8　程序流程图

② 源程序：

```
        SEC_A  EQU 20H              ；秒十位显示缓冲区
        SEC_B  EQU 21H              ；秒个位显示缓冲区
        SEC_C  EQU 22H              ；秒初值单元
        ORG  0000H
        AJMP  MAIN                  ；跳转主程序
        ORG  0003H                  ；外部中断 0
        AJMP  KE2                   ；暂停
        ORG  001BH                  ；定时器 1 中断
        AJMP  KE3                   ；清 0
        ORG  0013H                  ；外部中断 1
        AJMP  KE1                   ；启动
        ORG  0100H
MAIN:   ；--------主程序及初始化部分--------
        MOV  SP，#60H               ；定义堆栈指针置初值
        SETB  EA                    ；打开总中断允许
        SETB  EX0                   ；外部中断 0 允许
        SETB  EX1                   ；外部中断 1 允许
        SETB  ET1                   ；定时器 1 中断允许
        CLR  IT0                    ；外部中断 0 电平触发方式
        CLR  IT1                    ；外部中断 1 电平触发方式
        MOV  TMOD，#61H             ；置 T1 方式 2 计数，T0 方式 1 定时
        MOV  TH0，#3CH              ；T0 置初值
        MOV  TL0，#0B0H
        MOV  SEC_C，#24          ；   定时初值
```

```
        MOV  R3, #14H               ; 50 ms 计数单元置初值，即循环次数
        MOV  TH1, #0FFH             ; T1 置初值
        MOV  TL1, #0FFH
        SETB  TR1                   ; 启动定时器 1
STLOP:  ; ------------秒值刷新程序-------------
        ACALL  DISPLAY              ; 调用显示程序
        DEC  SEC_C                  ; 秒值减 1
        MOV  A, SEC_C
        CJNE  A, #00H, STLOP        ; 判断定时器到 0?
        MOV  P2, #3FH; #0C0H        ; 定时器计时完成后显示 0
        CLR  P3.0
        CLR  P3.1
LP0:    ; ---------在 P3.7 端口产生连续脉冲信号-------
        CPL  P3.7                   ; 取反，使 P3.7 口产生脉冲信号
        LCALL  DL1MS
        SJMP  LP0
        ; -------------------显示程序部分-----------------
DISPLAY:                            ; 码制转换（二进制转成压缩的 BCD 码）
        MOV  B, #10
        MOV  A, SEC_C
        DIV  AB                     ; 秒单元内容除以 10
        MOV  SEC_A, A               ; 秒十位送显示缓冲区
        MOV  SEC_B, B               ; 秒个位送显示缓冲区
        MOV  DPTR, #TAB             ; 指向字形表首址
LP1:
        MOV  A, SEC_A               ; 秒的十位送 A
        MOVC  A, @A+DPTR            ; 查表取得字形码
        MOV  P2, A                  ; 段码送 P2 口
        CLR  P3.0                   ; P3.0 口置低电平，十位位码选通
        LCALL  DL1MS                ; 调用延时子程序
        SETB  P3.0                  ; 关闭十位
        MOV  A, SEC_B               ; 秒的个位送 A
        MOVC  A, @A+DPTR            ; 查表取得字形码
        MOV  P2, A                  ; 段码送 P2 口
        CLR  P3.1                   ; P3.0 口置低电平，个位位码选通
        LCALL  DL1MS
        SETB  P3.1
        JBC  TF0, LP2               ; 判断定时器 0 是否溢出？溢出则转，否则顺序执行
        LJMP  LP1
LP2:    ; -------------定时器 T0, 50 ms 溢出后重新赋值---------
        MOV  TH0, #3CH              ; T0 重装初值
        MOV  TL0, #0B0H
        DJNZ  R3, LP1               ; 判断 R3=0? 不为 0 则转
        MOV  R3, #14H               ; 定时器 T0 定时 1 s 后，R3 重装初值
```

```
        RET
KE1:    ; -------按 K1 键 INT1 中断服务程序------启动
        SETB  TR0                 ; 启动定时器 T0
        RETI                      ; 中断返回
KE2:    ; -------按 K2 键 INT1 中断服务程序------暂停
        CLR  TR0                  ; 停止定时器 T0
        RETI
KE3:    ; -------按 K3 键 INT0 中断服务程序------清 0
        MOV  SEC_C, #25           ; 重新置定时器初值
        MOV  SEC_A, #00H          ; 秒十位显示缓冲区清 0
        MOV  SEC_B, #00H          ; 秒个位显示缓冲区清 0
        RETI
DL1MS:  ; --------1MS 延时子程序   使每位数码管显示的停留时间为 1 ms-----
        MOV  R6, #14H
DL1:    MOV  R7, #19H
DL2:    DJNZ  R7, DL2
        DJNZ  R6, DL1
        RET
TAB:    DB 3FH, 06H, 5BH, 4FH, 66H, 6DH, 7DH, 07H
        DB 7FH, 6FH
        END                       ; 程序结束
```

4．编译与文件加载

将编写的程序添加到 Proteus 自带的编译器中，对其进行编译，生成 hex 文件。

5．电路仿真

单击“运行”按钮，启动系统仿真，观察仿真结果，仿真电路如图 7-9 所示。此时电路计数的显示值为 24 s。

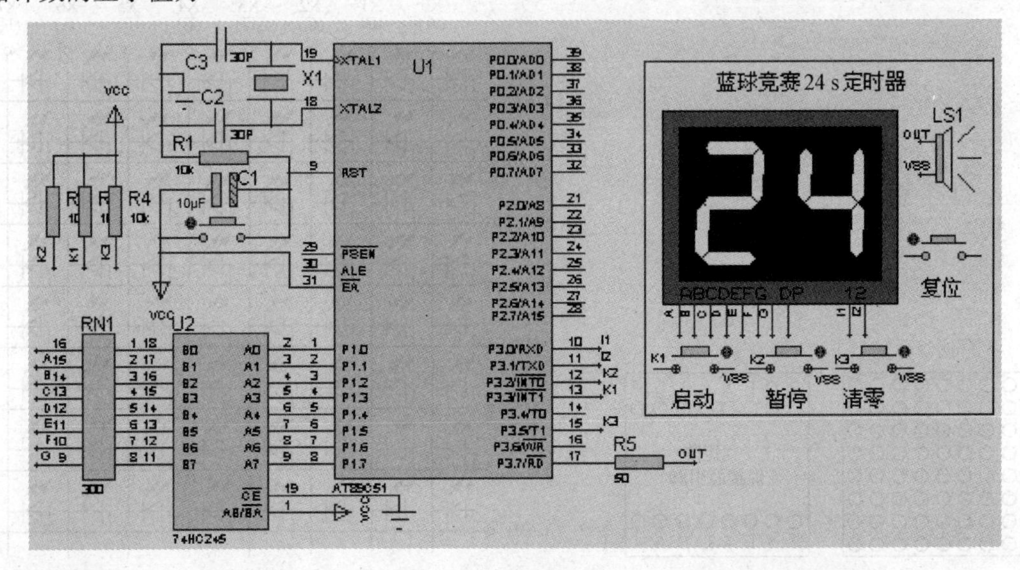

图 7-9　24 s 定时器电路

6．动手与思考

① 动手改变定时器/计数器，在 99 s 范围内任意确定一个定时时间，运行程序，观察结果。

② 修改硬件电路和编程软件，实现增加零点几秒的显示。

7.3　点阵式 LED 显示器与接口技术

无论是单个 LED（发光二极管）还是 LED 7 段显示器（数码管），都不能显示字符（含汉字）及更为复杂的图形信息，主要原因是它们没有足够的信息显示单位。点阵式 LED 显示屏是利用发光二极管构成的点阵模块或像素单元组成可变面积的显示屏幕，它将很多的 LED 按矩阵方式排列在一起，通过对各 LED 发光与不发光的控制来完成各种字符或图形的显示。LED 点阵显示是一种平板式信息显示媒体，在信息显示领域得到了广泛的应用。

应用点阵显示器实际上就是将小块的点阵组合成设计所需的大小、形状和颜色，再用单片机控制实现各种文字或图形的变化，从而达到广告宣传或提示的目的。

7.3.1　点阵 LED 结构及原理

点阵 LED 显示器按大小分为很多种，最常见的有 5×7（5 列×7 行）、7×9、8×8、16×16 等结构，前两种主要用于显示各种西文字符，后一种可作为大型电子显示屏的基本组建单元。

1．8×8 点阵 LED 简介

8×8 点阵 LED 的外观及引脚图如图 7-10 所示，其等效电路图如图 7-11 所示。在图 7-11 中，只要各 LED 处于正偏（Y 方向为 1，X 方向为 0），则该 LED 发光。如 Y7（0）=1，X7（H）=0，则其对应的右下角的 LED 会发光。各 LED 还需接上限流电阻，实际应用时，限流电阻既可接 X 轴，也可接 Y 轴。

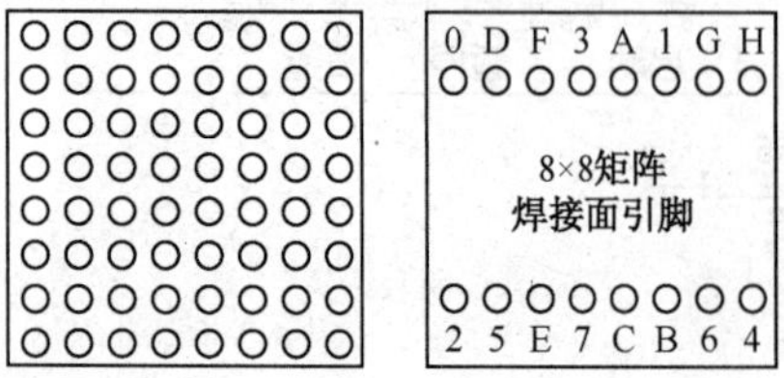

0 D F 3 A 1 G H
8×8矩阵
焊接面引脚
2 5 E 7 C B 6 4

图 7-10　8×8 点阵 LED 外观及引脚图

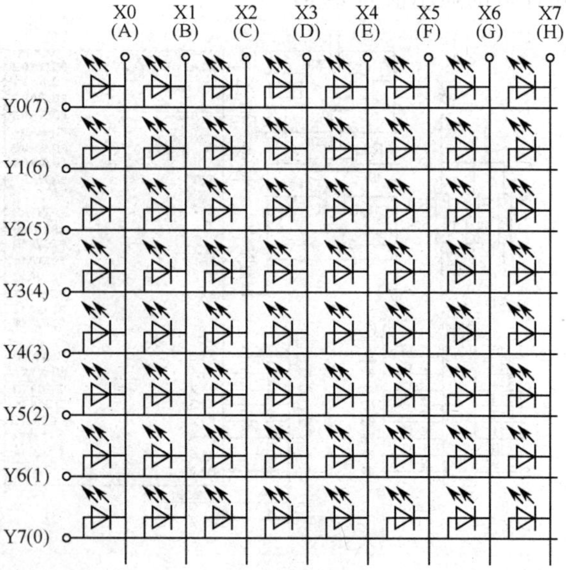

X0 (A)　X1 (B)　X2 (C)　X3 (D)　X4 (E)　X5 (F)　X6 (G)　X7 (H)
Y0(7)　Y1(6)　Y2(5)　Y3(4)　Y4(3)　Y5(2)　Y6(1)　Y7(0)

图 7-11　8×8 点阵 LED 等效电路

2. 点阵 LED 显示方式

LED 大屏幕显示可分为静态显示方式和动态扫描显示方式两种。

静态显示方式的特点：程序结构简单，但占 I/O 口和驱动电路较多，难以实现大面积显示。

动态扫描显示方式的特点：采用多路复用技术，减少 I/O 口和驱动电路的使用，可以方便扩展显示面积，但程序结构较为复杂。

实际运用的扫描式显示方式有行扫描和列扫描。行扫描就是任意时刻只有一行的 LED 可以点亮，每间隔相等时间扫描到相继的下一行的 LED 点亮显示。列扫描就是任意时刻只有一列的 LED 可以点亮，每间隔相等时间扫描到相继的下一列的 LED 点亮显示。

如果要使点阵中阴极全为低电平，阳极的第 3 引脚为高电平，则这一行全亮，如图 7-12 所示。

若使阴极的第 4 引脚为低电平，阳极全为高电平，此时这一列发光二极管全亮，如图 7-13 所示。

现以 8×8 点阵 LED 为例，分析其显示原理。若在点阵中显示一个数字（10 字样），如图 7-14 所示，应如何设定点阵的阴极和阳极电平，从而显示出完整的数字？

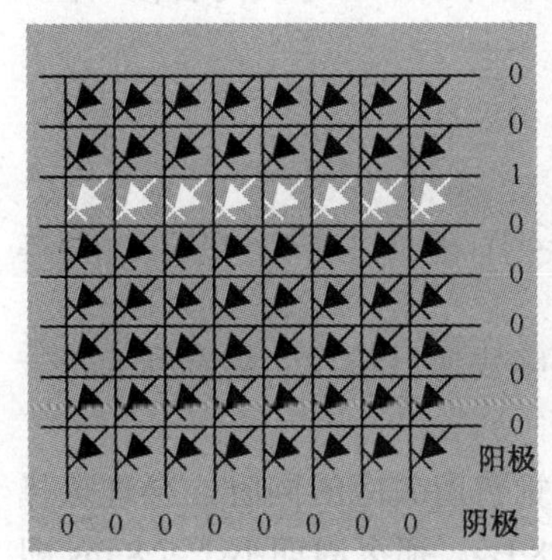

图 7-12　一行全亮显示图

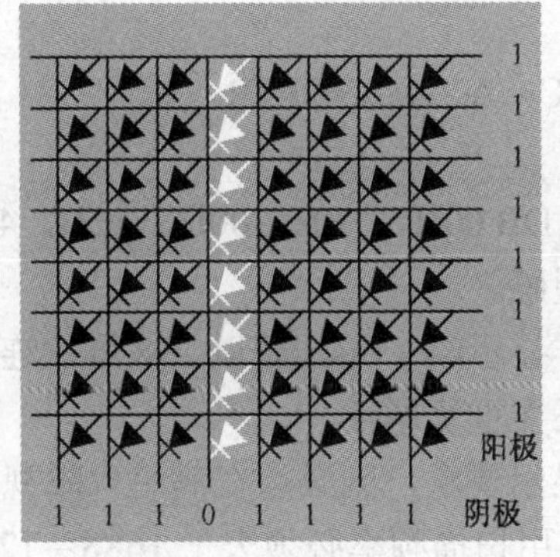

图 7-13　一列全亮显示图

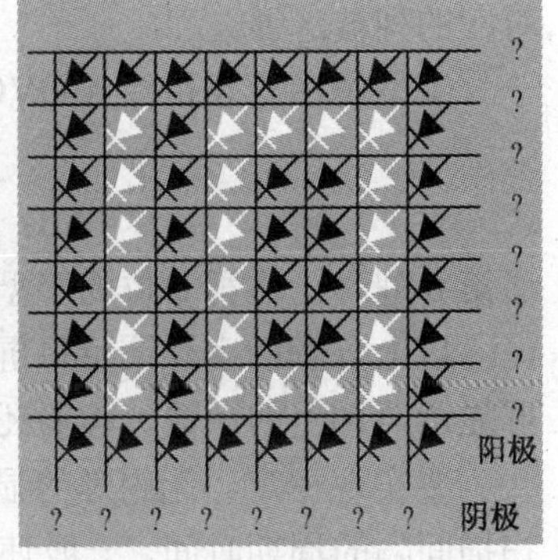

图 7-14　显示“10”字样图

显然，要在点阵中同一时间显示出 10 的字样是不可能实现的。因此必须采用行列扫描与刷新技术，即首先将字样分解出一幅一幅的图形，再由若干个分解的字样图分别显示出来，只要控制各个图的显示速度，并利用人眼的视觉特性，就能将若干的分解字样图看成一个完整的字样图，实际上是由若干个分解字样图叠加而成的。例如，显示 10 的字样是由 8 屏（其中有 3 屏没有显示任何图样）分解的字样图叠加后才能显示出来的。当然这 8 幅分解字样图要不断循环显示才能稳定地识别出。

在利用单片机控制 LED 显示中，通常用 I/O 口控制列扫描（LED 阴极）和行扫描（阳极），其中，列扫描作为列选通信号，行扫描作为行字型码。如，对某位的列选通时将对应的字型码送到该列显示，显示该列一定时间后，紧接着选通下列及送下一列字型码，依此类推。通常在扫描过程中，每一列都要被选通及送字型码。在 8×8 点阵中，需要对列扫描 8 次和送 8 次的字型码，不同的字型码可得到不同的字样。

例如，8×8 点阵 LED“10”字样分解图如图 7-15 所示。用单片机的 P2 口作为列选通信号，P0 口作为字型码的输出信号，实现过程如下。

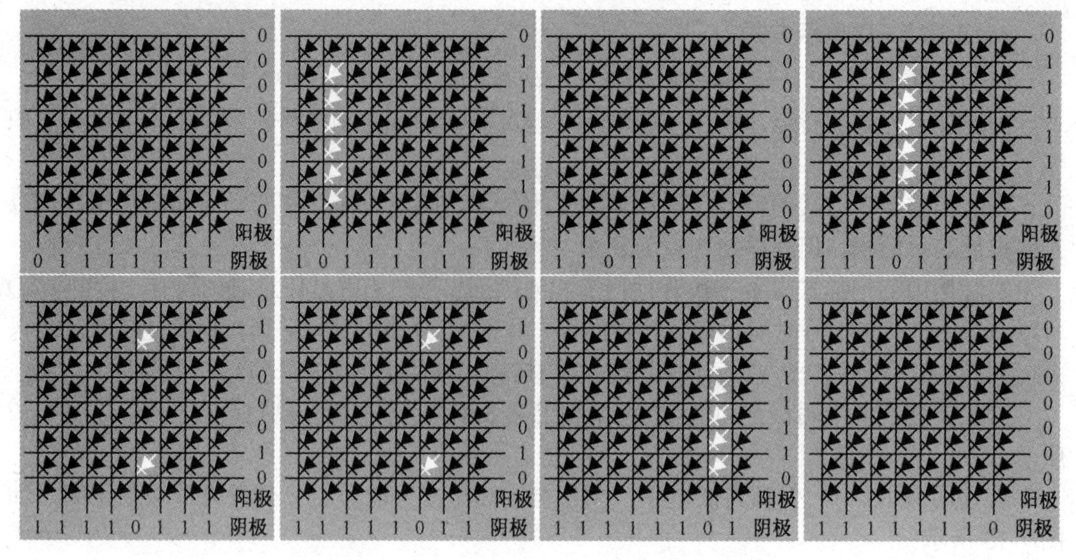

图 7-15　8×8 点阵 LED“10”字样分解图

列扫描用位移 RR 指令，从“01111111”到“11111110”循环。“0”每次向右移一位，对应的列被选通。

字型码用查表指令 MOVC　A，@A+DPTR

⋮

TAB：DB 00H，7EH，00H，7EH，42H，42H，7EH，00H ；在选通第 n 列时，送第 n 位的字型码。

以上分解的字样图形每屏显示约 1 ms，若以上 8 屏次连续快速显示我们将看到的是一屏显示“10”的图像，然后还要重复循环。

要实现稳定、无闪烁的显示要求，则必须在满足人眼视觉暂留效应的同时，合理选择扫描间隔的周期时间。一般使用扫描频率必须大于 16×8＝128 Hz，那么周期小于 7.8 ms 即可符合视觉暂留要求。

而要实现亮度高的显示要求，则必须根据点阵 LED 显示器中单体 LED 的正向压降大小情况来合理设置驱动的电流大小。通常多数点阵 LED 显示器单体 LED 的正向压降为 2 V 左右。因此，为了增加亮度，必要时可外加驱动电路以便提高电流，一行或一列驱动的平均电流应当限制在 20 mA 以内。

7.3.2　8051 与 LED 大屏幕显示器的接口技术

1．8×8 点阵 LED 大屏幕显示电路

以单片机为控制芯片，P2 口输出列选通扫描信号，P0 口经 74LS245 驱动电路送出字型码与 8×8 点阵 LED 的行扫描连接。如图 7-16 所示的电路连接方法是最简便的方法之一，可用动态显示编程。

2．16×16 点阵 LED 大屏幕显示电路

16×16 点阵 LED 大屏幕显示电路由单片机控制芯片、74LS245 驱动电路、74154 译码器电路、显示电路四部分组成。16×16 点阵 LED 大屏幕显示器电路如图 7-17 所示。

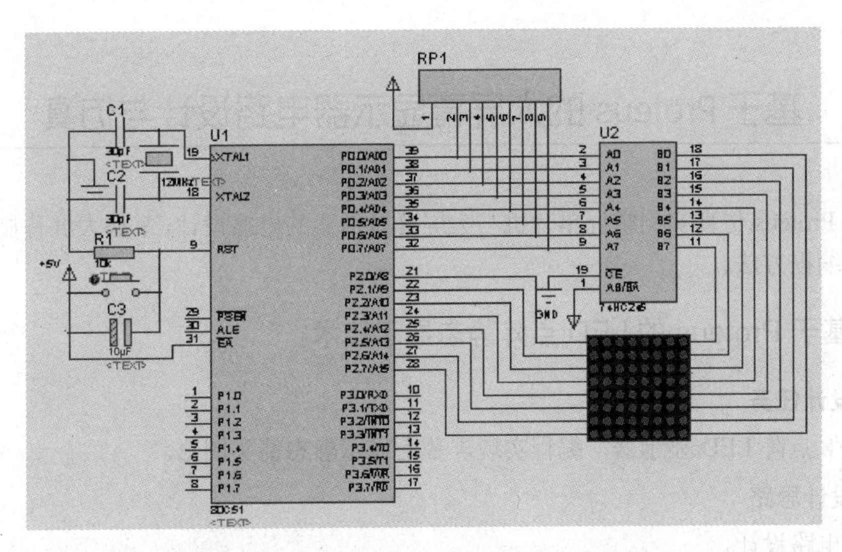

图 7-16　8×8 点阵 LED 大屏幕显示器的应用

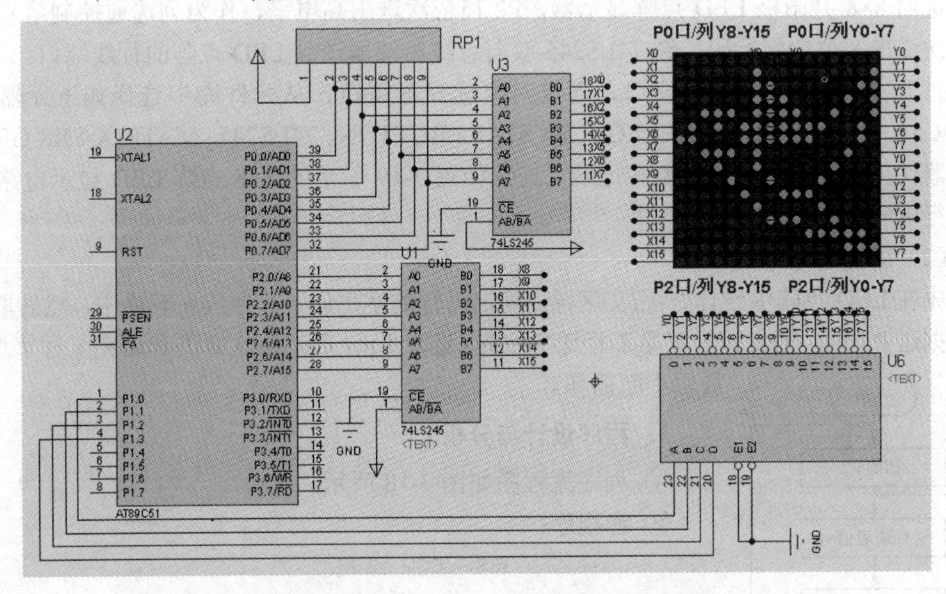

图 7-17　16×16 点阵 LED 大屏幕显示器电路图

74HC154 是 4 线—16 线译码器，可以实现地址的扩展。74HC154 以 4 位有效二进制地址输入，并提供 16 个互斥的低有效位输出。在本电路中 P1 口作为 4 位可编程的列扫描信号，经 74HC154 译码器扩展成 16 位，向 16×16 点阵 LED 提供列扫描选通信号。

74LS245 为驱动电路，单片机的 P0、P2 口分别送出行字型码，经 74LS245 驱动电路与 16×16 点阵 LED 的行扫描连接。

16×16 点阵 LED 的基本显示原理为：编程实现 P1 口对列扫描的控制作用，即先选通第一列，与此同时，P0、P2 口分别送出字型码，P0 口的字型码对应点阵的上半部分，P2 口的字型码对应点阵的下半部分，保留该列点亮一定时间，然后熄灭；然后选通下一列及送字型码，以此类推，当选通 16 列之后，又重新选通第一列，不断循环。当循环的速度足够快，由于人眼的视觉暂留现象，就能够看到显示屏上稳定的图形了。

7.4 基于 Proteus 的大屏幕显示器电路设计与仿真

通过 Proteus 仿真实例掌握单片机与大屏幕显示器的电路设计，掌握大屏幕显示器与接口电路的编程方法。

7.4.1 基于 Proteus 的 LED 点阵静态显示技术

1．设计任务

用 8×8 点阵 LED 显示器，编程实现屏幕上显示静态箭头图形。

2．设计思路

（1）电路设计

选用 8×8 共阳极 LED 点阵显示器，P2 口依次送出高电平，作为列选通控制信号；P0 口依次送出 8 位的字行码，经 74LS245 双向总线驱动器送到 LED 点阵的行线端口。

打开 Proteus 的 ISIS 窗口，通过对象选择器按钮，从元件库中选择如下元器件：AT89C51、RES、CAP、CAP-ELEC、CRYSTAL、BUTTON、74LS245、MATRIX-8X8-GREEN 等元器件。放置元器件、电源和地线，连线如图 7-19 所示的 8×8 点阵 LED 显示电路。最后进行电气规则检查。

（2）编程思路

先在 LED 点阵中设计好图/文字样，确定每行的字型码，并存放在表格中，然后取第 1 列数据送 P2 口，接着查表取第 1 行送 P0 口，延时 1 ms 后，依次 8 列和送完 8 行字型码，最后不断循环。

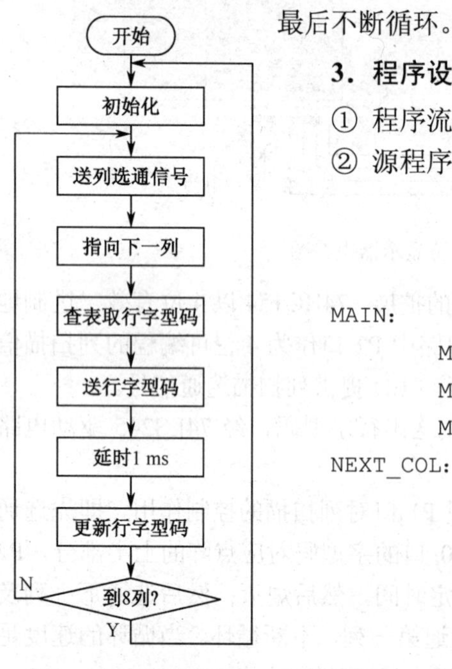

图 7-18　程序流程图

3．程序设计与分析

① 程序流程图如图 7-18 所示。

② 源程序：

```
            ROW  EQU  30H
            DOT  EQU  31H
            ORG  0000H
MAIN:       MOV  R2，#08H              ；列扫描次数
         MOV  DPTR，#TAB               ；定义首表地址
         MOV  DOT，#00H                ；定义行字型码初值
         MOV  ROW，#01H；#0FEH          ；送列扫描初值
NEXT_COL:   MOV  A，ROW
            MOV  P2，A                 ；送列选通信号
            RL  A                      ；指向下一列
            MOV  ROW，A
            MOV  A，DOT
            MOVC  A，@A+DPTR           ；查表取行字型码
            MOV  P0，A                 ；送行字型码
```

```
            LCALL  DELAY_1MS         ; 延时 1 ms
            INC  DOT                 ; 指向下一个行字型码
            DJNZ  R2, NEXT_COL       ; 不到 8 列继续
            SJMP MAIN
TAB:        DB 18H, 18H, 18H, 18H, 0FFH, 7EH, 3CH, 18H
DELAY_1MS:  MOV  R4, #250
D0:         NOP
            NOP
            DJNZ  R4, D0
            RET
            END
```

4．编译与文件加载

将编写的程序添加到 Proteus 自带的编译器中，对其进行编译，生成 hex 文件。

5．电路仿真

仿真电路如 7-19 所示，单击“运行”按钮，启动系统仿真，观察仿真结果。

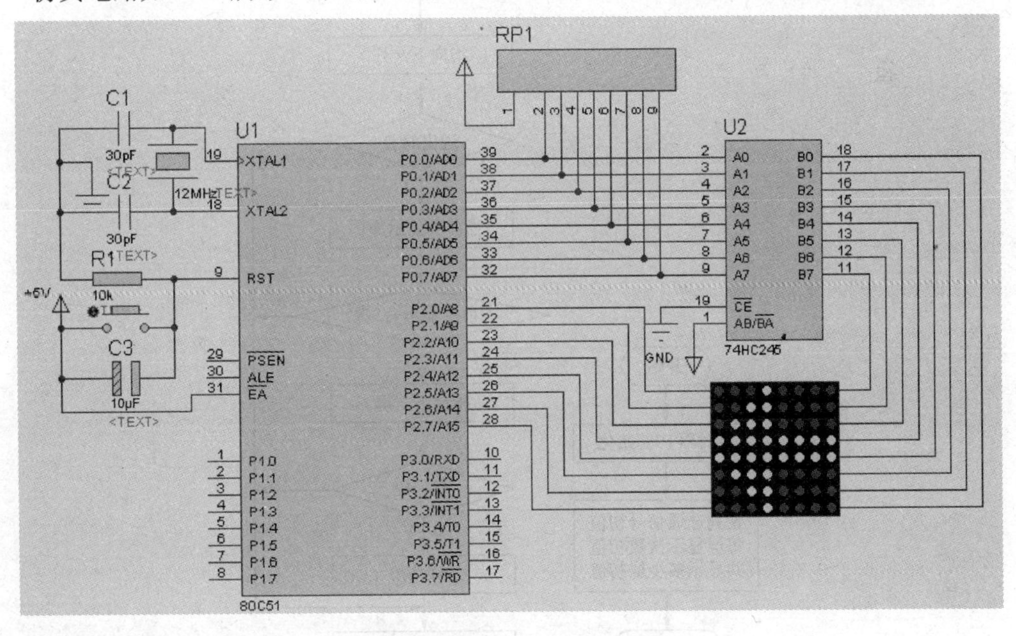

图 7-19　8×8 点阵 LED 显示电路

6．动手与思考

① 如何编程实现静态箭头图形向右显示？

② 请自行设计任意静态图形或数据显示在 LED 点阵屏上。

7.4.2　基于 Proteus 的 LED 点阵动态显示技术

1．设计任务

用 8×8 点阵 LED 显示器，编程实现屏幕上显示箭头从右向左移动的图形。

2．设计思路

（1）电路设计

硬件电路设计与7.4.1节介绍的设计相同。

（2）编程思路

先选通某一列，送对应的行字型码，再选通下一列，再送相对应的行字型码，判断一屏列扫描完了吗，否则继续。然后，为了保证图形的可视性，对这一屏图形不断显示N遍。之后对所显示的图形进行移动输出。每一列的显示时间由定时器T0决定。

3．程序设计分析

① 程序流程图如图7-20所示。

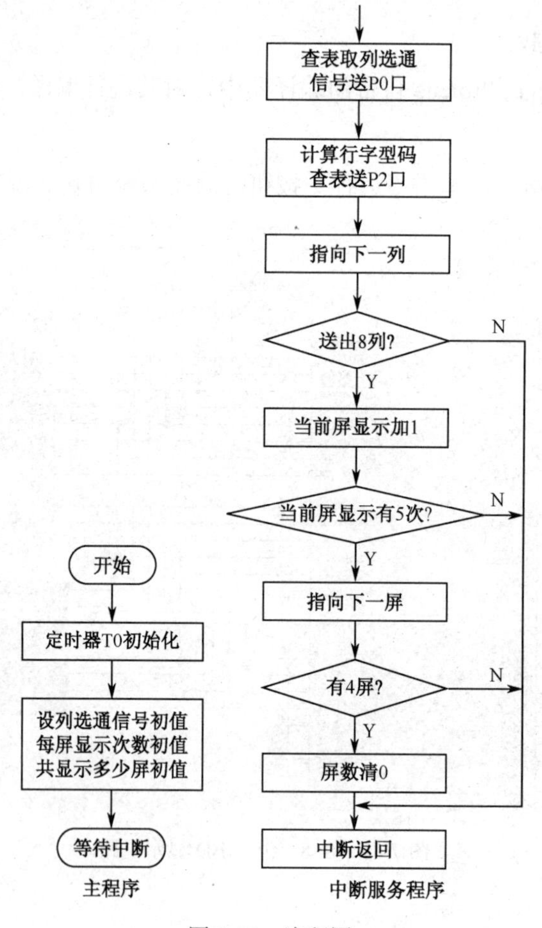

图7-20　流程图

② 源程序：

```
TIM  EQU  30H
ORG  00H
LJMP  START
ORG  0BH
LJMP  T0X                    ；中断入口
```

```
        ORG  0030H
START:                          ; 初始化
        MOV  TMOD, #01H         ; 定时器T0方式1
        MOV  TH0, #240
        MOV  TL0, #96
        SETB  ET0               ; 允许定时器T0产生中断
        SETB  EA                ; 总中断允许
        MOV  TIM, #00H
        MOV  R3, #00H
        MOV  R4, #00H
        SETB  TR0               ; 定时器T0启动
        SJMP  $                 ; 等待中断
T0X:
        MOV  TH0, #240          ; 重装初值
        MOV  TL0, #96
        MOV  DPTR, #TAB         ; 定义首表地址
        MOV  A, R3
        MOVC  A, @A+DPTR        ; 查表
        MOV  P0, A              ; 列选通信号送P0
        MOV  DPTR, #DIGIT
        MOV  A, R4
        ADD  A, R3              ; 计算并选择行字型码
        MOVC  A, @A+DPTR
        MOV  P2, A              ; 行字型码送P1
        INC  R3                 ; 指向下一列
        MOV  A, R3
        CJNE  A, #8, NEX        ; 选通完8列?
        MOV  R3, #00H
NEXT:   INC  TIM                ; 当前屏显示加1
        MOV  A, TIM
        CJNE  A, #5, NEX        ; 滚动速度/当前屏显示有5次?
        MOV  TIM, #00H
        INC  R4                 ; 指向下一屏
        MOV  A, R4
        CJNE  A, #32, NEX       ; DIGIT数据区数据显示范围(4屏×8位=32)
        MOV  R4, #00H
NEX:    RETI
TAB:    DB 07FH, 0BFH, 0DFH, 0EFH, 0F7H, 0FBH, 0FDH, 0FEH; 从左向右
DIGIT:  DB 00H, 00H, 00H, 00H, 00H, 00H, 00H, 00H
        DB 18H, 3CH, 7EH, 0FFH, 18H, 18H, 18H, 18H
        DB 00H, 00H, 00H, 00H, 00H, 00H, 00H, 00H
        DB 18H, 3CH, 7EH, 0FFH, 18H, 18H, 18H, 18H
        END
```

4．编译与文件加载

将编写的程序添加到 Proteus 自带的编译器中，对其进行编译，生成 hex 文件。

5．电路仿真

仿真电路如图 7-21 所示，单击“运行”按钮，启动系统仿真，观察仿真结果。图 7-21 为图形从右至左移动的画面，其实下面每一幅图形都是由 8 幅不同的图案所叠加而成的，下面所显示的图形，其行字型码取表地址 DIGIT 的 9～16 位。

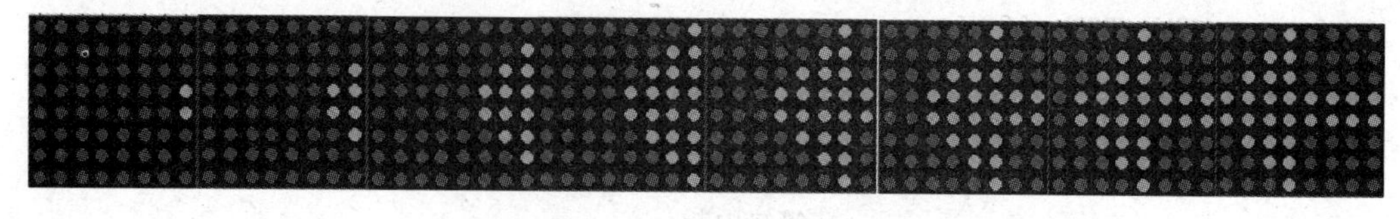

图 7-21　移动图形的形成过程

6．动手与思考

① 如何编程去改变动态箭头图形的移动速度和移动方向？

② 请自行设计在 8×8 点阵 LED 屏上以跳变的形式显示出 0～9 的数字。

7.5　LCD 液晶显示器与接口技术

液晶显示器（LCD）是一种功耗极低的显示器件，它广泛应用于便携式电子产品中，它不仅省电，而且具有体积小、显示内容丰富、超薄轻巧的诸多优点，在袖珍式仪表和低功耗应用系统中得到越来越广泛的应用。

7.5.1　LCD 显示原理及分类

1．LCD 显示原理

液晶显示屏是属于被动发光显示器件，屏幕本身的像素点并不能主动发光，它是靠调制外界光的光通量实现亮度控制的。

将液晶的分子放置在电场中间，改变电场的方向及强度，分子也会随同电场方向的改变产生扭曲。通过液晶分子的扭曲可以使通过的光线受到控制（通过、阻断）。

液晶显示器在上下玻璃电极之间封入向列型液晶材料，由于液晶的四壁效应，在定向膜的作用下，液晶分子在正、背玻璃电极上呈水平排列，但互相正交，而玻璃间的分子呈连续扭转过渡，这样的构造能使液晶对光产生旋光作用，使光的偏振方向旋转 90°。

当外部光线通过上偏振片后形成偏振光，偏振方向呈现垂直方向，此偏振光通过液晶材料后，被旋转 90°，偏振方向呈现水平方向，此方向恰与下偏振偏方向一致，因此此光能通过下偏振片，到达反射板，经反射后经原路返回，从而呈现透明状态。

当在液晶盒的上、下电极加上一定的电压后，电极部分的液晶分子转成垂直排列，从而失去了旋光性。因此，从上偏振片入射的偏振光不被旋转，当此偏振光到达下偏振片时，因其被下偏振片吸收，无法到达反射板形成反射，所以呈现黑色。根据需要，将电极做成各种文字、数字或点阵，就可以获得所需的各种显示。

2．LCD 显示器分类

通常可将 LCD 分为笔段型、字符型和点阵图形型。

① 笔段型。以长条状显示像素组成一位显示，主要用于数字显示、西文字母或某些字显示符。这种笔段型显示通常有 6 段、7 段、8 段、9 段、14 段和 16 段等，在形状上总是围绕数字“8”的结构而变化，其中以 7 段显示最常用，广泛用于电子表、数字仪表中。

② 字符型。是专门用来显示字母、数字、符号等的点阵型液晶显示模块。它是由若干个 5×8 或 5×11 点阵组成的，每一个点阵显示一个字符。这类模块广泛应用于手机、电子笔记本等电子设备中。

③ 点阵图形型。是指在一平板上排列多行和多列，形成矩阵形式的晶格点，点的大小可根据显示的清晰度来设计。这类液晶显示器可广泛用于图形显示，如游戏机、笔记本电脑和彩色电视等设备中。

按采光方式可分为自然采光、背光源采光 LCD。按 LCD 的显示驱动方式可分为静态驱动、动态驱动和双频驱动 LCD。按控制器的安装方式可分为含有控制器和不含控制器两类。

7.5.2 LCD 液晶显示模块

液晶显示器与控制常被封装成功能统一的模块，称为 LCD 模块，以方便用户开发和使用。本节以 1602LCD 液晶显示模块为内容，介绍 LCD 字符型的应用。

1．1602LCD 液晶显示模块主要参数与引脚功能

字符型液晶显示模块是 种专门用于显示字母、数字、符号等点阵的 LCD。1602LCD 液晶可以显示 2 行，每行 16 个字符。1602LCD 分为带背光和不带背光两种，其控制器大部分为 HD44780。

（1）LCD1602 主要技术参数

显示容量：16×2 个字符。

芯片工作电压：2.0 mA（5.0 V）。

模块最佳工作电压：5.0 V。

字符尺寸：2.95mm×4.35（W×H）mm。

（2）引脚分布

1602LCD 液晶显示共有 16 个引脚，其引脚分布如图 7-22 所示。

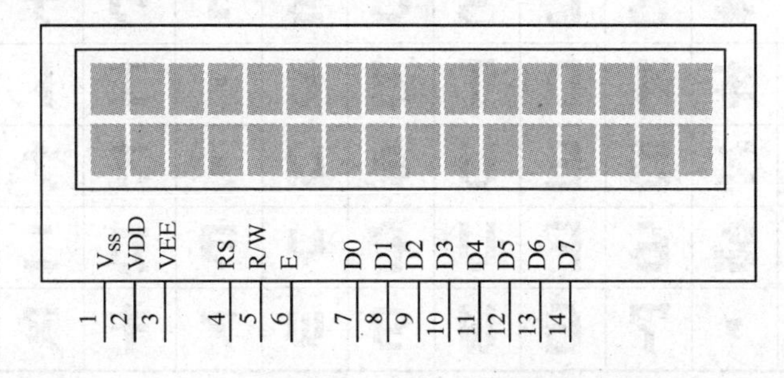

图 7-22　1620 LCD 液晶显示模块引脚图

（3）引脚功能

1602LCD 引脚功能见表 7-3。

表 7-3　1620LCD 引脚功能

编　号	符　号	引 脚 说 明	编　号	符　号	引 脚 说 明
1	V_{SS}	地电源	9	D2	Data I/O
2	VDD	液晶显示偏压信号	10	D3	Data I/O
3	VEE	0 输入指令，1 输入数据	11	D4	Data I/O
4	RS	0 写入指令或数据，1 读信息	12	D5	Data I/O
5	R/W	1 读取信息，1→0 写指令或数据	13	D6	Data I/O
6	E	Data I/O	14	D7	Data I/O
7	D0	Data I/O	15	BLA	背光源正极
8	D1	Data I/O	16	BLK	背光源负极

2．字符型液晶显示模块的电路组成

字符型液晶显示模块主要由 CGROM 字符产生器、CGRAM 字符产生器、DDRAM 显示数据存储器、状态寄存器、AC 地址计数器、指令寄存器 IR、数据寄存器 DR、忙信号标志 BF、电压调整电路、控制及驱动电路等组成。

（1）CGROM 字符产生器

字符产生器 ROM，只读存储器，是 LCD 厂家存放能让用户使用的已经固化好的字符库，字符库由阿拉伯数字、大小写的英文字母、常用的符号、和日文假名等组成，并且每一个字符都有一个固定的代码。若将某字符对应地址写入 DDRAM，就是在 LCD 上显示对应的字符。如英文字母“A”的代码 41H（01000001B）写入 DDRAM 时，CGROM 会自动将相应的字符 A 送至 LCD 显示器显示。字符代码与字符的对应关系见表 7-4。

表 7-4　LCD 字符代码表

高 位 / 低 位	0000	0010	0011	0100	0101	0110	0111	1010	1011	1100	1101	1110	1111
××××0000	（1）		0	@	P	`	p		ー	タ	ミ	α	p
××××0001	（2）	!	1	A	Q	a	q	。	ア	チ	ム	ä	q
××××0010	（3）	"	2	B	R	b	r	「	イ	ツ	メ	β	θ
××××0011	（4）	#	3	C	S	c	s	」	ウ	テ	モ	ε	∞
××××0100	（5）	$	4	D	T	d	t	、	エ	ト	ヤ	μ	Ω
××××0101	（6）	%	5	E	U	e	u	・	オ	ナ	ユ	ü	&
××××0110	（7）	&	6	F	V	f	v	ヲ	カ	ニ	ヨ	ρ	Σ
××××0111	（8）	'	7	G	W	g	w	ァ	キ	ヌ	ラ	g	π

（续）

高位 低位	0000	0010	0011	0100	0101	0110	0111	1010	1011	1100	1101	1110	1111
××××1000	（1）	(	8	H	X	h	x	ィ	ク	ネ	リ	√	x̄
××××1001	（2）	)	9	I	Y	i	y	ゥ	ケ	ノ	ル	⁻¹	y
××××1010	（3）	*	:	J	Z	j	z	ェ	コ	ハ	レ	j	千
××××1011	（4）	+	;	K	[	k	{	ォ	サ	ヒ	ロ	×	万
××××1100	（5）	,	<	L	¥	l	|	ャ	シ	フ	ワ	¢	円
××××1101	（6）	-	=	M	]	m	}	ュ	ス	ヘ	ン	£	÷
××××1110	（7）	.	>	N	^	n	→	ョ	セ	ホ	゛	ñ	
××××1111	（8）	/	?	O	_	o	←	ッ	ソ	マ	゜	ö	█

（2）CGRAM 字符产生器

字符产生器 RAM，存放用户自定义的字符点阵，共有 8 个自行编程的任意 5×7 点阵字符图形。地址为 0x00～0x07。

（3）DDRAM 显示数据存储器

DDRAM 显示数据存储器用于存放 LCD 当前要显示的数据，其容量为 80 个字节的 RAM。能够存储 80 个 8 位字符代码。LCD 显示屏上的每个位置都有相对应的 DDRAM 字节，在 DDRAM 中某地址写入字符代码，就是在 LCD 相应的位置显示字符，其地址和屏幕的对应关系如图 7-23 所示。而字符代码就是 CGROM 中的字符对应的地址。

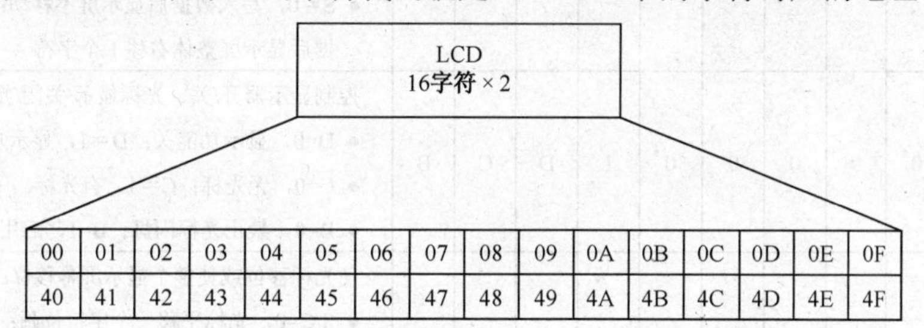

图 7-23　地址和屏幕对应关系图

若将“A”显示在第二行的第 3 个字节，则只要将字符 A 的代码 41H 写入到地址为 42 单元 RAM 中即可。值得注意的是，存储地址要在实际地址基础上加 80H。因为写入显示地址时要求最高位 D7 恒定为高电平“1”，所以实际写入的数据应该是 01000001（41H）+10000000（80H）=11000001（C1H）。

（4）状态寄存器

状态寄存器用来反映液晶模块的工作状态，状态寄存器格式如下：

STA7	STA66	STA5	STA4	STA3	STA2	STA1	STA0
D7	D6	D5	D4	D3	D2	D1	D0

其中，STA 0～STA 6 是数据地址指针；STA7 是读/写操作使能。D7=l，禁止操作；D7=0，允许操作。

AC 地址计数器，用来存 DDRAM/CGRAM 的地址。每当读或写 DDRAM/CGRAM 时，AC 自动加 1/减 1，是加 1 还是减 1 由指令控制。

7.5.3　1602 LCD 的控制指令及初始化

1．1602 LCD 控制指令

单片机是通过硬件接口向 LCD 发送各种指令来控制 LCD 显示的。1602 LCD 的控制指令共有 11 条指令，指令的格式和功能说明见表 7-5。

表 7-5　1602 LCD 指令表

指　令	指令编码										指令功能说明
	RS	R/W	DB7	DB6	DB5	DB4	DB3	DB2	DB1	DB0	
清屏	0	0	0	0	0	0	0	0	0	1	● 将 DDRAM 的内容全部填入空码； ● 光标归位； ● 将地址计数器（AC）的值设为 0
光标复位	0	0	0	0	0	0	0	0	1	×	● 将光标撤回到显示器的左上方； ● 将地址计数器（AC）的值设置为 0； ● 保持 DDRAM 的内容不变
输入方式	0	0	0	0	0	0	0	1	I/D	S	设定每次写入的字符是否移动： ● I/D=0，写入数据后光标左移；I/D=1，写入数据后光标右移。 ● S=0，写入数据后显示屏不移动；S=1，写入数据后显示屏整体右移 1 个字符
显示状态控制	0	0	0	0	0	0	1	D	C	B	控制显示器开/关、光标显示/关闭/光标是否闪烁： ● D=0，显示功能关；D=1，显示功能开。 ● C=0，无光标；C=1，有光标。 ● B=0，禁止光标闪烁；B=1，启用光标闪烁
光标/画面移位	0	0	0	0	0	1	S/C	R/L	×	×	使光标移位或使整个显示屏幕移位： ● S/C=0，光标平移一个字符位画； ● S/C=1，面平移一个字符位； ● R/L=0，左移；● R/L=1，右移
工作方式设置	0	0	0	0	1	DL	N	F	×	×	设定数据总线位数、显示的行数及字型。 ● DL=0，4 位数据总线；DL=1，8 位数据总线。 ● N=0，显示 1 行；N=1，显示 2 行。 ● F=0，5×7 点阵；F=1，5×10 点阵
CGRAM 地址设置	0	0	0	1	CGRAM 的地址（00～63）						该指令将 6 位 CGRAM 的地址写入地址指针寄存器 AC，随后计算机对数据的操作就是对 CGRAM 的读/写操作

（续）

指令	指令编码										指令功能说明
	RS	R/W	DB7	DB6	DB5	DB4	DB3	DB2	DB1	DB0	
DDRAM 地址设置	0	0	1	DDRAM 的地址（7 位）							该指令将 7 位 DDRAM 的地址写入地址指针寄存器 AC，随后计算机对数据的操作就是对 DDRAM 的读/写操作
读取“忙”标志/AC 地址指针	0	1	BF	AC 内容（7 位）							用于读取忙标志位 BF 及地址计数器 AC 的内容。 ● BF＝1 表示显示器忙，无法接收数据或指令； ● BF＝0 表示显示器可以接收数据或指令。 ● 在每次读/写之前，一定要检查 BF 位的状态
写数据	1	0	要写入的数据 D7～D0								将字符码写入 DDRAM，液晶显示屏显示出相对应的字符，或将用户设计的字符存入 CGRAM
读数据	1	1	要读出的数据 D7～D0								读取 DDRAM 或 CGRAM 中的内容

注意；清屏和归位指令的执行时间为 1.64 ms，其余指令为 40 μs，只有满足这个时序要求，LCD 才能准确显示。

2．LCD 复位及初始化设置

LCD 上电后复位或手动复位后，LCD 的状态为：

① 清除屏幕显示；

② 功能设定为 8 位数据长度，单行显示，5×7 点阵字库；

③ 显示屏、光标、闪烁功能均关闭；

④ 输入模式为 AC 地址自动加 1，显示画面不移动。

LCD 初始化设置一般步骤：

① 清除显示；

② 设置工作方式；

③ 设定输入方式；

④ 设置显示状态。

在进行上述设置及对数据进行读取时，都要检测 BF 标志位，如果为 1 则要等待，为 0 则可执行下一步操作。

7.5.4 LCD 显示模块的接口形式

单片机与字符型 LCD 显示模块的连接方法分为间接访问和直接访问两种形式，如图 7-24 所示。

1．间接访问形式

单片机将字符型液晶显示模块作为终端与单片机的并行接口连接，单片机通过对该并行接口的操作间接地实现对字符型液晶显示模块的控制。如图 7-24（a）所示，在单片机的 P1 和 P3 接口作为并行接口与字符型液晶显示模块连接的实用接口电路中，当写操作时，使能信号 E 的下降沿有效，在软件设置顺序上，先设置 RS、R/W 状态，再设置数据，然后产生 E 信号的脉冲，最后复位 RS 和 R/W 状态。当读操作时，使能信号 E 的高电平有效，所以在软件设置顺序上，先设置 RS 和 R/W 状态，再设置 E 信号为高，这时从数据口读取数据，然后将 E 信号置低，最后复位 RS 和 R/W 状态。电位器为 VO 口提供可调的驱动电压，用以实现对显示对比度的调节，间接控制方式通过软件执行产生操作时序，以在时间上是足够满足要求的，因此间接控制方式能够实现高速单片机与字符型液晶显示模块的连接。

2．直接访问形式

字符型液晶显示模块作为存储器或 I/O 接口设备直接连到单片机总线上。采用 8 位数据传输形式时，数据端 DB0～DB7 直接与单片机的数据线相连，RS 信号和读/写选择端 R/W 信号由单片机的地址线来控制，使能端正信号则由单片机的 $\overline{RD}$ 和 $\overline{WR}$ 信号共同控制，以实现 HD44780 所需的接口时序。单片机与字符型液晶显示模块的接口电路如图 7-24（b）所示。

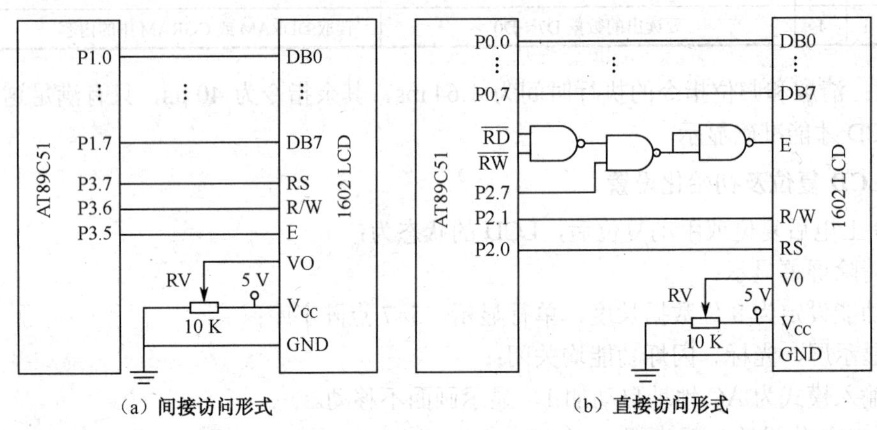

图 7-24　1602LCD 液晶显示模块与单片机接口电路

7.6　基于 Proteus 的 LCD 显示电路设计与仿真

7.6.1　间接访问方式 LCD 显示电路的设计与仿真

1．设计任务

① 在 1602LCD 液晶显示器的第一行第 1 个位置显示字符“K”。

② 在 1602LCD 液晶显示器的第一行第 3 个位置开始显示字符“LCD-DISPLAY”。

2．设计思路

（1）电路设计

采用间接访问方式，单片机通过对并行接口的操作间接地实现对字符型液晶显示模块的控制。

打开 Proteus 的 ISIS，通过对象选择器按钮，从元件库中选择如下元器件：AT89C51、RES、CAP、CAP-ELEC、、CRYSTAL、LM016（1602LCD）、POT-HG，并置入对象选择器窗口。然后将选择的元器件、电源和地线放置在编辑窗口中，连接电路如图 7-26 所示。

（2）编程思路

以间接访问方式先对1602LCD进行初始化，初始化设置为清屏、功能设置、显示状态和输入方式等过程，每个过程都是先判断忙→送数据→再写入的编程方法，然后写入字符显示的位置（行列数），最后写入要显示的字符。

3．程序设计与分析（任务一）

① 程序流程图如图7-25所示。

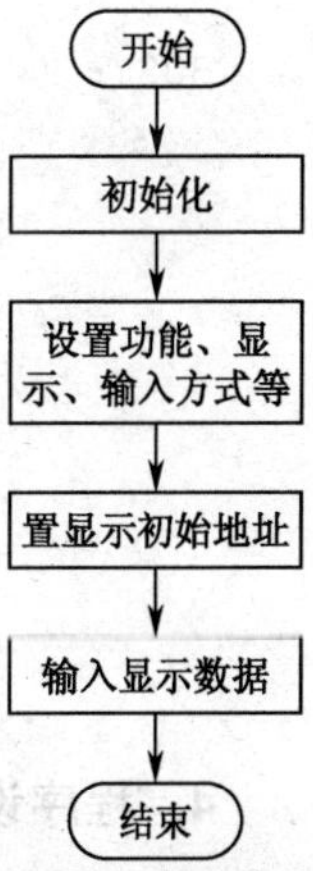

开始 → 初始化 → 设置功能、显示、输入方式等 → 置显示初始地址 → 输入显示数据 → 结束

图7-25　流程图

② 源程序：

```
        ORG  0000H
        LJMP  MAIN
        ; ********89C51引脚定义********
        RS  EQU  P3.7
        RW  EQU  P3.6
        E  EQU  P3.5
MAIN:                               ；主程序开始
        ACALL  BUSY                 ；判LCM忙碌
        MOV  P1，#00000001B          ；清屏并光标复位
        ACALL  ENABLE               ；写指令到LCM
        ACALL  BUSY
        MOV  P1，#00111000B          ；设置显示模式：8位/2行/5×7点阵（功能设置）
        ACALL  ENABLE
        ACALL  BUSY
        MOV  P1，#00001111B          ；显示器开、光标开、光标允许闪烁（显示状态）
        ACALL  ENABLE
        ACALL  BUSY
        MOV  P1，#00000110B          ；文字不动，光标自动右移（输入方式）
        ACALL  ENABLE
        ACALL  BUSY
        MOV  P1，#80H                ；写入显示起始地址
        ACALL  ENABLE
LP:     ACALL  BUSY
        MOV  A，#4BH                 ；将显示为"K"的ASCII码写入LCD
        MOV  P1，A
        ACALL DATAS
BB:     AJMP  BB
ENABLE:                             ；写入控制命令的子程序
        SETB  E
        CLR  RS
        CLR  RW
        CLR  E
        RET
```

```
DATAS:                                   ；写入数据的子程序
        SETB E
        SETB RS
        CLR  RW
        CLR  E
        RET
BUSY:                                    ；判断 LCD 是否忙的子程序
        CLR  E
        MOV  P1，#0FFH
        CLR  RS
        SETB  RW
        SETB  E
        JB  P1.7，BUSY
        RET
        END
```

4．程序设计与分析（任务二）

① 程序流程图如图 7-25 所示。

名称字符的程序流程与单字符程序流程基本相同，只是采用查表指令将显示字符的ASCII 码写入 LCD 而已。

② 源程序：

```
        ORG  0000H
        LJMP  MAIN
        ；********电路连接**********
        RS  EQU  P3.7
        RW  EQU  P3.6
        E   EQU  P3.5
MAIN:   MOV  DPTR，#TABH
        MOV  R0，#12
        ACALL  BUSY
        MOV  P1，#00000001B          ；清屏并光标复位
        ACALL  ENABLE                ；调用写入命令子程序
        ACALL  BUSY
        MOV  P1，#00111000B          ；设置显示模式：8 位 2 行 5×7 点阵
        ACALL  ENABLE                ；调用写入命令子程序
        ACALL  BUSY
        MOV  P1，#00001111B          ；显示器开、光标开、光标允许闪烁
        ACALL  ENABLE                ；调用写入命令子程序
        ACALL  BUSY
        MOV  P1，#00000110B          ；文字不动，光标自动右移
        ACALL  ENABLE                ；调用写入命令子程序
```

```
        ACALL  BUSY
        MOV  P1，#82H                ；写入显示起始地址（第一行第 3 个位置）
        ACALL  ENABLE                ；调用写入命令子程序
LP:     ACALL  BUSY
        MOV  A，#00H
        MOVC  A，@A+DPTR
        MOV  P1，A
        ACALL  DATAS
        INC  DPTR
        DJNZ  R0，LP
BB:     AJMP  BB
ENABLE:
        SETB  E                      ；写入控制命令的子程序
        CLR  RS
        CLR  RW
        CLR  E
        RET
DATAS:  SETB  E                      ；写入数据子程序
        SETB  RS
        CLR  RW                      ；准备写入数据
        CLR  E                       ；执行显示命令
        RET
BUSY:   CLR  E
        MOV  P1，#0FFH               ；判断液晶显示器是否忙的子程序
        CLR  RS
        SETB  RW
        SETB  E
        JB  P1.7，BUSY               ；如果 P1.7 为高电平表示忙就循环等待
        RET
TABH:   DB  4CH，43H，44H，2DH，44H，49H，53H，50H，4CH，41H，59H
        END
```

5．编译与文件加载

将编写的程序添加到 Proteus 自带的编译器中，对其进行编译，生成源程序（一）和源程序（二）的 hex 文件。

6．电路仿真

在单片机中编辑属性中加载源程序（一）的 hex 文件，单击“运行”按钮，启动系统仿真。当电路启动后，在 LCD 液晶显示器上出现大写英文字母“K”的仿真结果。若加载源程序（二）的 hex 文件，在 LCD 液晶显示器上出现大写英文字母“LCD-DISPLAY”的仿真结果，仿真电路如图 7-26 所示。说明了电路设计的正确性。

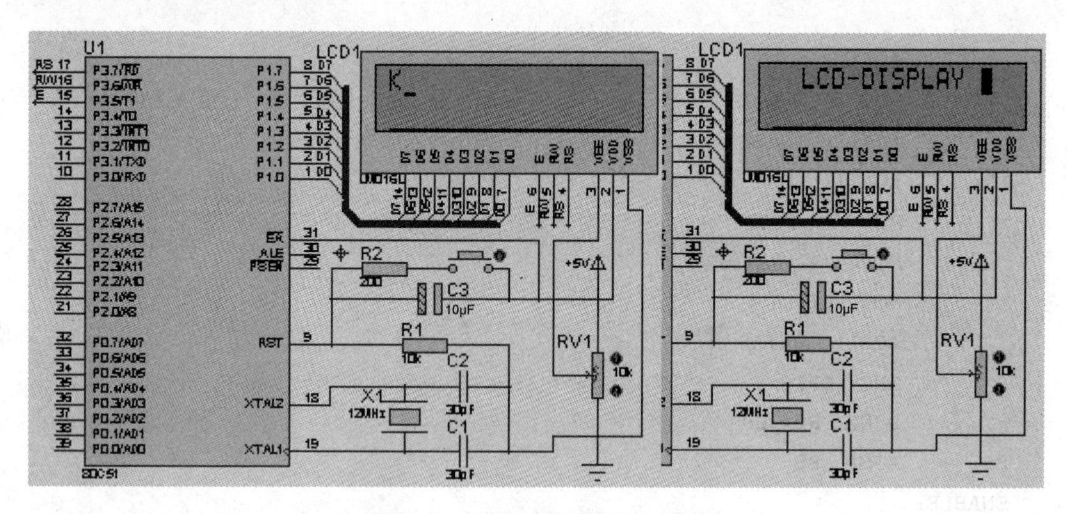

图 7-26　间接方式字符显示电路

7．动手与思考

① 若要显示其他字符，如何改变程序设计？

② 改变程序设计，自行定义字符显示的位置。

7.6.2　直接访问方式 LCD 字符显示电路的设计与仿真

1．设计任务

在 1602LCD 液晶显示器的第一行第 1 个位置显示字符“$”。

2．设计思路

（1）电路设计

采用直接访问方式，LCD 模块的地址空间由 P2.7 直接提供，当总线寻址的地址最高位为 1 时，允许访问 LCD 模块，选择合适的 P2.0 和 P2.1 的电平，就可以实现 LCD 模块相应的读写操作。

打开 Proteus 的 ISIS，通过对象选择器按钮，从元件库中选择如下元器件：AT89C51、RES、CAP、CAP-ELEC、、CRYSTAL、LM016（1602LCD）、7400、POT-HG，并置入对象选择器窗口。然后将选择的元器件、电源和地线放置在编辑窗口中，连接电路如图 7-27 所示。

（2）编程思路

利用直接访问方式实现，编程思路和 7.6.1 节介绍的项目相同，只是写入指令和写入数据所用的指令不同。由于采用直接访问电路结构，对数据的读/写要用 MOVX 类指令来完成。

3．程序设计与分析

① 程序流程图与 7.6.1 节介绍的项目流程图相同。

② 源程序：

```
ORG 0000H
LJMP MAIN
;;;;;;;;;;;;;;;;;;;;;;;;;;;硬件的连接方式;;;;;;;;;;;;;;;;;;;;;;;;;;;
RS EQU P2.0
```

```
        RW  EQU  P2.1
        E   EQU  P2.7
MAIN:
        MOV  40H，#00000001B            ；清屏并光标复位
        LCALL  ENABLE                   ；调用写入命令子程序
        MOV  40H，#00111000B            ；设置显示模式：8位2行5×7点阵
        ACALL  ENABLE                   ；调用写入命令子程序
        MOV  40H，#00001111B            ；显示器开、光标开、光标允许闪烁
        LCALL  ENABLE                   ；调用写入命令子程序
        MOV  40H，#00000110B            ；文字不动，光标自动右移
        LCALL  ENABLE                   ；调用写入命令子程序
        MOV  40H，#80H                  ；写入显示起始地址（第一行第1个位置）
        LCALL  ENABLE                   ；调用写入命令子程序
        MOV  40H，#24H
        LCALL  DATAS
BB:     AJMP  BB
ENABLE:
        LCALL  BUSY                     ；写入命令子程序
        MOV  A，40H                     ；代码送A
        MOV  DPTR，#8000H               ；设置指令入口地址
        MOVX  @DPTR，A                  ；写指令代码
        RET
DATAS:  LCALL  BUSY                     ；写入数据子程序
        MOV A，40H
        MOV  DPTR，#8100H               ；设置数据入口地址
        MOVX @DPTR，A                   ；写数据
        RET
BUSY:   MOV  DPTR，#8200H               ；判断忙子程序
        MOVX  A，@DPTR
        JB  ACC.7，BUSY
        RET
        END
```

4．编译与文件加载

将编写的程序添加到Proteus自带的编译器中，对其进行编译，生成hex文件。

5．电路仿真

在单片机的编辑属性中加载hex文件，单击“运行”按钮，启动系统仿真。当电路启动后，在LCD液晶显示器上出现大写英文字母“$”的仿真结果，仿真电路如图7-27所示。说明电路设计的正确性。

6．动手与思考

① 若要将字符显示在LCD液晶屏的第二行，如何改变程序设计？

② 设计电路及修改程序，通过开关选择字符显示状态。

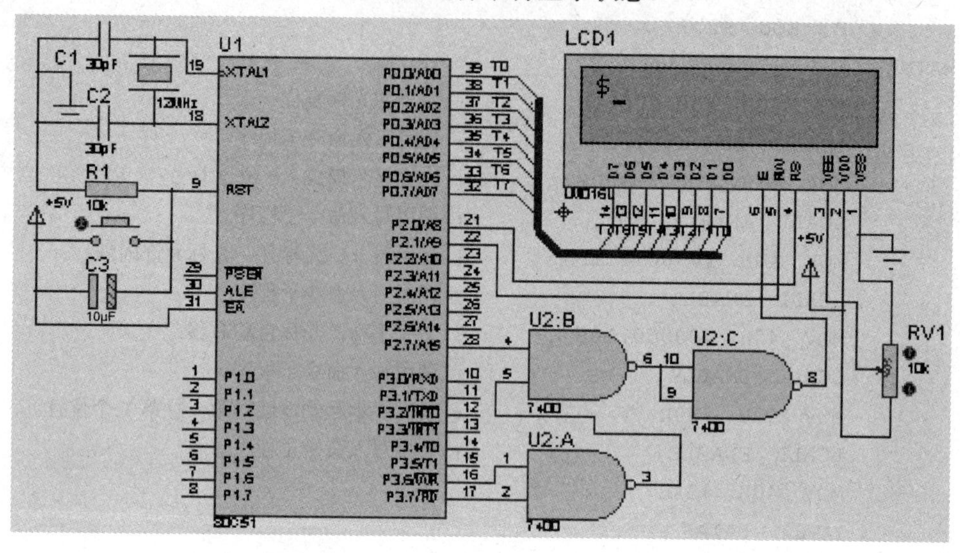

图 7-27　直接方式字符显示电路

习题 7

一、单项选择题

1．在单片机应用系统中，通常都要有人机对话功能。在前、后向通道中最常用的外设备是______。

A．键盘、显示器、A/D 和 D/A 转换接口电路　B．LED 显示器、D/A 转换接口

C．A/D 和 D/A 转换接口电路　D．键盘、A/D 和 D/A 转换接口电路

2．已知 1 只共阴极 LED 显示器，其中 a 笔段为字形代码的最低位，若需显示数字 1，它的字形代码应为______。

A．06H　B．F9H　C．30H　D．CFH

3．以下关于静态和动态显示的概念不正确的是______。

A．动态显示需要的口线少　B．静态显示更稳定

C．动态显示的亮度相对较高　D．静态显示接口程序更加简单

4．在单片机应用系统中，LED 数码管显示电路通常有______显示方式。

A．静态　B．动态　C．静态和动态　D．查询

5．______显示方式编程较简单，但占用 I/O 线多，一般适用于显示位数较少的场合。

A．静态　B．动态　C．静态和动态　D．查询

6．LED 数码管若采用动态显示方式，则需要______。

A．将各位数码管的位选线并联、各位数码管的段选线并联

B．将各位数码管的段选线并联，输出口加驱动电路

C．将各位数码管的段选线并联，并将各位数码管的位和段选线分别用 1 个输出口控制

D．将段选线用 1 个 8 位输出口控制，输出口加驱动电路

7．某一应用系统为扩展10个功能键，通常采用______方式更好。

A．独立式按键　B．矩阵式键盘　C．动态键盘　D．静态键盘

8．行列式（矩阵式）键盘的工作方式主要有______。

A．编程扫描方式和中断扫描方式　B．独立查询方式和中断扫描方式

C．中断扫描方式和直接访问方式　D．直接输入方式和直接访问方式

9．按键开关的结构通常是机械弹性元件，在按键按下和断开时，触点在闭合和断开瞬间会产生接触不稳定，即抖动。为消除抖动常采用的方法有______。

A．硬件去抖动　B．软件去抖动

C．硬、软件两种方法　D．单稳态电路去抖动

10．AT89C51单片机外接LCD 1602液晶显示模块，显示格式为2行显示，则第二行首地址所对应的D7～D0位数值为______。

A．0080H　B．00C0H　C．0040H　D．0020H

三、简答题

1．对于由机械式按键组成的键盘，应如何消除按键抖动？独立式按键和矩阵式按键分别具有什么特点？适用于什么场合？

2．7段LED显示器的静态显示和动态显示分别具有什么特点？实际设计时应如何选择使用？

3．要实现LED动态显示需不断调用动态显示程序，除采用于程序调用法外，还可采用其他什么方法？试比较其与子程序调用法的优劣。

四、基于Proteus设计与仿真的综合应用

1．读取单片机P1口数据并数码显示的设计与仿真

① 单片机P1口输入8位数据量由模拟开关设定，采用静态显示的方法，编程实现端口数据的显示。

② 读取P1口的数据值后，利用与指令屏蔽高4位或低4，可实现端口数据高、低4位的分离。P0口的低4位输出P1口的低4位，经四－七译码器（74LS47）译码后送数码管显示；P2口的低4位输出P1口的高4位，经四－七译码器（74LS47）译码后送数码管显示。

2．金鱼供养定时控制器的设计与仿真

① 用单片机定时器实现1 h间隔的时间定时器，定时器可控制供养电动机的启动及停止，定时时间由数码管显示。

② 若定时器产生50 ms的定时，则采用存储单元（30H）作为秒计数，计满20次为1 s钟；（31H）单元作为分计数，计满60次为1分钟；（32H）作为时计数，计满60次为1 h，然后不断循环。硬件上用6位数码管显示定时时间，控制信号经驱动电路通过继电器对供养电动机的控制。

3．用8×8点阵LED显示0～9数字的设计与仿真

① 先在LED点阵中设计好0～9的字样，并存放在表格中，先显示第1屏为0，经延时，然后显示第2屏为1，依此类推，最后不断循环。

② P2口作为列选通控制信号；P0口依次送出8位的字行码，经驱动器送到LED点阵的行线端口，即可完成一屏的显示。

4．数字频率计的设计与仿真

① 用Proteus提供不同频率的激励源（小于250 Hz）作为待测量信号从T0引脚输入，以每秒钟测得的脉冲个数，用定时/计数器测量方波的频率，并且用数码管显示出频率值。

② 单片机 T0 工作于模式 1；计数方式为，先将计数器初值设为 0，然后开启计数器。每来一个脉冲 T0 自动加 1；T1 工作于模式 1；定时方式为，每 50 ms 中断一次，在中断服务程序中，其 20 次中断便为 1 s。当时间为 1 s，则定时器 T0 刷新，此时 T0 中的 TH0、TL0 即为待测脉冲信号的频率值（由于输入的频率小于 250 Hz，只用到 TL0，而 TH0 为零）。将 TL0 的值经过 BCD 码转换，用三个单元存放百位、十位和个位，然后通过显示程序调用这三个单元数据，同时送到数码管去显示。

第8章 单片机键盘接口技术

在单片机应用系统中，键盘是最常用的输入设备。通过键盘可以输入数据和命令，实现简单的人机对话。本章详细介绍键盘结构、键盘与单片机的接口技术，并在Proteus电子设计环境中对键盘的应用进行设计与仿真。

8.1 键盘

键盘可分为编码键盘和非编码键盘两种。编码键盘采用硬件线路来实现键盘编码，每按一个键，键盘能自动生成按键代码，这种编码键盘使用方便，还具有去抖动和多键、窜键保护电路。但需要较多的硬件，价格较贵，一般的单片机应用系统较少采用；非编码键盘仅提供键的开关状态，依靠软件来识别闭合的键，并去除抖动及产生相应的代码。本章主要介绍单片机应用系统中使用较多的非编码键盘的接口方法。

8.1.1 键盘工作原理

在单片机应用系统中，最常用的是触点式开关键盘按键，如机械式开关、导电橡胶式开关等。除了复位按键有专门的复位电路及专一的复位功能外，其他设置的键盘都是以开关状态来控制数据的输入或实现该键盘所设定的功能。因此键盘信息的输入是与软件结构密切相关的过程。

对于一个键盘或一组键盘，总是有一个或多个接口电路与 CPU 相连。CPU 可以采用查询或中断方式判断有无将键输入并检查是哪一个键按下，并将该键号送入累加器ACC，然后通过跳转指令转入执行该键的功能程序，执行完后再返回主程序。

8.1.2 键盘结构与输入特点

1．键盘结构

通常按键为机械式结构，受外力作用键被按下，当外力去除后，按键内部的弹性装置将键帽弹起。因此，一个按键包括了机械触点的闭合与断开。但由于按键机械触点的弹性作用，一个按键在按下时不会马上闭合，在松开时也不会马上断开，而是有一连串的抖动，抖动时间的长短一般为5～10 ms，按键抖动的波形如图8-1所示。按键闭合的时间长短因操作人员而异。

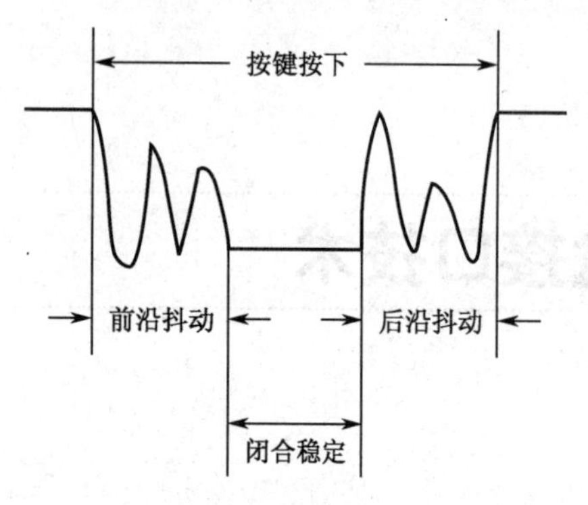

图 8-1　按键抖动的波形

2．键盘的确认

键盘的闭合与否，反映在电路上就是出现高电平或低电平。对连接有键盘的电路，高低电平的判断也就是按键闭合与否的判断，但由于按键的抖动可能导致判断出错。即按键一次按下或释放被错误地认为是多次操作，这种情况是不允许出现的。为了克服按键触点机械抖动所导致的检测误判，必须采取去抖动措施。

3．键盘消抖

按键的消抖一般有两类措施，一是电路消抖，二是软件延时消抖。这两类消抖方法各有其特点，一般来说，硬件电路消抖电路设计和制作复杂，而软件消抖在硬件电路设计上简洁，但在软件编程上要有专门的消抖程序延时，编程复杂。硬件消抖电路一般采用 R-S 触发器（双稳态触发器）或单稳态触发器来构成消抖电路。而软件消抖一般在检测到有按键按下时，延时 10 ms 再运行以后的程序，从而避免由于程序的快速执行造成错误的判断现象。

8.2　独立式键盘接口技术

键盘的设计一般有两种方式，即独立式设计和矩阵式设计。确定需要的按键的多少和单片机系统的资源情况有关，一般来说，独立式键盘设计简单，但占用单片机的硬件资源多；矩阵式键盘设计复杂，但能节省单片机系统的部分硬件资源。

8.2.1　独立式按键电路结构

在单片机控制系统中，往往只要几个功能键，则可采用独立式按键电路结构。独立式按键的特点是各按健在电路设计上各自独立，每个按键控制一条信号线，只需对此信号线进行判别就能完成对该按键的判别。该按键输入线上的状态不会影响其他输入线上的状态，因而判别容易，图 8-2 展示了一种四按键的独立式设计图。在图 8-2 中，四个按键分别连接到单片机的 P1.0～P1.3 的 I/O 口上。按键输入均采用低电平有效，上拉电阻保证了按键断开时 I/O 口上有确定的高电平。当 I/O 口线内部有上拉电阻时，外电路可不接上拉电阻。

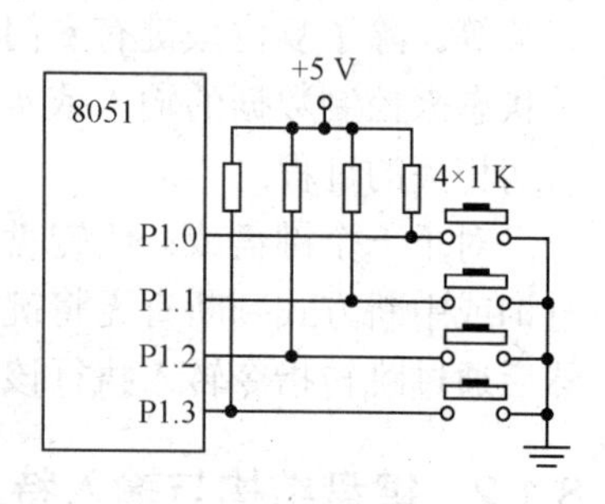

图 8-2　独立式按键电路

8.2.2　独立式按键的软件结构

独立式按键的软件可采用查询方式和中断方式。

1．软件方式为查询方式

先逐位查询每个 I/O 口上的输入状态，如某一个 I/O 口上的输入为低电平，则可确认该 I/O 口上所对应的按键已按下，然后再转向该键的功能处理程序。根据图 8-2 可编制相应的独立式按键参考程序：

```
START:   MOV  P1，#0FFH
         MOV  A，P1                ；读入 P1 口的状态
         CJNE  A，#0FFH，LOP1
         LJMP   START
LOP1:    ACALL  DELAY1
         MOV  P1，#0FFH
         MOV  A，P1
         CJNE  A，#0FFH，LOP2
         JMP  START                ；无键按下，返回
LOP2:
         JNB   ACC.0，KEY0          ；ACC.0=0？若为 0 则 P1.0 对应的健按下，转 KEY0
         JNB   ACC.1，KEY1          ；ACC.1=0？若为 0 则 P1.1 对应的健按下，转 KEY1
         JNB   ACC.2，KEY2          ；ACC.2=0？若为 0 则 P1.2 对应的健按下，转 KEY2
         JNB   ACC.3，KEY3          ；ACC.3=0？若为 0 则 P1.3 对应的健按下，转 KEY3
         SJMP  START               ；返回开始处，继续检测按键状态
KEY0:                              ；0#键功能程序
         LJMP  START               ；返回主程序开始，继续查询按键状态
KEY1:      ⋮                       ；1#键功能程序
         LJMP  START
KEY2:      ⋮
         LJMP  START
KEY3:      ⋮
         LJMP  START
DELAY1:                        ；10 ms 延时程序
           ⋮
         END
```

在上述程序中，执行第一条比较指令 CJNE 是判断 P1 口是否有键盘按下，若有键按下（比值不相等时），则转 LOP1，即转到延时程序。从延时程序返回后，再次用比较指令 CJNE 判断 P1 口是否有键盘继续按下，若有则转 LOP2，开始查询是哪个键盘被按下并转到该键盘所设置的功能程序。否则当作误判。

2．中断方式

在这种方式下，按键往往连接到外部中断 $\overline{\text{INT0}}$ 或 INT1 和 T0、T1 的外部 I/O 口上。编写程序时，需要在主程序中将相应的中断允许打开；各个按键的功能应在相应的中断子程序中编写完成。

8.3　基于 Proteus 的独立式键盘电路设计与仿真

通过 Proteus 仿真实例掌握单片机与独立式键盘接口的电路设计，掌握独立式键盘接口的编程方法。

8.3.1 基于 Proteus 的查询独立式键盘电路设计

1．设计任务

以 AT89C51 为控制器，用键盘控制 LED 灯的亮与灭，键盘闭合对应的 LED 灯亮。要求采用去抖动措施，编程实现键盘状态显示电路。

2．设计思路

（1）电路设计

在电路设计上使用单片机的 P1.4、P1.5、P1.6、P1.7 接独立式键盘，P2.0、P2.1、P2.2、P2.3 经限流电阻接发光二极管，采用软件查询的方法，先读开关状态，再去除抖动，最后输出键的状态值，用 LED 显示。

打开 Proteus 的 ISIS 窗口，通过对象选择器按钮，从元件库中选择如下元器件：AT89C51、RES、CAP、CAP-ELEC、CRYSTAL、BUTTON、LED-BIBY 等元器件。放置元器件、电源和地线，连线如图 8-4 所示的独立式键盘电路。最后进行电气规则检查。

（2）编程思路

首先设置键盘的输入 I/O 口，并读入和判断 I/O 口的状态，若 I/O 口有键盘按下则延时去抖，否则继续对输入 I/O 口的状态读入和判断。当 I/O 口确定有键盘按下后，接着查询键盘值并输出键状态显示。

3．程序设计与分析

① 程序流程图如图 8-3 所示。

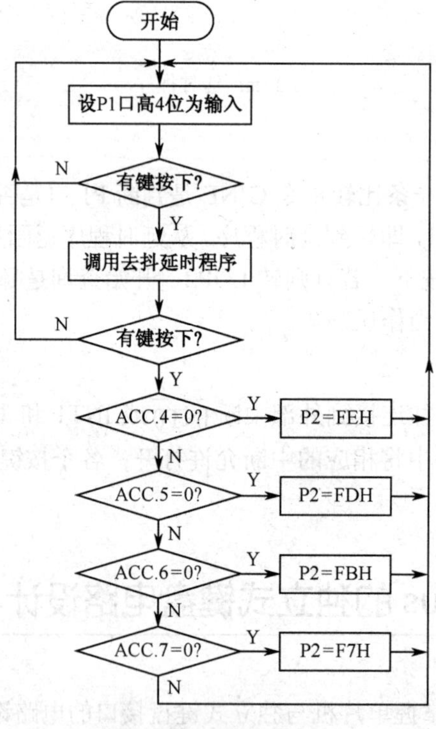

图 8-3 程序流程图

② 源程序：

```
         ORG  0000H
         LJMP  START
         ORG  0060H
START:   MOV  P1，#0FFH
         MOV  A，P1                  ；读入 P1 口的状态
         CJNE  A，#0FFH，LOP1
         LJMP   START
LOP1:    ACALL  DELAY
         MOV  P1，#0FFH
         MOV  A，P1
         CJNE  A，#0FFH，LOP2
         JMP  START                  ；无键按下，返回
LOP2:    JNB  ACC.4，KEY0            ；ACC.0=0？若为 0 则 P1.0 对应的键按下，转 KEY0
         JNB  ACC.5，KEY1            ；ACC.1=0？若为 0 则 P1.1 对应的键按下，转 KEY1
         JNB  ACC.6，KEY2            ；ACC.2=0？若为 0 则 P1.2 对应的键按下，转 KEY2
         JNB  ACC.7，KEY3            ；ACC.3=0？若为 0 则 P1.3 对应的键按下，转 KEY3
         SJMP  START                 ；返回开始处，继续检测按键状态
KEY0:    MOV  P2，#0FEH              ；0#键功能程序
         LJMP  START                 ；返回主程序开始，继续查询按键状态
KEY1:    MOV  P2，#0EDH              ；1#键功能程序
         LJMP  START
KEY2:    MOV  P2，#0FBH
         LJMP  START
KEY3:    MOV  P2，#0F7H
         LJMP  START
DELAY:   MOV  R0，#255
D1:      MOV  R1，#255
         DJNZ  R1，$
         DJNZ  R0，D1
         RET
         END
```

4．编译与文件加载

将编写的程序添加到 Proteus 自带的编译器中，对其进行编译，生成 hex 文件。

5．电路仿真

仿真电路如图 8-4 所示，单击“运行”按钮，启动系统仿真，观察仿真结果。当按下 K4 键盘时，对应的 D4 发光二极管被点亮。若按下其他键盘也能得相应的结果，说明了电路设计的正确性。

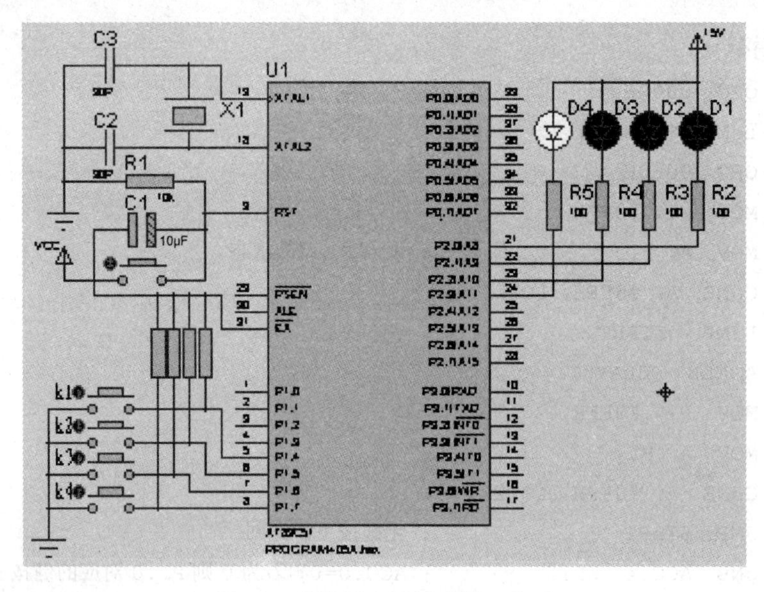

图 8-4　查询独立式键盘接口电路

6．动手与思考

① 要求 4 个键盘和 4 个 LED 显示灯共用一个 I/O 口，如何改变硬件电路和程序设计？

② 使用 LED 数码管代替 LED 灯，显示被按下的键盘。

8.3.2　基于 Proteus 的中断独立式键盘电路设计

1．设计任务

以 AT89C51 为控制器，用键盘控制 LED 灯的显示模式。模式一，正常情况下编程实现连接在 I/O 口的 LED 灯按 D0 到 D7 分别被点亮，不断循环。模式二，当按键 1 按下时，发光二极管从 D0 到 D7 逐个被点亮，最后全亮；然后从 D7 到 D0 逐个被熄灭，最后全灭。模式三，当按键 2 按下时，8 只发光二极管奇数亮、偶数灭，闪烁 5 次。

2．设计思路

（1）电路设计

在电路设计上使用单片机的 P1 口连接 8 个 LED 灯，两个按钮分别接单片机的 P2.0 和 P2.2，并通过 2 输入与门连接到单片机的外部中断 0。

打开 Proteus 的 ISIS 窗口，通过对象选择器按钮，从元件库中选择如下元器件：AT89C51、RES、CAP、CAP-ELEC、CRYSTAL、BUTTON、74HC09、LED-BIBY 等元器件。放置元器件、电源和地线，连线如图 8-6 所示的中断独立式键盘电路。最后进行电气规则检查。

（2）编程思路

首先设计程序实现正常情况下的显示模式。当有键盘按下后，首先进入中断程序，然后接着查询 P2.0 和 P2.2 状态。若 P2.0 为 0 则转向模式二；若是键盘 K2 按下，P2.2 为 0 则转向模式三。

3．程序设计与分析

① 主程序流程图如图 8-5（a）所示，外部中断服务程序流程图如图 8-5（b）所示。

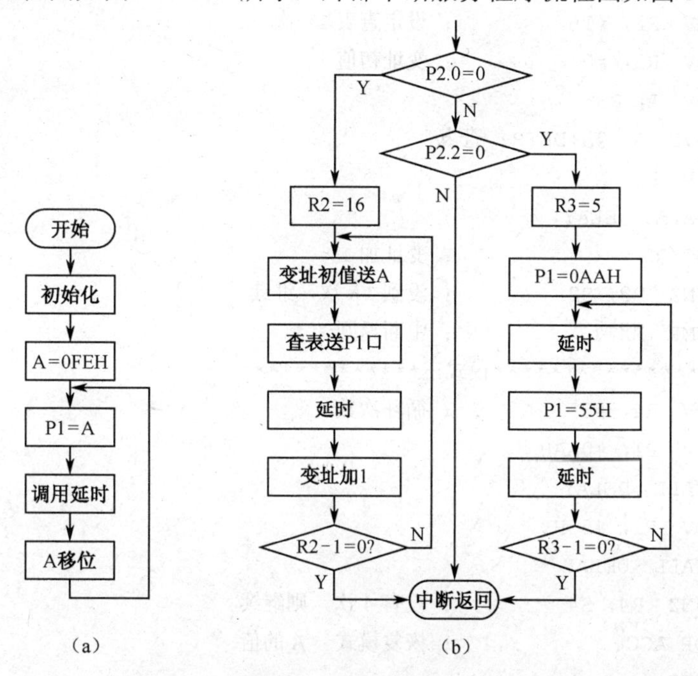

图 8-5　主程序流程图

② 源程序：

```
        ORG  0000H
        LJMP  START
        ORG  0003H
        LJMP  INTER0
        ORG  0030H
START:  MOV  SP，#60H           ；定义堆栈指针
        SETB  IT0               ；边沿触发方式
        SETB  EX0               ；允许外部中断 0 中断
        SETB  EA                ；总中断允许
        ；**********模式一*************
        MOV  A，#0FEH           ；初值
LOOP:   MOV  P1，A
        LCALL  DELAY            ；调用延时子程序
        RL  A                   ；左移一位
        LJMP  LOOP
INTER0:                         ；中断服务程序
        PUSH  ACC               ；保护累加器的值
        JNB  P2.0，S1           ；P2.0=0，则转模式二
        JNB  P2.2，S3
        SJMP  EXIT
```

```
        ；***************模式二******************
S1:     MOV DPTR，#TAB        ；定义首表地址
        MOV  R2，#16          ；设定查表16次
        MOV  R3，#0           ；变址初值
S2:     MOV  A，R3
        MOVC  A，@A+DPTR；查表
        MOV  P1，A
        ACALL  DELAY
        INC R3                ；变址加1
        DJNZ  R2，S2          ；没到16次，继续
        SJMP  EXIT            ；中断返回
        ；***************模式三**************
S3:     MOV  R4，#5           ；循环次数
S4:     MOV  P1，#0AAH
        ACALL  DELAY
        MOV  P1，#55H
        ACALL  DELAY
        DJNZ  R4，S4          ；没有4次，则继续
EXIT:   POP ACC               ；恢复模式一A的值
        RETI
DELAY:  MOV  R0，#100
D1:     MOV  R1，#200
D2:     NOP
        NOP
        DJNZ  R1，D2
        DJNZ  R0，D1
        RET
TAB:    DB 0FEH，0FCH，0F8H，0F0H，0E0H，0C0H，80H，00H
        DB 80H，0C0H，0E0H，0F0H，0F8H，0FCH，0FEH，0FFH
        END
```

4．编译与文件加载

将编写的程序添加到Proteus自带的编译器中，对其进行编译，生成hex文件。

5．电路仿真

仿真电路如图8-6所示，单击“运行”按钮，启动系统仿真，观察仿真结果。当按下K1键盘时，此时电路的显示结果为模式二。若按下K2键盘也能得相应的结果，说明了电路设计的正确性。

6．动手与思考

① 若采用外部中断1作为中断控制，如何改变硬件电路和程序设计？

② 通过键盘选择，改变电路的控制功能。

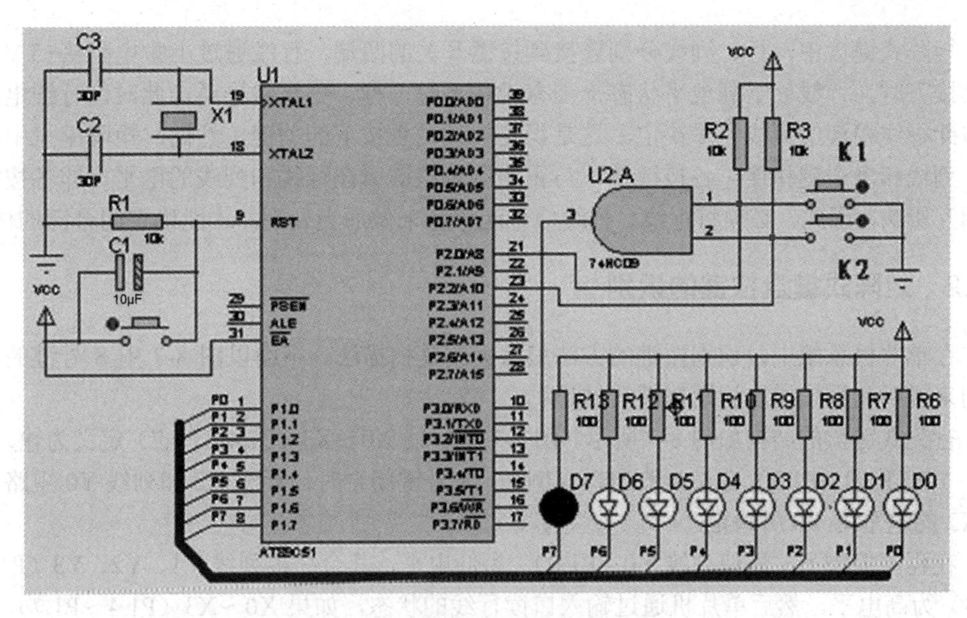

图 8-6 中断独立式键盘接口电路

8.4 矩阵式键盘接口技术

8.4.1 矩阵式键盘电路结构

当按键的数量要求较多，同时单片机系统所提供的硬件资源较少时，通常必须采用矩阵式键盘设计。由行扫描信号线和列扫描信号线组成矩阵式键盘，一般所设计的按键数量为行线与列线的乘积，例如 3 条行线和 3 条列线就能构成拥有 9 个按键的矩阵，4 条行线和 4 条列线就可组成拥有 16 个按键的矩阵。图 8-7 给出了拥有 4 条行线和 4 条列线的 16 按键的键盘矩阵。

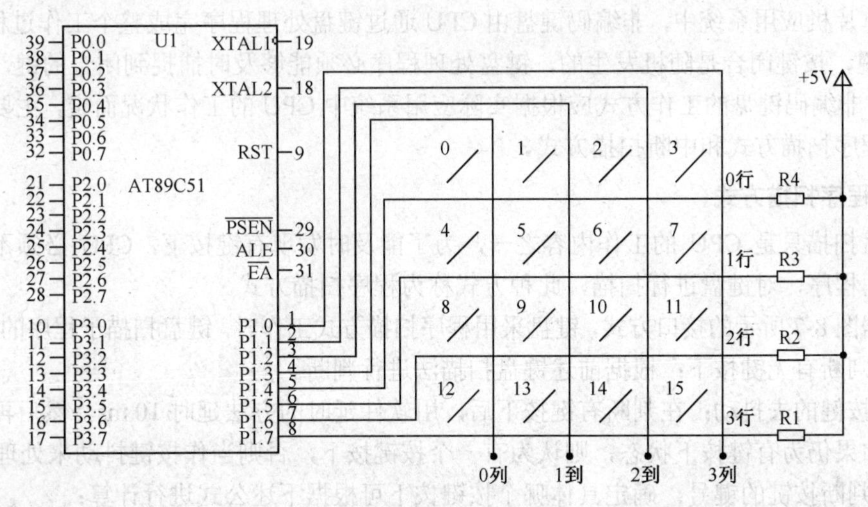

图 8-7 4×4 键盘矩阵电路

矩阵式键盘中，行、列线分别连接到按键开关的两端，行线通过上拉电阻接+5 V。当无键按下时，行线处于高电平状态；当有键按下时，行、列线将导通，此时，行线电平将由与此行线相连的列线电平决定。这是识别按键是否按下的关键。然而，矩阵键盘中的行线、列线和多个键相连，各按键按下与否均影响该键所在行线和列线的电平，即各按键间将相互影响，因此，必须将行线、列线信号配合起来做适当处理，才能确定闭合键的位置。

8.4.2 矩阵式键盘按键的识别

在单片机系统中，识别按键的方法最常见的是扫描法。下面以图 8-7 中 8 号键的识别为例来说明利用扫描法识别按键的过程。

行列式键盘的结构如图 8-7 所示。图 8-7 中行线 X0～X3（P1.4～P1.7）定义为输入口，Y0～Y3（P1.0～P1.3）定义为输出口。例如，8 号键闭合时，行线 X2 和列线 Y0 短路，此时 X2 的电平由 Y0 所决定。

在程序控制下，先使列线 Y0（P1.0） 为低电平，其余 3 根列线 Y1、Y2、Y3（P1.1～P1.3）为高电平，然后单片机通过输入口读行线的状态，如果 X0～X3（P1.4～P1.7）都为高电平，则说明此列上无键闭合；如果 X0～X3（P1.4～P1.7）中有一个不为高电平，则说明此列上有键闭合，闭合键为低电平的行线和 Y0 相交的键。

如果 Y0 这一列线上没有键闭合，接着使列线 Y1 为低电平，其余的列线为高电平。用同样的方法检查 Y1 这一列上有无键闭合。依此类推，最后使 Y3 为低电平，其余的列为高电平，检查 Y3 这一列上是否有闭合键。这种逐行逐列地检查键盘状态的过程称为对键盘的一次扫描。

采用键盘扫描后，再来观察 2 号键按下时的工作过程。当第 Y2 列处于低电平时，第 X0 行处于低电平，而当第 Y0、Y1、Y3 列处于低电平时，第 X0 行却处在高电平，由此可判定按下的键应是第 X0 行与第 Y2 列的交叉点，即 2 号键。

8.4.3 矩阵式键盘工作方式

在单片机应用系统中，非编码键盘由 CPU 通过键盘处理程序完成整个工作过程。相对 CPU 来说，按键闭合是随机发生的，键盘处理程序必须能够及时捕捉到闭合的键，并求出其键码。非编码键盘的工作方式应根据实际应用系统中 CPU 的工作状况而定，主要工作方式分为程序扫描方式和中断扫描方式。

1．程序扫描方式

键盘扫描只是 CPU 的工作内容之一，为了能及时发现有键按下，CPU 必须不断调用键盘处理程序，对键盘进行扫描，此种方式称为程序扫描方式。

根据图 8-7 所示的接口方式，键盘采用程序扫描方式工作时，键盘扫描子程序的功能为：

① 判断有无键按下：根据前述键盘扫描法进行判断。

② 按健的去抖动：在判断有键按下后，用软件延时的方法延时 10 ms，然后再读键盘状态。如果仍为有键按下状态，则认为有一个按键按下，否则当作按键抖动来处理，

③ 判断按键的键号：确定具体哪个按键按下可根据下述公式进行计算：

键号 = 行首键号 + 列号

在图 8-7 中，每行的行首可给予固定的编号 0（00H）、4（04H）、8（08H）、12（0CH），列号依列线顺序分别为 0～3。

例如：8 号键 = 行首键号（04H）+ 列号（00H）= 04H

E 号键 = 行首键号（0CH）+ 列号（02H）= 0EH

④ 判别闭合的键是否释放：按键闭合一次只能进行一次功能操作，因此，等按键释放后才能根据键号执行相应的功能键操作。

2．中断扫描方式

采用程序扫描方式时，无论是否有键按下，CPU 都要定时扫描键盘，而单片机应用系统工作时并不是经常需要键盘输入，因此，CPU 经常处于空扫描状态。为提高 CPU 的工作效率，可采用中断扫描方式。所谓中断方式就是当键按下时发出中断请求信号，中断响应后转入中断服务子程序，再进行去抖动、键的识别及键的功能处理，否则 CPU 处理自己的工作。

图 8-8 是一种具有中断功能的矩阵式键盘接口电路，该键盘是由 8051 的 P2 口的高、低字节构成的 4×4 键盘。键盘的行线与 P2 口的高 4 位相连，因此，P2.4～P2.7 是键输入口，各行线通过 4 输入与门接到 8051 的外部中断输入端 $\overline{\text{INT0}}$，用于产生按键中断。而键盘的列线与 P2 口的低位相连，作为 P2.0～P2.3 是扫描输出口。系统初始化时，置 P2.0～P2.3 为低电平“0”。若无键按下，$\overline{\text{INT0}}$ 为高电平“1”，无中断请求。当一旦有键按下时，$\overline{\text{INT0}}$ 为低电平“0”，向 CPU 发出中断请求，进入中断服务程序执行键盘扫描。

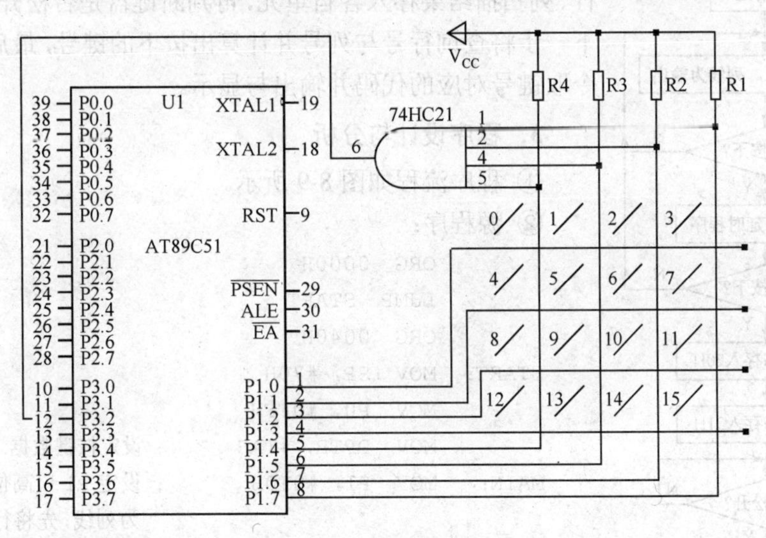

图 8-8 4×4 中断式键盘矩阵电路

8.5 基于 Proteus 的矩阵式键盘电路设计与仿真

通过 Proteus 仿真实例掌握单片机与矩阵式键盘接口的电路设计，掌握矩阵式键盘接口的编程方法。

8.5.1 基于 Proteus 的查询矩阵式键盘电路设计

1．设计任务

以单片机 AT89C51 为控制器，用 4×4 键盘作为输入。采用查询方式和去抖动措施，将键盘所表示的编号（0～F）用数码管显示出来。要求按键松开之后才显示按键的值。

2．设计思路

（1）电路设计

在电路设计上使用单片机的 P1 口设定高 4 位为行线，低 4 位为列线，P0 口经限流排阻接共阳数码管显示按键的值。

打开 Proteus 的 ISIS 窗口，通过对象选择器按钮，从元件库中选择如下元器件：AT89C51、RES、CAP、CAP-ELEC、CRYSTAL、BUTTON、7SEG-COM-ANOD、RESPACK-8、RX8 等。放置元器件、电源和地线，连线如图 8-10 所示的矩阵式键盘电路。最后进行电气规则检查。

（2）编程思路

首先设置键盘的输入 I/O 口，并读入和判断 I/O 口的状态，若 I/O 有键盘按下则延时去抖，否则继续对输入 I/O 口的状态读入和判断。当 I/O 确定有键盘按下后，根据行扫描原理，先进行行扫描，再进行列扫描，将行、列扫描结果存入各自单元，再判断键盘是否松开？若已松开，下一步将查询行号与列号并计算出按下的键号，最后通过查表指令取键号对应的代码并输出与显示。

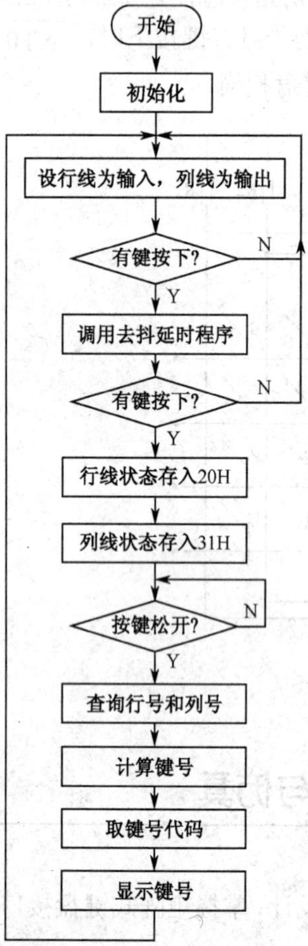

开始
初始化
设行线为输入，列线为输出
有键按下?（N / Y）
调用去抖延时程序
有键按下?（N / Y）
行线状态存入20H
列线状态存入31H
按键松开?（N / Y）
查询行号和列号
计算键号
取键号代码
显示键号

图 8-9　流程图

3．程序设计与分析

① 程序流程如图 8-9 所示。

② 源程序：

```
        ORG  0000H
        LJMP  START
        ORG  0040H
START:  MOV  SP，#70H
        MOV  P0，#0FFH
        MOV  DPTR，#TAB          ；设定按键数据（0～F）表地址
MAIN:   MOV  P1，#0F0H           ；设定 P1 口高位为行线，低位
                                  为列线，先将行线设置为输入
        MOV  A，P1
        CJNE  A，#0F0H，M        ；判断是否有键按下，有键按下
                                  则先延时去抖动
        SJMP  MAIN
M:      ACALL  DELAY             ；去抖动
        MOV  P1，#0F0H
        MOV  A，P1
        CJNE  A，#0F0H，MM       ；判断是否有键按下/有键按下
                                  就判断是哪一行按下
```

```
        SJMP  MAIN
MM:     MOV  20H, A              ; 将行的状态存入 20H 中
        MOV  P1, #0FH            ; 设置列线为输入，输入列线的状态
        MOV  31H, P1             ; 将列线的状态存入 31H 中
        ; **********等待按键松开***********
MMM:    MOV  P1, #0F0H
        MOV  A, P1
        CJNE  A, #0F0H, MMM      ; 按键松开？没有则等待
        ; ************查询行号***********
        JNB  20H.4, E1           ; 是第一行按下则转 E1
        JNB  20H.5, E2           ; 是第二行按下则转 E2
        JNB  20H.6, E3           ; 是第三行按下则转 E3
        JNB  20H, 7, E4          ; 是第四行按下则转 E4
        LJMP  MAIN
        ; ************设置行号初值***********
E1:     MOV  30H, #0             ; 第一行的键值可能为 0/1/2/3（0123）
        LJMP  KEYH
E2:     MOV  30H, #4             ; 第二行的键值为 4（4567）
        LJMP  KEYH
E3:     MOV  30H, #8             ; 第三行的键值为 8（89AB）
        LJMP  KEYH
E4:     MOV  30H, #12            ; 第四行的键值为 12（DCEF）
        LJMP  KEYH
        ; ************ 查询列号***********
KEYH:   MOV  A, 31H
        JNB  ACC.0, D0           ; 是第一列则转 D0
        JNB  ACC.1, D1           ; 是第二列则转 D1
        JNB  ACC.2, D2           ; 是第三列则转 D2
        JNB  ACC.3, D3           ; 是第四列则转 D3
        LJMP  MAIN
        ; ************ 计算键号***********
D0:     MOV  A, #0               ; 已确定第一列
        ADD  A, 30H              ; 30H 中为行值，A 中为列值
        MOVC  A, @A+DPTR
        MOV  P0, A
        MOV  P1, #0F0H
        LJMP  MAIN
D1:     MOV  A, #1
        ADD  A, 30H
        MOVC  A, @A+DPTR
        MOV  P0, A
        MOV  P1, #0F0H
        LJMP  MAIN
```

```
D2:      MOV  A, #2
         ADD  A, 30H
         MOVC  A, @A+DPTR
         MOV  P0, A
         MOV  P1, #0F0H
         LJMP  MAIN
D3:      MOV  A, #3
         ADD  A, 30H
         MOVC  A, @A+DPTR
         MOV  P0, A
         MOV  P1, #0F0H
         LJMP  MAIN
DELAY:   MOV  R0, #3
D:       MOV  R1, #255
         DJNZ  R1, $
         DJNZ  R0, D
         RET
TAB:     DB  0C0H, 0F9H, 0A4H, 0B0H                        ; 0123
         DB  99H, 92H, 82H, 0F8H, 80H, 90H, 88H, 83H      ; 456789AB
         DB  0C6H, 0A1H, 86H, 8EH                          ; CDEF
```

4．编译与文件加载

将编写的程序添加到Proteus自带的编译器中，对其进行编译，生成hex文件。

5．电路仿真

仿真电路如图8-10所示，单击“运行”按钮，启动系统仿真，观察仿真结果。当按下6号键盘时，此时电路的显示结果为6。若按下其他键盘也能得到相应的结果，说明了电路设计的正确性。

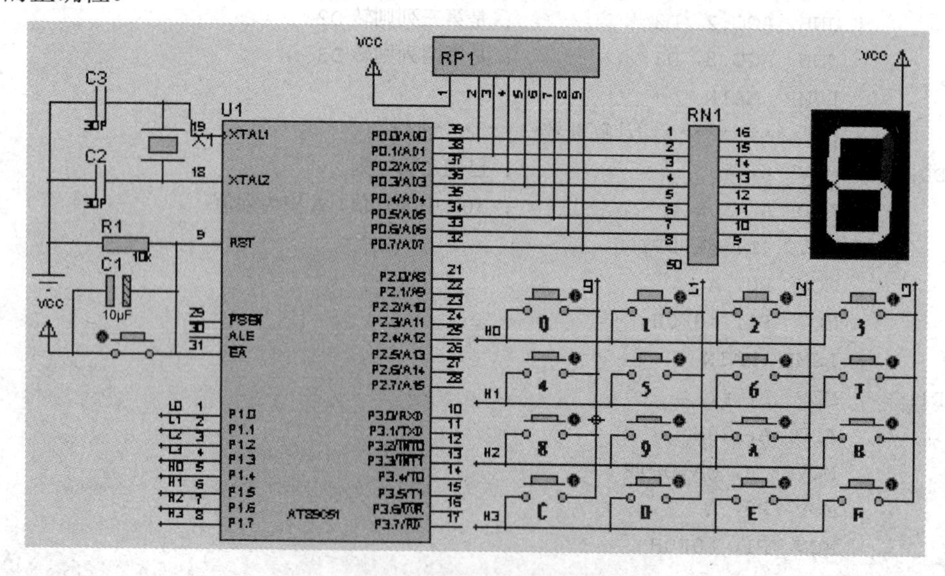

图8-10　查询矩阵式键盘接口电路

6．动手与思考

① 如何改变键号计算程序结构，使整体程序设计更加便捷？

② 通过键盘选择，改变电路的控制功能。

8.5.2 基于 Proteus 的中断矩阵式键盘电路设计

1．设计任务

以单片机 AT89C51 为控制器，用 4×4 键盘作为输入。采用中断方式和去抖动措施，要求：无键按下时，8 只发光二极管依次点亮。当按下按键时，将键盘所表示的编号（0～F）用数码管显示出来。同时发光二极管用十六进制显示出键盘的编号，而且连续闪烁 5 次。

2．设计思路

（1）电路设计

在电路设计上使用单片机的 P1 口设定高 4 位为行线，低 4 位为列线，P0 口经限流排阻接共阳数码管显示按键的值，P2 口接发光二极管。

打开 Proteus 的 ISIS 窗口，通过对象选择器按钮，从元件库中选择如下元器件：AT89C51、RES、CAP、CAP-ELEC、CRYSTAL、BUTTON、LED-BIGY、7SEG-COM-ANOD、RESPACK-8、RX8 等。放置元器件、电源和地线，连线如图 8-12 所示的矩阵式键盘电路。最后进行电气规则检查。

（2）编程思路

在无键盘按下时，编程实现 P2 口的发光二级管显示从左至右逐个被点亮，并依次循环。当有键盘按下后（产生中断），在中断服务程序中，根据行列键盘扫描原理，首先查询行线号并保存行首号，接着查询列线号，然后根据行首号和列线号计算键盘号，之后取键号并送 P0 口显示键号值。同时根据任务要求编程实现 P2 口的发光二级管显示出键号值，并闪烁 5 次。最后中断返回。

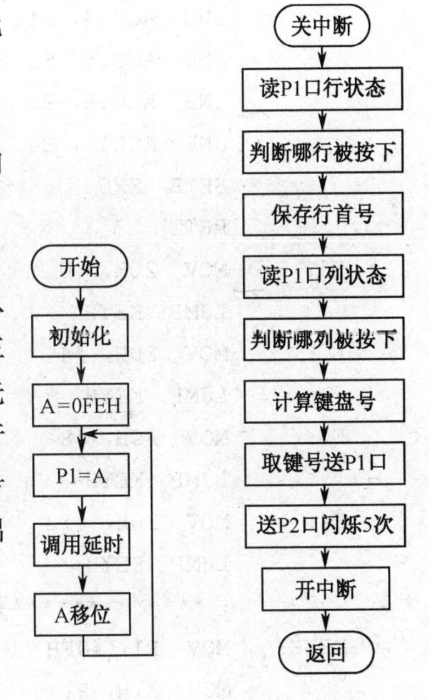

图 8-11 程序流程图

3．程序设计与分析

① 程序流程图如图 8-11 所示。

② 源程序：

```
        ORG  0000H
        LJMP   MAIN
        ORG  0003H
        LJMP  INT
        ORG  0040H
MAIN:   MOV  SP, #70H
        MOV  30H, #00H
        SETB  EX0
        SETB  IT0
```

```
          SETB  EA
          MOV  DPTR，#TAB
          MOV  P1，#0F0H    ；设行线高 4 位，列线低 4 位，先将行线设为输入
          MOV  R7，#0FEH
LOOP:     MOV  A，R7
          MOV  P2，A
          LCALL  DELAY
          RL  A
          MOV  R7，A
          SJMP  LOOP
INT:      PUSH  ACC
          CLR  EX0
          MOV  P1，#0F0H
          MOV  A，P1       ；P1 口状态送 A，此时被按下的那一行为低电平，其他为高电平
          ；*************查键盘行号**************
          JNB  ACC.4，E1    ；查询行状态，第一行线为 0 则转
          JNB  ACC.5，E2
          JNB  ACC.6，E3
          JNB  ACC.7，E4
          SETB  EX0
          RETI
E1:       MOV  20H，#0      ；确定第一行有低电平，将 0 存入 20H 单元
          LJMP  KEYH
E2:       MOV  20H，#4
          LJMP  KEYH
E3:       MOV  20H，#8
          LJMP  KEYH
E4:       MOV  20H，#12
          LJMP  KEYH
          ；*************查键盘列号**************
KEYH:     MOV  P1，#0FH     ；设列线为输入，读入列状态，屏蔽所有行
          MOV  31H，P1      ；判断存列状态。此时被按下的那一列为低电平，其他为高电平
          MOV  A，31H       ；存列状态送 A
          JNB  ACC.0，D0    ；查询第 0 列为低电平吗？
          JNB  ACC.1，D1
          JNB  ACC.2，D2
          JNB  ACC.3，D3
          LJMP  DELAY
          LJMP  DELAY
          SETB  EX0
          RETI
          ；************计算键盘号****************
```

```
D0:      MOV  A, #0
         LJMP  PP
D1:      MOV  A, #1
         LJMP  PP
D2:      MOV  A, #2
         LJMP  PP
D3:      MOV  A, #3
PP:      ADD A, 20H
         MOV 30H, A              ; 存键盘号
         ; ************** 取键盘号并送 P0 口显示*****************
         MOV  A, 30H
         MOVC  A, @A+DPTR        ; 查表取键盘号
         MOV  P0, A              ; 键盘号送 P0 口并显示
         ; **********发光二极管键盘编号显示************
         MOV  R2, #5             ; 闪烁次数
PP0:     MOV A, 30H              ; 键盘号送 A
         CPL A                   ; 键盘号取反
         MOV  P2, A              ; 键盘号送 P2 口显示
         ACALL  DELAY
         MOV  P2, #0FFH
         ACALL  DELAY
         DJNZ  R2, PP0
         MOV  P1, #0F0H          ; 恢复将行线设为输入
         SETB  EX0
         POP  ACC
         RETI
DELAY:   MOV  R0, #255
D:       MOV  R1, #255
         DJNZ  R1, $
         DJNZ  R0, D
         RET
TAB:     DB  0C0H, 0F9H, 0A4H, 0B0H
         DB  99H, 92H, 82H, 0F8H
         DB  80H, 90H, 88H, 83H
         DB  0C6H, 0A1H, 86H, 8EH
         END
```

4. 编译与文件加载

将编写的程序添加到 Proteus 自带的编译器中，对其进行编译，生成 hex 文件。设单片机的时钟工作频率为 12 MHz。

5. 电路仿真

仿真电路如图 8-12 所示，单击“运行”按钮，启动系统仿真，观察仿真结果。在无键盘按下时，P2 口显示流水灯状态；当按下 9 号键盘时，此时电路的数码管显示结果为 9，

P2 口显示十六进制 9H。若按下其他键盘也能得相应的结果，说明了电路设计的正确性。

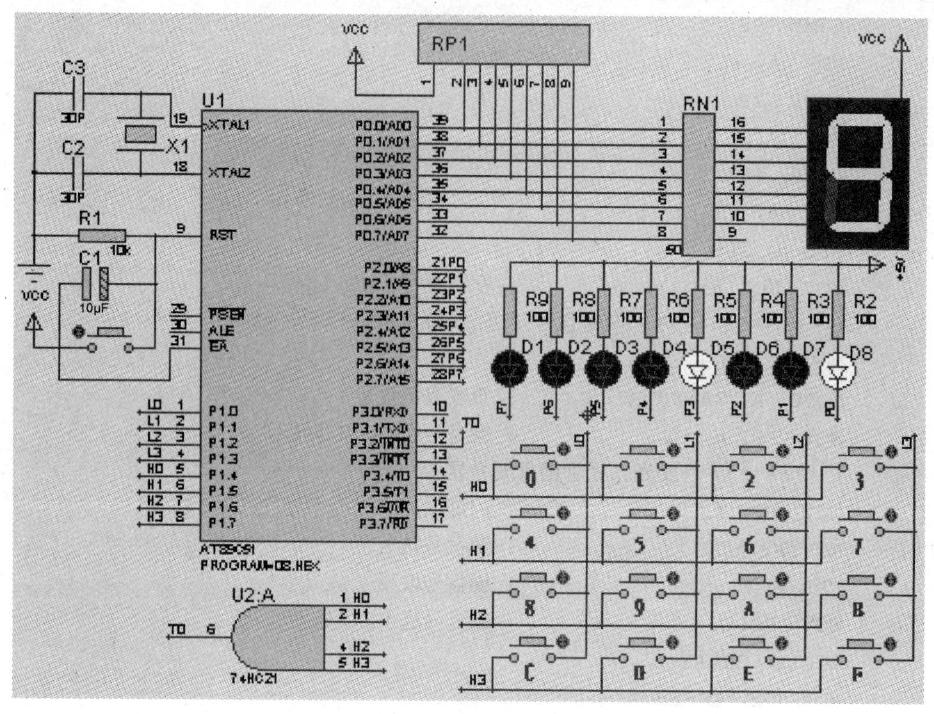

图 8-12　中断矩阵式键盘接口电路

6．动手与思考

① 如何修改程序设计，使 P2 口连接的发光二极管呈现出不同的显示模式？

② 通过键盘选择，改变电路的控制功能。

习题 8

一、单项选择题

1．按键开关的结构通常是机械弹性元件，当按键按下和断开时，触点在闭合和断开瞬间会产生接触不稳定，即抖动。为消除抖动常采用的方法有______。

A．硬件去抖动　　B．软件去抖动

C．硬、软件两种方法　　D．单稳态电路去抖动

2．某一应用系统为扩展 12 个功能键，通常采用______方式更好。

A．独立式按键　　B．矩阵式键盘　　C．动态键盘　　D．静态键盘

3．单片机外接 8×8=64 的矩阵式键盘，则该键盘电路需要占用单片机的 I/O 口数目为______。

A．8 个　　B．16 个　　C．32 个　　D．64 个

4．行列式（矩阵式）键盘的工作方式主要有______。

A．编程扫描方式和中断扫描方式　　B．独立查询方式和中断扫描方式

C．中断扫描方式和直接访问方式　　D．直接输入方式和直接访问方式

5．MCS-51 单片机外部计数脉冲输入 T0（P3.4），如用按钮开关产生计数脉冲，应采用______。

A．加双稳态消抖动电路　　　　　　B．加单稳态消抖动电路

C．施密特触发器整形　　　　　　　D．软件延时消抖动

二、简答题

1．有哪两种按键方式？分别简述其原理。

2．对于由机械式按键组成的键盘，应如何消除按键抖动？

3．独立式按键和矩阵式按键分别具有什么特点？适用于什么场合？

4．试说明非编码键盘的工作原理，如何去键抖动？如何判断键释放？

5．编写矩阵式键盘扫描子程序，判断是否有按键按下。

三、基于 Proteus 设计与仿真的综合应用

1．按键号码显示电路的设计与仿真

用单片机 P1 口外接 8 个按键，采用端口查询方式。其中：

① 任何一个按键被按下，其按键号用数码管显示出。

② 若有其中按键被按下，其按键号被锁定，其他按键按下则无效。

2．8 路抢答器的设计与仿真

8 路抢答器由 8 个抢答按键、3 位数码管和报警电路所组成，其中用 1 位数码管显示选手的抢答号码，用 2 位数码管显示抢答所用的时间。

① 设置一个抢答开始控制开关，若有选手在宣布抢答开始前按下抢答开关，则属于违规，此时抢答器显示出违规选手的号码，并同时发出报警声。

② 宣布开始抢答（抢答控制开关按下）后，若有选手按下抢答开关，则抢答器显示出选手的号码，并同时倒计时（设 30 s）开始，当计时时间到发出报警声。

3．简易方波发生器 Protcus 设计与仿真

① 使用 P1 口外接 K1～K8 按键，用来设置输出方波的频率，共 8 个挡位，方波从 P2.0 输出。系统晶振为 12 MHz。

② 采用定时器 T0 定时 0.8 ms 为基本定时时间，则 P2.0 口输出方波的周期为 1.6 ms（频率 f = 625 Hz）。当按下 K1 键，P2.0 口输出基本频率的方波，按下 K2～K8 键，则 P2.0 口输出频率依次降低。

4．电风扇风量控制器 Proteus 设计与仿真

① 用一个按键开关实现开机、风量调节和关机，风量设定为三种等级（低、中、高）。以 3 个发光二极管显示当前风量状况，即低速风量时 1 个发光管被点亮、中速风量时 2 个发光管被点亮、高速风量时 3 个发光管被点亮。选用 12 V 的直流电动机，用场效应管作为驱动电路，单片机输出脉冲信号经驱动电路控制直流电动机的转速。

② 编程上可采用中断方式，每次功能切换都对某个寄存器的寻址次数进行判断，根据寄存器的值转到相应的功能程序运行。

第9章 单片机转换器接口技术

单片机应用系统的重要领域是自动控制。由于单片机输入/输出的是数字量，而在多数情况下，单片机采集的数据多为模拟量，如，温度、速度、电压、电流、压力等，它们都是连续变化的物理量，因此需要将模拟量转化成数字量。另外，被控对象也常为模拟量，为了能实现数字控制，需要将数字量转换成模拟量。本章以 ADC0809、DAC0832 为例，介绍单片机的模/数（A/D）和数/模（D/A）转换技术。

9.1 A/D 转换器接口技术

9.1.1 A/D 转换器原理

A/D 转换器用于实现模拟量转换成与其成比例的数字量。按转换原理可分为 4 种，即计数式 A/D 转换器、双积分式 A/D 转换器、逐次逼近式 A/D 转换器和并行式 A/D 转换器。一种常用的 A/D 转换器是逐次逼近式的，逐次逼近式 A/D 转换器是一种速度较快，精度较高的转换器，广泛应用于中高速的数据采集系统。A/D 转换器的主要技术参数和性能指标如下。

1．分辨率

分辨率是指 A/D 转换器对于输入模拟量变化的灵敏度，用数字量的位数来表示，如 8 位、10 位、12 位等。n 位 A/D 转换器的分辨率为 2^{-n}。例如，0～5 V 的模拟量，8 位的 ADC 分辨率为输入满刻度值 VFS 的 1/256，当 VFS=5 V 时，数字输出的最低位 LSB 所对应的电平值为 5V/256≈0.02 V，即输入电压低于此值时，转换器无响应，数字输出量为 0。如果选用 10 位 A/D 转换芯片，则转换精度为 0.00488 V。

2．转换速率

转换速率是完成一次 A/D 转换所需要的时间的倒数，而完成一次 A/D 转换的时间指的是从输入转换的启动信号到转换结束所需的时间。不同型号的 ADC 差别很大，一般转换时间大于 1 ms 为低速，1 ms～1 μs 为中速，小于 1 μs 为高速，小于 1 ns 的为超高速。一般逐次逼近式的 A/D 转换器属于中速。

3．转换精度

A/D 转换器的转换精度定义为一个实际的 A/D 转换器和一个理想的 A/D 转换器在量化值上的差值，可用绝对误差或相对误差来表示。

9.1.2 典型 A/D 转换器芯片 ADC0809

逐次逼近式 A/D 转换器是一种速度较快、精度较高的转换器，其转换时间大约在几微秒到几百微秒之间。通常使用的逐次逼近式 A/D 转换器芯片为 ADC0808/0809。

ADC0808/0809 型 8 位 MOS 型 A/D 转换器可实现 8 路模拟信号的分时采集，片内有 8 路模拟选通开关，以及相应的通道地址锁存用译码电路，其转换时间为 100 μs 左右。下面将重点介绍该芯片的结构及使用。

1. ADC0809 的内部逻辑结构

ADC0809/0808 的内部逻辑结构如图 9-1 所示。

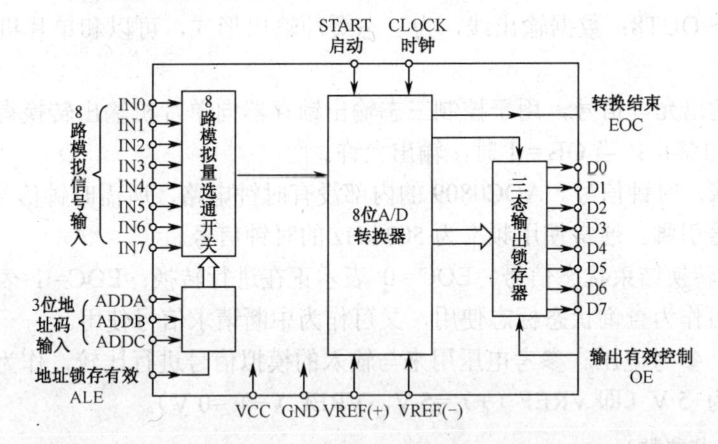

图 9-1 ADC0809 内部逻辑结构

图 9-1 中的多路开关可选通 8 个模拟通道，允许 8 路模拟量分时输入，共用一个 A/D 转换器进行转换，三态输出锁存器用于存放和输出转换得到的数字量。

地址锁存与译码电路完成对 A、B、C 三个地址位进行锁存和译码，其译码输出用于通道选择，见表 9-1。8 位 A/D 转换器是逐次逼近式 A/D 转换器，由控制与时序电路、逐次逼近寄存器、树状开关及 256 R 电阻阶梯网络等组成。

2. 信号引脚

ADC0809/0808 芯片为 28 引脚双列直插式封装，其引脚排列如图 9-2 所示。

表 9-1 通道选择

C	B	A	选择的通道
0	0	0	IN0
0	0	1	IN1
0	1	0	IN2
0	1	1	IN3
1	0	0	IN4
1	0	1	IN5
1	1	0	IN6
1	1	1	IN7

16 VREF(−)　OE 9
12 VREF(+)
ADC0809
22 ALE　OUT8 17
23 ADD C　OUT7 14
24 ADD B　OUT6 15
25 ADD A　OUT5 8
OUT4 18
5 IN7　OUT3 19
4 IN6　OUT2 20
3 IN5　OUT1 21
2 IN4
1 IN3　EOC 7
28 IN2
27 IN1　START 6
26 IN0　CLOCK 10

图 9-2 ADC0809 的引脚图

ADC0809 信号引脚的功能说明如下：

① IN0～IN7：模拟量输入通道。输入模信号为单极性、输入电压范围为 0～5 V。对变化速度快的模拟量，在输入前应增加采样保持电路。

② ADDA、ADDB、ADDC：地址线。用于对模拟通道进行选择。ADDA、ADDB 和 ADDC 分别对应表 9-1 中的 A、B 和 C，其地址状态与通道的对应关系见表 9-1。

③ ALE：地址锁存允许信号。对应 ALE 上升沿，ADDA、ADDB、ADDC 地址状态送入地址锁存器中。

④ START：转换启动信号。在 START 上升沿，所有内部寄存器清零；在 START 下降沿，开始进行 A/D 转换；在 A/D 转换期间，START 应保持低电平。

⑤ OUT1～OUT8：数据输出线，为三态缓冲输出形式，可以和单片机的数据线直接相连。

⑥ OE：输出允许信号，用于控制三态输出锁存器向单片机输出转换得到的数据。当 OE = 0 时，输出禁止；当 OE = 1 时，输出允许。

⑦ CLOCK：时钟信号。ADC0809 的内部没有时钟电路，所需时钟信号由外界提供，因此有时钟信号引脚。通常使用频率为 500 kHz 的时钟信号。

⑧ EOC：转换结束状态信号。EOC= 0 表示正在进行转换；EOC= 1 表示转换结束。该状态信号既可作为查询状态标志使用，又可作为中断请求信号使用。

⑨ VREF：参考电压。参考电压用来与输入的模拟信号进行比较，作为逐次逼近的基准。其典型值为+5 V（即 VREF（+）=5 V，VREF（−）=0 V）。

3．主要技术参数

- 分辨率：8。
- 转换时间：100 μs。
- 转换路数：8。
- 标准电压：5 V。
- 时钟频率：典型值为 640 kHz，范围为 10～1280 kHz。
- 输入：0～5 V。
- 输出具有锁存。
- 功耗：≤15 mW。
- 非调整误差位：±1LSB。

9.1.3 ADC0809 与 MCS-51 单片机的接口技术

ADC0809 与 MCS-51 单片机的接口电路如图 9-3 所示。若系统时钟为 6 MHz，ADC0809 与 8051 单片机接口的转换程序设计主要分为以下几步。

1．选通模拟量输入通道

在模拟通道选择上，ADC0809 的通道地址 ADDA、ADDB 和 ADDC 分别由 8051 的地址总线低 3 位 P0.0～P0.2 经地址锁存器 74LS373 输出后提供，并在 ADC0809 的地址锁存信号 ALE 有效时将通道地址锁存到 ADC0809 的地址锁存器中，以选择 IN0～IN7 中的一个通道作为当前 A/D 转换通道。对系统来说，地址锁存器只是一个输出口，为了将 3 位地址写入，还要提供口地址。图 9-3 中使用的是线选法，口地址由 P2 口确定，通道选择地址确定如下：

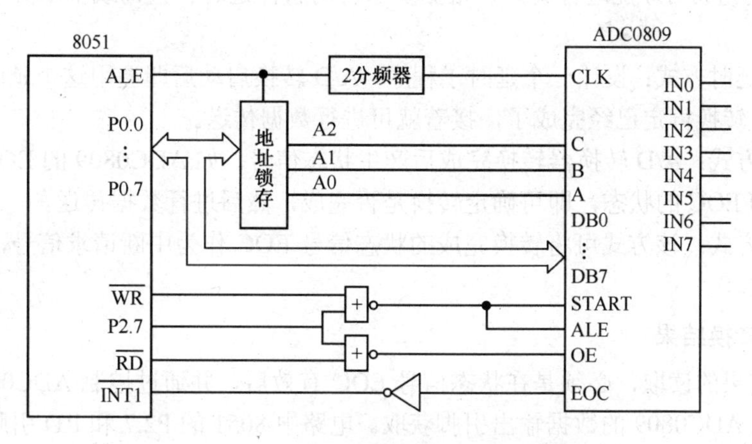

图 9-3　8051 与 ADC0809 的接口电路

8051	A15	A14	A13	A12	A11	A10	A9	A8	A7	A6	A5	A4	A3	A2	A1	A0
0809	ST	×	×	×	×	×	×	×	×	×	×	×	×	C	B	A
	0	×	×	×	×	×	×	×	×	×	×	×	×	0	0	0
	0	×	×	×	×	×	×	×	×	×	×	×	×	0	0	1
	⋮	⋮	⋮	⋮	⋮	⋮	⋮	⋮	⋮	⋮	⋮	⋮	⋮	⋮	⋮	⋮
	0													1	1	1

数据总线：A/D 转换器的数据线直接与单片机的 P0 口相连。

地址总线：模拟通道选择信号 ADDA、ADDB、ADDC 接 A15～A0 的任何一个地址。其中，A15～A8 由 P2 口的线选位来确定，A7～A0 由 8051 的地址总线低 3 位确定，总之，ADC0809 的占用地址为 0000H～7FFFH，如图 9-3 所示，IN0～IN7 地址为 7FF8H～7FFFH。通道选择地址可用下列指令完成（以通道 0 为例）。

```
MOV  DPTR，#7FF8H         ；送入 ADC0809 的口地址
```

2．发启动转换信号

ADC0809 是作为单片机的一个扩展芯片，对它的通道地址锁存、转换的启停控制、转换后数据的读取都需通过端口操作进行。因此，电路中将 8051 的 P2.7 和 WR 相或后接到 ADC0809 的 START 引脚，同时又使 START 和 ALE 引脚相连。这样就可以在 ALE 和 START 信号的前沿锁存待转换的通道地址，而在后沿启动转换。锁存通道地址和启动转换可用下列指令完成。

```
MOVX  @DPTR，A        ；启动转换
```

注意：通道地址锁存和启动转换必须执行片外写操作指令来实现，原因是锁存通道地址和启动转换都是通过 8051 的 WR 信号进行控制的。此处累加器 A 中的内容与 A/D 转换无关，可为任意值。再者，对于进入数据指针寄存器 DPTR 的 ADC0809 的地址必须含有待转换的通道地址，上面程序的启动转换是针对通道 IN0，若要启动别的通道进行转换，只需修改 ADC0809 地址的低 3 位即可。

3．转换结束判断

A/D 转换完成后才能进行传送，根据要求可用软件延时、查询或中断等三种方式判断转换结束。

① 软件延时方式：设计一个延时子程序，A/D 转换启动后即调用这个延时子程序，延迟时间一到，转换肯定已经完成了，接着就可进行数据传送。

② 查询方式：A/D 转换器转换完成后产生状态信号，如 ADC0809 的 EOC，因此，可以用软件查询 EOC 的状态，即可确定转换是否完成，然后进行数据传送。

③ 中断方式：该方式可将转换完成的状态信号 EOC 作为中断请求信号，以中断方式进行数据传送。

4．读取转换结果

对转换结果的读取，必须是在状态信号 EOC 有效后，并通过控制 ADC0809 的 OE 引脚，才可以从 ADC0809 的数据输出引脚获取。电路中 8051 的 P2.7 和 RD 引脚相或后连至 ADC0809 的 OE，所以通过下列指令可以读取转换结果。

```
MOVX A，@DPTR        ；读入转换结果
```

在这两条指令的执行过程中，送出 ADC0809 有效的输出允许口地址的同时，发出 RD 有效信号，使 ADC0809 的输出允许信号有效，从而打开三态门，使结果数据从数据输出引脚上送出，同时又通过 8051 的数据总线送至 8051 的累加器 A 中。

5．保存转换结果

将转换结果存入 RAM，进行数据处理或执行其他程序。

9.1.4 ADC0809 转换程序设计

1．软件延时方式转换程序设计

对于一种 A/D 转换器来说，转换时间作为一项技术指标是明确的。假设 8051 系统时钟为 6 MHz，则 ADC0809 的时钟是由 8051 的 ALE 经过二分频后获得 500 kHz，在 500 kHz 的时钟下，ADC0809 的转换时间为 128 μs。因此，启动转换后，通过执行一段时间超过 128 μs 的延时程序后，接着就可读取转换后的结果数据。若系统时钟为 12 MHz，单片机 ALE 输出 2 MHz 的频率，则用 4 分频电路可获得 500 kHz 的时钟。

【例 9-1】采用软件延时方式，分别对 8 路模拟信号轮流采样一次，并依次将结果存放到片内数据存储器 50 H 开始的单元中。系统时钟为 6 MHz，接口电路如图 9-3 所示，由电路可知 ADC0809 和 IN0 通道地址为 7FF8H，具体程序如下：

```
MAIN:   MOV  R1，#50H        ；置转换结果存放数据区首地址
        MOV  DPTR，#7FF8H    ；DOTR 指向 ADC0809 的通道 IN0 地址
        MOV  R7，#08H        ；置转换通道数
LOOP:   MOVX @DPTR，A        ；启动 A/D 转换（该指令使 WR 和 P2.7 变低，产生 START 需
                              要的上升沿）
        MOV  R6，#35H        ；软件延时 140 μs
HERE:   DJNZ  R6，HERE
        MOVX  A，@DPTR       ；读取转换结果（该指令使 RD 和 P2.7 变低，产生 OE 有效
                              信号）
```

```
        MOV  @R1, A             ; 转换结果存入结果数据区
        INC   DPTR              ; 指向下一个通道
        INC   R1                ; 修改结果数据区指针
        DJNZ  R7, LOOP          ; 8 路模拟信号是否都已转换完成
        SJMP  $
```

注意：采用软件延时方式时，程序中没有涉及对 ADC0809 的转换结束引脚 EOC 的状态判别，因此在这种方式上，接口电路中的 EOC 输出连线可以去掉。对于采用查询方式时，则需要该连线，由 8051 来判断 A/D 转换是否结束。

2．查询方式转换程序设计

将 ADC0809 的 EOC 信号接到单片机的某个 I/O 口上（如 EOC 与 P3.3 相连）则形成又一种接口电路。启动 A/D 转换，约经 100 μs 之后，单片机通过循环查询 EOC 信号，判断转换是否结束。

【例 9-2】分别对 8 路模拟信号轮流采样一次，并依次将结果存放到片内数据存储器 50 H 开始的单元中的程序。

```
MAIN:   MOV  R1, #50H           ; 置转换结果存放数据区首地址
        MOV  DPTR, #7FF8H       ; 指向 ADC0809 的通道 IN0 地址
        MOV  R7, #08H           ; 置转换通道数
LOOP:   MOVX  @DPTR, A          ; 启动 A/D 转换
        MOV  R2, #20H           ; 延时
DELY:   DJNZ  R2, DELY          ; 等待延时结束
DELY1:  JB  P3.3, DELY1         ; 判 P3.3=1?
        MOVX  A, @DPTR          ; 读取转换结果
        MOV  @R1, A             ; 转存
        INC  DPTR               ; 指向下一个通道
        INC  R1                 ; 通道数加 1
        DJNZ  R7, LOOP          ; 8 个通道采样未完则循环
        SJMP  $
```

3．中断方式转换程序设计

如图 9-3 所示，ADC0809 的 EOC 脚经过一个非门连接到 8051 的 $\overline{INT1}$ 脚上，从信号的时序分析来看，当 ADC0809 转换结束时，EOC 输出变高，则经过非门后该信号反向为下跳变，正好可以作为外中断的请求信号。采用中断方式的优点是可以随时响应中断请求，由外部中断 1 的中断服务程序读取 A/D 转换结果，并启动 ADC0809 的下一次转换，外部中断 1 采用边沿触发方式。

【例 9-3】单路信号采集编写转换程序如下：

主程序：

```
        ORC  0000H
        LJPM  MAIN
        ORG   0013H
        LJMP  INT1
MAIN:   MOV  SP, #60H
```

```
        SETB  IT1            ；外部中断 1 为边沿触发方式，等待初始化
        SETB   EA
        SETB  EX1
        MOV  DPTR，#7FF8H    ；DPTR 指向 AD0809 的 IN0 通道地址
        MOVX  @DPTR，A       ；启动 AD0809 对 IN0 通道进行转换
        SJMP  $              ；等待中断
```

中断服务程序：

```
INT1:   MOVX  A，@DPTR       ；读取转换结果
        MOV  63H，A          ；结果存入结果数据区
        ……                  ；可以编程将结果显示出来
        MOVX  @DPTlR，A      ；启动转换
        RETI
        END
```

【例 9-4】 8 信号采集编写转换程序如下：

```
        ORC  0000H
        LJPM  MAIN
        ORG   0013H
        LJMP  INT1
MAIN:   MOV  SP，#60H
        MOV  R0，#50H        ；R1 指向转换结果存放数据区首地址
        MOV  R1，#08H        ；8 路计数初值
        SETB  IT1            ；外部中断 1 为边沿触发方式，等待初始化
        SETB   EA
        SETB  EX1
        MOV  DPTR，#7FF8H    ；DPTR 指向 AD0809 的 IN0 通道地址
        MOVX  @DPTR，A       ；启动 AD0809 对 IN0 通道进行转换
        SJMP  $              ；等待中断
```

中断服务程序：

```
INT1:   MOVX  A，@DPTR       ；读取转换结果
        MOV  @R0，A          ；结果存入结果数据区
        INC  DPTR            ；指向下一个通道
        INC  R0              ；更新暂存单元
        DJNZ  R1，LL1        ；是否 8 次转换完成
        RETI
LL1:    MOVX  @DPTlR，A      ；启动转换
        RETI
        END
```

9.2 基于 Proteus 的 ADC0809 数据采集系统设计与仿真

通过 Proteus 仿真实例掌握 A/D 转换与单片机的接口方法，了解如何利用单片机进行数据采集。

9.2.1 基于 Proteus 的 ADC0809 单路数据采集系统设计

1．设计任务

以 ADC0809（电路仿真中采用 ADC0808）为 A/D 转换芯片，以查询方式实现单路模拟量输入检测电路。由电位器提供模拟量输入，将模拟量转换成二进制数字量，用单片机 P0 口输出到发光二极管显示。

2．设计思路

（1）电路设计

在电路设计上以单片机为控制核心，用单片机 I/O 口直接定义 ADC0808 的模拟通道，选择信号 ADDA、ADDB、ADDC 为 IN0 通道、地址锁存允许（ALE）、转换启动信号（START）、输出允许信号（OE）、查询转换结束状态信号（EOC）和产生时钟信号（CLK）。

打开 Proteus 的 ISIS 窗口，通过对象选择器按钮，从元件库中选择如下元器件：AT89C51、RES、CAP、CAP-ELEC、BUTTON、CRYSTAL、POT-HG、ADC0808、LED-BIBY 等。放置元器件、虚拟电压表、电源和地线，连线成单路模拟量输入检测电路。

（2）编程思路

利用伪指令定义单片机与 ADC0808 的控制与数据传输线，首先将 ALE 和 START 连接在一起，用 P2.1 控制地址锁存允许和转换启动信号，然后利用 P2.0 产生时钟信号，之后通过查询转换结束后就允许输出，最后保存转换结果并送到 P0 口显示。

3．程序设计与分析

① 程序流程如图 9-4 所示。

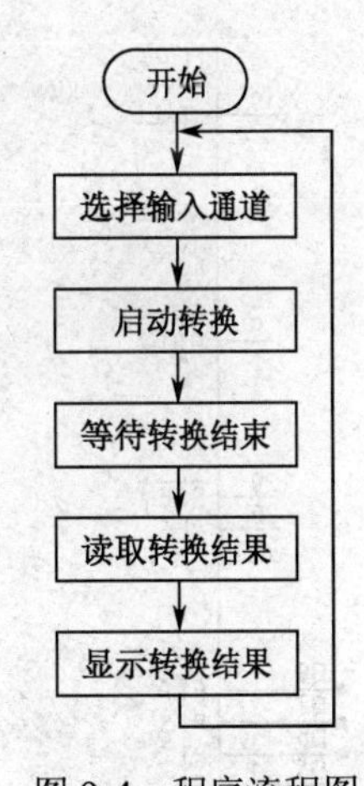

图 9-4 程序流程图

② 源程序：

```
        ADCDATA  EQU  35H           ；存放转换后的数据
        START   BIT  P2.1
        OE  BIT  P2.7
        EOC  BIT  P2.3
        CLOCK  BIT  P2.0
        ADD_A  BIT  P2.4
        ADD_B  BIT  P2.5
        ADD_C  BIT  P2.6
        ORG  0000H
        LJMP  MAIN
        ORG  0100H
MAIN:
        CLR  ADD_A                  ；选择通道 IN0
        CLR  ADD_B
        CLR  ADD_C
WAIT:
```

```
        CLR  START
        SETB  START                       ; 与ALE同时有效，将地址送入地址锁存器中
        CLR  START                        ; 启动转换
CLOOP:
        CPL  CLOCK                        ; 产生时钟信号
        JNB  EOC，CLOOP                   ; 等待转换结束状态信号
        SETB  OE                          ; 输出允许数据
        MOV  ADCDATA，P1                  ; 输出结果暂存在35H单元
        CLR  OE                           ; 关闭输出
        MOV  P0，ADCDATA                  ; 将结果送到P0口显示
        LJMP  WAIT                        ; 不断循环
        END
```

4．编译与文件加载

将编写的程序添加到Proteus自带的编译器中，对其进行编译，生成hex文件。

5．电路仿真

仿真电路如图9-5所示，单击“运行”按钮，启动系统仿真，观察仿真结果，此时电路的显示结果为99H的十六进制数据，显示虚拟电压表的测量值为3.00V，说明了电路设计的正确性。

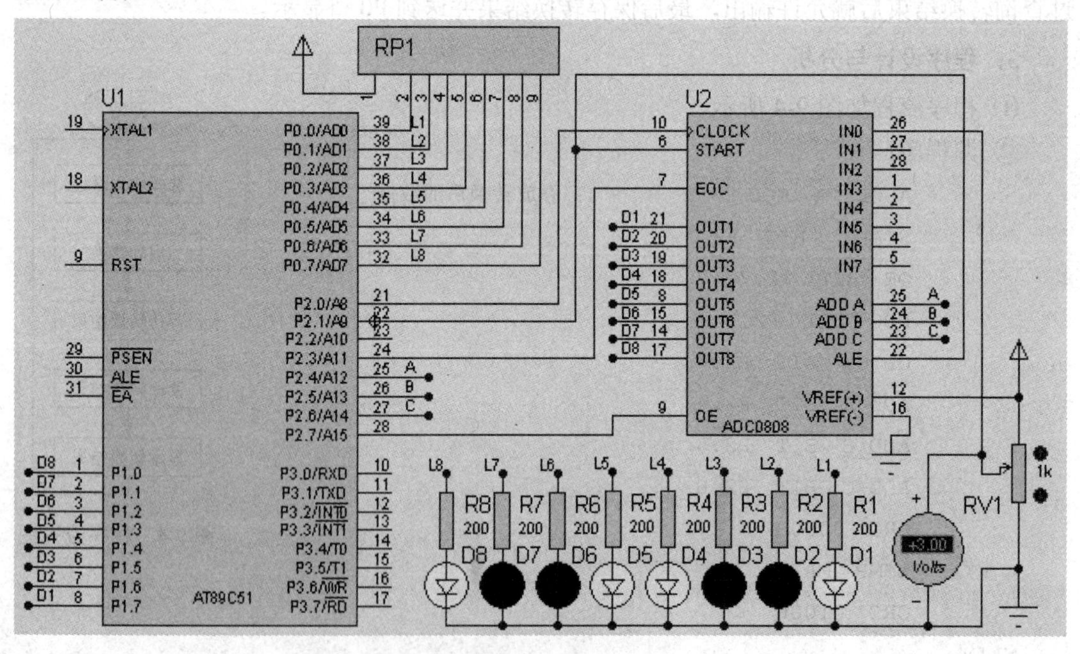

图9-5　单路模拟量输入检测电路

6．动手与思考

① 修改电路及程序设计，通过LED数码管将数值显示出来。

② 采用中断方式，电路和程序又如何设计？

9.2.2 基于 Proteus 的 ADC0809 多路数据采集系统设计

1. 设计任务

以 ADC0809（电路仿真中采用 ADC0808）为 A/D 转换芯片，以中断方式，实现 8 路模拟量输入巡回检测电路。输入量为 8 路模拟可调直流电压，用 4 位数码管显示测量结果，其中，最高位显示测量通道数，低 3 位显示 A/D 转换结果。

2. 设计思路

（1）电路设计

在电路设计上以单片机为控制核心，ADC0808（与 ADC0809 完全兼容）模拟通道选择信号 ADDA、ADDB、ADDC 接地址总线的 A0、A1、A2，地址总线的低 8 位由 P0 经 74HC373 得到，ADC0808 的 ALE 与 START 接在一起，由 P2.7 与 WR 通过与非门控制，8 路模拟信号的地址为 7FF8H～7FFFH。其中，第一路的地址为 7FF8H，第八路的地址为 7FFFH。EOC 采用中断方式，将 ADC0808 的 EOC 通过与非门接 P3.2，ADC0808 读允许信号由 P2.7、P3.7 通过与非门控制。数码显示选用四位一体的共阳数码管，P1 口高 4 位用于动态选通 4 个数码管，低 4 位输出十六进制数据，经 74LS47 译码后送到 4 位数码管显示。该仿真电路系统中，使用虚拟信号源为 A/D 转换器提供 500 kHz 转换的时钟信号。

打开 Proteus 的 ISIS 窗口，通过对象选择器按钮，从元件库中选择如下元器件：AT89C51、RES、CAP、CAP-ELEC、BUTTON、CRYSTAL、POT-HG、7SEC-MPX4—CATBLUE、7402、74LS47、74HC373、ADC0808、74LS05 等元器件。放置元器件、电源和地线，连线得到检测电路。

（2）编程思路

首先确定 AD0808 的通道地址，然后用指令 MOVX @DPTR，A 启动 A/D 转换，之后调用显示子程序（显示某一通道的测量值）；最后改变通道地址，并启动 A/D 转换与调用显示子程序，当 8 路通道都完成转换和显示后主程序重新循环。当每一通道启动 A/D 转换后，经过一段时间，单片机将产生中断，然后进入中断服务程序，读 A/D 转换数据并存放在指定的单元，为调用显示子程序提供新的数据。

3. 程序设计与分析

① 程序流程如图 9-6 所示。

② 源程序：

```
        ORG  0000H
        LJMP  MAIN
        ORG  0003H
        LJMP  INT0
MAIN:   SETB  EA
        SETB  EX0
        SETB  IT0
        MOV  53H, #00H
        MOV  52H, #00H
        MOV  51H, #00H
```

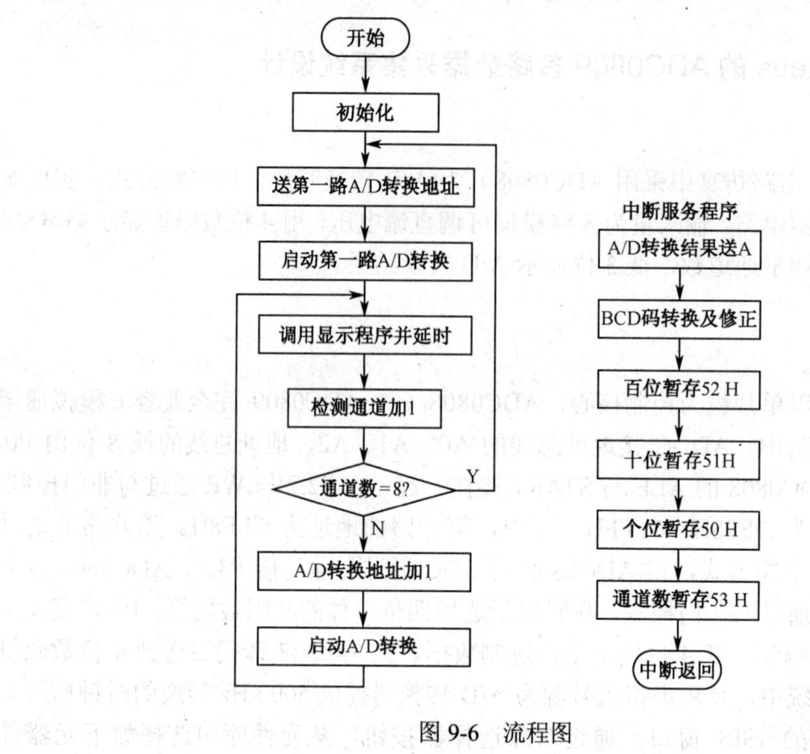

图 9-6 流程图

```
        MOV  50H, #00H
LOP0:   MOV  DPTR, #7FF8H          ; DPTR指向AD0809的IN0通道地址
        MOV  R7, #160
        MOV  R6, #1
        MOVX  @DPTR, A             ; 启动AD0809对IN0通道进行转换
LOP1:   LCALL  LED                 ; 调用显示子程序
        DJNZ  R7, LOP1             ; 延时
        INC  R6                    ; 通道数加1
        CJNE  R6, #9, NEXT
        LJMP  LOP0
NEXT:   INC  DPTR                  ; 通道地址加1
        MOV  R7, #160
        MOVX  @DPTR, A             ; 启动下一个通道进行转换
        LJMP  RR1
INTO:   MOVX  A, @DPTR             ; 读取转换结果
        MOV  B, #100
        DIV  AB                    ; 除以100, 得到电压的个位值存放在A内, B为0.XX
                                   的电压值
        MOV  R1, A
        ADD  A, R1                 ; 对电压的个位值修正, 即乘2
        MOV  52H, A                ; 在52H地址内存放电压的个位值
        MOV  A, #10
```

```
        XCH  A, B
        DIV  AB              ; A内是0.X的电压值，B内是0.0X的电压值
        MOV  R1, A           ; 对电压的0.X位值修正，即乘2
        ADD  A, R1
        DA  A                ; 相加结果大于9则加6进行BCD码调整（如5+5=A，
                               调整后为0001 0000,即10;7+7=E,调整后为0001 0100，
                               即14）
        MOV  R5, A           ; A内，高4位是进位数据，低4位为0.X值
        ANL  A, #0F0H        ; 对低4位屏蔽保留高4位
        SWAP  A              ; 高低4位交换
        ADD  A, 45H          ; 将原来的电压的个位值与0.X位的进位值相加
        MOV  52H, A          ; 存放结果
        MOV  A, R5
        ANL  A, #0FH         ; 屏蔽高4位保留低4位
        MOV  51H, A          ; 存放结果
        MOV  50H, B          ; 存放结果
        MOV  53H, R6         ; 存放通道数
        RETI
LED:    MOV  P1, #10H        ; 选择通道数码管
        MOV  A, 53H          ; 送通道数
        ORL  P1, A           ; P1口的高4位为数码管位选，低4位为测量值
        LCALL  DELAY         ; 调用延时子程序
        MOV  P1, #20H
        MOV  A, 52H
        ORL  P1, A
        MOV  P1, #40H
        MOV  A, 51H
        ORL  P1, A
        LCALL  DELAY
        MOV  P1, #80H
        MOV  A, 50H
        ORL  P1, A
        LCALL  DELAY
        MOV  A, #0FH
        ANL  P1, A
        RET
DELAY:  MOV  R3, #20H
LP1:    MOV  R4, #15H
LP2:    DJNZ  R4, LP2
        DJNZ  R3, LP1
        RET
        END
```

4．编译与文件加载

将编写的程序添加到 Proteus 自带的编译器中，对其进行编译，生成 hex 文件。

5．电路仿真

仿真电路如图 9-7 所示，数字电压表显示的位数值分别为：第一位（左边）为测量通道显示，后三位为测量值显示，单位为 V。单击“运行”按钮，启动系统仿真，观察仿真结果，此时电路的显示结果为第 5 通道的测量值，显示电压为 3.03 V。

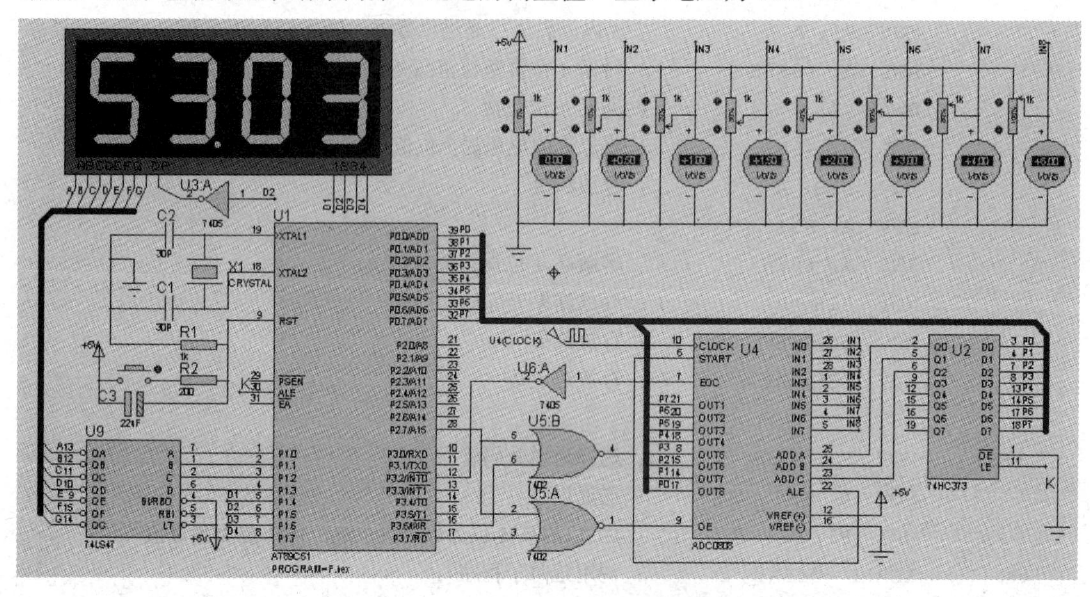

图 9-7　8 路模拟量输入巡回检测电路

8 路虚拟电压表测量值如图 9-8（a）所示，8 路电压数字显示值如图 9-8（b）所示。

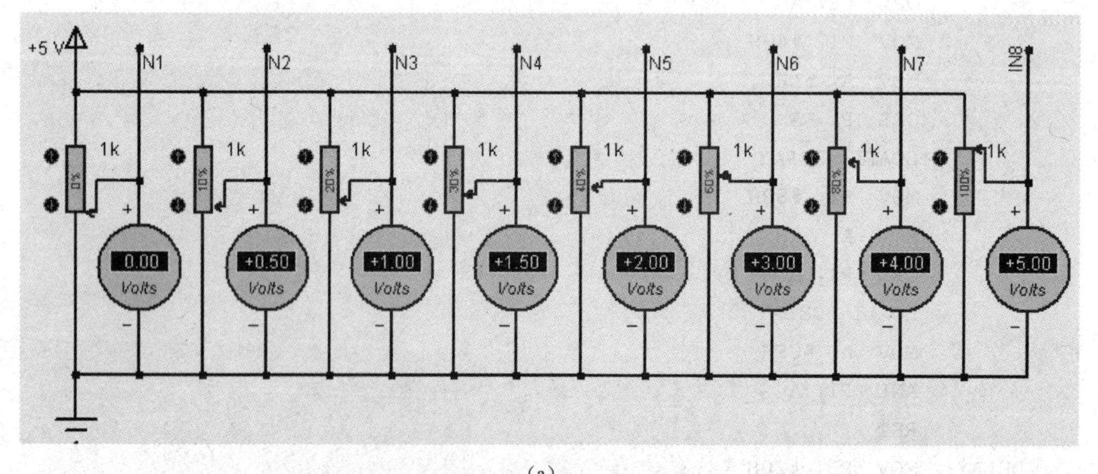

（a）

10.00　20.46　31.01　41.47　52.02　63.03　74.04　85.05

（b）

图 9-8　8 路电压测量与转换结果的对比值

6. 动手与思考

① 改变模拟量输入通道地址，电路和程序又如何设计？

② 在电路设计中，增加分频器，为 A/D 转换器提供 500 kHz 转换的时钟信号。

目前双积分式 A/D 转换器应用于数字测量仪器上较多。适用于单片机接口的有 8 位 ADC0831、12 位 TLC2543 串行，12 位 AD574A、AD1674 并行等 A/D 转换器，应用知识请参考相关资料。

9.3 D/A 转换器接口技术

D/A 转换器用于实现数字量转换成与其成比例的模拟量，为计算机系统的数字信号与模拟环境的连续信号之间提供了一种接口。由于 D/A 转换输出的量并非真正连续可调，因而称为准模拟量输出。

9.3.1 D/A 转换原理及主要技术指标

1. D/A 转换原理

D/A 转换器的输出是由数字输入和参考电源组合进行控制的，经 D/A 转换后输出模拟量，如图 9-9 所示。大多数常用的数字输入是二进制或 BCD 码形式，输出可以是电流，也可以是电压，而多数是电流。因此，对电流型 D/A 转换器的输出，需要用 I/V 转换器将电流输出转换成电压输出，通常 I/V 转换器由运算放大器组成的。为了保持 D/A 转换器的稳定输出，目前常用的 D/A 转换器内部都带有数据锁存功能。

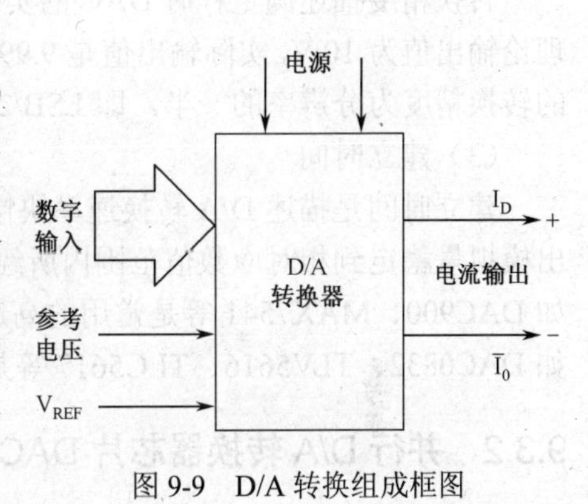

图 9-9 D/A 转换组成框图

2. D/A 转换器的主要技术指标

D/A 转换器分串行和并行两种，如 DAC0832、AD5547、AD7547、TLV5633 等是常用的并行 D/A 转换；TLV5616、TLV5637、TLC5617、TLV5614 等是常用的串行 D/A 转换芯片。衡量 D/A 转换器的性能主要参数如下。

（1）分辨率

指最小输出电压与最大输出电压之比，或用数字输入信号的有效位表示。n 位的 D/A 转换器分辨率为 2^{-n}，例如，8 位二进制 DAC，其数字量 00H～FFH 分别对应于模拟量 0～+5 V，而 00H～FFH 之间能分为 256−1=255 步，可见一个 8 位 D/A 转换芯片的分辨率为：

$$(5\text{ V}-0\text{ V})/255\text{ 步}=0.0196\approx 0.02\text{ V/步}$$

8 位数字量与模拟量的转换量对应量见表 9-2。

显然数字的位数越多，分辨率越高。如 DAC0832、DAC800 等，是常用的 8 位 D/A 转换芯片；TLV5616、DACl210 等是 12 位串行 D/A 转换芯片。

表 9-2　数字量与模拟量转换对应量表

输出电压（V）	项　次	输入位元表示（二进制）							
0	0	0	0	0	0	0	0	0	0
0.02/0.0196	1	0	0	0	0	0	0	0	1
0.04/0.0392	2	0	0	0	0	0	0	1	0
⋮									
1.00	50	0	0	1	1	0	0	1	1
⋮									
2.00	100	0	1	1	0	0	1	1	0
⋮									
3.00	150	1	0	0	1	1	0	0	1
⋮									
4.00	200	1	1	0	0	1	1	0	0
4.9804	254	1	1	1	1	1	1	1	0
5.00	255	1	1	1	1	1	1	1	1

（2）转换精度

转换精度描述满量程时 DAC 的实际模拟输出值和理论值的接近程度。例如，满量程时理论输出值为 10 V，实际输出值是 9.99～10.01 V 之间，则其转换精度为±10 mV。通常 ADC 的转换精度为分辨率的一半，即 LSB/2。

（3）建立时间

建立时间是描述 D/A 转换速率快慢的一个重要参数，一般是指输入数字量变化后，输出模拟量稳定到相对应数值范围内所经历的时间。一般高速 D/A 转换时间为 1～100 μs，如 DAC900、MAX7541 等是常用的高速 D/A 转换芯片；若为低速则转换时间大于 100 μs，如 DAC0832、TLV5616、TLC5617 等是低速 D/A 转换芯片。

9.3.2　并行 D/A 转换器芯片 DAC0832

DAC0832 是典型的 8 位并行低速 D/A 转换芯片，采用 CMOS 工艺，+5～+15 V 单电源供电，转换时间不大于 1 μs，低功耗（20 mW）。它直接可与众多 8 位单片机和微处理器连接，其输出是以电流形式，可利用外接运算放大器转换成电压输出。下面介绍 DAC0832 转换器与单片机的接口技术。

1．DAC0832 内部结构

该转换器由输入寄存器和 DAC 寄存器构成两级数据输入锁存。使用时数据输入可以采用两级锁存（双锁存）形式，或单级锁存（一级锁存，一级直通）形式，或直接输入（两级直通）形式，如图 9-10 所示。

此外，由 3 个与门电路可组成寄存器输出控制逻辑电路，该逻辑电路的功能是进行数据锁存控制。当 LE=0 时，输入数据被锁存；当 LE=1 时，锁存器的输出跟随输入的数据。

2．DAC0832 引脚信号与功能

DAC0832 转换器芯片引脚排列如图 9-11 所示，引脚功能如下。

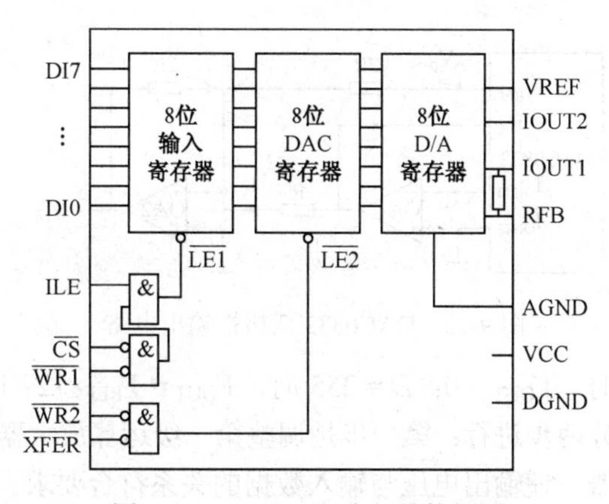

图 9-10　DAC0832 内部结构框图

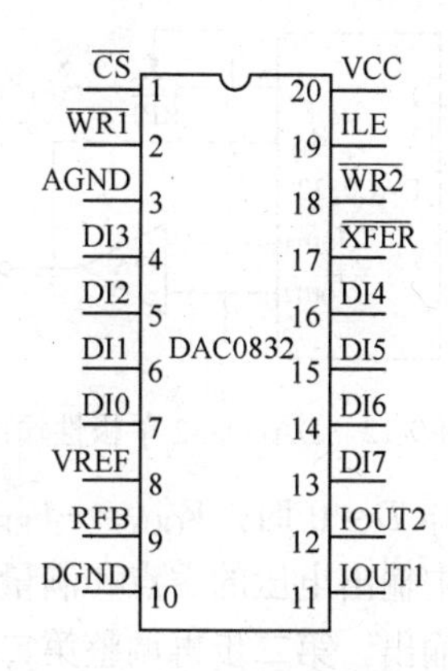

图 9-11　DAC0832 的引脚排列

① DI0～DI7：转换数据输入端。

② $\overline{CS}$：片选信号，低电平有效。

③ ILE：数据锁存允许信号，高电平有效。

④ $\overline{WR1}$、$\overline{WR2}$：第一、第二写信号，低电平有效。

⑤ $\overline{XFER}$：数据传送控制信号，低电平有效。

⑥ IOUT1、IOUT2：电流输出 1、2。

⑦ VREF：基准电压，范围为−10～+10V。

⑧ DGND、AGND：数字地、模拟地。

⑨RFB：接反馈电阻。

3．DAC0832 的输出方式

DAC0832 的 DI0～DI7 为数据输入线，转换结果从 IOUT1 和 IOUT2 以模拟电流形式输出。当输入数字为全 1 时，I_{OUT1} 最大；为全 0 时其值最小，IOUT1 与 IOUT2 之和为常数。为了取得电压输出，需外接运算放大器以进行 I/V 转换。在图 9-10 中，RFB 为运算放大器的反馈电阻端。从输出电压的极性来分，有单极性输出和双极性输出两种方式。

（1）单极性输出

图 9-12 为 AC0832 单极性输出电路。

输出电压的表示形式为：

$$V_{OUT} = -V_{REF} \times D/256$$

式中 D 为输入数字量的十进制值，DAC0832 输出的电流信号 I_{OUT1} 连接运算放大器的反向输入端，所以转换结果为负值。若基准电压为 $V_{REF} = +5$ V，当 $D = 0$～255（00H～FFH）时，由上式可得到 $V_{OUT} = 0$～-4.98 V。

通过调节外接在反馈回路上的电位器 RP1，可以调整满量程。而调整运算放大器的调零电位器，可以对 D/A 芯片进行零点补偿。

（2）双极性输出

图 9-13 为 DAC0832 双极性输出电路。

电路采用两级运算放大器，其中运算放大器用于将运算放大器的单极性输出转换成双极性输出。输出电压的表达形式：

$$V_{OUT} = -V_{REF} \times (128-D)/128$$

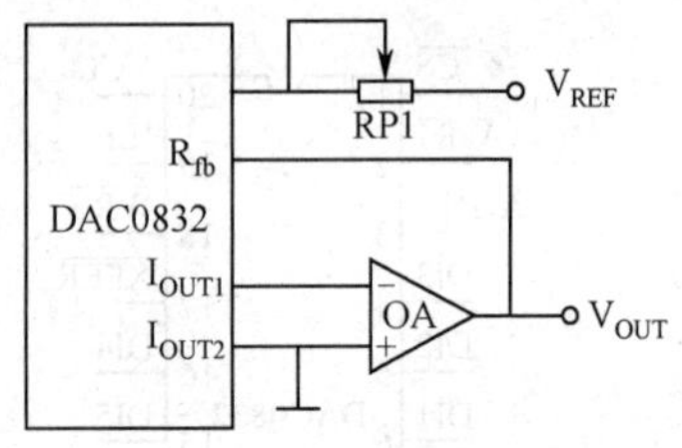

图 9-12　DAC0832 单极性输出电路

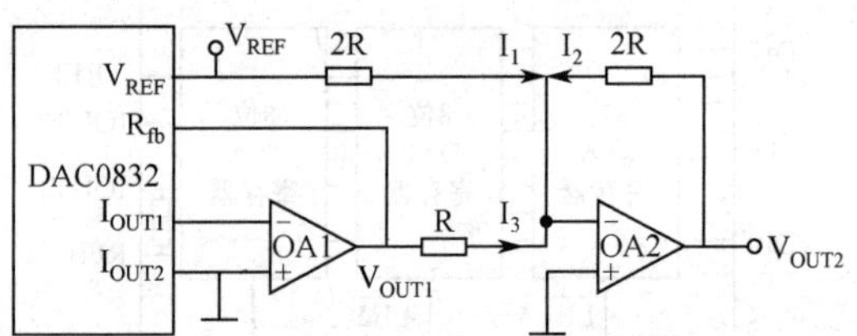

图 9-13　DAC0832 双极性输出电路

即 $D=0$ 时，$V_{OUT}=-V_{REF}$；$D=128$ 时，$V_{OUT}=0$；$D=255$ 时，$V_{OUT}=V_{REF}\times 127/128$。电路中输出电压的零点和满量程调整可以分两步进行：第一步是调整第一级运算放大器的单极性输出。第二步再调整第二级运算放大器，使输出电压与输入数据的关系符合要求。

9.3.3　DAC0832 与单片机接口技术

由于 DAC0832 芯片内含有两级 8 位的数据寄存器，因此它有以下几种工作方式。

下面介绍 DAC0832 几种工作方式与 MC-51 单片机的接口及转换控制程序。

1．直通方式

直通方式就是 LE1、LE2 均有效，DAC0832 的两个输入寄存器都处于直通状态，数据通过 DI0～DI7 直接送往 8 位 D/A 转换器进行转换。DAC0832 与单片机直通方式连接电路如图 9-14 所示。

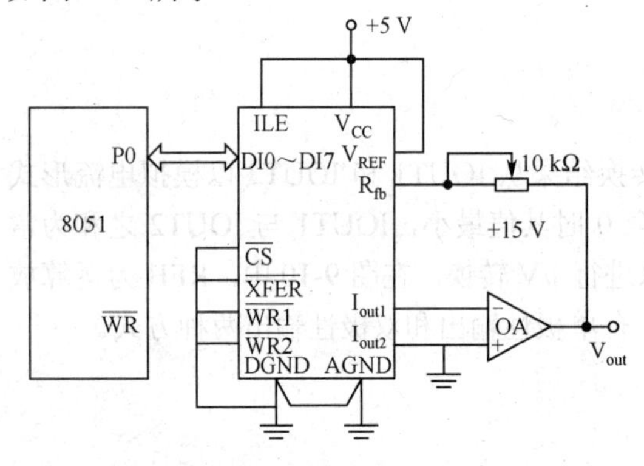

图 9-14　直通方式的 DAC0832 与 8051 的接口电路

在电路中，DAC0832 的 $\overline{WR1}$、$\overline{WR2}$、$\overline{XFER}$、$\overline{CS}$ 全部接地，数据线 DI7～DI0 直接连到 8051 单片机的 P0 口线上。一旦 8051 单片机 P0 口有数据输出，DAC8032 立即进行转换，可见此时 DAC0832 工作在直通方式。其特点是转换速度快、编程简单。控制转换程序可采用直接寻址指令对 P0 口进行操作，CPU 只需执行 MOV　P0，A 指令，即可将存放在累加器 A 中的数字量从 P0 送到 DAC0832 进行一次 D/A 转换。

2．单缓冲方式

单缓冲方式就是使 DAC0832 的两个输入寄存器中有一个处于直通方式。若应用系统只有一路 D/A 转换或虽然有多路转换，但时间上不要求同步输出时，则可以采用单缓冲方式接口。DAC0832 采用单缓冲工作方式的接口电路如图 9-15 和图 9-16 所示。

DAC0832 的数据输入线 DI7～DI0 接到 8051 的 P0 口，输入寄存允许信号 ILE 接+5 V，片选信号 $\overline{CS}$ 与 $\overline{XFER}$ 连接在一起，当给 DAC0832 片选信号时，其输入寄存器和 DAC 寄存器将同时被选中，单片机的写信号 $\overline{WR}$ 与 DAC0832 的 $\overline{WR1}$ 和 $\overline{WR2}$ 同时相接，即始终让 DAC0832 接收数据允许锁存信号，该信号一直有效。因为 $\overline{CS}$ 连接在 P2.7 端，因此可认为该 DAC0832 的地址为 7XXXH，不妨设为 7FFFH。

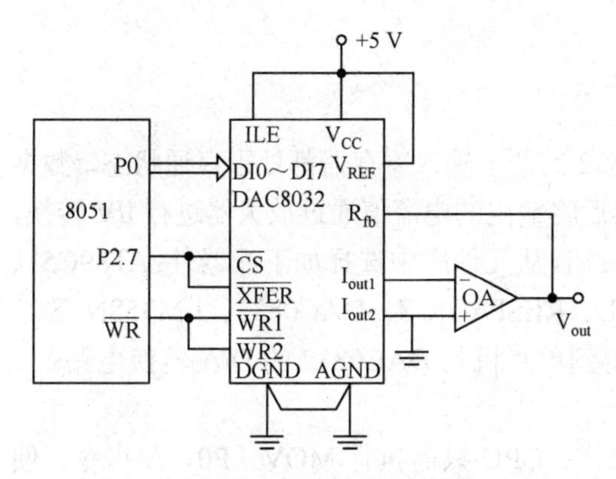

图 9-15　DAC0832 单缓冲方式接口一　　图 9-16　DAC0832 单缓冲方式接口二

执行下面几条指令就能完成将数字量 DATA 转换成模拟量并输出：

```
MOV  DPTR，#7FFFH          ；送 DAC0832 地址
MOV  A，#DATA              ；要转换的数字量送 A
MOVX  @DPTR，A             ；WR 有效，数字量送 D/A 芯片转换并输出
```

在图 9-16 中，$\overline{WR2}$=0 且 $\overline{XFER}$=0，一直处于使能状态，因此 DAC 寄存器处于直通方式，即输入数据寄存器中的数字信号可直接转换为模拟信号。而输入寄存器处于受控锁存方式，$\overline{WR1}$ 接 8051 的 $\overline{WR}$，ILE 接高电平，此外还应把 $\overline{CS}$ 接高位地址或译码输出，以便为输入寄存器确定地址。

3．双缓冲方式

双缓冲方式是 DAC0832 的输入寄存器和 DAC 寄存器均处于受控方式，如图 9-17 所示。

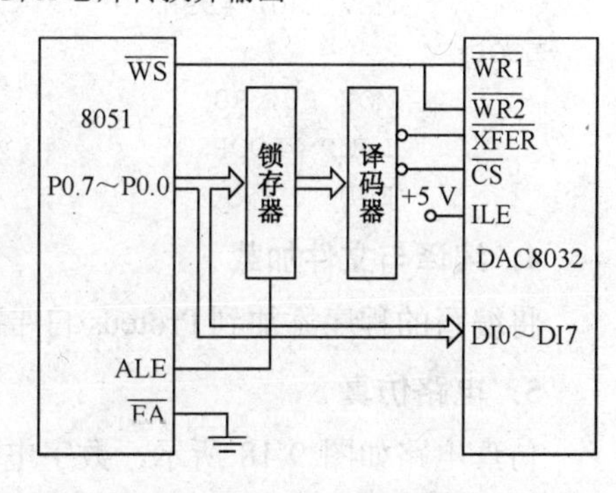

图 9-17　DAC0832 的双缓冲方式

为了实现寄存器的可控，应当给寄存器分配一个地址，以便能按地址进行操作。图 9-17 采用地址译码输出分别接 $\overline{XFER}$ 和 $\overline{CS}$ 来实现，然后再给 $\overline{WR1}$ 和 $\overline{WR2}$ 提供写选通信号，这样就完成了两个锁存器都可控的双缓冲接口方式。

9.4　基于 Proteus 的 DAC0832 应用电路设计

通过 Proteus 仿真实例掌握 DAC0832 与单片机接口电路的设计，掌握 DAC0832 与单片机接口电路的编程方法。

9.4.1　基于 Proteus 的 DAC0832 D/A 转换电路设计

1．设计任务

以 ADC0832 为 D/A 转换芯片，采用直通方式编程实现数字信号值（99H）转换成对应的电压值输出，并使用电压表测量输出结果。

2．设计思路

（1）电路设计

在电路设计上以单片机为控制核心，DAC0832 的两个输入寄存器都处于直通状态，数据通过 DI0～DI7 直接送往 8 位 D/A 转换器转换，然后将输出的电流值通过放大器进行 I/V 转换。

打开 Proteus 的 ISIS 窗口，通过对象选择器按钮，从元件库中选择如下元器件：AT89C51、RES、CAP、CAP-ELEC、BUTTON、CRYSTAL、RESPACK-8、DAC0832、LM358N 等。放置元器件、虚拟电压表、电源和地线，连线得到单片机与 DAC0832 的 D/A 转换电路。

（2）编程思路

程序设计采用直接寻址指令对 P0 口进行操作，CPU 只需执行 MOV　P0，A 指令，便完成一次对存放在累加器 A 中的数字量的 D/A 转换。

3．程序设计与分析

源程序清单：

```
        ORG 0000H
        MOV  R0，#99H
LOOP:
        MOV P0，R0
        LJMP  LOOP
        END
```

4．编译与文件加载

将编写的程序添加到 Proteus 自带的编译器中，对其进行编译，生成 hex 文件。

5．电路仿真

仿真电路如图 9-18 所示，数字电压表显示的结果为+2.98 V≈+3.00 V，输出的模拟电压值分别对应于十六进制的 99H。若修改数字分别为 33H、66H、99H、CCH 和 FFH，则模拟电压表将输出对应的电压值如图 9-19 所示。

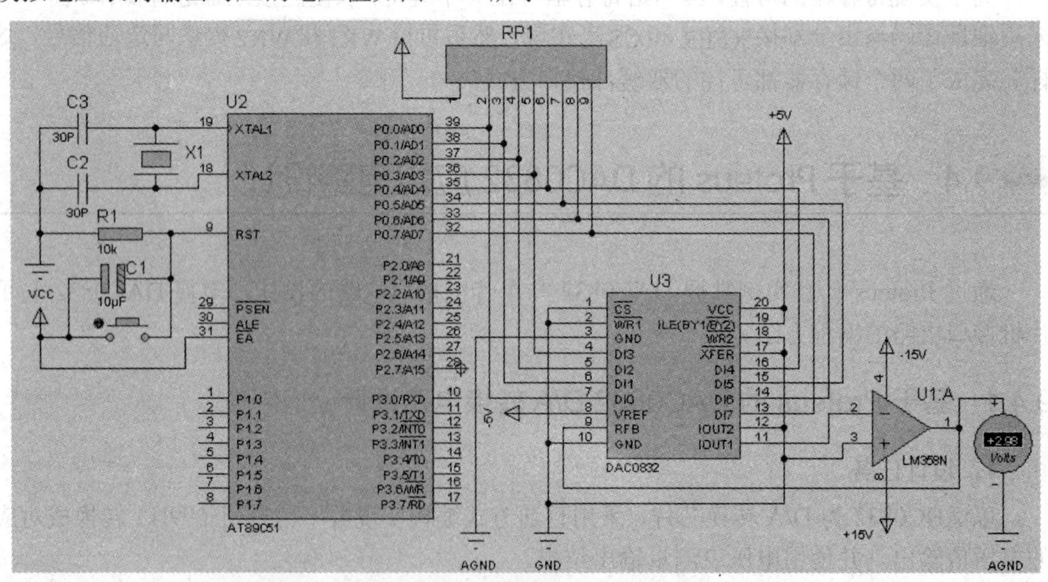

图 9-18　单片机与 DAC0832 直通方式 A/D 电路

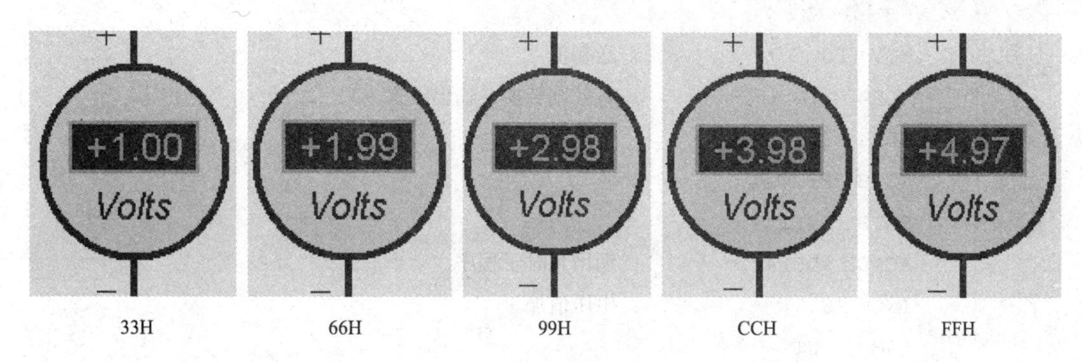

图 9-19　5 种数字转换结果

6．动手与思考

① 如何实现 0～−5 V 的电压输出？

② 采用单缓冲方式，电路和程序又如何设计？

9.4.2　基于 Proteus 的 DAC0832 扫描式电压输出电路设计

1．设计任务

以 DAC0832 为 D/A 转换芯片，用单片机编程实现 0～+5 V 的扫描式电压输出，并使用虚拟示波器和电压表测量输出结果。

2．设计思路

（1）电路设计

在电路设计上以单片机为控制核心，以单缓冲方式使 DAC0832 的输入寄存器受控，DAC 寄存器都处于直通状态，数据通过 DI0～DI7 直接送往 8 位 D/A 转换器转换，然后将输出的电流值通过放大器进行 I/V 转换。

打开 Proteus 的 ISIS 窗口，通过对象选择器按钮，从元件库中选择如下元器件：AT89C51、RES、CAP、CAP-ELEC、BUTTON、CRYSTAL、RESPACK-8、DAC0832、LM358N 等。放置元器件、虚拟电压表、电源和地线，连线得到单片机与 DAC0832 单缓冲方式的 D/A 转换电路。

（2）编程思路

在程序设计中首先将数据传送 P0 口，由于 ILE 一直处于有效状态，只要 CPU 控制 $\overline{CS}$ 和 $\overline{WR1}$ 有效，数据将通过输入寄存器和 DAC 寄存器送到 D/A 转换器进行转换，转换结果送至放大器输出，然后经过延时，再改变数据，最后不断循环。

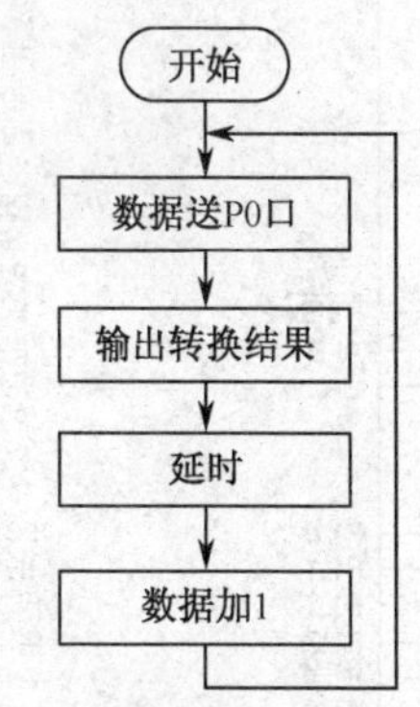

图 9-20　程序流程图

3．程序设计与分析

① 程序流程如图 9-20 所示。

② 源程序：

```
        ORG  0000H
MAIN:   MOV R0，#0           ；数据初值
```

```
OUT:     MOV  P0，R0          ；送初值
         CLR  P2.0            ；有效则转换并输出结果
         CLR  P2.1
         SETB  P2.0
         SETB  P2.1
         ACALL  DELAY         ；调用延时子程序
         INC  R0              ；电压值加 1
         LJMP  OUT
DELAY:   MOV  R3，#40
DEL2:    MOV  R4，#100
DEL1:    NOP
         DJNZ  R4，DEL1
         DJNZ  R3，DEL2
         RET
         END
```

4．编译与文件加载

将编写的程序添加到 Proteus 自带的编译器中，对其进行编译，生成 hex 文件。

5．电路仿真

仿真电路如图 9-21 所示，数字电压表显示的结果是 0～5 V 的电压值，并不断重复。而用虚拟示波器观察可以看到输出的电压值是 0～5 V 逐渐上升的线性锯齿波电压，如图 9-22 所示。

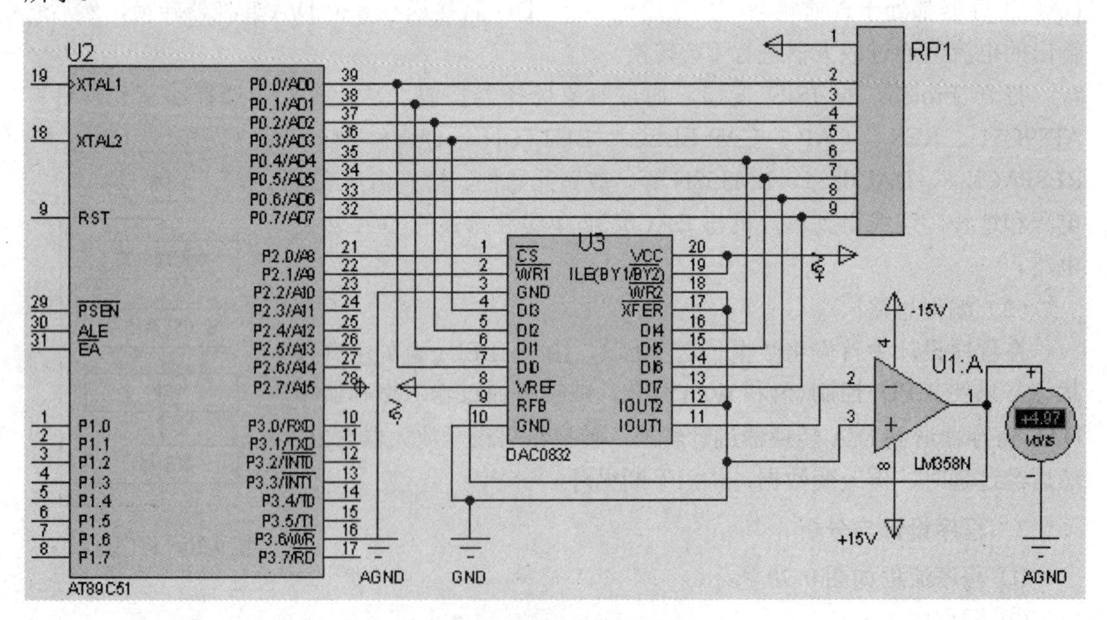

图 9-21　扫描式电压输出电路

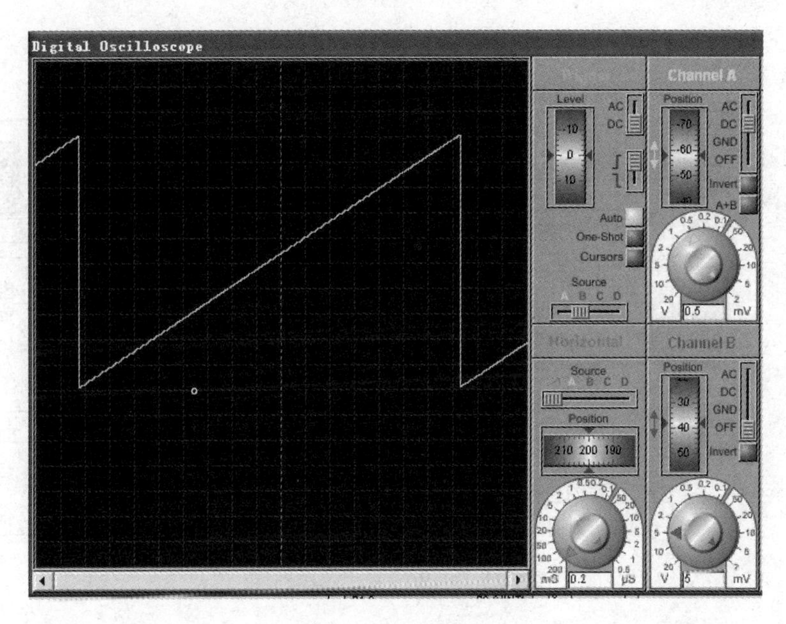

图 9-22　锯齿波电压

6．动手与思考

① 如何改变数据的转换输出速度？

② 采用数码管显示输出的电压值，电路和程序又如何设计？

9.4.3　基于 Proteus 的 DAC0832 三角波发生器

1．设计任务

以 DAC0832 为 D/A 转换芯片，用单片机与 D/A 转换器组成单缓冲方式，设计三角波发生器。

2．设计思路

（1）电路设计

在电路设计上以单片机为控制核心，以单缓冲方式使 DAC0832 的输入寄存器受控，DAC 寄存器都处于直通状态，数据通过 DI0～DI7 直接送往 8 位 D/A 转换器转换。然后将输出的电流值通过放大器进行 I/V 转换。为了增加输出波形幅度，采用两级运算放大器组成的模拟电压输出电路。

打开 Proteus 的 ISIS 窗口，通过对象选择器按钮，从元件库中选择如下元器件：AT89C51、RES、CAP、CAP-ELEC、BUTTON、CRYSTAL、RESPACK-8、DAC0832、LM358N 等。放置元器件、虚拟示波器、电源和地线，连线得到单片机与 DAC0832 单缓冲方式的 D/A 转换电路，如图 9-23 所示。

（2）编程思路

将数据 0 送往 A，用 MOVX @DPTR，A 指令启动 D/A 转换。D/A 转换结束后，累加器 A 中的数据加 1，再送 DAC0832 进行 D/A 转换，不断重复上述过程 *N* 遍，得到上升的三角波；接着用减 1 指令重复上述过程，将得到下降的三角波，最后不断执行这两个过程。

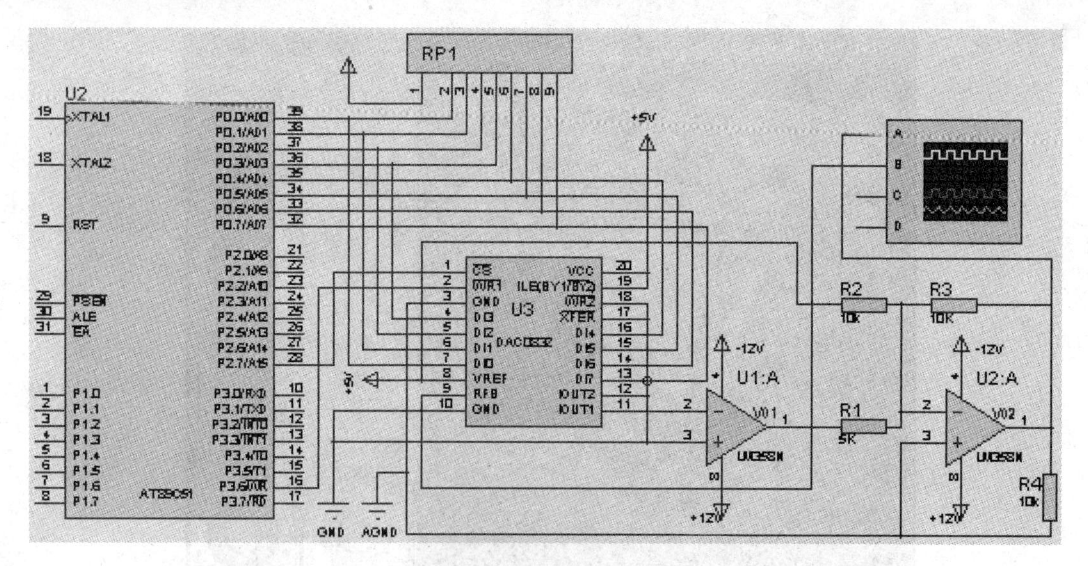

图 9-23 三角波发生器电路图

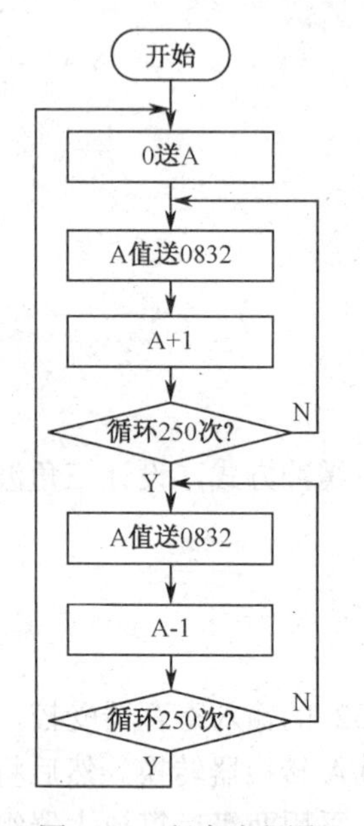

图 9-24 程序流程图

3. 程序设计与分析

① 程序流程如图 9-24 所示。

② 源程序：

```
        ORG    0000H
        MOV  DPTR，#7FFFH          ；指向 DAC0832 地址
        MOV  R0，#250
        MOV  A，#00H               ；转换初值
LOOP:   MOVX  @DPTR，A             ；WR1和 P2.7 有效，启
                                    动 D/A 转换并输出
        INC    A                   ；加 1
        NOP                        ；延时
        NOP
        NOP
        NOP
        DJNZ  R0，LOOP
        MOV  R0，#250
LOOP1:  MOVX  @DPTR，A             ；WR1和 P2.7 有效，启
                                    动 D/A 转换并输出
        DEC    A                   ；减 1
        NOP                        ；延时
        NOP
        NOP
        NOP
        DJNZ  R0，LOOP1
        MOV  R0，#250
        MOV  A，#00H
        AJMP  LOOP
        END
```

4．编译与文件加载

将编写的程序添加到 Proteus 自带的编译器中，对其进行编译，生成 hex 文件。

5．电路仿真

单击“全速运行”按钮，得到如图 9-25 所示的仿真结果。V01 和 V02 端分别输出单、双极性模拟电压，参考电压 VREF 为−5 V，V01 输出电压范围为 0～+5 V，V02 输出电压范围为−5～+5 V。

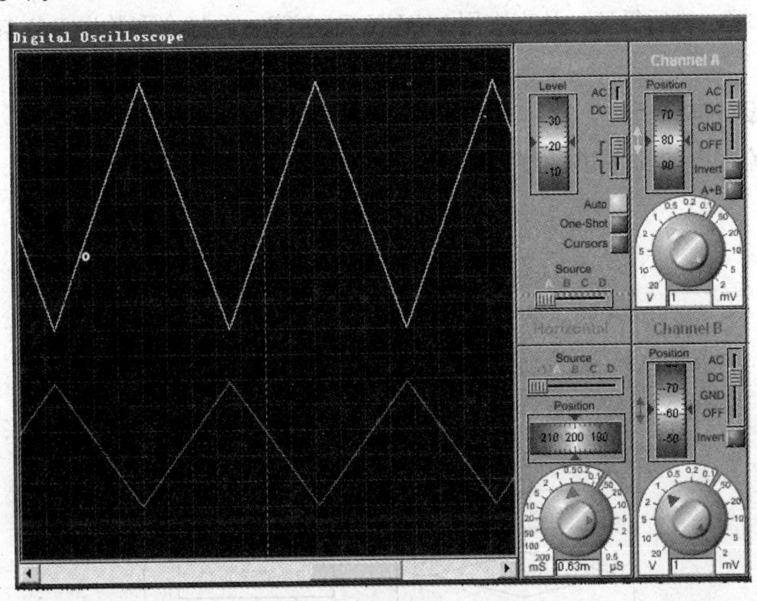

图 9-25　三角波发生器仿真波形

程序说明：

① 程序每循环一次，累加器 A 的内容加 1 或减 1，三角波的上升或下降是由 250 个小阶梯构成。由于阶梯很小，一般在示波器上看不出来。如果将延时加大，则可成为阶梯波的形状输出。

② 可通过循环程序段的机器周期数计算出三角波的周期，可根据要求通过修改延时程序的办法来改变波形周期。延时较短时可用 NOP 指令实现；当延时较长时，可使用延时子程序。

③ 输出波形的形状是通过累加器 A 的变化而产生的，只要改变 A 的变化规律，就可以得到不同的锯齿波、梯形波、不同占空比的矩形波，甚至组合等波形的输出。

6．动手与思考

① 如何改变三角波的输出幅度，并分析原因。

② 如何改变三角波的输出周期，并分析原因。

9.4.4　基于 Proteus 的 DAC0832 正弦波发生器

1．设计任务

以 DAC0832 为 D/A 转换芯片，用单片机与 D/A 转换器组成单缓冲方式，设计正弦波发生器。

2．设计思路

（1）电路设计

与 9.4.3 节电路设计相同，如图 9-24 所示。

（2）编程思路

将拟转换的数据在单片机 ROM 中建立一个表格，表格中的数据分别代表正弦波四个象限的输出数据，然后循环，从表中用 MOVX @DPTR，A 指令取数送 D/A 转换即可产生正弦波。

3．程序设计与分析

① 程序流程图如图 9-26 所示。

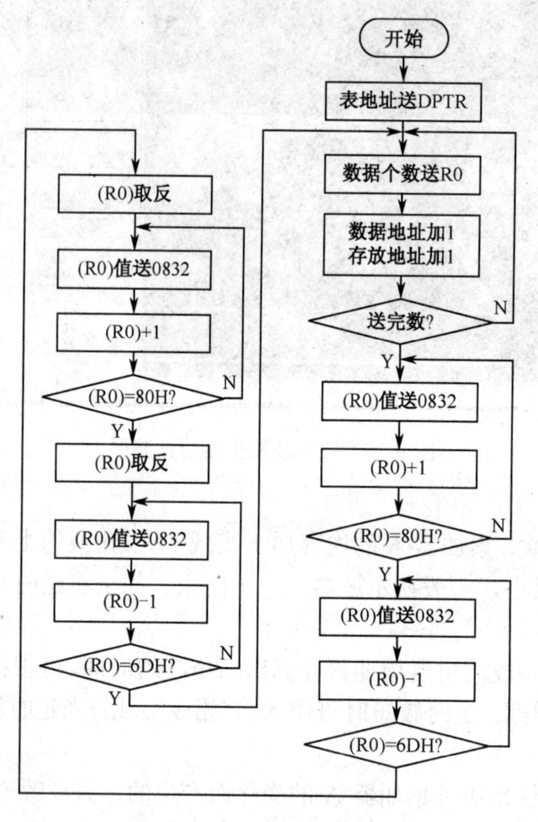

图 9-26 程序流程图

② 源程序：

```
        ORG  0000H
        MOV  DPTR，#SINTAB          ；正弦表写入内部 RAM6DH-7FH
        MOV  R0，#6DH
LOOP:   CLR  A
        MOVC  A，@A+DPTR
        MOV  @R0，A                 ；数据个数送 R0
        INC DPTR                   ；数据地址加 1
```

```
        INC  R0                    ；存放地址加1
        CJNE  R0，#81H，LOOP       ；没送完数继续
        MOV  DPTR，#7FFFH          ；设置D/A转换器的端口地址
        MOV  R0，#6DH              ；设置正弦表指针
LOOP1:  MOV  A，@R0                ；查表
        MOVX  @DPTR，A             ；D/A转换
        LCALL  DELAY
        INC  R0                    ；正弦表位移量增量
        CJNE  R0，#80H，LOOP1      ；第一象限输出完？
LOOP2:  MOV  A，@R0                ；查表
        MOVX  @DPTR，A             ；D/A转换
        LCALL  DELAY
        DEC  R0                    ；正弦表位移量减量
        CJNE  R0，#6DH，LOOP2      ；第二象限输出完？
LOOP3:  MOV  A，@R0                ；查表
        CPL A                      ；表值取反
        MOVX @DPTR，A              ；D/A转换
        LCALL  DELAY
        INC  R0                    ；正弦表位移量增量
        CJNE  R0，#80H，LOOP3      ；第三象限输出完？
LOOP4:  MOV  A，@R0                ；查表
        CPL  A                     ；表值取反
        MOVX  @DPTR，A             ；D/A转换
        LCALL  DELAY
        DEC  R0                    ；正弦表位移量减量
        CJNE  R0，#6DH，LOOP4      ；第四象限输出完？
        SJMP  LOOP1
DELAY:  MOV  R1，#4
LOOP5:  DJNZ  R1，LOOP5
        RET
SINTAB:
        DB  80H，84H，88H，8CH，90H，94H，98H，9CH
        DB  0A0H，0A4H，0A8H，0ACH，0AFH，0B2H，0B5H，0B7H
        DB  0B9H，0BAH，0BBH，0BBH
        END
```

4．编译与文件加载

将编写的程序添加到Proteus自带的编译器中，对其进行编译，生成hex文件。

5．电路仿真

单击“全速运行”按钮，得到如图9-27所示的仿真结果。V02端输出电压范围为0～+5 V。

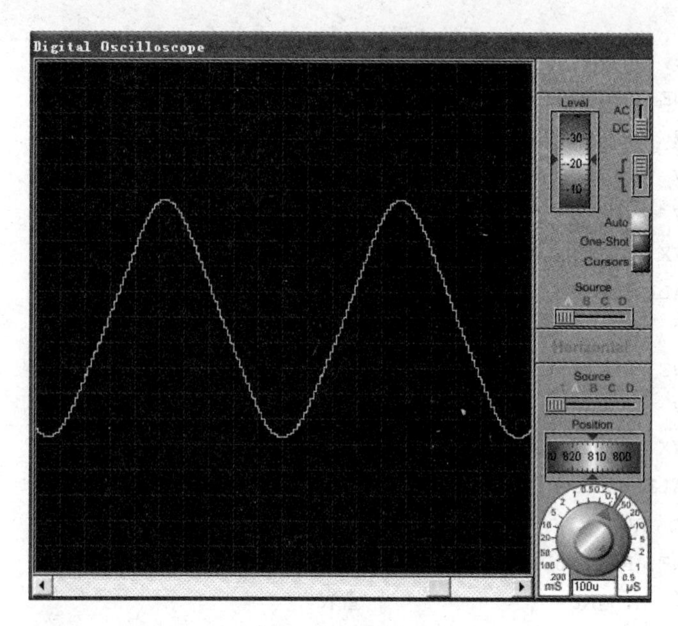

图 9-27 仿真波形

6．动手与思考

① 如何改变正弦波的输出幅度，并分析原因。

② 如何改变正弦波的输出周期，并分析原因。

习题 9

一、单项选择题

1．ADC0809 的分辨率是______。

A．8 位　　B．12 位　　C．12 位　　D．16 位

2．DAC0832 的工作方式通常______。

A．直通工作方式　　B．单缓冲工作方式

C．双缓冲工作方式　　D．单缓冲、双缓冲和直通工作方式

3．DAC0832 是一种______芯片。

A．8 位模拟量转换成数字量　　B．16 位模拟量转换成数字量

C．8 位数字量转换成模拟量　　D．16 位 A/D 数字量转换成模拟量

4．ADC0809 的 ADDC、ADDB、ADDA 的值为 010，则选择的通道为______。

A．IN0　　B．IN1　　C．IN2　　D．IN3

5．在描述 A/D 转换器性能的参数中，通常所说的 A/D 转换器的位数指的是 A/D 转换器的______。

A．分辨率　　B．转换精度　　C．转换时间　　D．转换速率

6．要想将数字送入 DAC0832 的输入缓冲器，其控制信号应满足______。

A．ILE=1，$\overline{CS}$=1，$\overline{WR_1}$=0　　B．ILE=1，$\overline{CS}$=0，$\overline{WR_1}$=0

C．ILE=0，$\overline{CS}$=1，$\overline{WR_1}$=0　　D．ILE=0，$\overline{CS}$=0，$\overline{WR_1}$=0

7．ADC0890 芯片是 *m* 路模拟输入的 *n* 位 A/D 转换器，*m*、*n* 是______。

A．8.8　　B．8.9　　C．8.16　　D．1.8

8．当单片机启动ADC0809进行模/数转换时，应采用______指令。

A．MOV　A，R0　　B．MOVX　A，@DFFR

C．MOVC　A，@A+DPTR　　D．MOVX　@DPTR，A

9．A/D转换通常采用______方式。

A．中断方式　　B．查询方式

C．延时等待方式　　D．中断、查询和延时等待

10．以下各种A/D转换器与单片机之间所采取的数据传送方式中，效率最高的是________。

A．无条件传送　　B．中断方式　　C．查询方式　　D．定时传送

二、简答题

1．简述AD、DA转换的作用及原理。

2．ADC0809与8051单片机接口时有哪些控制信号？起什么作用？

3．使用DAC0832时，单缓冲方式如何工作？双缓冲方式如何工作？它们各占用8051外部RAM的哪几个单元？软件编程有什么区别？

4．使用ADC0809进行转换的主要步骤有哪些？请简要进行总结。

三、基于Proteus设计与仿真的综合应用

1．照明灯亮度自动控制电路的设计与仿真

① 采用光敏电阻对环境亮度的采集，经A/D转换器将模拟信号转换成数字信号送到单片机，当环境光最由亮到暗时，8个发光二极管由不发光到逐渐被点亮。

② 光敏电阻采用Proteus系统提供的TORCH器件，检测光的强弱。硬件电路可参考本章图9-5，合理设置光电转换输出的模拟电压，设定光控范围，即可实现亮度自动控制。

2．数字电压表的设计与仿真

① 用单片机设计一简易数字电压表，用于检测直流电压并转换为对应的数字电压值输出。

② 模拟输入电压经A/D转换器将模拟电压转换成数字信号送到单片机，然后再将检测结果用数码管显示出来。

3．直流电源自动切换电路的设计与仿真

① 负载供电电源设由太阳能电池和工频转换直流电源，当太阳能电池能量充足时，负载由太阳能电池供电，否则切换到工频直流电源。供电电源电压用数码管显示。

② 设太阳能电池供电电压范围12～9 V之间，检测太阳能电池电压，经A/D转换器将模拟电压转换成数字信号送到单片机，采集到的电压与单片机中设定的上限电压值和下限电压值比较，当电压低于下限值时，切换到工频直流电源；若电压高于上限值时，从工频直流电源切换回太阳能电池。

4．函数信号发生器的设计与仿真

① 采用DAC0832编程实现三角波、方波和正弦波的波形发生器。

② 8051单片机与DAC0832的接口电路可参考本章图9-15，波形切换可采用单片机外部中断扩展电路，通过不同按键产生所需要的输出波形。

第10章 单片机串行通信接口技术

计算机与外界的信息交换称为通信，串行通信是 CPU 与外界交换信息的一种基本方式。单片机应用于数据采集或工业自动控制时，往往作为前端机安装在工业现场，采集数据采用串行通信方式发往远离现场的主机并进行处理，以降低通信成本，提高通信的可靠性。本章将介绍单片机串行通信的概念、原理及 MCS-51 系列单片机串行接口的结构和应用。

10.1 通信的一般概念

在实际应用中，计算机的 CPU 与外部设备之间常常要进行信息交换，计算机之间也需要交换信息，所有这些信息的交换均称为通信。通信分为并行通信和串行通信。通常根据信息传送的距离决定采用哪种通信方式。例如，当 IBM PC 与外部设备（如打印机等）通信时，如果距离小于 30 m，可采用并行通信方式；当距离大于 30 m 时，则要采用串行通信方式。

10.1.1 并行通信与串行通信

通信的基本方式可分为并行通信和串行通信两种，如图 10-1 所示。

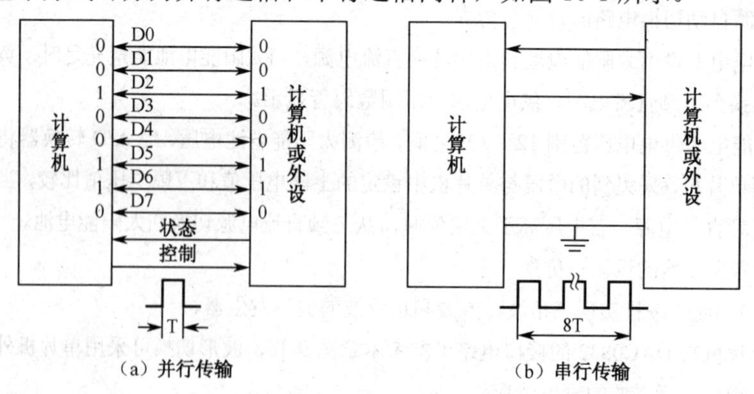

图 10-1　并行通信与串行通信

并行通信是指数据的各位同时进行传送（发送或接收）的通信方式，其特点是传送速度快，但传输线较多，适合近距离传输，如图 10-1（a）所示。例如，8051 单片机与打印机之间的数据传送就属于并行通信。

串行通信是指外部设备和计算机间使用一根或几根数据信号线连接，同一时刻，数据在一根数据信号线上逐位地顺序传送的通信方式，每一位数据都占据一个固定的时间长度。其特点是通信线路简单，只要一对传输线就可以实现通信，特别适用于远距离通信，但传送速度慢，如图 10-1（b）所示。例如，单片机与单片机、单片机与 PC 之间的数据传送就属于串行通信。

10.1.2 串行通信的制式

在串行通信中数据传送是在两个通信站之间进行的，按照数据的传送方向，串行通信按传送方向分有单工（或单向）、半双工（或半双向）、全双工（或全双向）三种制式。如图 10-2 所示为三种制式的示意图。

在单工制式下，通信线的一端接发送器，另一端接接收器，只允许数据向一个固定的方向传送，如图 10-2（a）所示。

在半双工制式下，系统的 A、B 通信设备站都有一个发送器和接收器，允许数据向两个方向中的任一方向传送，但每次只能有一个站点发送，而另一个站点接收，其收/发开关一般是由软件控制的电子开关，如图 10-2（b）所示。

在全双工制式下，系统的 A、B 通信设备站都具有完整和独立的发送和接收能力，即数据可以在两个方向上同时发送和接收，如图 10-2（c）所示。

在实际应用中，根据数据传送的方向选择通信制式，尽管多数串行通信接口电路具有全双功能，但一般情况下，只工作于半双工制式下，这种制式简单、实用。

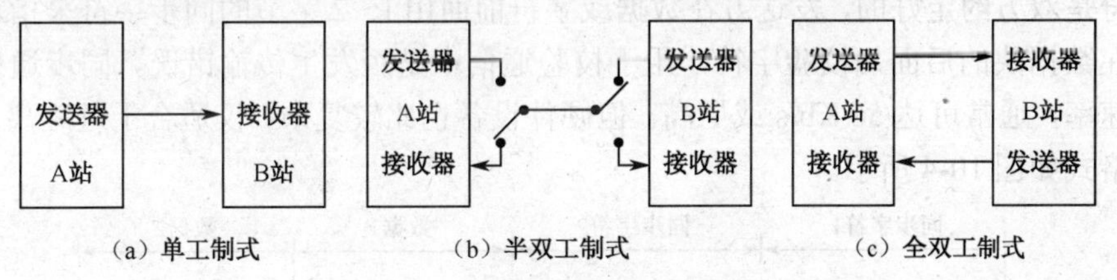

图 10-2 串行通信三种制式示意图

10.1.3 串行通信的两种基本方式

按照串行数据的时钟控制方式，串行通信可分为异步通信和同步通信两种基本方式。

1. 异步通信

在异步通信中，数据通常是以字符为单位组成字符帧传送的。字符帧由发送端逐帧地发送，通过传输线被接收端逐帧地接收。接收器和发送器由各自独立的时钟控制数据的发送和接收，互不同步。

在异步通信中，字符帧也叫数据帧，字符帧是双方通信约好字符的编码形式，也是双方规定发送与接收的字符格式。字符帧格式是异步通信的一个重要指标。它由起始位、数据位、奇偶校验位和停止位等 4 部分组成，如图 10-3 所示。

在一帧数据中，先用一个起始位“0”表示字符帧的开始；然后是 5～8 位数据，即该字符的代码，并规定低位在前，高位在后；之后是奇偶校验位，用来表征串行通信中采用奇校验还是偶校验，由用户决定；最后是一个停止位，用“1”表示一帧字符信息已经发送结束。图 10-3（a）是异步通信中一个字符帧格式，帧格式由 11 位数据组成。

在异步通信中，字符间隔不固定，在停止位后可以加空闲位，空闲位用高电平表示，用于线路处于等待状态。这样，接收和发送可以随时或间断地进行，而不受时间的限制。图 10-3（b）为有 3 个空闲位的字符帧格式。

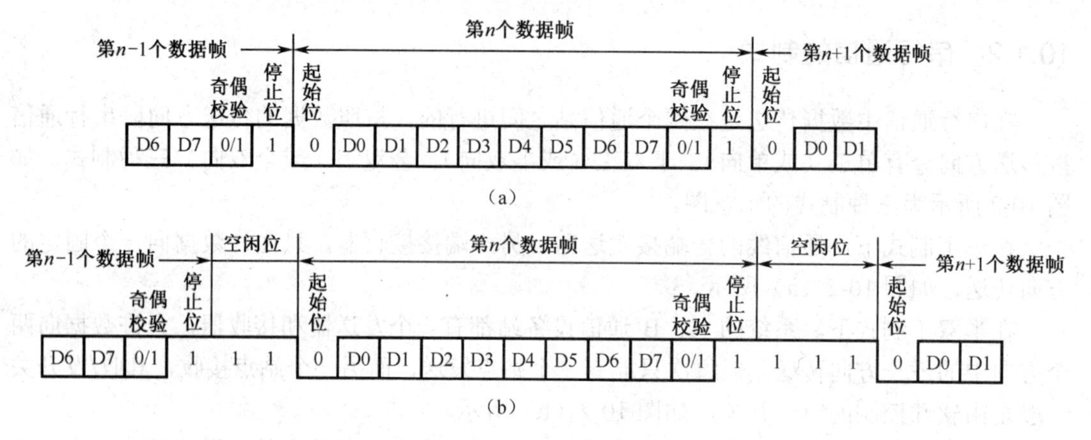

图 10-3 异步通信格式

2．同步通信

所谓同步就是要求使用时钟来实现发送端和接收端之间的严格同步。在同步通信中，同步字符是双方约定好的，发送方在数据或字符前面用 1~2 字节的同步字符来指示一帧的开始。在数据块的后面加校验字符，用于校验通信中是否发生传输错误。同步通信可以提高传输速率，通常可达 56 Kb/s 或更高，但硬件设备也比较复杂，仅适合于近距离通信。同步通信格式如图 10-4 所示。

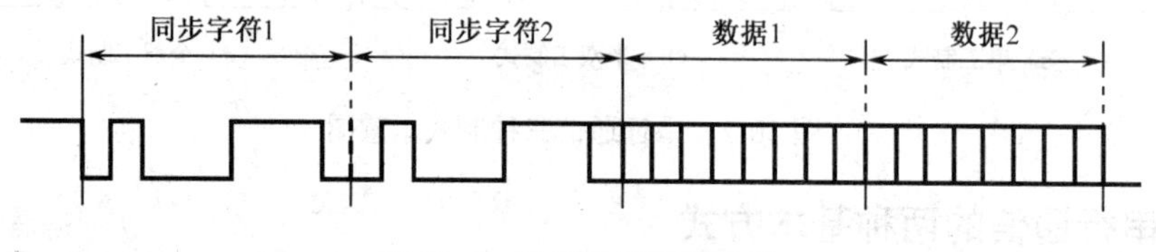

图 10-4 串行同步通信格式

10.1.4 串行通信的波特率

异步通信的另一个重要指标为波特率。波特率是每秒传送二进制数码的位数，也叫比特率，单位为 b/s，即位秒。波特率用于表征数据传输的速度，波特率越高，数据传输速度越快。由于使用的设备、传输的介质和通信的距离不同，采用的传输速率也是不同的。

波特率对于 CPU 与外界的通信是很重要的。假设数据传送速率是每秒 120 个字符，而每个字符格式需要 10 b 二进制数，则其传送的波特率为：

$$10\ \text{b/字符} \times 120\ \text{字符/s} = 1200\ \text{b/s}$$

每一位的传送时间 T_d 为波特率的倒数：

$$T_d = 1/1200\ \text{s} \approx 0.833\ \text{ms}$$

一般异步通信的传送速率在 50～9600 b/s 之间，常用于计算机到终端机或打印机之间的通信。

10.1.5 串行通信接口

在串行传送中，数据是逐位地按顺序进行传送的，而计算机内部的数据是并行传送的。因此当计算机向外发送数据时，必须将并行的数据转换为串行的数据再传送。反之，又必须将串行数据转换为并行数据输入到计算机中。在上述转换过程往往用硬件来完成。通用的异步接收器/发送器是串行接口的核心部件，能够完成异步通信的硬件电路称为 UART（Universal Asynchronous Receiver/Transmitter）。

10.2 MCS-51 单片机串行通信接口

MCS-51 单片机的串行接口是一个可编程全双工异步通信接口，它具有 UART 的全部功能。该接口不仅可以同时进行数据的接收和发送，也可以作为同步移位寄存器使用。该串行口有 4 种工作方式，帧格式有 8 位、10 位和 11 位，并能设置各种波特率，其帧格式和波特率可通过软件编程设置，在使用上非常方便灵活。

10.2.1 MCS-51 串行口的结构

MCS-51 内部由两个独立的接收、发送缓冲器 SBUF、一个输入移位寄存器、一个串行控制寄存器 SCON 和一个波特率发生器 T1 等组成。串行口结构框图如图 10-5 所示。

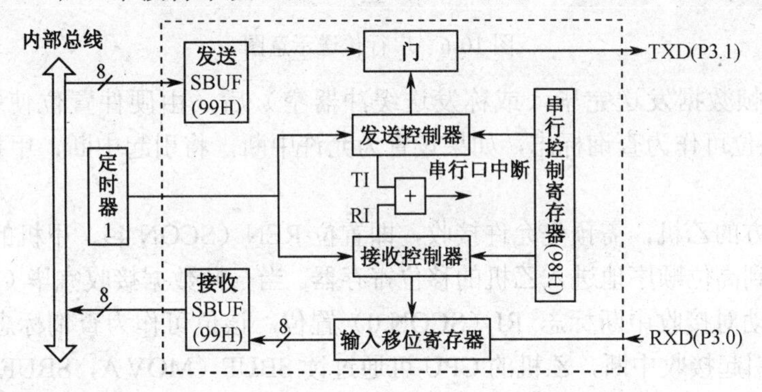

图 10-5 串行口结构框图

1．串行通信过程

串行通信的过程分为发送数据和接收数据，其过程如下。

（1）发送数据的过程

当 CPU 发送数据时，将数据并行写入发送缓冲器 SBUF 中，同时启动数据由 TXD(P3.1) 引脚串行发送，若一帧数据发送完毕后（即发送缓冲器空时），由硬件自动将发送中断标志位 T1 置位，并向 CPU 发出中断请求。CPU 响应中断后，用软件将 T1 位清零，同时又将下一帧数据写入 SBUF 中。重复上述过程直到所有数据发送完毕。

（2）接收数据的过程

当 CPU 允许接收数据时，外界数据通过引脚 RXD（P3.0）串行输入，数据进入输入移位器（低位在前、高位在后），一帧接收完毕再并行送入缓冲器 SBUF 中，同时将接收中断标志位 RI 置位，并向 CPU 发出中断请求。CPU 响应中断后，并用软件将 R1 位清零，同时读走缓冲器 SBUF 中的数据，接着又开始下一帧的输入过程。重复上述过程直至所有数据接收完毕。

2．串行通信工作原理

设有两个单片机进行串行通信，甲机发送、乙机接收，串行传送示意图如图 10-6 所示。在串行通信过程中，首先甲机的 CPU（用 MOV SBUF，A 指令）向 SBUF 写入数据，并启动发送。此时累加器 A 中的并行数据送入 SBUF，在发送控制器的控制下，按设定的波特率，每来一个移位时钟，数据移出一位，由低位到高位一位一位地发送到电缆线上，移出的数据位通过电缆线直达乙机。然后乙机按相同的波特率，每来一个移位时钟即移入一位，由低位到高位一位一位地移入 SBUF。一个移出，一个移进，很显然，如果两边的移位速度一致，甲机发送的数据正好被乙接收，从而完成数据的正确传送，如果不一致，必然会造成数据位的丢失，因此，两边的波特率必须一致。

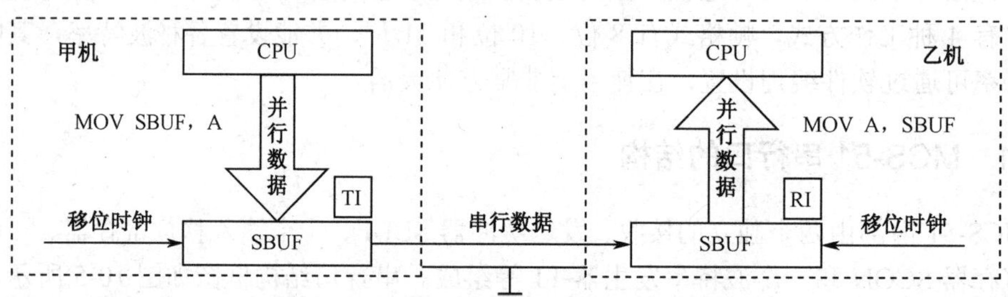

图 10-6　串行传送示意图

当甲机一帧数据发送完毕（或称发送缓冲器空）后，由硬件置位使中断标置位 TI（SCON.1），该位可作为查询标志，如果设置为允许中断，将引起中断，甲机的 CPU 可发送下一帧数据。

作为接收方的乙机，需预先允许接收，即置位 REN（SCON.4），甲机的数据按设定的波特率由低位到高位顺序地进入乙机的移位寄存器。当一帧数据接收完毕（接收缓冲器满）后，由硬件自动对接收中断标志 RI（SCON.0）置位。该位可作为查询标志，如果设置为允许中断，将引起接收中断，乙机的 CPU 可通过读 SBUF（MOV A，SBUF），将这帧数据读入累加器 A 中，从而完成了一帧数据的传送。

3．串行口的控制

MCS-51 串行口的工作方式选择、中断标志、可编程位的设置、波特率的增倍均是通过两个特殊功能寄存器 SCON 和 PCON 来控制的。

（1）串行口控制寄存器 SCON

SCON 用来对串行口的工作方式、发送、接收和串行口标志等进行控制，可以位寻址，字节地址为 98H。单片机复位时，SCON 的所有位全为 0，SCON 的各位定义如下。

位	9FH	9EH	9DH	9CH	9BH	9AH	99H	98H	
SCON	SM0	SM1	SM2	RSN	TB8	RB8	TI	RI	(98H)

SM0、SM1：串行方式选择位，其定义见表 10-1。

表 10-1　串行方式的定义

SM0	SM1	工作方式	功　能	波特率
0	0	方式 0	8 位同步移位寄存器	$f_{osc}/12$
0	1	方式 1	10 位 UART	可变：T1 溢出率/n（n=16、32）
1	0	方式 2	11 位 UART	$f_{osc}/64$、$f_{osc}/32$
1	1	方式 3	11 位 UART	可变：T1 溢出率/n（n=16、32）

SM2：用于方式 2 和方式 3 多机通信控制位，在方式 2 和方式 3 中，如果 SM2=1，那么串行口接收到第 9 位数据（RB8=1）时，则 RI 置 1，允许从 SBUF 取出数据，否则丢失数据；如果 SM2=0，无论 RB8=0 或 RB8=1，接收数据装入 SBUF，并产生中断（RI=1）。在方式 1 中，若 SM2–1，则只有收到有效停止位时才置位 RI；在方式 0 中，SM2 必须是 0。

REN：允许串行接收位。它由软件置位或清零。REN=0 时，禁止接收；REN=1 时，允许接收。

TB8：发送数据的第 9 位。在方式 2 和方式 3 下，TB8 由软件置位或复位，可用做奇偶校验位。在多机通信中，该位用于表示是地址帧还是数据帧。

RB8：接收数据的第 9 位，功能同 TB8。

TI：发送中断标志位。在方式 0 中，当发送完第 8 位数据时，TI 由硬件置位；在其他方式中，TI 在开始发送停止位时由硬件置位。TI=1 时，请求中断，CPU 响应中断后，再发送下一帧数据。在任何方式下，都必须用软件对 TI 清零。

RI：接收中断标志位。在方式 0 中，当接收到第 8 位数据时，RI 由硬件置位；在其他方式中，RI 在接收到停止位的中间时刻，由硬件置位。RI=1 时，串行口向 CPU 请求中断，CPU 响应中断后，从 SBUF 中取出数据。在任何方式下，都必须用软件对 RI 清零。

（2）电源和波特率控制寄存器 PCON

PCON 主要是为 CHMOS 型单片机的电源控制而设计的专用寄存器，字节地址为 87H，不可以位寻址。在 HMOS 的 8051 单片机中，PCON 除了最高位以外，其他位都是虚设的，其各位定义如下。

	D7	D6	D5	D4	D3	D2	D1	D0	
PCON	SMOD								(87H)

与串行通信有关的只有 SMOD 这一位，SMOD 为波特率选择位。当用软件使 SMOD=1 时，则在方式 1、2 和 3 的波特率加倍；SMOD=0 时，各工作方式的波特率不加倍。系统复位时，SMOD=0。

10.2.2　MCS-51 串行口的工作方式

MCS-51 的串行口有 4 种工作方式，通过 SCON 中的 SM1、SM2 位来决定使用方式 1、方式 2 和方式 3。方式 0 主要用于扩展并行输入/输出口。

1．方式 0

在方式 0 下，串行口作为同步移位寄存器使用，实际上是一种同步移位寄存器输出方式，其波特率固定为 $f_{osc}/12$。串行数据从 RXD（P3.0）端输入或输出，同步移位脉冲由 TXD（P3.1）输出，这种方式常用于扩展 I/O 口。

（1）发送过程

单片机执行一条 MOV　SBUF，A 指令，将要发送的数据写入串行口发送缓冲 SBUF 中，启动发送操作。串行口将 8 位数据以 $f_{osc}/12$ 的波特率从 RXD 端一位一位地输出（低位在前），与此同时 TXD 引脚发出相应的同步脉冲信号。发送完数据后，硬件置中断标志 TI 为 1，请求中断。在发送下一个数据之前，必须先用软件（指令）将 TI 清零。接线图如图 10-7 所示，其中，74LSl64 为串入并出移位寄存器。

（2）接收过程

在满足 REN=1 和 RI=0 的前提条件下，就会启动一次接收过程。外部的数据一位一位地以 $f_{osc}/12$ 的波特率从 RXD 引脚输入单片机的累加器 A 中，与此同时 TXD 引脚也发出相应的同步脉冲信号。接收完 8 位数据后，硬件置中断标志 R1 为 1，请求中断。接收下一个数据之前，也必须先用软件（指令）将 RI 清零。接线图如图 10-8 所示。其中，74LSl65 为并入串出移位寄存器。

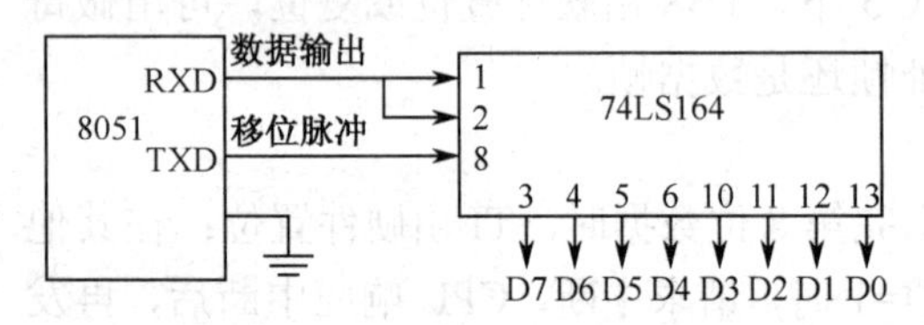

图 10-7　方式 0 用于扩展 I/O 口输出

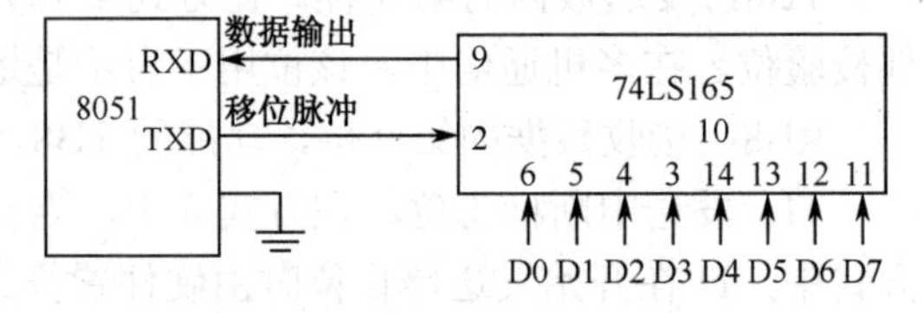

图 10-8　方式 0 用于扩展 I/O 口输入

2．方式 1

串行口在方式 1 下工作于异步通信方式，规定发送或接收一帧数据有 10 位，包括 1 位起始位、8 位数据位和 1 位停止位。串行口采用该方式时，特别适合于点对点的异步通信，其数据传输的波特率由定时器 T1 的溢出决定。

（1）发送过程

在工作方式 1 下发送数据时，当执行一条 MOV　SBUF，A 指令时，A 中的数据从 TXD 端实现异步发送。发送完一帧数据时，硬件置中断标志 TI 为 1 并请求中断。要求继续发送时，需用指令将 TI 清零。

（2）接收过程

当置位 KEN 时，接收器对 RXD 引脚进行采样，采样脉冲频率是所选波特率的 16 倍。当采样到 RXD 引脚上出现从高电平“1”到低电平“0”的负跳变时，就启动接收器接收一帧数据。当 RI=0，且停止位为 1 或 SM2=0 时，停止位进入 RB8 位，同时置位 RI 请求中断，以使 CPU 从 SBUF 中取走接收的数据。否则信息将丢失。所以，采用方式 1 接收时，应先用软件清除 RI 或 SM2 标志。

3．方式 2

在方式 2 下，串行口一帧数据由 11 位组成。包括 1 位起始位、8 位数据位、1 位可编程位（第 9 位）、1 位停止位。第 9 位数据 TB8，可用做奇偶校验或地址/数据标志位，传送波特率与 SMOD 有关。

（1）发送过程

发送数据操作前，先根据通信协议由软件设置 TB8（作为奇偶校验位或地址/数据标志位），然后用指令将要发送的数据由 A 写入 SBUF，即可启动发送器。发送操作中写 SBUF 的指令，除了将 8 位数据送入 SBUF 外，同时还将 TB8 装入发送移位寄存器的第 9 位，并从 TXD 发送一帧完整的数据。在送完一帧信息后，TI 被自动置 1，在发送下一帧信息之前，TI 必须由中断服务程序或查询程序清零。在多机通信的发送操作中，用 TB8 做地址/数据标识，TB8=1 为地址帧，TB8=0 为数据帧。

（2）接收过程

使 SCON 中的 REN=1，允许串行口接收数据。当检测到 RXD 端的负跳变（起始位有效）时，开始接收 9 位数据，并送入移位寄存器。若满足 RI=0 和 SM2=0 或接收到的第 9 位数据为 1，则接收数据有效，将 8 位数据送入 SBUF，附加的第 9 位数据送入 SCON 中的 RB8，并置 RI=1。否则，此次接收无效，RI 也不会置位。

4．方式 3

方式 3 为波特率可变的 11 位 UART 通信方式。除了波特率不同以外，方式 3 和方式 2 完全相同。

10.2.3 MCS-51 串行口的波特率

在串行通信中，收发双方对传送的数据速率，即波特率要有一定的约定。由于 MCS-51 单片机的串行口通过编程可以有 4 种工作方式。其中，方式 0 和方式 2 的波特率是固定的，方式1 和方式 3 的波特率可变，由定时器 T1 的溢出率决定，下面加以分析。

1．方式 0 和方式 2

在方式 0 中，发送或接收一位数据的移位时钟脉冲是由每个机器周期产生，因此，波特率固定为振荡频率的 1/12，即 $f_{osc}/12$，不受 PCON 寄存器的影响。

在方式 2 中，控制接收与发送的移位时钟由振荡频率 f_{osc} 的第二节拍 P2 时钟（即 $f_{osc}/2$）给出，所以其波特率取决于 PCON 中的 SMOD 值：当 SMOD=0 时，波特率为 $f_{osc}/64$；当 SMOD=1 时，波特率为 $f_{osc}/32$，即波特率=$2^{SMOD}\times f_{osc}/64$。

2．方式 1 和方式 3

在方式 1 和方式 3 中波特率是可变的，其波特率取决于定时器 T1 的溢出率和 SMOD，即：

$$波特率 = 2^{SMOD}\times(定时器\ T1\ 溢出率)/32$$

其中定时器 T1 的溢出率取决于单片机定时器 T1 的预置值（初值）和计数速率。当 TMOD 寄存器 C/T=0 时，计数速率 = $f_{osc}/12$；当 TMOD 寄存器 C/T=1 时，计数速率为外部输入时钟的频率。

在实际应用中，当定时器 T1 作为波特率发生器使用时，通常选用定时器操作模式 2，即作为一个自动重装载的 8 位定时器，TLI 做计数用，TH1 用于保存计数初值。

设 X 为计数初值，那么每过 $256-X$ 个机器周期，定时器 T1 溢出一次。为了避免因溢出而产生不必要的中断，此时应禁止 T1 中断，溢出周期为 $12\times(256-X)/f_{osc}$。由于溢出周期的倒数为溢出率，所以：

$$波特率=2^{SMOD}\times[f_{osc}/12\times(256-X)]/32=2^{SMOD}\times f_{osc}/[384\times(256-X)]$$

而定时器 T1 模式 2 的计数初值：$X=256-2^{SMOD}\times f_{osc}/(384\times波特率)$

【例 10-1】 选用定时器 T1，工作于操作模式 2 做波特率发生器。已知 $f_{osc}=11.0592$ MHz，波特率为 2400 波特，试求计数初值 X。

解：当 SMOD=0 时，$X=256-2^0\times11.0592\times10^6/(384\times2400)=256-12=244=\text{F4H}$

所以 T1 的 TH1=TL1=F4H。

【例 10-2】 在内部数据存储器 20H～2FH 单元中共有 16 个数据，要求采用方式 1 串行发送出去，传送速率为 1200 波特，设 $f_{osc}=12$ MHz，试求计数初值 X。

解：T1 工作于方式 2，并作为波特率发生器，SMOD=0。定时器 T1 的计数初值为：

$$X=256-2^0\times12\times10^6/(384\times1200)=256-26=230=\text{E6H}$$

所以 T1 的 TH1=TL1=E6H。

10.2.4 MCS-51 串行通信的编程方法

1．串行通信的编程要点

（1）波特率设置

串行接口的波特率有两种方式，固定波特率和可变波特率。当使用可变波特率时，应先计算 T1 的计数初值，并对 T1 进行初始化；如果使用固定波特率（方式 0 和方式 2），则此步骤可省略。

（2）控制字设定

控制字设定是对 SCON 寄存器设定工作方式，如果是接收程序或双工通信方式，需要置 REN=1（允许接收），同时也将 TI 和 RI 进行清零。

（3）通信方式

串行通信可采用查询方式和中断方式。TI 是一帧数据是否发送完的标志，RI 是一帧数据是否接收完的标志，可用于查询；如果设置允许中断，可引起中断。

2．编程方法

- 查询方式发送程序：发送一个数据→查询 TI→发送下一个数据（先发后查）。
- 查询方式接收程序：查询 RI→读入一个数据→查询 RI→读下一个数据（先查后收）。

对于波特率可变的方式 1 和方式 3 来说，查询方法的发送流程如图 10-9（a）所示，接收流程如图 10-9（b）所示。

- 中断方式发送程序；发送一个数据→等待中断，在中断中再发送下一个数据。
- 中断方式接收程序，等待中断，在中断中再接收一个数据。

中断法对定时器 T1 和寄存器 SCON 的初始化类似于查询法，不同的是要置位 EA（中断总开关）和 ES（允许串行中断），中断方式的发送和接收的流程图如图 10-10（a）和图 10-10（b）所示。

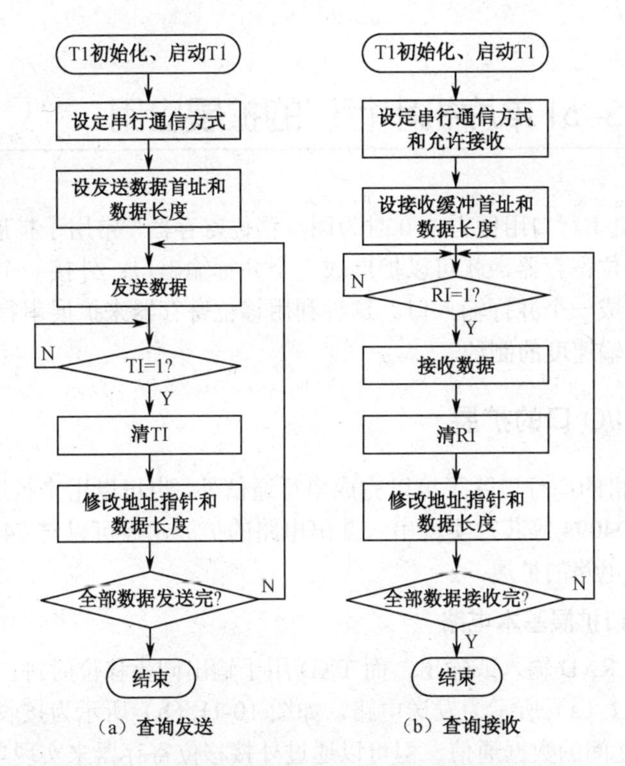

图 10-9 发送与接收流程图

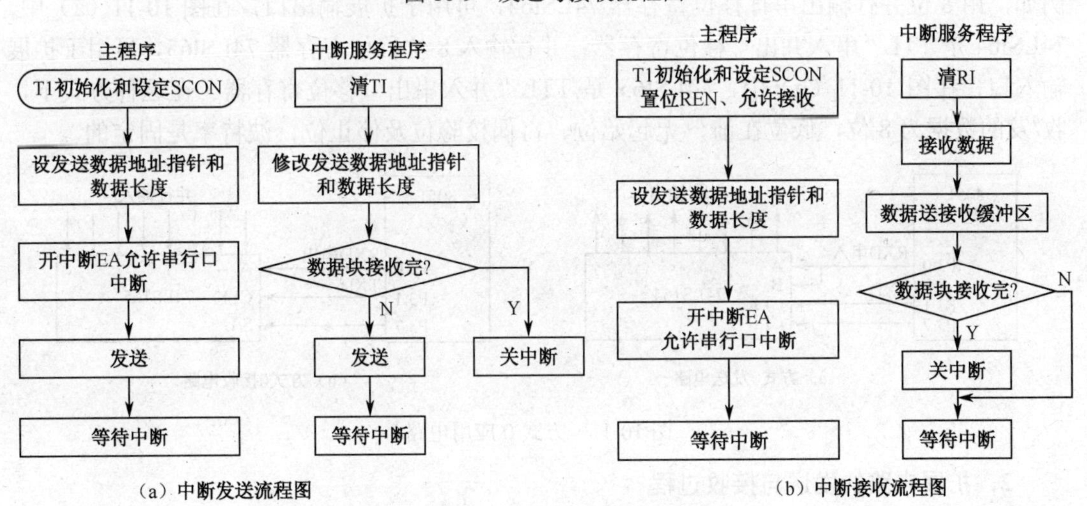

图 10-10 串行通信中断方式

两种方式中，当发送或接收数据后都要注意清 TI 或 RI

为保证收、发双方的协调，除两边的波特率要一致外，双方可以约定以某个标志字符作为发送数据的起始，发送方先发送这个标志字符，待对方收到该字符并给予回应后再正式发送数据。以上是针对点对点的通信，如果是多机通信，标志字符就是各个分机的地址。

此外，无论是单片机之间，还是单片机和 PC 之间，串行通信双方的波特率必须相同，这样才能完成数据的正确传送。

10.3 MCS-51单片机串行口的扩展应用

当8051单片机串行口用做方式0时为同步移位寄存器，常用于扩展I/O口。此时外接一个串入并出的移位寄存器，就可以扩展成一个并行输出口；外接一个并入串出的移位寄存器，就可以扩展成一个并行输入口。这种利用移位寄存器来扩展串行口的连线简单，扩展接口数量仅受传输速度的制约。

10.3.1 单片机I/O口的扩展

MCS-51单片机的串行口除了可以完成串行通信外，也可以用来扩展I/O口。单片机可以与74HCl64、CD4094等芯片实现串入并出电路的扩展，还可以与74HCl65、CD4014等芯片实现并入串出电路的扩展。

1. 串行/并行口扩展基本电路

串行数据通过RXD输入或输出，而TXD用于输出同步移位时钟，作为外接部件的同步信号。如图10-11（a）所示为发送电路，如图10-11（b）所示为接收电路。这种方式不适用于两个8051之间的数据通信，但可以通过外接移位寄存器来实现单片机的接口扩展。例如，用8位并行输出串行移位寄存器74LSl64，可用于扩展输出口，在图10-11（a）中，74LSl64是TTL“串入并出”移位寄存器；并行输入8位移位寄存器74LSl65，可用于扩展输入口，在图10-11（b）中，74LSl65是TTL“并入串出”移位寄存器。在这种方式下，收/发的数据为8位，低位在前，无起始位、奇偶校验位及停止位，波特率是固定的。

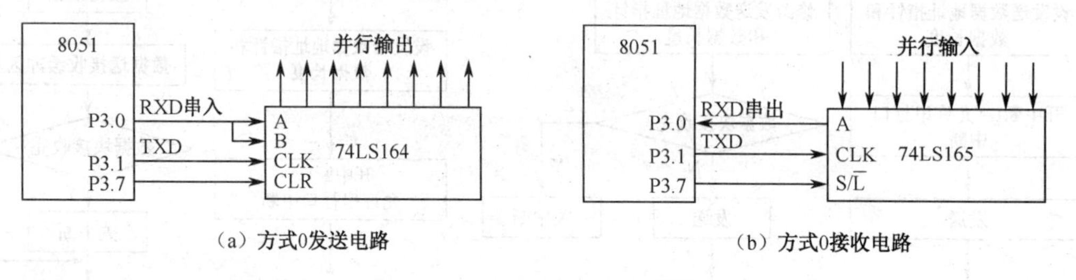

（a）方式0发送电路　（b）方式0接收电路

图10-11　方式0应用电路

2. 扩展电路的发送与接收过程

发送过程：如图10-11（a）所示，串行口的数据通过RXD引脚加到74LSl64的输入端，串行口的输出移位时钟通引脚加到74LSl64的时钟端，端口线P3.7作为74LSl64的CLR复位信号端。当执行一条将数据写入发送缓冲器SUF（99H）的指令时，串行口将SBU中8位数据以f_{osc}/12的波特率由低位至高位一位一位地顺序通过RXD（P3.0）线输出，并在TXD脚上输出f_{osc}/12的移位时钟。发送完毕置中断标志TI置位。

接收过程：如图10-11（b）所示，74LSl65的串行输出数据接到RXD端作为串行口数据输入，而74LSl65的移位时钟由串行口的TXD端提供。端口线P3.7作为74LSl65的接收和控制端（使能端）。$S/\overline{L}$=0时，74LSl65为置入并行数据；$S/\overline{L}$=1时为允许74LSl65串行移位输出数据。当选择串行口方式 0，用软件置 REN=1（同时，RI=0），即开始接收。数据字节将从低位至高位一位一位地接收下来并装入 SBUF 中，这一帧数据接收完毕后，可进行下一帧接收。

10.3.2 基于 Proteus 的串入并出扩展口电路设计

1．设计任务

用 74HCl64 芯片，采用串行扩展技术，编程实现二极管自右至左轮流点亮。

2．设计思路

（1）电路设计

在电路设计上以单片机为控制核心，以 74HCl64 为串行输入并行输出的移位寄存器，引脚 3、4、5、6、7、11、12、13 为输出端，9（CK）脚为清除端，低电平时，74HCl64 输出清零；8（CLK）脚为时钟脉冲输入端，1、2 脚为数据输入端，在脉冲上升沿实现移位。根据 74IICl64 的控制原理，将 9 脚接电源，1、2 脚并接到单片机的 RXD 端，8 脚接单片机的 TXD 端，就可实现从单片机串出，从 74HCl64 并出。注意：74HCl64 无并行输出控制端，在串行输入过程中，其输出端的状态会不断变化。

打开 Proteus 的 ISIS 窗口，通过对象选择器按钮，从元件库中选择如下元器件：AT89C51、RES、CAP、CAP-ELEC、BUTTON、CRYSTAL、POT-HG、74HCl64、LED-BICY 等。放置元器件、电源和地线，连线得到串入并出扩展口电路。

（2）编程思路

首先确定串行口的串行方式；然后将数据送 SBUF，并启动发送；之后等待发送数据完成一帧后清除 TI；最后调用完延时子程序后数据左移一位，程序重新循环。

3．程序设计与分析

① 程序流程图如图 10-12 所示。

② 源程序：

```
        ORG 0000H
        LJMP MAIN
        ORG 0030H
MAIN:   MOV SP, #60H
        MOV SCON, #00H          ; 方式 0，TI=0
        MOV A, #01H
LP1:    MOV SBUF  A             ; 数据送 SBUF，启动发送
LP0:    JNB TI, LP0             ; 等待一帧数据发送完
        CLR TI                  ; 清 TI
        LCALL  DELAY            ; 调用延时子程序
        RL  A                   ; 数据左移一位
        LJMP  LP1               ; 不断循环
DELAY:
        MOV R3, #0FFH
```

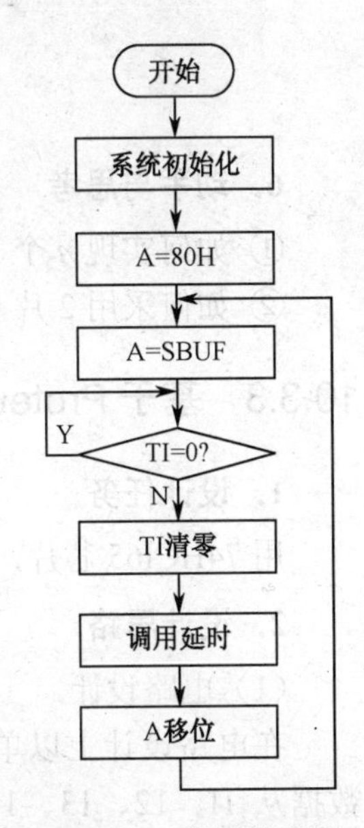

图 10-12 程序流程图

```
LP2:    MOV R4, #0A0H
LP3:    DJNZ R4, LP3
        DJNZ R3, LP2
        RET
        END
```

4. 编译与文件加载

将编写的程序添加到 Proteus 自带的编译器中，对其进行编译，生成 hex 文件。

5. 电路仿真

仿真电路如图 10-13 所示，单击“运行”按钮，启动系统仿真，观察仿真结果，此时 8 个 LED 灯从右至左逐个被点亮并不断地循环。改变延时子程序的延时时间，可以观察到灯的点亮时间也在发生变化。

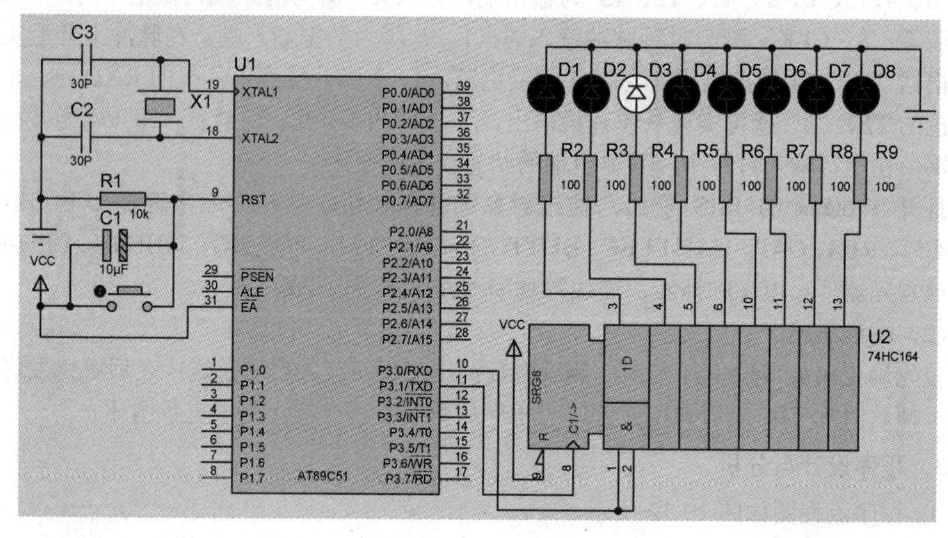

图 10-13 串入并出扩展电路

6. 动手与思考

① 如何实现 *n* 个 LED 灯从左至右循环点亮？

② 如何采用 2 片 74HCl64，通过级联实现 2 个灯的从左到右循环？

10.3.3 基于 Proteus 的并入串出扩展口电路设计

1. 设计任务

用 74HCl65 芯片，采用串行扩展技术，编程实现 8 位数据并行输入口的扩展电路。

2. 设计思路

（1）电路设计

在电路设计上以单片机为控制核心，以 74HCl65 为并行输入并行输出的移位寄存器，数据从 11、12、13、14、3、4、5、6 脚输入；2 脚为时钟输入端，与单片机的 TXD 相连；1 脚为使能控制端，当它为低电平时，允许并行置放数据，当它为 1 时，允许串行移位；10 脚为信号输入端；9 脚为信号输出端（前级信号输出）。按照设计要求，设计电路，8 位数据通过 74HCl65 并行输入，单片机串行接收数据，在 P1 口输出，通过数码管显示。

打开 Proteus 的 ISIS 窗口，通过对象选择器按钮，从元件库中选择如下元器件：AT89C51、RES、CAP、CAP-ELEC、BUTTON、CRYSTAL、POT-HG、74HCl65、7SEG-BCD-GRN、LOGICTOGGLE 等。放置元器件、电源和地线，连线得到串入并出扩展口电路。

（2）编程思路

首先允许 74HCl65 并行读入数据，接着允许串行移位输出；然后将数据送 SBUF，并等待数据接收完成一帧后清除 TI；最后读取 SBUF 的数据送 P1 口实现显示。

3．程序设计与分析

① 程序流程图：如图 10-14 所示。

② 源程序：

```
        ORG  0000H
        LJMP  START
START:  CLR  P3.7          ；允许 74HC165 并行读入数据
        NOP
        NOP
        SETB  P3.7         ；允许串行移位输出
        MOV  SCON，#10H    ；设置串行口方式 0 启动接收
LP1:    JNB  RI，LP1       ；等待一帧数据发送完
        CLR  RI
        MOV  A，SBUF       ；读取 SBUF 的数据
        MOV  P1，A
        NOP
        NOP
        LJMP  START
        END
```

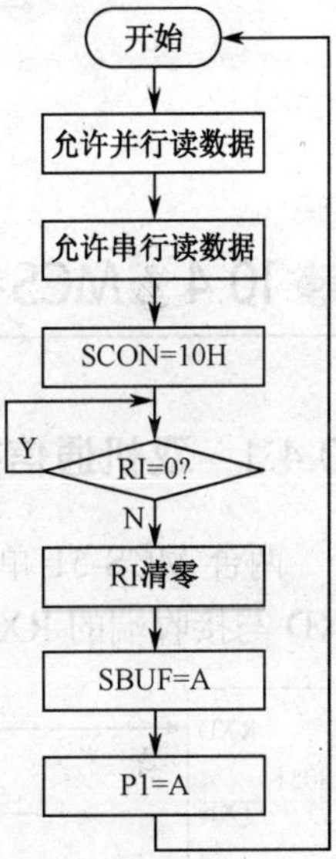

开始
允许并行读数据
允许串行读数据
SCON=10H
RI=0?
Y
N
RI清零
SBUF=A
P1=A

图 10-14　程序流程

4．编译与文件加载

将编写的程序添加到 Proteus 自带的编译器中，对其进行编译，生成 hex 文件。

5．电路仿真

仿真电路如图 10-15 所示，单击“运行”按钮，启动系统仿真。此时电路并行输入 0011 0110 数据，单片机串行接收并从 P1 口送到数码管显示 36 的数字。改变输入开关的数值，对应的数码显示也改变，这说明了通过并行输入串行读进的数据是正确的。

6．动手与思考

① 如何用 74HCl65 扩展为 16 根输入线的级联电路？

② 如何实现四个开关量的显示电路？

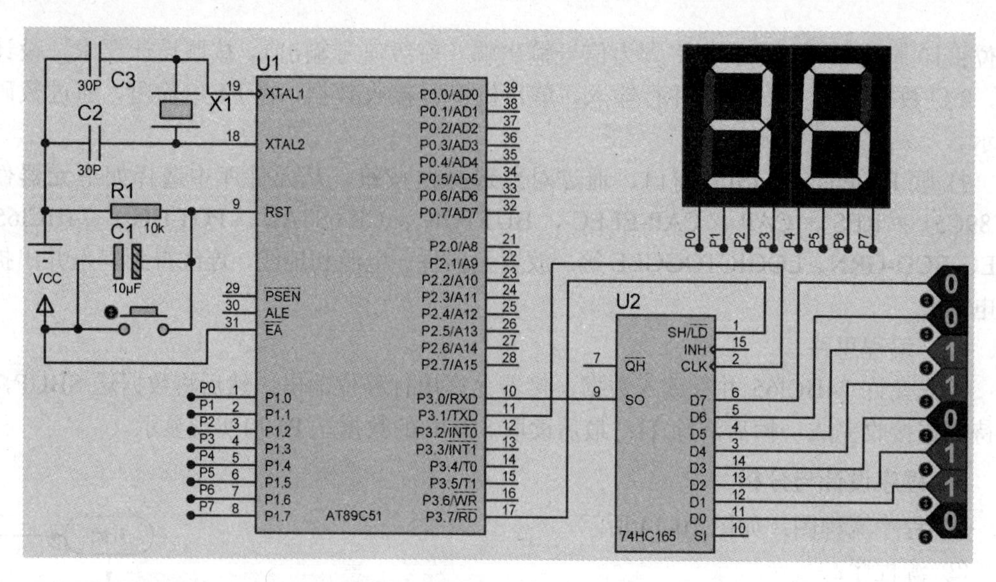

图 10-15　并入串出扩展电路

10.4　MCS-51 单片机双机串行通信的应用

10.4.1　双机通信接口

两台 MCS-51 单片机进行双机通信，接口电路如图 10-16 所示，两台单片机的发送端 TXD 与接收端的 RXD 交错相连，地线相连，即完成硬件的连接。计算机工作除硬件线路的正确连接外，还要编写双方的通信程序，遵守双方的约定，以及双方的数据帧格式、波特率等必须一致。

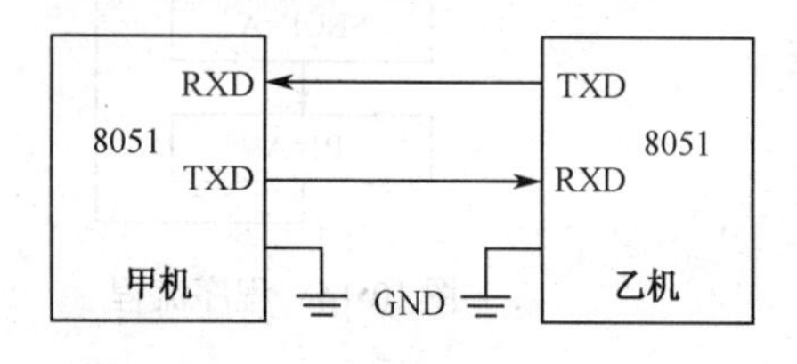

图 10-16　双机异步通信接口电路

为了增加通信距离，减少通道和电源干扰，一是利用 RS-232C、RS-422A 等具有一定驱动能力的接口电路，二是可以在通信线路上采用光电隔离的方法，进行双机通信。

10.4.2　单片机双机通信原理与设置

1．双机通信原理

单片机串行口在方式 1、方式 2、方式 3 下，均能实现双机通信。方式 2、方式 3 既可以用于双机通信，也可用于多机通信。

数据发送：当数据写入发送缓冲器 SUBF，发送缓冲器自动启动，数据由 TXD（P3.1）输出。发送完一帧数据后，TI 置 1。通过查询或中断方式，了解 TI 的状态，T1 只能由软件复位。

数据接收：当 REN=1 时，单片机串口允许接收数据。串行口采样引脚 RXD（P3.0）从 1 跳变到 0，并得到确认起始位后，就开始接收一帧数据。当接收完一帧数据，RI 置 1，可通过查询或中断方式了解 RI 的状态，RI 也只能由软件复位。

2．双机通信设置

单片机双机通信是通过设置 SCON、IE、TMOD、PCON 等 SFR 实现的。

SCON 设置：SM0、SM1 可设置为 01、10、11 中的任一种，SM2 设置为 0。

IE 设置：用 SETB　EA 和 SETB　ES 指令开启串行中断，同时注意串行中断的入口地址为 23H。

波特率设置：定时器 T1 工作在方式 2，定时器初值可用专用的波特率计算公式求得。

```
MOV  TMOD，#20H           ；定时器 T1 工作在方式 2
MOV  TH1，#0FDH           ；在 12MHz 晶振、波特率为 9600 bps 时的定时器初值
MOV  TL1，#0FDH
SETB  TR1                 ；开启定时器
MOV  PCON，#80H           ；PCON=80，波特率加倍
```

【例 10-3】设串行口工作在方式 1，采用中断方式，波特率为 9600 bps，试完成串行通信系统初始化设置。

分析：串行口设置在方式 1，可以收发数据，则 SCON=01010000B。

初值的确定：根据波特率=9600 bps，应用波特率初值设定公式得到 TH1=L1=FDH。

双机通信初始化程序如下：

```
        ORG  0000H
        LJMP  START
        ORG  0023H         ；中断入口
        LJMP  ZDFW
        ORG  0100H
START:  MOV  TMOD，#20H     ；定时器 T1 工作在方式 2
        MOV  TH1，#0FDH     ；设置波特率为 9600 bps
        MOV  TL1，#0FDH
        MOV  PCON，#80H     ；波特率加倍
        MOV  SCON，#50H     ；串行口工作在方式 1，允许接收数据
        SETB  TR1           ；开启串行通信
        ……
        END
```

10.4.3　基于 Proteus 的单片机双机串行通信设计

1．设计任务

用两片 AT89C51 单片机，编程实现 A 机发送 8 位数据、B 机接收，B 机发送 8 位数据、A 机接收，并用两个数码管显示接收到的数据。

2．设计思路

（1）电路设计

在电路设计上采用 A、B 两片单片机，设置同样的输入、输出端口和串行方式。数据从 P1 口通过数字开关输入，从串行口发送。接收数据从串行口输入，通过处理后，由 P2

口输出到数码管。

打开 Proteus 的 ISIS 窗口，通过对象选择器按钮，从元件库中选择如下元器件：AT89C51、RES、CAP、CAP-ELEC、BUTTON、CRYSTAL、74HCl65、7SEG-MP×2-CC-BLUE、LOGICTOGGLE 等元器件。放置元器件、电源和地线，连线得到如图 10-18 所示的串入并出扩展口电路。

（2）编程思路

A、B 两块单片机的程序是一样的，设 A、B 都工作在方式 1，波特率为 1200 bps，采用中断方式。首先主程序将 P1 口的数据送入 SBUF 并对外发送，当发送结束后使 TI 置位，同时产生中断。然后程序进入中断服务程序后，将接收到对方的数据送 P2 口显示。最后主程序不断循环。

波特率的计算：

由：波特率=$2^{SMOD}\times[f_{osc}/12\times(256-X)]/32=2^{SMOD}\times f_{osc}/[384\times(256-X)]$

而定时器 T1 模式 2 的计数初值：

$$X=256-2^{SMOD}\times f_{osc}/(384\times 波特率)$$

$$SMOD=0，X=256-2^{0}\times 12\times 10^{6}/(384\times 1200)=256-26=230=E6H$$

所以 T1 的 TH1=TL1=E6H。

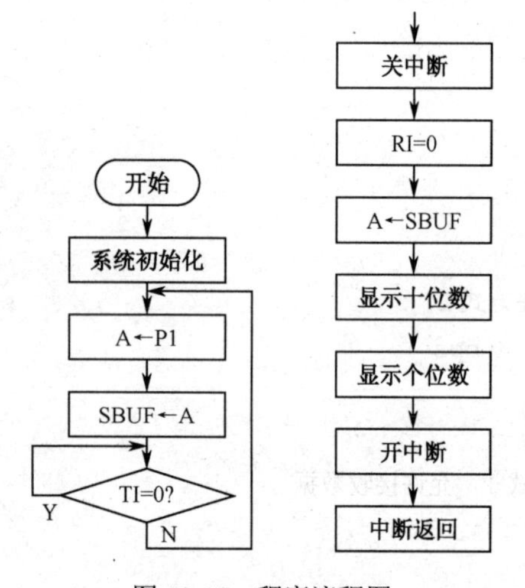

图 10-17　程序流程图

3．程序设计与分析

① 程序流程图如图 10-17 所示。

② 源程序：

```
        ORG   0000H
        LJMP  MAIN
        ORG   0023H
        LJMP  INS
        ORG   0030H
MAIN:   MOV   SP，#60H
        MOV   SCON，#50H
        MOV   TMOD，#20H
        MOV   TL1，#0E6H
        MOV   TH1，#0E6H
        SETB  TR1
        SETB  EA
        SETB  ES
        MOV   R1，#00H
LP0:    MOV   P1，#0FFH
        MOV   A，P1
        MOV   SBUF，A           ；将数据写入 SBUF，启动发送
LP1:    JNB   TI，LP1           ；等待发送一帧数据结束，并进入中断
        CLR   TI                ；发送据结束，清 TI 中断标志
        LJMP  LP0
```

```
INS:    CLR  EA
        CLR  RI
        MOV  A, SBUF                    ; SBUF向A写入数据
        MOV  R1, A
        SWAP  A                         ; 高4位与低4位交换
        ANL  A, #0FH                    ; 屏蔽高4位，取低4位，选择十位数
        CLR  P2.0                       ; 选十位数码管
        MOV  DPTR, #TAB
        MOVC  A, @A+DPTR
        MOV  P0, A
        ACALL  D1MS
        SETB  P2.0
        MOV  A, R1                      ; 把P1的数据送A
        ANL  A, #0FH                    ; 屏蔽高4位，取低4，选择个位数
        CLR  P2.1
        MOV  DPTR, #TAB
        MOVC  A, @A+DPTR
        MOV  P0, A
        ACALL  D1MS
        SETB  P2.1
        SETB  EA
        RETI
D1MS:   MOV  R7, #250
        DJNZ  R7, $
        RET
TAB:    DB 3FH, 06H, 5BH, 4FH, 66H, 6DH, 7DH, 07H
        DB 7FH, 6FH, 77H, 7CH, 39H, 5EH, 79H, 71H
        END
```

4．编译与文件加载

将编写的程序添加到Proteus自带的编译器中，对其进行编译，生成hex文件。

5．电路仿真

仿真电路如图9-7所示，单击“运行”按钮，启动系统仿真，得如图10-20所示的仿真结果。此时左边的单片机并行输入01101111数据，右边的单片机接收并显示出6 F；右边的单片机并行输入00101000数据，左边的单片机接收并显示出2 8。改变输入（开关）的数据，对应的显示值也相应改变，这说明双机串行通信成功。

6．动手与思考

① 采用查询方式，如何编程？

② 编写A机与B机在中断方式下，各自独立的发送与接收程序。

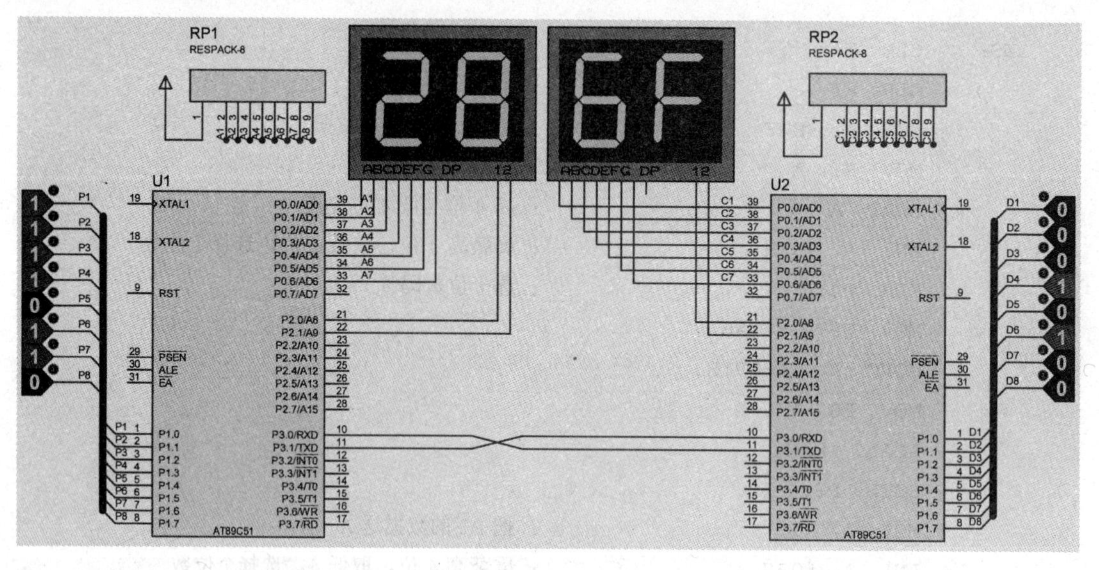

图 10-18　单片机双机通信设计图

10.5　MCS-51 单片机多机串行通信的应用

10.5.1　多机通信硬件基本电路

多机通信是指一台主机和多台从机之间的通信，MCS-51 串行口的方式 2 和方式 3 具有多机通信功能。在这种方式下，要使用一台主机和多台从机，主机发送的信息可以传送到各个从机或指定的从机，各从机发送的信息只能被主机接收，各个从机之间必须通过主机才能交换数据。如图 10-19 所示为多机通信的一种连接示意图。

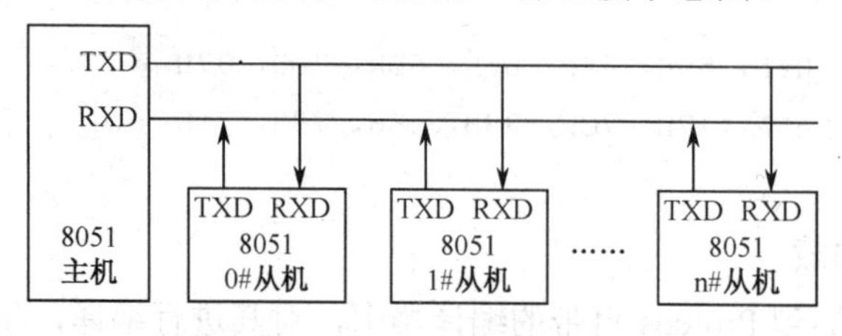

图 10-19　多机通信连接示意图

10.5.2　多机通信原理与设置

1. 多机通信原理

为了使多机的可靠通信，必须保证通信接口具有从机号码识别功能。而从机的控制位之 SM2 与主机发送帧中的 TB8 相互配合，专用于主机与其选定的从机建立通信联系。

当单片机串行口以方式 2 或方式 3 接收时，若 SM2=1，表示置多机通信功能位。这时有两种情况：

① 接收到第 9 位数据为 1，此时数据装入 SBUF，并置 RI=1，向 CPU 发中断请求；

② 接收到第 9 位数据为 0，此时不产生中断，信息将之丢弃，不能接收。若 SM2=0，则接收到的第 9 位信息无论是 1 还是 0，都产生 RI=1 的中断标志，接收的数据装入 SBUF。根据这个功能，就可以实现多机通信。

2．多机通信设置

首先对各从机定义地址编号（通过 I/O 口设定），如分别为 00H、01H、02H、…、0FH 等。当主机想发送一个数据块给某个从机时，它必须先送出一个地址字节，以辨认从机。编程实现多机通信的过程如下：

① 主机发送一帧地址信息（其中包括分机编号的 8 位地址），第 9 位为 1（TB8=1），与所需的从机联络，以表示发送的是地址。例如；

```
MOV SCON，#0D8H      ；设串行口为方式 3，TB8=1，允许接收
```

② 所有从机初始化设置 SM2=1，处于准备接收一帧地址信息的状态，例如：

```
MOV SCON，#0F0H      ；设串行口为方式 3，SM2=1，允许接收
```

③ 各从机接收到地址信息后，各自将主机送过来的地址与其本身地址相比较。对于被主机寻址的从机，置 SM2=0，以接收主机随后发来的所有信息。未被主机寻址的其他从机，保持 SM2=1 的状态，对主机随后发来的信息不理会，直到发送新的一帧地址信息为止。

④ 主机发送控制指令和数据信息（第 9 位为 0）给被寻址的从机。因 SM2=0，故可以接收主机发送过来的信息。

10.5.3 基于 Proteus 的单片机多机串行通信设计

1．设计任务

由主机发送数据，从机接收数据。从机共有 16 个，从机地址从 00H 开始到 0FH 结束。只有主机寻址的从机才能接收到数据，收到的数据用数码管显示。当接收数据是 00H 时，表示本次通信结束。

2．设计思路

（1）电路设计

主机的数据由 P1 口输入开关设定，欲寻址的地址由 P2 口开关设置。当 P3.4 为“0”则发送地址，同时由 P0 口显示出欲寻址的地址。寻址结束后，当 P3.7 为“0”则发送数据，此时 P0 口显示的是发送数据。

打开 Proteus 的 ISIS 窗口，通过对象选择器按钮，从元件库中选择如下元器件：AT89C51、RES、CAP、CAP-ELEC、BUTTON、CRYSTAL、DIPSW-4、7SEG-COM-ANODE、LOGICTOGGLE 等元器件。放置元器件、电源和地线，连线得到如图 10-21 所示的单片机多机串行通信电路。

（2）编程思路

设主机工作在方式 2（SM0=1）、允许接收数据（REN=1）、开机后先显示地址（TR8=1），即主机的 SCON=98H；从机工作在方式 2（SM0=1）、允许接收数据（REN=1）、设主从机串行通信（SM2=1），即从机的 SCON=0B0H。

在程序设计中，开机后主机先读 P2 口地址，将地址送至 P0 口并由数码管显示，然后检测 P3.4 是否为“0”，若为“0”则发送该地址，若为“1”则等待。

从机接收主机发送的地址，并跟本机地址进行比较，若相同则置 SM2=0，准备接收后续发来的数据，否则无操作。

当主机发送完地址后就读取 P1 口数据，并显示在主机数码管上，然后检测 P3.7 的状态。若为 1 则等待，若为“0”则发送数据。当发送的数据=00H，则通信结束。若发送的数据不为 00H，则重新检测 P3.7 的状态，继续发送数据。

从机接收数据并将数据显示在从机数码管上。如果接收到的数据为 00H，则恢复到 SCON=B0H。

波特率的计算：设单片机 12MHz 晶振，波特率为 9600 bps。

由：波特率$=2^{SMOD}/32\times[f_{osc}/12\times(256-X)]=2^{SMOD}\times f_{osc}/[384\times(256-X)]$

而定时器 T1 模式 2 的计数初值：

$$X=256-2^{SMOD}\times f_{osc}/384\times\text{波特率}$$

$$SMOD=0,\ X=256-2^{0}\times12\times10^{6}/(384\times9600)=256-3.26=252.75=FDH$$

所以 T1 的 TH1=TL1=FDH。

3．程序设计与分析

① 程序流程图如图 10-20 所示。

发送机的程序流程图如图 10-20（a）所示，接收机的程序流程图如图 10-20（b）所示。

② 源程序。

发送机程序：

```
        ORG  0000H
        MOV  SCON，#98H       ；串行工作方式 2
        MOV  TMOD，20H        ；定时器 T1 方式 2
        MOV  TH1，#0FDH       ；定时器 T1 初值
        MOV  TL1，#0FDH
        SETB  TR1             ；启动
        NOV  DPTR，#TABH      ；首表地址
LP1:    MOV  P2，#0FH         ；读 P2 口从机地址
        MOV  A，P2
        MOV  R0，A
        MOVC  A，@A+DPTR      ；取地址号
        MOV  P0，A            ；地址号送 P0 口显示
        JB  P3.4，LP1         ；判断是否要发送地址
        MOV  A，R0
        MOV  SBUF，A          ；发送地址
LP2:    JNB  TI，LP2          ；发送完?
        CLR  TI
LP3:    MOV  P1，#0FH         ；读 P1 口数据
        MOV  A，P1
        MOV  R0，A
        MOVC  A，@A+DPTR      ；查表取 BCD 码送 P0 口
        MOV  P0，A
        JB  P3.7，LP3         ；判断是否要发送数据
```

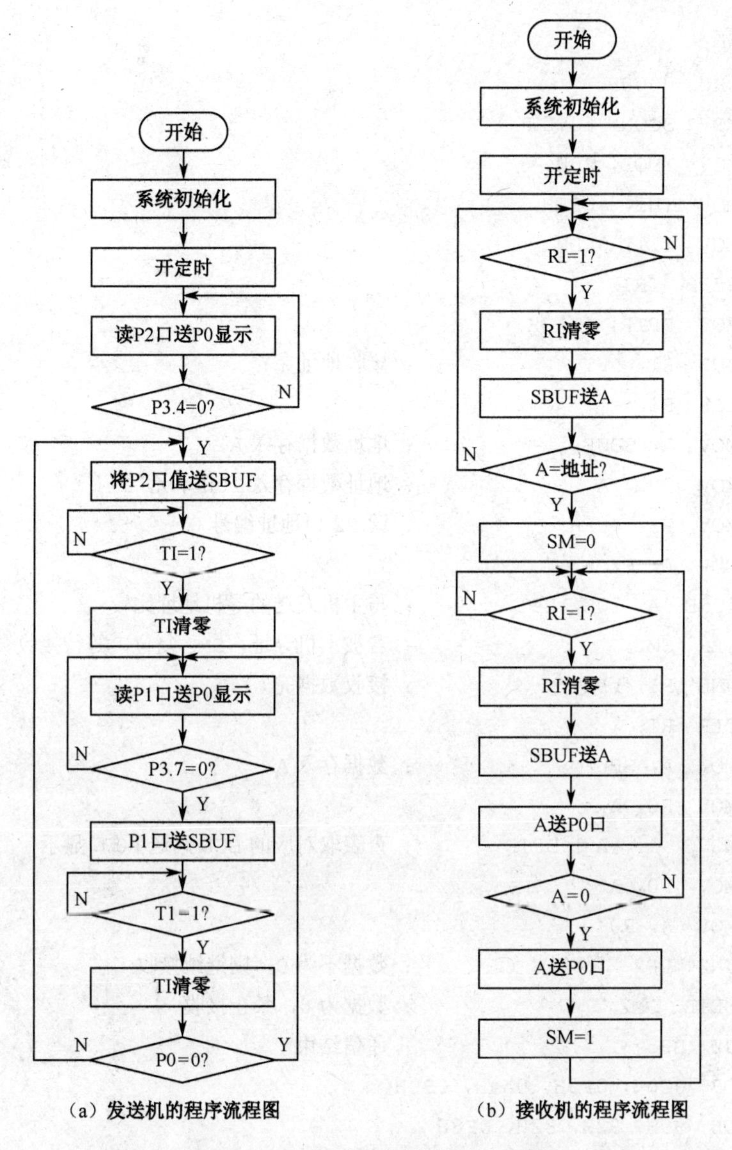

(a) 发送机的程序流程图　　(b) 接收机的程序流程图

图 10-20　多机串行通信程序流程图

```
        MOV  A, R0
        MOV  SBUF, A          ; 发送数据
LP4:    JNB   TI, LP4         ; 发送完?
        CLR  TI
LP5:    JZ    LP5             ; 若 P0=0, 则通信结束
        LJMP  LP3
TABH:   DB  0C0H, 0F9H, 0A4H, 0B0H
        DB  99H, 92H, 82H, 0F8H
        DB  80H, 90H, 88H, 83H
        DB  0C6H, 0A1H, 86H, 8EH
        END
```

接收机程序：

```
        ORG  0000H
        MOV  SCON，#0B0H
        MOV  TMOD，20H
        MOV  TH1，#0FDH
        MOV  TL1，0FDH
        SETB  TR1
        MOV  DPTR，#TABH
LP1:    JNB  RI，LP1              ；接收地址完？
        CLR  RI
        MOV  A，SBUF              ；地址数据存入 A
        MOV  20H，A               ；地址数据存入 20H 单元
        MOV  P2，#0FH             ；读 P2 口地址编号
        MOV  A，P2
        CJNE  A，20H，LP1         ；与主机发送的寻机地址比较
        CLR  SM2                  ；若被主机寻址，SM2 复位，等待接收数据
LP2:    JNB  RI，LP2              ；接收数据完？
        CLR  RI
        MOV  A，SBUF              ；数据存入 A
        MOV  R0，A
        MOVC  A，@A十DPTR         ；查表取对应的 BCD 码送 P0 口显示
        MOV  P0，A
        MOV  A，R0
        JNZ  LP2                  ；数据不为 0，则继续接收
        SETB  SM2                 ；数据为 0，禁止接收
LP5:    JZ  LP5                   ；通信结束
TABH:   DB  0C0H，0F9H，0A4H，0B0H
        DB  99H，92H，82H，0F8H
        DB  80H，90H，88H，83H
        DB  0C6H，0A1H，86H，8EH
        END
```

4．编译与文件加载

将编写的程序添加到 Proteus 自带的编译器中，对其进行编译，生成 hex 文件。

5．电路仿真

仿真电路如图 10-21 所示，单击“运行”按钮，将发送程序和接收程序分别进行编译，然后将发送程序加载到发送机，将接收程序加载到接收机，启动系统仿真，此时主机对 3 号从机寻址，并发送数据 0110，得如图 10-21 所示的仿真结果。当从机地址与主机地址不一致时，不能接收主机数据，调整从机地址与主机一致时，主机发送数据从机接收数据。主机的 P1 口改变发送数据，然后按 P3.7 脚开关，从机的数据跟着改变，这说明多机串行

通信成功。

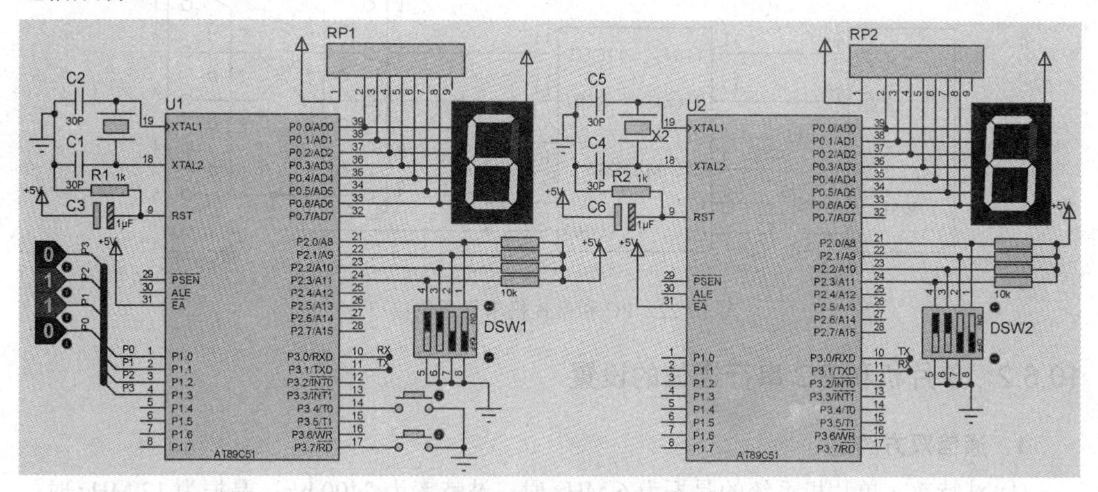

图 10-21　多机通信电路设计图

6．动手与思考

① 发送 8 位数据，如何设计电路与编程？

② 若从机被主机寻址，被寻址的从机用指示提示。

10.6　MCS-51 单片机与 PC 串行通信的应用

功能强大的控制系统往往由 PC 与单片机组成，一般以 PC 作为监控机，用户可以方便地通过 PC 向各单片机发出命令，不仅可以获得单片机的信息，同时也可以对单片机操作控制。在 PC 与多个单片机组成的串行通信系统中，对数据处理和过程控制，已成为智能测量控制仪表的应用领域。但是，由于 PC 与单片机之间存在有信号电子的差异，故需要进行电平的转换。通过本节内容介绍 PC 和单片机的通信接口设计。

10.6.1　单片机和 PC 串行通信硬件基本电路

在 PC 系统内都装可编程的 Intel 8250 芯片，具有串行接口、EIA-TTL 电子转换功能的异步通信适配器，它使 PC 有能力与其他具有标准的 RS-232C 接口的计算机或设备进行通信。如 PC 通过 COM1 或 COM2 这两个口，可以连接单片机、仿真机等其他的串行通信设备。PC 和单片机最简单的连接是三线制连接方式，但是，由于单片机的串行发送线和接收线 TXD 和 RXD 是 TTL 电平，而 PC 配置的是 RS-232C 标准串行接口，二者的电气规范不一致，因此要实现 PC 与单片机的数据通信，必须进行电平转换。MAX232 芯片是常用的电平转换集成电路，它含有两路驱动器和接收器，通过串行电缆线和 PC 相连接。同样，PC 和单片机之间的通信也分为双机通信和多机通信。MAX232 芯片与 PC 和单片机串行通信接口电路，如图 10-22 所示。其中，MAX232 与 PC 连接采用的是 9 芯标准插座。

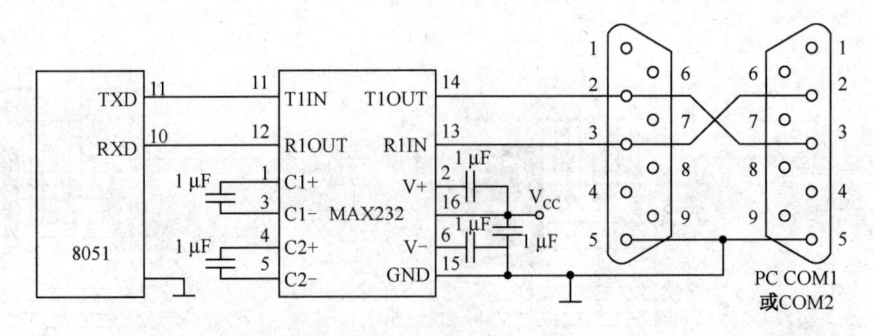

图 10-22 PC 和单片机串行通信接口

10.6.2 单片机和 PC 串行通信的设置

1. 通信双方约定

① 波特率：单片机系统的晶振为 6 MHz 时，波特率为 2400 b/s；晶振为 12 MHz 时，波特率为 1200 b/s。

② 信息格式：8 个数据位，一个停止位。

③ 传送方式：PC 采用查询方式收发数据，51 单片机采用中断或查询方式接收信息。

2. 通信软件设计

通过列举一个实用的通信测试软件进行说明。

3. PC 通信软件

PC 的通信程序可以用汇编语言编写，也可以用其他高级语言，如 VC、VB 来编写。相关方面的通信程序介绍请参考有关资料，这里只介绍通过仿真软件，应用 Proteus 虚拟终端实现 PC 和单片机的串行通信，内容将在下节中进行介绍。

10.6.3 基于 Proteus 的单片机与 PC 串行通信技术

1. 设计任务

用 Proteus 虚拟终端 PCJ、PCF 代表计算机的 COM 口，接收和发送数据。编程实现从 PC 键盘发送一个数据，当单片机接收后，用 2 位数码管显示由 PC 键盘输入的数据，然后单片机再向 PC 发送同一数据，并在屏幕上显示出来。

2. 设计思路

（1）电路设计

单片机与 PC 进行串行通信是通过 RS-232 接口标准实现的，符合 RS-232 标准的典型芯片是 MAX232。

打开 Proteus 的 ISIS 窗口，通过对象选择器按钮，从元件库中选择如下元器件：AT89C51、MAX232、COMPM、7SEG-BCD-GRN、RES、CAP-ELEC 和虚拟终端调试工具等元器件。连线得到单片机与 PC 进行串行通信电路如图 10-25 所示。

（2）编程思路

单片机通过查询方式接收 PC 发送的数据，并回送给 PC。单片机串行口的工作方式为方式 1，晶振为 12 MHz 时，波特率为 1200 b/s。定时器 1 按方式 2 工作，经计算，定时器预置值为 E6H，SMOD=1。

3．程序设计分析

① 程序流程图如图 10-23 所示。

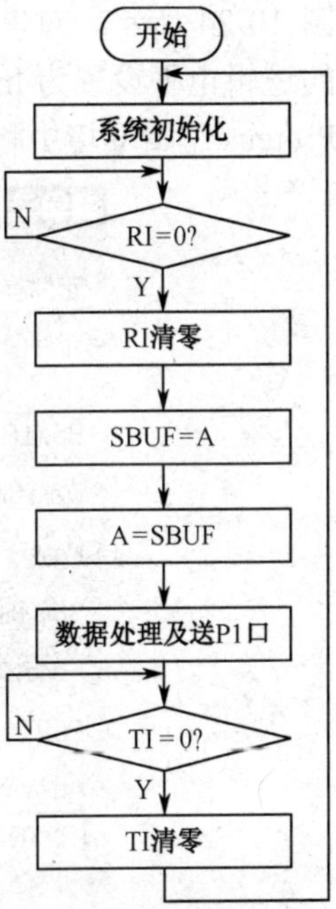

图 10-23　程序流程图

② 源程序：

```
        ORG  0000H
        LJMP  START
START:  MOV  P1, #00H
        MOV  TMOD, #20H       ; 设置定时器 1 为方式 2
        MOV  TH1, #0E6H       ; 设置预置值
        MOV  TL1, #06EH
        SETB  TR1             ; 启动定时器 1
LP:     MOV  SCON, #50H       ; 串行口初始化，SM1=1、方
                              式 1；REN=1、允许串行接收
        MOV  R1, #00H
        LP1:   JNB  RI, LP1   ; 查询是否接收完一帧数据，RI=1
                              时，申请中断
        CLR  RI               ; 清除 RI
        MOV  A, SBUF          ; 将接收缓冲器 SBUF 的数据读入
                              A，由 PC 通过 RXD（P3.0）事
                              先输入到移位寄存器
        MOV  SBUF, A          ; 将数据写入串行口的发送缓冲器 SUBF 中，并向 PC 发送
        ; *******单片机数据处理及显示************
        ANL  A, #0FH          ; 屏蔽高 4 位
        MOV  R0, A
        MOV  A, R1
        SWAP  A               ; 高 4 位与低 4 位互换
        ANL  A, #0F0H         ; 屏蔽低 4 位
        MOV  R1, A
        MOV  A, R0
        ORL  A, R1            ; 将当前输入的数据与前面的数据相加
        MOV  R1, A
        MOV  P1, A
LP2:    JNB  TI, LP2          ; 发送完一帧数据的标志，TI=1 时，向 CPU 申请中断
        CLR  TI
        LJMP  LP1
        END
```

4．编译与文件加载

将上述程序在 Proteus 环境编译，右键单击 PCJ 及 PJF 虚拟仪器、选择编辑属性，如

图 10-24 所示。对串行口、单片机、PCJ、PCF 进行设置（波特率为 1200 bps，PCJ、PCF 的逻辑电平设置为 Inverted，其余的保持默认设置），并设单片机的时钟频率为 12 MHz。在 Proteus 编辑环境中将编译得到的 hex 文件加载到单片机。

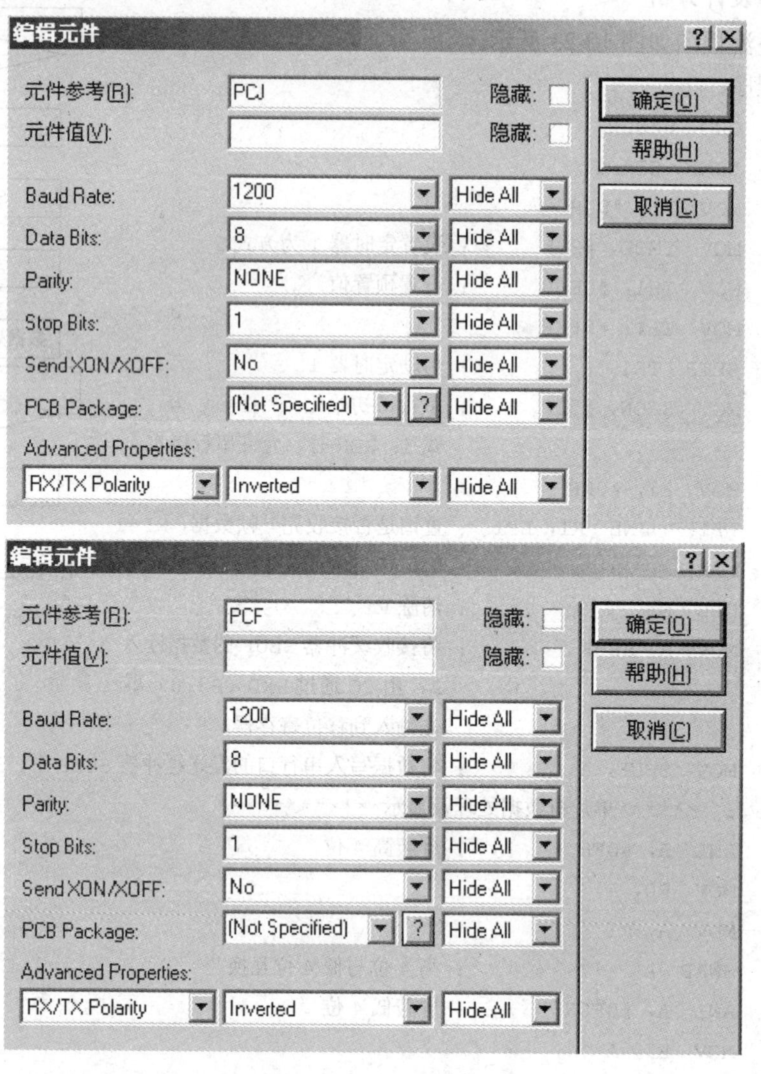

图 10-24 虚拟终端串口设置

5．系统仿真

单击“全速仿真”按钮，在 PCF 中用键盘连续输入 123456789。如图 10-25 所示，观测到 PCJ 中看到与输入同样的数据，同时在数码管上个位显示当前输入的数据、十位显示当前的前一位输入，显示结果是最后的两位，只要屏幕上所显示的字符与所键入的字符相同，即可表明 PC 与单片机间通信正常。

6．动手与思考

① 改用中断方式设计单片机通信程序。

② 若用 LCD 显示输出的数据，电路和程序又如何设计？

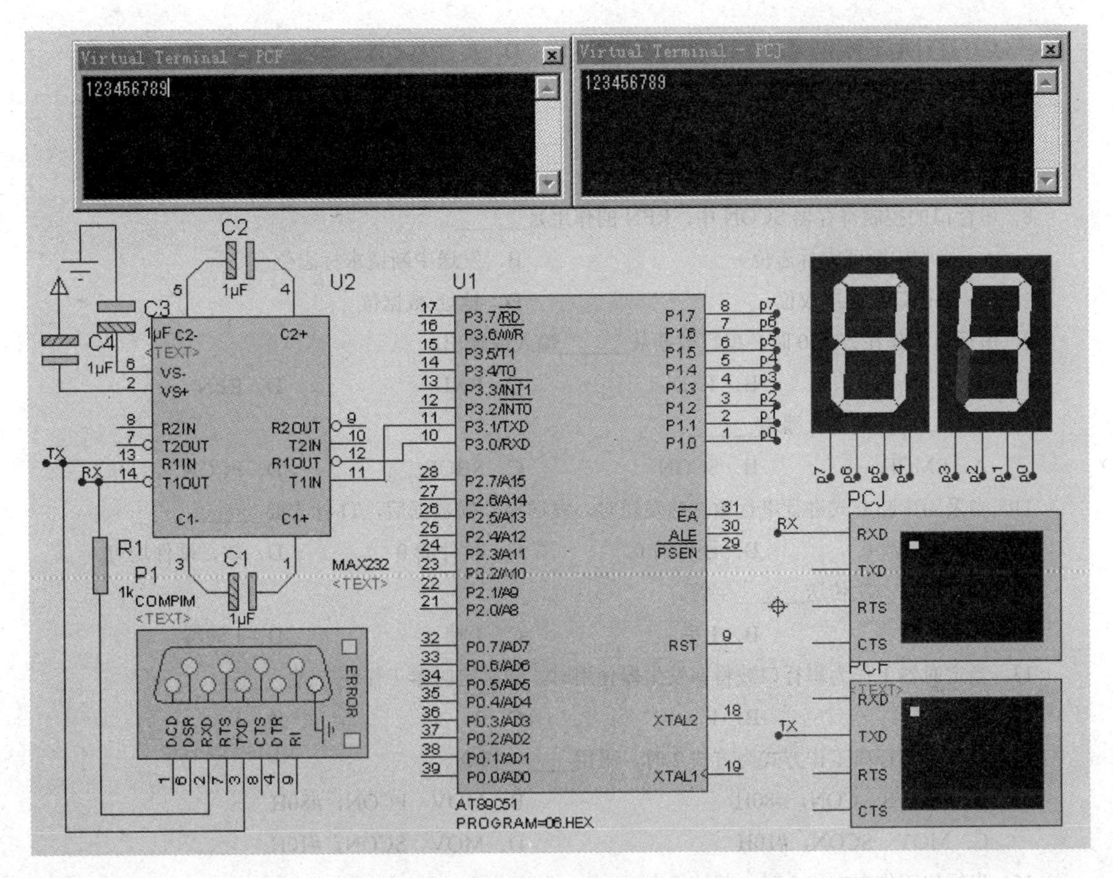

图 10-25　单片机与 PC 串行通信电路设计图

习题 10

一、选择题

1．当串行口向单片机的 CPU 发出中断请求时，若 CPU 允许并接收中断请求时，程序计数器 PC 的内容将被自动修改为______。

A．0003H　　B．000B　　C．0013H　　D．0023H

2．串行口是单片机的______。

A．内部资源　　B．外部资源　　C．输入设备　　D．输出设备

3．MCS-51 单片机的串行口是______。

A．单工　　B．全双工　　C．半双工　　D．并行口

4．用 MCS-51 串行口扩展并行 I/O 口时，串行口工作方式应选择______。

A．方式 0　　B．方式 1　　C．方式 2　　D．方式 3

5．表征数据传输速度的指标为______。

A．USART　　B．UART　　C．字符帧　　D．波特率

6．单片机和 PC 接口时，往往要采用 RS-232 接口，其主要作用是______。

A．提高传输距离　　B．提高传输速度

C. 进行电平转换　　D. 提高驱动能力

7. 芯片 MAX232 的作用是______。

A. A/D 转换器件　　B. 提高串行口的驱动能力

C. 完成 TIL 和 232 电平的转换　　D. 提高口线的驱动电流

8. 串行口的控制寄存器 SCON 中，REN 的作用是______。

A. 接收中断请求标志位　　B. 发送中断请求标志位

C. 串行口允许接收位　　D. 地址/数据位

9. 串行口工作在方式 0 时，串行数据从______输入或输出。

A. RI　　B. TXD　　C. RXD　　D. REN

10. 串行口的控制寄存器为______。

A. SMOD　　B. SCON　　C. SBUF　　D. PCON

11. 当采用中断方式进行串行数据的发送时，发送完一帧数据后，TI 标志要______。

A. 自动清 0　　B. 硬件清 0　　C. 软件清 0　　D. 软、硬件均可

12. 串行口每一次传送______字符。

A. 1 个　　B. 1 串　　C. 1 帧　　D. 1 波特

13. 当定时器 1 作为串行口波特率发生器使用时，通常定时器工作在方式______。

A. 0　　B. 1　　C. 2　　D. 3

14. 当设置串行口工作方式为方式 2 时，采用______指令。

A. MOVS　CON，#80H　　B. MOV　PCON，#80H

C. MOV　SCON，#10H　　D. MOV　SCON，#10H

15. 串行口工作在方式 0 时，其波特率______。

A. 取决于定时器 1 的溢出率

B. 取决于 PCON 中的 SMOD 位

C. 取决于时钟频率

D. 取决于 PCON 中的 SMOD 位和定时器 1 的溢出率

16. 串行口工作在方式 1 时，其波特率______。

A. 取决于定时器 1 的溢出率

B. 取决于 PCON 中的 SMOD 位

C. 取决于时钟频率

D. 取决于 PCON 中的 SMOD 位和定时器 1 的溢出率

二、简答题

1. 简述串行数据传送的特点。
2. 什么是波特率？如何计算和设置串行通信的波特率？
3. 简述 8051 单片机串行口的工作方式。
4. 串行口控制器 SCON 中 SM2、TB8、RB8 起什么作用？在什么方式下使用？
5. 简述串行通信接口芯片 UART 的主要功能。
6. 什么是串行异步通信？它有哪些作用？并简述串行口接收和发送数据的过程。
7. 定时器 1 作串行口波特率发生器时，为什么通常采用方式 2？

8．8051 单片机的时钟振荡频率为 11.0592 MHz，选用定时器 T1 工作模式 2 作为波特率发生器，波特率为 2400 b/s，求初值。并编写初始化程序。

9．AT89C51 单片机选用串口方式 1 作双工通信，晶振频率为 11.0592 MHz，波特率为 2400，试写出该单片机的串口初始化程序（注：要求完成 TMOD，PCON，SCON，IE 及 TH1 的参数设置）。

三、基于 Proteus 设计与仿真的综合应用

1．串行口扩展数码管显示接口的设计与仿真

① 利用 74LSl64 扩展并行口，构成 2 位静态显示数码管接口。设计电路图并编写相应的显示驱动程序。显示缓存为 40H～41H 单元，存放被显示数字的共阴极代码。

② 设计中 8051 的 TXD 作为时钟线，接至每一片 74LSl64 的 CLK 端，8051 的 RXD 作为数据线接到第一片 74LSl64 的数据输入端，如前所述，74LSl64 是一个串入并出的移位寄存器。由 A、B 输入的串行数据，经 Q0～Q7 移位输出，前一片 74LSl64 的 Q7 接至后一片 74LSl64 的数据输入端 A、B。从而实现多片级联扩展。理论上采用这种电路扩展的并行接口可以无限多，但是扩展越多，传输速度越慢。

2．串行口扩展数码管数字交替显示接口的设计与仿真

① 利用串行口设计 4 位静态 LED 显示，画出电路图并编写程序，要求 4 位 LED 每隔 1 s 交替显示“1234”和“5678”。

② 请参考上题。

3．并入串出扩展口流水灯电路设计与仿真

① 在单片机的串行口外接一个并入串出 8 位移位寄存器 74LS165，实现并口到串口的转换。

② 外部 8 位并行数据通过移位寄存器 74LS165 进入单片机的串行口，然后再送往 P2 口点亮 8 个 LED 指示灯。当单片机运行后，改变移位寄存器 74LS165 的并行输入拨动开关状态，查看 8 个 LED 指示灯的变化情况。

4．甲机依次将数据传送到乙机中的设计与仿真

① 设计—程序，实现两片 MCS-51 串行通信，将甲机片内 RAM 的 50H～5FH 中的数据串行发送到乙机中，并存放于乙机片内 RAM 40H～4FH 单元中。

② 假设两单片机晶振均为 11.0592 MHz。根据题目要求，选择串行口方式 3 通信，接收/发送 11 位信息位（0），中间 8 位数据位，数据位后为奇偶校验位，最后 1 位为停止位（1）。如果选择波特率为 9600 b/s、且选择 TI 方式 2 定时，请编程实现两机的串行通信。在仿真中察看乙机片内 RAM 40H～4FH 单元中的内容。

第11章 单片机系统设计和基于Proteus的学期项目

单片机应用系统是指以单片机为核心，配以一定的外围扩展电路和外部设备及软件，就能完整地实现某种或多种应用功能。一般来说，应用系统所要完成的功能或任务不同，其相应的组成结构（硬件、软件配置）也不尽相同。因此，单片机应用系统的应用包含了硬件和软件的设计与开发。学期项目开发是对该门课程的综合应用，通过几项综合应用项目，使读者在硬件电路设计和程序开发方面具有较好的借鉴作用。

11.1 单片机应用系统设计方法

单片机应用系统包括硬件和软件两大部分。其中，硬件系统包含单片机内部硬件资源和外围接口、控制、驱动、检测等扩展电路；软件系统是单片机应用系统的应用程序，是根据整个系统的功能而自行设计的。只有软、硬件紧密配合，协调一致的单片机应用系统才能正常运行，单片机应用系统的设计方框图如图11-1所示。

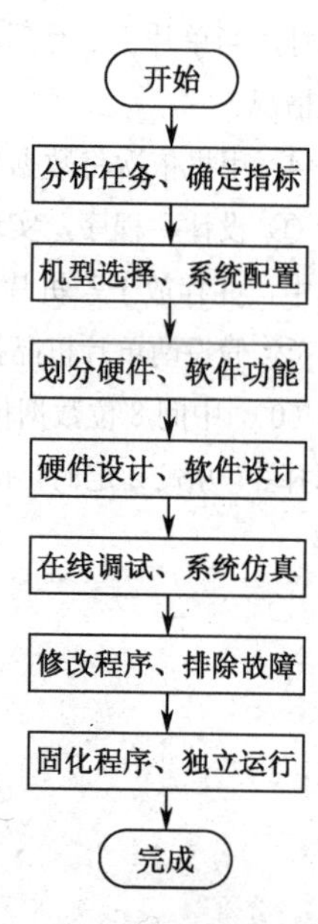

图11-1 单片机应用系统的设计方框图

11.1.1 确定任务

每个工程项目都是实现某种功能或完成某项工作任务的。在设计单片机应用系统前，应明确系统的功能和主要技术指标。

1. 可行性分析

首先明确项目的需求和意义。对系统任务、测试对象、控制对象、硬件资源和工作环境做出详细的分析，提出可行性调研报告，明确项目任务。

2. 确定技术指标

功能和技术指标是两个不同的概念。同一个功能要求，由于技术指标不同，构成的应用系统也不同。拟订一个合理的技术指标，必须从实际出发，要对产品性能、成本、可靠性、可维护性及经济效益进行综合考虑。主要技术指标是系统设计的依据和出发点，此后的整个设计与开发过程都要围绕着如何能达到技术指标的要求而进行。

11.1.2　总体设计

系统总体设计是单片机系统设计的前提，合理的总体设计是系统成败的关键。总体设计的关键是在于对系统功能和系统配置的认识和合理选择，以及系统基本结构的构建和软、硬件功能的划分。

1．主要芯片的选择

单片机系统的设计是以单片机为核心，合理选择单片机芯片是体现系统的优越性。因此必须根据系统的功能与指标、精度和速度要求来选择，目前单片机种类较多，有 8 位、16 位、32 位机等，片内的集成度各不相同，有的机型在片内集成了 WOT、PWM、串行 EEPROM，A/D、比较器等多种功能，并提供 UART、12C、SPI 协议的串行接口。其次还要根据单片机的输入/输出口配置、程序存储器及内部 RAM 的大小来选择，另外要进行性能价格比较。

2．系统配置

除了单片机芯片外，对系统中用到的其他外围元器件，如传感器、执行器件、人机接口、存储器等相关器件，在整个系统中要尽可能做到性能匹配。例如，传感器是单片机应用系统设计的一个重要环节，因为工业控制系统中所用的各类传感器是影响系统性能的重要指标。只有传感器选择得合理，设计的系统才能达到预定设计指标。

在总体方案设计过程中，对软件和硬件进行分工是一个首要的环节。原则上，能够由软件来完成的任务就尽可能用软件来实现，以降低硬件成本，简化硬件结构，提高可靠性，但是它可能会降低系统的工作速度。因外，在进行系统的软、硬件分工时，应综合考虑系统的响应速度、实时性、系统功耗和驱动能力等相关的技术指标等。总体方案一旦确定，系统的规模及软件的基本框架就确定了。

11.1.3　硬件设计

硬件和软件是单片机应用系统的两个重要组成部分，硬件是基础，软件是关键。在系统设计中，两者似乎独立，但实际上两者是密切相关的，缺一不可。硬件设计时，单片机内部资源、外围电路特性等应考虑留有一定的余量。因为在系统调试中最不易修改的是硬件结构，因此电路设计力求正确无误。

1．硬件设计基本步骤

第一步是要根据总体设计要求设计出硬件系统原理框图，在系统原理框图中明确各模块的功能与技术指标，确定各模块所选用的器件及电路架构，分析各模块之间的合理匹配与可靠性，还可以考虑留有扩展电路空间。

第二步就是要充分考虑单片机内部资源的使用情况，统筹安排与使用内部、外部程序存储器和数据存储器、I/O 口、中断源、定时计数器等。

第三步是对单片机外围的输入/输出接口的扩展、键盘与显示器的设计、A/D 及 D/A

转换器的设计、传感器与检测控制电路的设计等、结合单片机的运载能力与控制能力综合考虑而设计方案。同时对某些模块应尽可能事先进行模拟仿真与试验，确保外围电路的可靠性。

第四步是根据以上几个步骤所确定的硬件设计方案，设计出系统电气原理图。系统电气原理图不是一次设计就能确定下来，而是要通过调试后不断的改善才能最终确定，特别是系统规模较大时，更是如此。

2．MCS-51 单片机资源的选择

（1）程序存储器

目前片内程序存储器有 2 KB、4 KB、8 KB、16 KB、32 KB、64 KB 等多种选择，若单片机片内无程序存储器或存储容量不够时，此时需扩展外部程序存储器。外部扩展的存储器通常可以选用 EPROM 或 EEPROM。EPROM 集成度高、价格便宜，EEPROM 则编程容易，可以在线读写。当程序量较小时，使用 EEPROM 较方便；当程序量较大时，一般可选用容量较大、更经济的 EPROM 芯片，如 2764（8 KB）、27128（16 KB）或 27256（32 KB）等。

（2）数据存储器

一般单片机片内都提供了小容量的数据存储区，只有当片内数据存储区不够用时才扩展外部数据存储器。如可选用 6116（2 KB）、6264（8 KB）、62256（32 KB）等，原则上应尽量减少芯片数量，建议使用大容量的 RAM 芯片，使译码电路简单。

（3）I/O 接口

由于外设多种多样，使得单片机与外设之间的接口电路也各不相同。I/O 接口大致可归类为并行接口、串行接口、模拟采集通道（接口）、模拟输出通道（接口）等。应尽可能选择集成了所需接口的单片机，以简化 I/O 口设计，提高系统可靠性。

（4）系统速度匹配

MCS-51 系列单片机时钟频率可在 2～12 MHz 之间任选，在不影响系统技术性能的前提下，时钟频率选择低一些为好，这样可降低系统中对元器件工作速度的要求，从而提高系统的可靠性。

3．外围电路的选择

（1）A/D 和 D/A 转换器

A/D 和 D/A 转换器主要根据精度、速度、转换通道数、输出方式（串行或并行）和价格等来选用，同时还要考虑与主机系统的连接是否方便。

（2）地址译码电路

基本上所有需要扩展外部电路的单片机系统都需要设计译码电路，译码电路的作用是为外设提供片选信号，也就是为它们分配独一无二的地址空间。译码电路在设计时要尽可能简单，这就要求存储器空间分配合理，译码方式选择得当。MCS-51 系统有充分的存储空间，所以在一般的控制应用系统中，主要考虑简化硬件逻辑，当存储器和 I/O 芯片较多时，可选用译码器 74LS138 或 74LSl39 等。

（3）总线驱动能力

如果单片机外部扩展的器件较多，负载过重，就要考虑设计总线驱动器。MCS-51 系列单片机的外部扩展功能强，但 4 个 8 位并行口的负载能力是有限的。P0 口能驱动 8 个 TT 电路，P1～P3 口只能驱动 3 个 TTL 电路。在实际应用中，这些端口的负载不应超过总负载能力的 70%。在外接负载较多的情况下，如果负载是 MOS 芯片，因负载消耗电流很小，所以影响不大。如果驱动较多的 TTL 电路，则应采用总线驱动电路，以提高端口的驱动能力和系统的抗干扰能力。

数据总线宜采用双向 8 路三态缓冲器 74LS245 作为总线驱动器，地址和控制总线可采用单向 8 路三态缓冲器，74LS244 作为单向总线驱动器。

11.1.4 抗干扰措施

硬件设计中一个重要问题就是如何提高系统的抗干扰能力，确保硬件系统的可靠性。干扰的主要来源有电源干扰，如大功率电气设备启动与运行产生的干扰；高压设备和电磁场的干扰；传输电缆的共模干扰等。除了来自系统外部的干扰外，单片机应用系统还有一种来自内部的干扰，如模拟信号与数字信号之间的干扰等。

1．电源干扰及其对策

提供给单片机应用系统的直流电源都是由交流电源变换得来的，在这一变换过程中也可能存在着波动和干扰源的干扰。为了消除直流电源的干扰，可采取以下措施：

① 在成本可控范围内，尽量使用直流开关电源。

② 若应用系统规模较大，应对数字信号处理电路（含单片机）和模拟信号处理电路分别采用集成稳压模块单独供电。

③ 在每个稳压电源模块入口处对地跨接一个大电容（100 μF 左右）与一个小电容（0.1 μF 左右），消除来自电源与系统内部之间的干扰。

2．地线干扰及其对策

在单片机应用系统中，接地是否正确，将直接影响到系统的正常工作。通常反映有两个方面：一是接地地点是引起系统各部分的窜扰；二是地线引线是否合理产生地线电压降的干扰。

（1）单片机应用系统中的地线的分类

◆ 数字地，即系统数字电路的零电位。

◆ 模拟地，是放大器、传感器、A/D 转换器等模拟电路的零电位。

◆ 功率地，指大电流网络部件的零电位。

◆ 交流地，50 Hz 交流市电的地，是噪声地。

◆ 直流地，即直流电源的地线。

◆ 屏蔽地，为防止静电感应和电磁感应而设计的，有时也称机壳地。

下面介绍几种常用的接地方法。

（2）一点接地和多点接地的应用

通常，信号频率小于 1 MHz 时，可采用一点接地，以减少地线造成的地环路；频率高于 10 MHz 时，应采用多点接地，以避免各地线之间的耦合；当频率处于 1～10 MHz 之间时，如采用一点接地，其地线长度不应超过波长的 1/20，否则应采用多点接地。

(3) 数字地和模拟地的连接原则

在单片机应用系统中，数字地和模拟地必须分别接地，即使是在一个芯片上（如 A/D 或 D/A 芯片）也要分别接地，然后仅在一点处将两种地连接起来，否则数字回路通过模拟地线再返回到数字电源，将会对模拟信号产生干扰。

(4) 印制电路板的地线分布原则

为了防止系统内部地线干扰，在设计印制电路板时应遵循下列原则：

- TTL、CMOS 器件的地线要呈辐射网状，避免环形。
- 要根据通过电流的大小决定地线的宽度，最好不小于 3 mm。在可能的情况下，地线尽量加宽。
- 旁路电容的地线不要太长。
- 功率地通过的电流较大，地线应尽量加宽，且必须与小信号地分开。

3. 硬件系统干扰及其对策

为提高系统的可靠性，除了对系统供电、接地及传输过程进行抗干扰设计以外，更重要的是在硬件系统设计时，根据不同的干扰采取相应的措施。

① 隔离技术：单片机应用系统的干扰很大程度上来源于模拟输入通道，因此，可以采用隔离放大器、光电藕合器、平滑滤波器、屏蔽手段等措施解决干扰问题。

② 系统监控技术：为了避免可能出现掉电、飞程序、死机等系统完全失控的情况，系统监控是针对这些情况而设置的最后一道有效防线，用以确保系统的可靠性。

系统监控电路主要具有以下作用：

- 监控电压变化。
- 看门狗，即程序运行监控功能。
- 片使能。
- 备份电源切换。
- 掉电保护等。

最后，应注意在系统硬件设计时，要尽可能充分地利用单片机的片内资源，使自己设计的电路向标准化，模块化方向靠拢。硬件设计结束后，应编写出硬件电原理图及硬件设计说明书。

11.1.5 软件设计

软件是单片机应用系统中的一个重要组成部分，一个单片机应用系统全部功能的实现，是在系统硬件资源的支撑下，由应用软件来完成的。应用软件的总体方案与设计是以系统定义为依据，从软件设计的角度考虑程序的组成结构、数学模型、程序流程图、程序设计与编译，最后在系统调试与仿真通过后进行程序固化。如图 11-2 所示为软件设计流程图。

单片机应用系统的软件设计是研制过程中任务最繁重的一项工作，难度也比较大，对于某些较复杂的应用系统，不仅要使用汇编语言来编程，有时还要使用高级语言。

1. 软件设计结构

由于单片机应用系统的应用领域十分广泛，系统功能有简单也有复杂，若设计一个功能较为复杂的应用系统，其信息量大、程序长，这就需要考虑选用合理的软件设计结构。开发一个较为复杂的应用系统，一是使程序设计尽可能采用模块化结构、子程序结构、自顶向下逐步求精结构等方案。二是根据系统软件的总体构思，将整个系统软件划分成多个功能独立模块、模块功能明确、可读性强。三是各个模块可以分别独立设计程序、编制、调试与仿真。最后再将各个程序模块连接成一个完整的程序进行总调试。

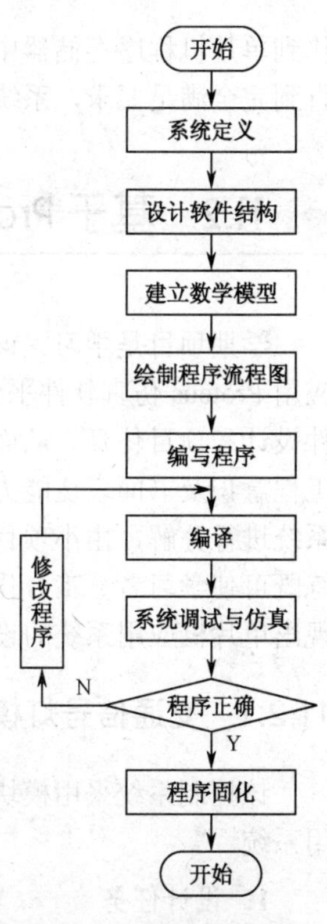

图 11-2　软件设计流程图

2．建立数学模型

在软件设计中还应对控制对象的物理过程和计算任务进行全面分析，并从中抽象出数学表达式，即数学模型。建立的数学模型要能真实描述客观控制过程，要精确而简单。因为数学模型只有精确才会有实用意义，只有简单才便于设计和维护。

3．流程图与程序设计

不论采用何种程序设计方法，设计者都要根据系统的功能和控制对象画出程序的总体流程图，以描述程序的总体结构。流程图的建立是为程序设计指明了程序流向，同时也是提供了程序设计过程中的一种思路。

11.1.6　系统调试

单片机应用系统的总体调试是系统开发的重要环节。当完成了单片机应用系统的硬件、软件设计和硬件组装后，便可进入单片机应用系统调试阶段。系统调试的目的是要检测硬件设计与软件设计中存在的错误及可能出现的不协调问题，以便修改设计，最终使系统能正确可靠地工作。目前，常用于系统调试的是在线仿真。单片机开发系统（仿真器）的显著特点是具有在线仿真功能，在线仿真功能是通过通用在线仿真器来实现的。

在线仿真器的仿真功能主要体现在：一是用仿真器自身的 CPU 资源取代目标系统的 CPU（目标系统电路上没有用到 CPU 芯片），从而控制目标系统的运行，同时，开发仿真器的监控软件，操纵和管理着整个仿真器的各种调试、运行程序的手段，可以方便地进行程序的调试，例如单步执行、断点运行、窗口信息（如 I/O 口和工作寄存器等）跟踪与显示等。二是仿真器中的存储器用来储存目标系统的应用程序和相关数据，使整个硬件系统可以进行运行、调试和修改。

11.1.7　系统仿真

在线仿真必须具备目标系统硬件电路，若硬件电路设计不合理，部分电路将要重新进行设计，设计周期及成本将影响到单片机应用系统的开发效率。当前，单片机应用系统可用 Proteus 软件进行仿真，从而使许多问题消灭在设计阶段。在 Proteus 环境中，既可对硬件电路进行测试也可对程序进行调试。Proteus 软件是目前唯一的可以仿真微处理器的软件，它的应用和发展为单片机应用系统的开发提供了一种崭新的调试方式。

最后，经严格调试通过的正确程序，在汇编成目标代码后，再用编程器将程序代码固化到单片机程序存储器中，让目标系统在真实环境下运行，检验其可靠性和抗干扰能力，直到完全满足要求，系统才算研发成功。

11.2 基于 Proteus 的学期项目

学期项目是学习完该课程后的一项综合运用，目的是将所学知识，理论与实际相结合，应用 Proteus 仿真软件平台，加强和理解单片机的工作原理与应用，掌握项目硬件设计、软件设计和项目仿真。从而培养学习者的实践能力、独立分析问题和解决问题的能力、树立工程意识及书面表达能力等。在学期项目实践过程中，采用模块化结构手段，将整个项目系统进行分解，由小项目组成大项目、由简单到复杂；结构分明、目标明确；这种项目训练既可使学习者分工合作、又可锻练团队精神等。以下通过几项学期项目的仿真实例，体现出单片机应用系统的设计理念。

11.2.1 交通信号灯模拟控制系统的设计与仿真

该控制系统采用模块化结构，分解为三个子项目，最后将三个子项目合成为完整的应用系统。

1．设计任务

用单片机设计一交通信号灯模拟控制系统，其中，南北通道通行显示时间为 20 s，绿灯提示闪烁 3 s，黄灯警告 5 s；东西通道禁止通行 25 s。然后两个通道的显示状况互换，不断循环。

2．设计思路

电路设计：用 12 只发光二极管模拟交通信号灯，以 P2.1～P2.3 端口控制南北通道的信号灯，P1.0～P1.2 端口控制东西通道的信号灯；用 4 个 2 位共阴极 LED 数码管显示东西南北通道的通行状况，以 P0 口控制数码管的时间显示，P2.4～P2.7 端口控制 4 个数码管的位选。系统设计共分成 4 个模块。

编程思路：主程序对信号灯和数码管显示用端口直接控制，调用时间显示子程序和延时子程序，时间延时 1 s 后，显示时间减 1。延时子程序采用查询方式定时，定时器定时 50 ms，循环 10 次，获得 0.5 s 的延时时间。

在 Proteus 环境选 AT89C51（单片机）、BUTTON（按键开关）、RESPACK-8（排阻）、RES（电阻）、CAP（瓷介电容）、CRYSTAL（晶振）、LED-BIRG（绿色发光二极管）、LED-BIGY（黄色发光二极管）、LED-RED（红色发光二极管）、7SEG-MPX2-CA-BLUE（两位一体共阴极数码管）等元器件，在 Proteus 编辑环境中，分别连线可得到如图 11-4、11-6、11-8、11-10 所示的电路，并对电气规则进行检查。

（1）南北信号灯控制电路设计与仿真

在此电路软、硬件设计中，通过单片机控制南北信号灯的点亮，其中，放行灯（绿色）亮 20 s，警告灯（黄色）亮 5 s，禁止通行灯（红色）亮 25 s。硬件电路如图 11-4 所示。

① 程序设计：程序流程图如图 11-3 所示。

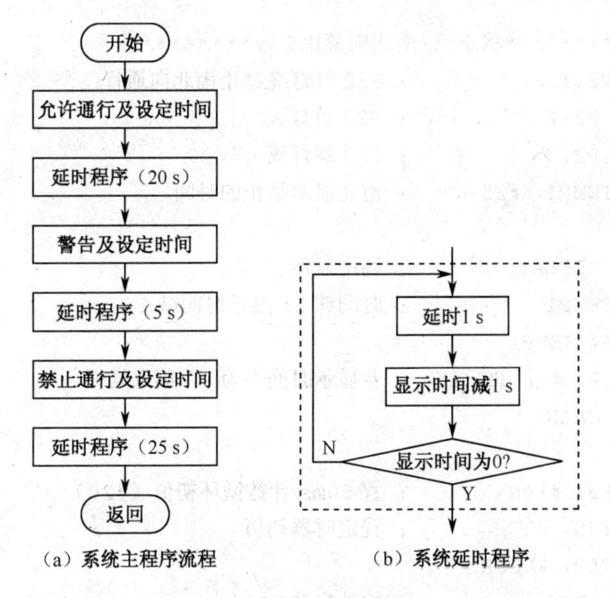

（a）系统主程序流程　　（b）系统延时程序

图 11-3　程序流程图

② 源程序清单：

```
        ORG  0000H
        TEMP1 EQU 24H          ；用于存放南北状态要显示的时间
MAIN:   ORG  0100H             ；初始情况
        MOV  P2，#0FFH         ；灭所有灯
        MOV  TMOD，#01H        ；设定时器 0 为方式 1
        ；*********状态一/南北向通行 20s************
        SETB  P2.1             ；P22 红灯灭
        SETB  P2.2             ；P23 黄灯灭
        CLR  P2.3              ；P24 绿灯亮，允许南北通行
        MOV  TEMP1，#20        ；定义 20s
STLOP1:
        ACALL  DELAY           ；调用延时程序
        DEC  TEMP1             ；时间够 1s 显示时间减 1
        MOV  A，TEMP1
        CJNE  A，#0，STLOP1    ；若显示时间不为 0，则继续循环；若显示时间为 0，跳到状态 2
        ；************状态二/南北向黄灯 5s*********
        SETB  P2.1             ；P22 红灯灭
        CLR  P2.2              ；P23 南北黄灯亮，警告
        SETB  P2.3             ；P24 绿灯灭
        MOV  TEMP1，#05        ；南北要显示的时间
STLOP2:
        ACALL  DELAY           ；调用延时程序
        DEC  TEMP1             ；时间够 1s 显示时间减 1
        MOV  A，TEMP1
        CJNE  A，#0，STLOP2    ；若显示时间不为 0，则继续循环
```

```
        ；***********状态三/南北向禁止 25s***********
        CLR  P2.1               ；P22 红灯亮禁止南北向通行
        SETB  P2.2              ；P23 黄灯灭
        SETB  P2.3              ；P24 绿灯灭
        MOV  TEMP1，#25         ；南北显示禁止的时间，
STLOP3:
        ACALL  DELAY            ；调用显示
        DEC  TEMP1              ；时间够 1s 显示时间减 1
        MOV  A，TEMP1
        CJNE  A，#0，STLOP3     ；若显示时间不为 0，则继续循环
        LJMP  MAIN
DELAY:
        MOV  R3，#14H           ；置 50ms 计数循环初值（#20）
        MOV  TH0，#3CH          ；置定时器初值
        MOV  TL0，#0B0H
        SETB  TR0               ；软件启动 T1
LP1:    JBC  TF0，LP2           ；查询计数溢出（若溢出则延时了 5ms）
        SJMP  LP1               ；未到 5ms 继续计数
LP2:    MOV  TH0，#3CH          ；重新置定时器初值
        MOV  TL0，#0B0H
        DJNZ  R3，LP1           ；未到 1s 继续循环
        RET                     ；返回主程序
        END
```

③ 系统仿真：在 Proteus 环境，将上述程序进行编译后加载到单片机中。单击“全速仿真”按钮，仿真结果如图 11-4 所示。观察信号灯的延时转换时间。

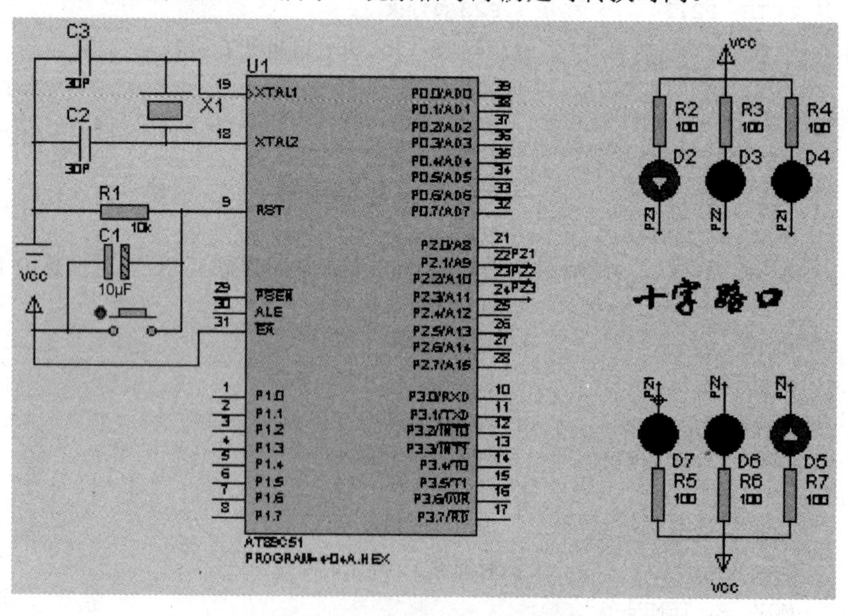

图 11-4　南北信号灯控制电路图

（2）南北交通时间显示电路设计与仿真

采用单片机的 I/O 控制数码管的字型码和位选，同时用动态扫描方式依次循环点亮 2 位数码管，构成动态数码管显示电路，硬件电路如 11-6 图所示。显示时间与上相同。

① 程序设计：程序流程图如图 11-5 所示。

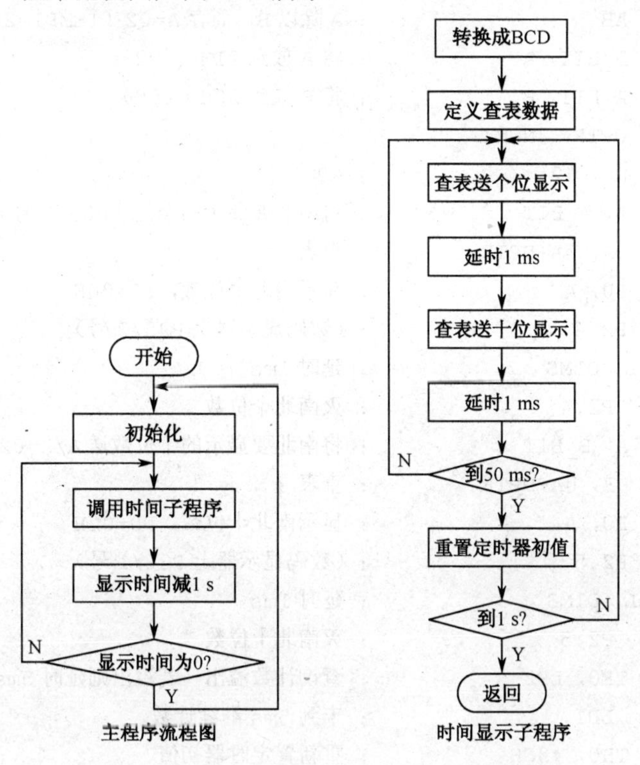

图 11-5　主程序流程图与时间显示子程序流程图

源程序清单：

```
        ORG  0000H
        A_BIT  EQU  20H          ；用于存放南北个位数
        B_BIT  EQU  21H          ；用于存放南北十位数
        TEMP1  EQU 24H           ；用于存放南北状态要显示的时间
MAIN:   ORG  0100H               ；初始情况
        MOV  TEMP1，#20          ；定义南北向通行 20s
        MOV  R3，#20             ；定时 50ms 的循环次数
        MOV  TMOD，#01H          ；设定时器 0 为方式 1
        MOV  TH0，#3CH           ；置定时器初值为 50ms 溢出
        MOV  TL0，#0B0H
        SETB  TR0                ；软件启动 T1
LP0:    ACALL  DISPLAY
        DEC  TEMP1               ；时间够 1s 显示时间减 1
        MOV  A，TEMP1
        CJNE  A，#0，LP0          ；若显示时间不为 0，循环减 1；若显示时间为 0，跳到
                                   重新开始
```

```
          ACALL  MAIN
DISPLAY:                        ; 时间显示程序
          MOV  A, TEMP1         ; 将南北要显示的数存放到A
          MOV  B, #10           ; B=10
          DIV  AB               ; A除以B，商存A=02（TEMP1=20为例），余数B=00
          MOV  B_BIT, A         ; 将A放到21H=（02）
          MOV  A_BIT, B         ; 将B放到20H=（00）
          MOV  DPTR, #NUMT
          MOV  R0, #2           ; R0=2
LP1:      MOV  A, A_BIT         ; 将南北要显示的个位（P25/2号）数送A/A=00H
          MOVC  A, @A+DPTR      ; 查表
          MOV  P0, A            ; 显示南北个位数，P0=00H
          CLR  P2.4             ;（数码显示器上P25/2号）
          ACALL  D1MS           ; 延时1ms
          SETB  P2.4            ; 灭南北个位数
          MOV  A, B_BIT         ; 将南北要显示的十位数送A/A=02H
          MOVC  A, @A+DPTR      ; 查表
          MOV  P0, A            ; 显示南北十位数，P0=02H
          CLR  P2.5             ;（数码显示器上P26/1号）
          ACALL  D1MS           ; 延时1ms
          SETB  P2.5            ; 灭南北十位数
          JBC  TF0, LP2         ; 查询计数溢出（若溢出则延时5ms）
          SJMP  LP1             ; 未到5ms继续计数
LP2:      MOV  TH0, #3CH        ; 重新置定时器初值
          MOV  TL0, #0B0H
          DJNZ  R3, LP1         ; 未到1s继续循环
          MOV  R3, #20
          RET                   ; 返回主程序
D1MS:     MOV  R7, #250         ; 1ms延时程序
          DJNZ  R7, $
          RET
NUMT:                           ; 1～10对应电路图数码管表
          DB  3FH, 06H, 5BH, 4FH, 66H, 6DH, 7DH, 07H
          DB  7FH, 6FH
          END
```

② 系统仿真：在Proteus环境下，将上述程序进行编译后加载到单片机中。单击“全速仿真”按钮，仿真结果如图11-6所示。观察到信号灯点亮情况，若改变延时子程序的延时时间，则数码管的显示时间也将随之而变化。

（3）南北交通灯显示电路设计与仿真

将上述二项电路功能组合在一起，形成南北交通灯显示电路，硬件电路如图11-8所示。

① 程序设计：程序流程图如图11-7所示。

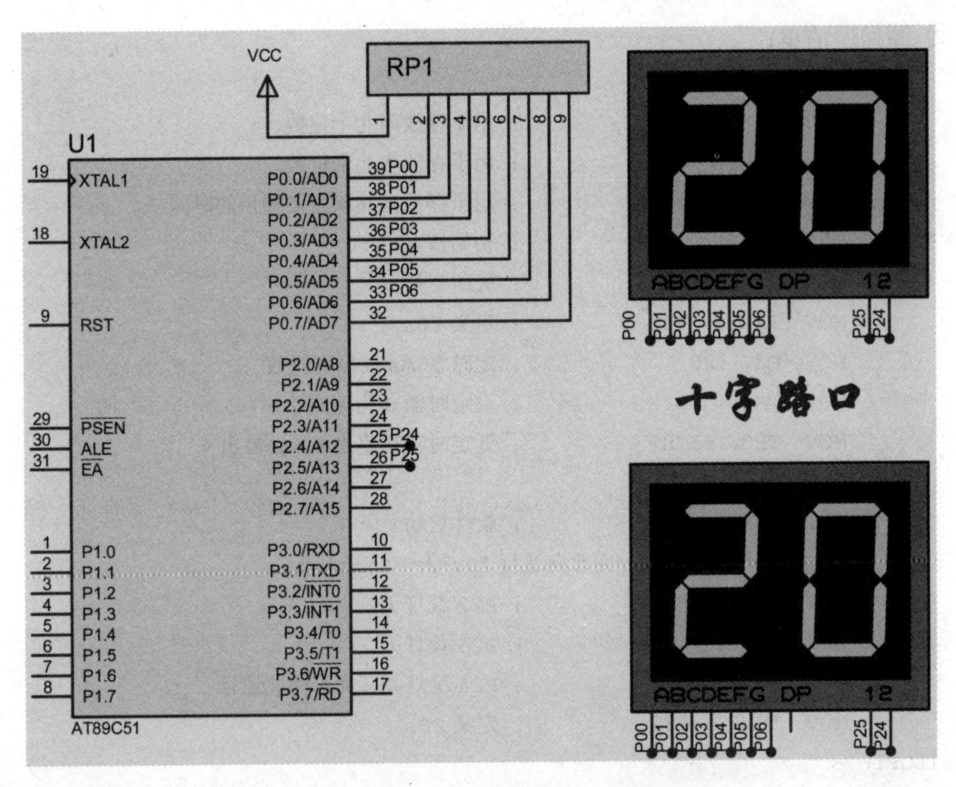

图 11-6　南北交通时间显示电路图

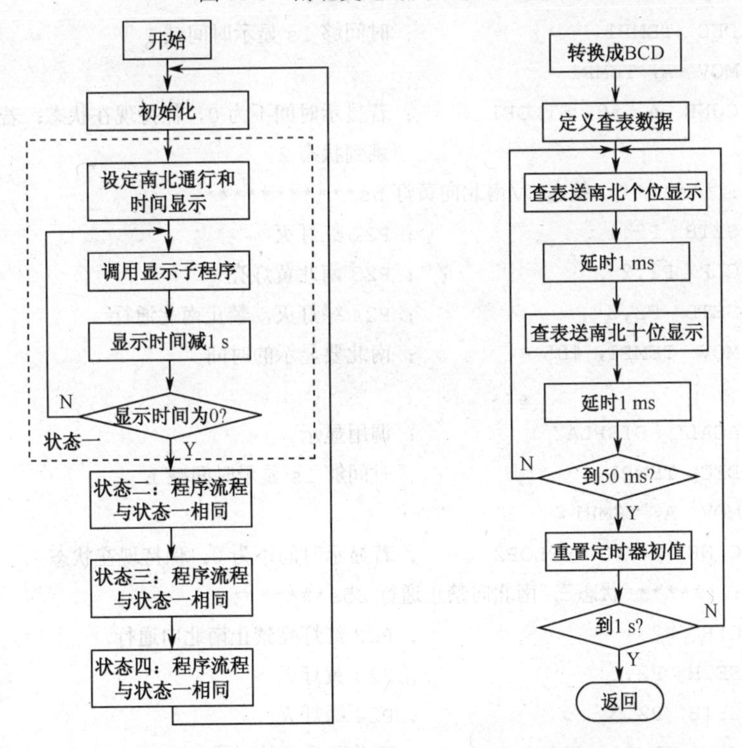

图 11-7　主程序流程图与显示程序流程图

② 源程序清单：

```
        ORG  0000H
        A_BIT  EQU  20H              ；用于存放南北个位数
        B_BIT  EQU  21H              ；用于存放南北十位数
        TEMP1  EQU  24H              ；用于存放南北状态要显示的时间
MAIN:   ORG  0100H                   ；初始情况
        MOV  P2，#0FFH               ；灭所有灯
        MOV  TEMP1，#20              ；定义20s
        MOV  R3，#20                 ；定时50ms的循环次数
        MOV  TMOD，#01H              ；设定时器0为方式1
        MOV  TH0，#3CH               ；置定时器初值为50ms溢出
        MOV  TL0，#0B0H
        SETB  TR0                    ；软件启动T1
        ；*********状态一/南北向通行20s***********
        SETB  P2.1                   ；P22红灯灭
        SETB  P2.2                   ；P23黄灯灭
        CLR  P2.3                    ；P24绿灯亮，允许南北通行
        MOV  TEMP1，#20              ；定义20s
STLOP1:
        ACALL  DISPLAY               ；调用显示
        DEC  TEMP1                   ；时间够1s显示时间减1
        MOV  A，TEMP1
        CJNE  A，#0，STLOP1          ；若显示时间不为0，保持现在状态；若显示时间为0，
                                     跳到状态2
        ；*********状态二/南北向黄灯5s***********
        SETB  P2.1                   ；P22红灯灭
        CLR  P2.2                    ；P23南北黄灯亮
        SETB  P2.3                   ；P24绿灯灭，禁止南北通行
        MOV  TEMP1，#05              ；南北要显示的时间
STLOP2:
        ACALL  DISPLAY               ；调用显示
        DEC  TEMP1                   ；时间够1s显示时间减1
        MOV  A，TEMP1
        CJNE  A，#0，STLOP2          ；若显示时间不为0，保持现在状态
        ；*******状态三/南北向禁止通行25s*******
        CLR  P2.1                    ；P22红灯亮禁止南北向通行
        SETB  P2.2                   ；P23黄灯灭
        SETB  P2.3                   ；P24绿灯灭
        MOV  TEMP1，#25              ；南北要显示的时间
```

```
STLOP3:
        ACALL  DISPLAY              ; 调用显示
        DEC  TEMP1                  ; 时间够 1s 显示时间减 1
        MOV  A, TEMP1
        CJNE  A, #0, STLOP3         ; 若显示时间不为 0，则继续循环
        LJMP  MAIN
DISPLAY:
        MOV  A, TEMP1               ; 将南北要显示的数存放到 A
        MOV  B, #10                 ; B=10
        DIV  AB                     ; A 除以 B，商存 A=02（TEMP1=20 为例），余数 B=00
        MOV  A_BIT, B               ; 将 B 放到 20H=（00H）
        MOV  B_BIT, A               ; 将 A 放到 21H=（02H）
        MOV  DPTR, #NUMT
LP1:    MOV  A, A BIT               ; 将南北要显示的个位（P25/2 号）数送 A/A_BIT-00H
        MOVC  A, @A+DPTR            ; 查表
        MOV  P0, A                  ; 显示南北个位数，P0=00H
        CLR  P2.4                   ; （数码显示器上 P25/2 号）
        ACALL  D1MS                 ; 延时 1ms
        SETB  P2.4                  ; 灭南北个位数
        MOV  A, B_BIT               ; 将南北要显示的十位数送 A/A=02H
        MOVC  A, @A+DPTR            ; 查表
        MOV  P0, A                  ; 显示南北十位数，P0=02H
        CLR  P2.5                   ; （数码显示器上 P26/1 号）
        ACALL  D1MS                 ; 延时 1ms
        SETB  P2.5                  ; 灭南北十位数
        JBC  TF0, LP2               ; 查询计数溢出（若溢出则延时了 5ms）
        SJMP  LP1                   ; 未到 5ms 继续计数
LP2:    MOV  TH0, #3CH              ; 重新置定时器初值
        MOV  TL0, #0B0H
        DJNZ  R3, LP1               ; 未到 1s 继续循环
        MOV  R3, #20
        RET                         ; 等待 1s 返回
D1MS:   MOV  R7, #250               ; 1ms 延时程序
        DJNZ  R7, $
        RET
NUMT:   DB 3FH, 06H, 5BH, 4FH, 66H, 6DH, 7DH, 07H
        DB 7FH, 6FH
        END
```

③ 系统仿真：在 Proteus 环境，将上述程序进行编译后加载到单片机中。单击“全速仿真”按钮，仿真结果如图 11-8 所示。请注意观察信号灯与数码管显示的同步状态。

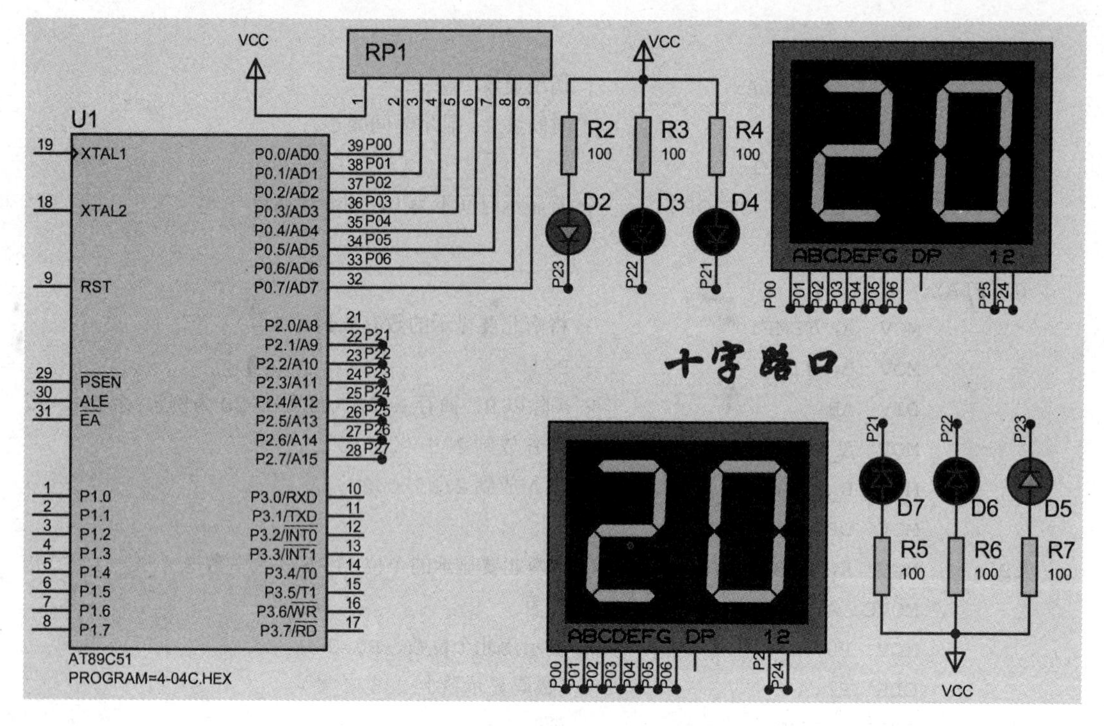

图 11-8　南北交通灯显示电路图

（4）双通道交通信号灯显示电路设计与仿真

由于东西通道的电路设计结构、功能与南北通道的电路设计结构相互一致，不同的是时间显示有所区别，即东西通道的红灯亮 25 s，等待南北通道的绿灯亮 20 s+黄灯亮 5 s 结束后，东西通道的红绿灯才交换；此时南北通道的红灯显示的时间长度也是 25 s，二通道时间相互对应，不断循环。硬件电路图如 11-10 所示。

① 程序设计：程序流程图如图 11-9 所示。

② 源程序清单：

```
        ORG  0000H
        A_BIT  EQU 20H        ；用于存放南北个位数
        B_BIT  EQU 21H        ；用于存放南北十位数
        C_BIT  EQU 22H        ；用于存放东西个位数
        D_BIT  EQU 23H        ；用于存放东西十位数
        TEMP1  EQU 24H        ；用于存放南北状态要显示的时间
        TEMP2  EQU 25H        ；用于存放东西状态要显示的时间
        TEMP3  EQU 26H        ；用于存放南北状态要显示的时间
        TEMP4  EQU 27H        ；用于存放东西状态要显示的时间
MAIN:   ORG  0100H            ；初始情况
        MOV  P1, #0FFH
        MOV  P2, #0FFH        ；灭所有灯
        MOV  TEMP1, #20       ；定义 20s
        MOV  TEMP2, #25
        MOV  TEMP3, #25       ；南北要显示的时间，
```

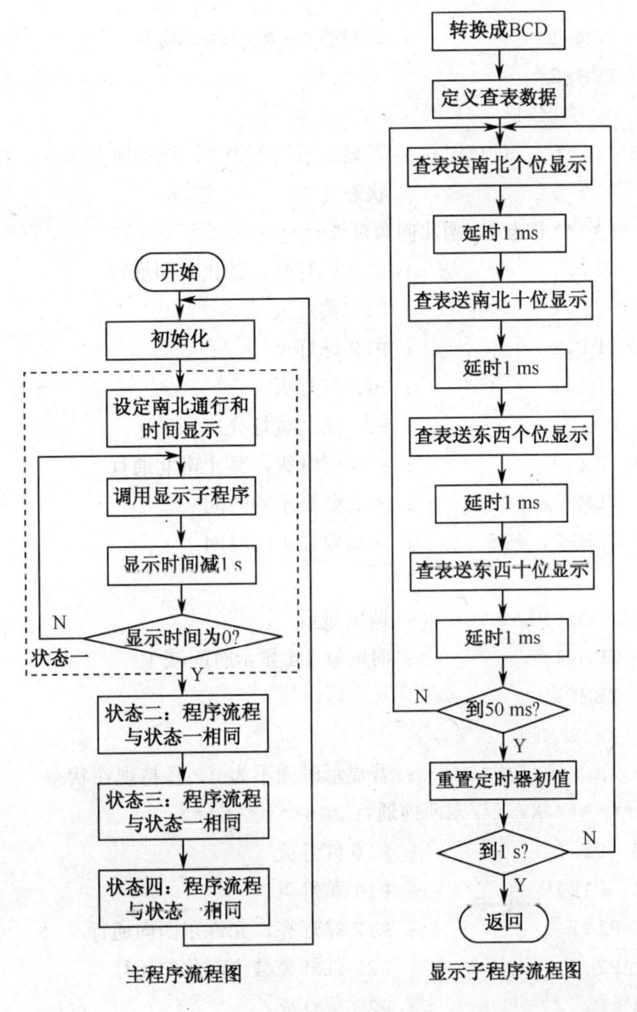

图 11-9　程序流程图

```
        MOV  TEMP4, #20         ; 东西要显示的时间
        MOV  R3, #20            ; 定时 50ms 的循环次数
        MOV  TMOD, #01H         ; 设定时器 0 为方式 1
        MOV  TH0, #3CH          ; 置定时器初值为 50ms 溢出
        MOV  TL0, #0B0H
        SETB  TR0               ; 软件启动 T1
        ; *******状态一/南北向通行 20s*******
        CLR  P1.0               ; P10 红灯亮，禁止东西通行
        SETB  P1.1              ; P11 黄灯灭
        SETB  P1.2              ; P12 绿灯灭
        SETB  P2.1              ; P22 红灯灭
        SETB  P2.2              ; P23 黄灯灭
        CLR  P2.3               ; P24 绿灯亮，允许南北通行
STLOP0:
        ACALL  DISPLAY          ; 调用显示
```

```
        DEC  TEMP1              ；时间够1s显示时间减1
        DEC  TEMP2
        MOV  A，TEMP1
        CJNE  A，#0，STLOP0 ；若显示时间不为0，保持现在状态；若显示时间为0，跳到
                              状态2
        ；********状态二/南北向黄灯5s******
        CLR  P1.0               ；P10红灯亮，禁止东西通行
        SETB  P1.1              ；P11黄灯灭
        SETB  P1.2              ；P12绿灯灭
        SETB  P2.1              ；P22红灯灭
        CLR  P2.2               ；P23南北黄灯亮
        SETB  P2.3              ；P24绿灯灭，禁止南北通行
        MOV  TEMP1，#05         ；南北要显示的时间
        MOV  TEMP2，#05         ；东西要显示的时间
STLOP1:
        ACALL  DISPLAY          ；调用显示
        DEC  TEMP1              ；时间够1s显示时间减1
        DEC  TEMP2
        MOV  A，TEMP1
        CJNE  A，#0，STLOP1   ；若显示时间不为0，保持现在状态
        ；********状态三/东西向通行20s********
        SETB  P1.0              ；P10红灯灭
        SETB  P1.1              ；P11黄灯灭
        CLR  P1.2               ；P12绿灯亮，允许东西向通行
        CLR  P2.1               ；P22红灯亮禁止南北向通行
        SETB  P2.2              ；P23黄灯灭
        SETB  P2.3              ；P24绿灯灭
STLOP2:
        ACALL  DISPLAY1         ；调用显示
        DEC  TEMP3              ；时间够1s显示时间减1
        DEC  TEMP4
        MOV  A，TEMP4
        CJNE  A，#0，STLOP2   ；若显示时间不为0，则继续循环
        ；********状态四/东西向黄灯5s********
        SETB  P1.0              ；P10红灯灭
        CLR  P1.1               ；P11黄灯亮
        SETB  P1.2              ；P12绿灯灭
        CLR  P2.1               ；P22红灯亮禁止南北向通行
        SETB  P2.2              ；P23黄灯灭
        SETB  P2.3              ；P24绿灯灭
        MOV  TEMP3，#05         ；南北要显示的时间
        MOV  TEMP4，#05         ；东西要显示的时间
```

```
STLOP3:
        ACALL  DISPLAY1         ；调用显示
        DEC  TEMP3              ；时间够 1s 显示时间减 1
        DEC  TEMP4
        MOV  A，TEMP3
        CJNE  A，#0，STLOP3     ；若显示时间不为 0，保持现在状态
        LJMP  MAIN
DISPLAY:
        MOV  A，TEMP1           ；将南北要显示的数存放到 A
        MOV  B，#10             ；B=10
        DIV  AB                 ；A 除以 B，商存 A=02（TEMP1=20 为例），余数 B=00
        MOV  A_BIT，B           ；将 B 放到 20H=（00H）
        MOV  B_BIT，A           ；将 A 放到 21H=（02H）
        MOV  A，TEMP2           ；将东西要显示的数存放到 A
        MOV  B，#10             ；B=10
        DIV  AB                 ；A 除以 B，商存 A=02H（TEMP2=25 为例），余数 B=05H
        MOV  C_BIT，A           ；将 A 放到 22H=（02H）
        MOV  D_BIT，B           ；将 B 放到 23H=（05H）
        MOV  DPTR，#NUMT
LP1:    MOV  A，A_BIT           ；将南北要显示的个位（P25/2 号）数送 A/A_BIT=00H
        MOVC  A，@A+DPTR        ；查表
        MOV  P0，A              ；显示南北个位数，P0=00H
        CLR  P2.4               ；(数码显示器上 P25/2 号)
        ACALL  D1MS             ；延时 1ms
        SETB  P2.4              ；灭南北个位数
        MOV  A，B_BIT           ；将南北要显示的十位数送 A/A=02H
        MOVC  A，@A+DPTR        ；查表
        MOV  P0，A              ；显示南北十位数，P0=02H
        CLR  P2.5               ；(数码显示器上 P26/1 号)
        ACALL  D1MS             ；延时 1ms
        SETB  P2.5              ；灭南北十位数
        MOV  A，D_BIT           ；将东西要显示的个位数送 A/D_BIT=05H
        MOVC  A，@A+DPTR        ；查表
        MOV  P0，A              ；显示东西个位数
        CLR  P2.7
        ACALL  D1MS             ；延时 1ms
        SETB  P2.7              ；灭东西个位数
        MOV  A，C_BIT           ；将东西要显示的十位数送 A/C_BIT=02H
        MOVC  A，@A+DPTR        ；查表
        MOV  P0，A              ；显示东西十位数，P0=05H
        CLR  P2.6
        ACALL  D1MS             ；延时 1ms
```

```
        SETB  P2.6          ; 灭东西十位数
        JBC  TF0, LP2       ; 查询计数溢出（若溢出则延时了5ms）
        SJMP  LP1           ; 未到5ms继续计数
LP2:    MOV  TH0, #3CH      ; 重新置定时器初值
        MOV  TL0, #0B0H
        DJNZ  R3, LP1       ; 未到1s继续循环
        MOV  R3, #20
        RET                 ; 等待1s返回
DISPLAY1:
        MOV  A, TEMP3       ; 将南北要显示的数存放到A
        MOV  B, #10         ; B=10
        DIV  AB             ; A除以B商存A，余数B
        MOV  B_BIT, A       ; 将A放到21H
        MOV  A_BIT, B       ; 将B放到20H
        MOV  A, TEMP4       ; 将东西要显示的数存放到A
        MOV  B, #10         ; B=10
        DIV  AB             ; A除以B商存A，余数B
        MOV  C_BIT, A       ; 将A放到22H
        MOV  D_BIT, B       ; 将B放到23H
        MOV  DPTR, #NUMT
LP3:    MOV  A, A_BIT       ; 将南北要显示的个位数送A
        MOVC  A, @A+DPTR    ; 查表
        MOV  P0, A          ; 显示南北个位数
        CLR  P2.4
        ACALL  D1MS         ; 延时1ms
        SETB  P2.4          ; 灭南北个位数
        MOV  A, B_BIT       ; 将南北要显示的十位数送A
        MOVC  A, @A+DPTR    ; 查表
        MOV  P0, A          ; 显示南北十位数
        CLR  P2.5
        ACALL  D1MS         ; 延时1ms
        SETB  P2.5          ; 灭南北十位数
        MOV  A, C_BIT       ; 将东西要显示的个位数送A
        MOVC  A, @A+DPTR    ; 查表
        MOV  P0, A          ; 显示东西个位数
        CLR  P2.6
        ACALL  D1MS         ; 延时1ms
        SETB  P2.6          ; 灭东西个位数
        MOV  A, D_BIT       ; 将东西要显示的十位数送A
        MOVC  A, @A+DPTR    ; 查表
        MOV  P0, A          ; 显示东西十位数
        CLR  P2.7
```

```
        ACALL  D1MS          ；延时 1ms
        SETB  P2.7           ；灭东西十位数
        JBC  TF0, LP4        ；查询计数溢出（若溢出则延时了 5ms）
        SJMP  LP3            ；未到 5ms 继续计数
LP4:    MOV  TH0, #3CH       ；重新置定时器初值
        MOV  TL0, #0B0H
        DJNZ  R3, LP3        ；未到 1s 继续循环
        MOV  R3, #20
        RET                  ；返回主程序
D1MS:   MOV  R7, #250        ；1ms 延时程序
        DJNZ  R7, $
        RET
NUMT:   DB 3FH, 06H, 5BH, 4FH, 66H, 6DH, 7DH, 07H
        DB 7FH, 6FH
        END
```

③ 系统仿真：在 Proteus 环境，将上述程序进行编译后加载到单片机中。单击“全速仿真”按钮，仿真结果如图 11-10 所示。观察两个通道的显示时间及切换状况是否达到系统设计要求。

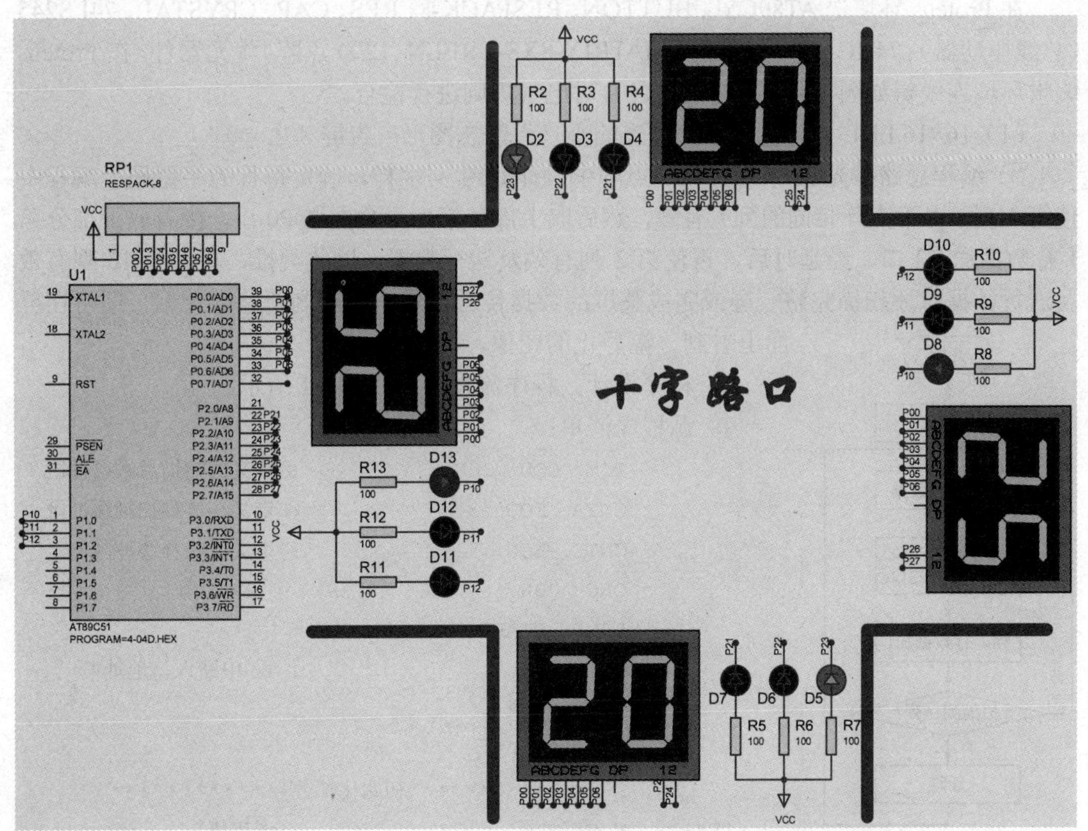

图 11-10 双通道交通信号灯显示电路图

3．思考与动手

① 若改变系统的显示时间，应如何修改程序？

② 增加人行道信号灯指示，应如何设计硬件电路和编写软件？

11.2.2 16×16 LED 图形广告屏（会飞的小鸟）设计与仿真

该控制系统采用三个模块化结构，首先分别显示出三种静态图形，最后使三种静态图形连动，形成完整的动态显示系统。

1．设计任务

在单片机控制下，使 16×16 LDE 点阵显示出"会飞的小鸟"动态图形广告屏。

2．设计思路

电路设计：选用 4 块 8×8 共阳极 LED 点阵，拼成 16×16 的点阵（LED 点阵屏的结构与工作原理，请参考本书第 7 章的 7.3 节内容，若使用其他种类型的 LED 点阵，请参考相关资料），将上部分两个 8×8 点阵和下部分两个 8×8 点阵的行线并接，而右边两个 8×8 点阵和左边两个 8×8 点阵的列线并接。行线由 P0、P2 口控制，列线由 P3.0～P3.3 四位编码信号经一块四—十六译码器 74HC154 控制输出。用 74LS245 芯片驱动 LED 点阵，它是 8 路同相三态双向总线收发器，可双向传输数据。

在 Proteus 环境选 AT89C51、BUTTON、RESPACK-8、RES、CAP、CRYSTAL、74LS245（总线驱动器）、74HC154（译码器）、MATRIX-8X8-GREEN（LED 点阵）等元器件，在 Proteus 编辑环境连线得如图 11-12 所示电路，并对电气规则进行检查。

（1）16×16 LDE 点阵显示出"会飞的小鸟"静态图形广告屏（之一）

① 编程思路：先在 16×16LED 点阵中设计好图/文字样，确定每行的字型码。编程中使第 1 列（上下点阵相同的列）有效，然后取上部分第 1 行数据送 P0 口，接着取下部分第 1 行数据送 P2 口，经延时后，再使第 2 列有效及送行数据，以此类推，直到第 16 列有效及送行数据，才扫描完整一屏或完成整屏的数据传送，最后不断刷新整屏数据，即可在屏面上看到一幅静止的图像。

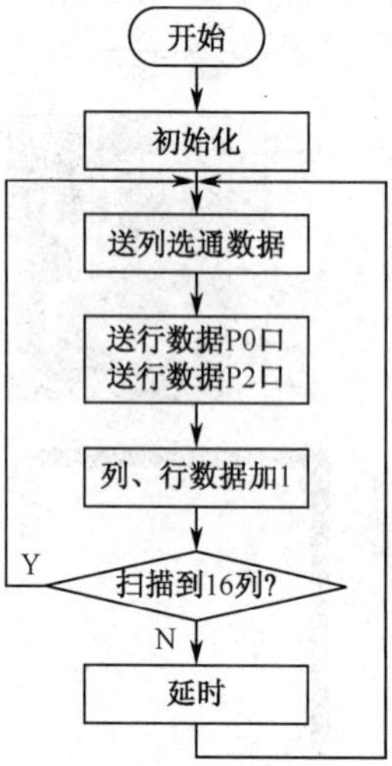

开始 → 初始化 → 送列选通数据 → 送行数据P0口 / 送行数据P2口 → 列、行数据加1 → 扫描到16列?（Y：返回送列选通数据；N：延时 → 返回送列选通数据）

图 11-11 程序流程图

② 程序设计：程序流程图如图 11-11 所示。

③ 源程序清单：

```
            TIM  EQU  30H               ；定义列扫描总数缓冲区
            CNTA  EQU  31H              ；定义一屏列扫描缓冲区
            CNTB  EQU  32H              ；定义下一屏缓冲区
            ORG  00H
            LJMP  START
            ORG  0BH                    ；T0 中断入口地址
            LJMP  T0X
            ORG  0100H
            ；**************初始化部分*************
START:      MOV  TIM，#00H              ；送初值
            MOV  CNTA，#00H
```

```
        MOV  CNTB，#00H
        MOV  TMOD，#01H            ；T0 定时方式 1
        MOV  TH0，#253
        MOV  TL0，#96
        SETB  TR0                  ；启动 T0
        SETB  ET0                  ；允许 T0 中断
        SETB  EA                   ；允许总中断
        SJMP  $
        ；**************显示部分***************
T0X:    MOV  TH0，#251
        MOV  TL0，#50
        MOV  A，CNTA
        MOV  P1，A                 ；送列数据（第一次:0000 0000）
        MOV  DPTR，#DIGIT          ；定义点阵上半部行首表地址
        MOV  33H，A
        MOVC  A，@A+DPTR           ；送上部分行型码数据
        MOV  P0，A
        MOV  A，33H
M0:     MOV  DPTR，#TAB
        MOVC  A，@A+DPTR           ；送下部分行型码数据
        MOV  P2，A
        INC  CNTA                  ；下一列
        MOV  A，CNTA
        CJNE  A，#16，NEX          ；不到 16 列则继续
        MOV  CNTA，#00H
NEX:    RETI
DIGIT:                             ；送到 P0 口
        DB 1EH，64H，88H，10H，20H，60H，70H，78H   ；屏幕上半部分，从右至左
                                                    X0～X8
        DB 7CH，0FEH，60H，90H，0B0H，90H，60H，40H ；屏幕下半部分，从右至左
                                                    X9～X15
TAB:                                                ；送到 P2 口
        DB 40H，60H，60H，31H，2AH，24H，14H，14H   ；屏幕上半部分，从右至左
                                                    X0～X8
        DB 12H，09H，04H，02H，01H，00H，00H，00H   ；屏幕下半部分，从右至左
                                                    X9～X15
        END
```

④ 系统仿真：在 Proteus 环境，将上述程序进行编译后加载到单片机中。单击“全速仿真”按钮，仿真结果如图 11-12 所示。

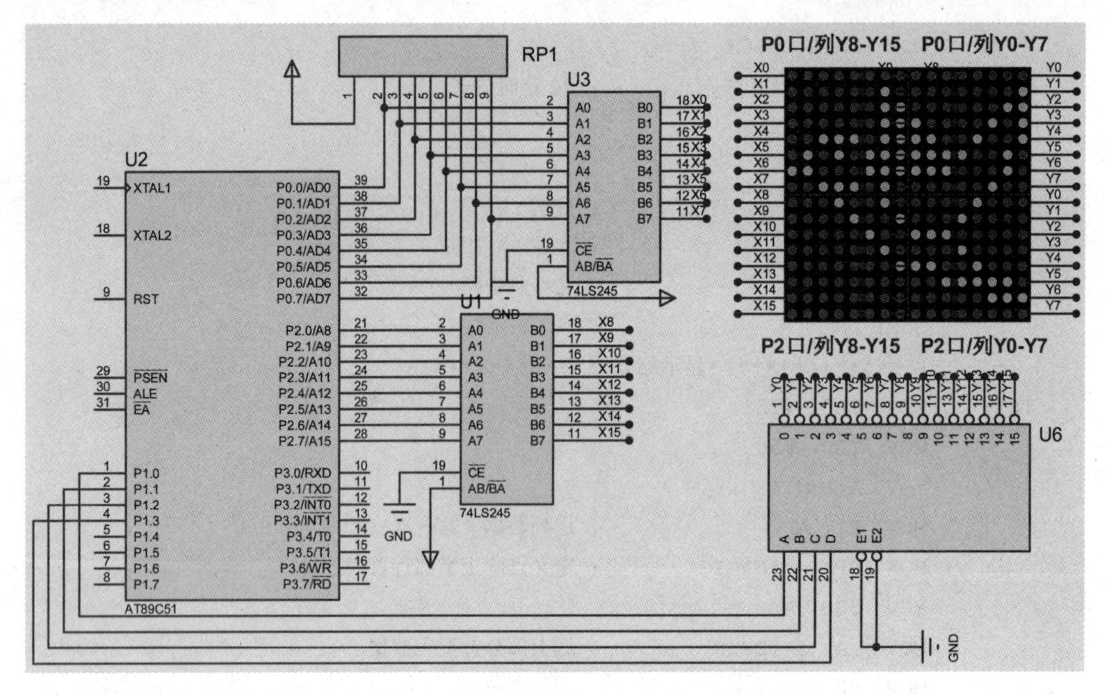

图 11-12 “会飞的小鸟”静态图电路图

（2）16×16 LDE 点阵显示出“会飞的小鸟”静态图形广告屏（之二）

编程思路：由于动态图形是连续变化的动作，需要多幅不同图形来显示，才能有动感。但是，根据人眼的视觉特性，只要有三幅以上不同图形的叠加或组合，就会产生连续变化的动态图像。因此，在形成动态图像之前，应设计出其他形状的图像。本项目以三幅图像组合成动态图像的显示，第一幅仿真结果为 11-13（a）所示，之后的二幅图像的设计，其硬件电路及工作原理与上述完全相同，编程的区别仅在于行字型码的不同而已。根据图形的形态，二幅图形的行字型码分别为：当源程序表格数据换成以下数据后，对源程序进行编译，加载到单片机中单击“全速仿真”按钮，仿真结果所显示的图形如图 11-13（b）所示。

```
DIGIT:        ; 送到 P0 口
        DB 00H，00H，00H，00H，80H，80H，40H，40H     ; 屏幕上半部分，从右至左
                                                      X0～X8
        DB 0C0H，40H，60H，90H，0B0H，90H，60H，40H   ; 屏幕下半部分，从右至左
                                                      X9～X15
TAB:          ; 送到 P2 口
        DB 44H，66H，67H，37H，2FH，24H，12H，11H     ; 屏幕上半部分，从右至左
                                                      X0～X8
        DB 10H，08H，04H，02H，01H，00H，00H，00H     ; 屏幕下半部分，从右至左
                                                      X9～X15
```

当源程序表格数据换成以下数据后，对源程序进行编译，加载到单片机中单击“全速仿真”按钮，仿真结果所显示的图形如图 11-13（c）所示。

```
DIGIT:        ; 送到 P0 口
        DB  00H，00H，，00H，00H，00H，00H，80H，0C0H
```

```
        DB  0C0H，0C0H，60H，90H，0B0H，90H，60H，40H
TAB:        ；送到 P2 口
        DB  40H，60H，60H，30H，28H，2FH，1FH，3FH
        DB  7FH，0FFH，04H，06H，09H，11H，3EH，00H
```

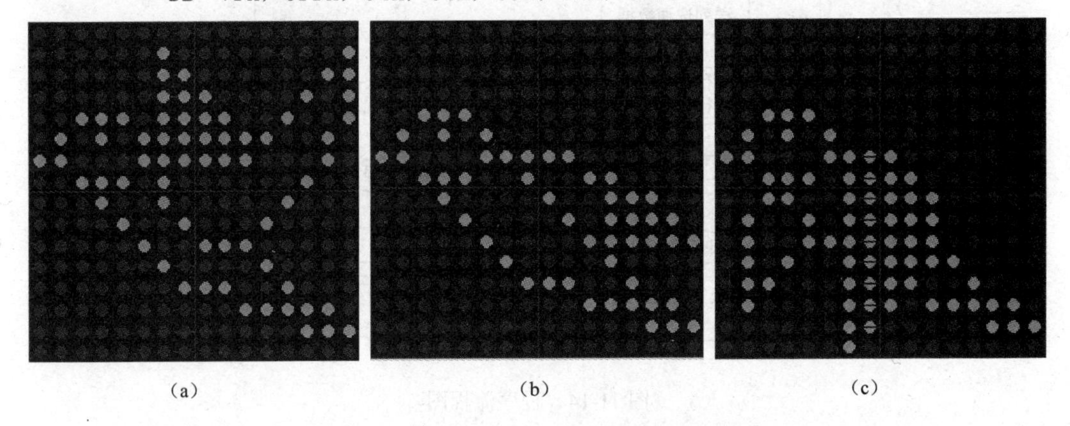

(a)　　(b)　　(c)

图 11-13　三种不同行字型码显示的静态图像

（3）16×16 LDE 点阵显示出“会飞的小鸟”动态图形广告屏

① 编程思路：在静态图形的设计基础上，如何将几幅静态图形组合出动态的图像呢？其原理是先送完第一屏的数据后，保留一定的显示时间，让图形呈现在人眼的视觉中；其二是送第二屏的数据覆盖第一屏数据，并保留一定的显示时间；最后送第三屏的数据覆盖第二屏数据。如果三幅图形显示的速度合理，则将看出是一种动态图像的感觉。完成这种功能，可在软件编程中实现。根据上述取每屏的数据情况，在编程中设法让指令取第二屏的数据时，跳过第一屏的数据，即从第 17 个数据开始取（第一屏的行字型码为前面 16 个数）；当取第三屏的数据时，是从 33 个数据开始取的。用乘法指令 MUL　AB 即可实现。如 B=16，当 A=0 时，DIGIT 和 TAB 存放的数据从 0～15 被分别取出送往 P0 和 P1 口；当 A=1 时，DIGIT 和 TAB 存放的数据从 16～31 被取出；当 A=2 时，DIGIT 和 TAB 存放的数据从 32～47 被取出。另外，每一列的显示时间由定时器 T0 决定的，而 16（列）×T0 的定时时间为一屏态，故每一屏的显示时间是由 n 屏态显示而延时得到的。即每一屏的显示时间由同样的图形显示 10 次，每一屏的显示时间决定了整个动态图像的变化速度。

② 程序设计：程序流程图如图 11-14 所示。

③ 源程序清单：

```
        TIM  EQU  30H            ；定义列扫描总数缓冲区
        CNTA  EQU  31H           ；定义一屏列扫描缓冲区
        CNTB  EQU  32H           ；定义下一屏缓冲区
        ORG  00H
        LJMP  START
        ORG  0BH                 ；T0 中断入口地址
        LJMP  T0X
        ORG  0100H
        ；**************初始化部分*************
START:  MOV  TIM，#00H           ；送初值
```

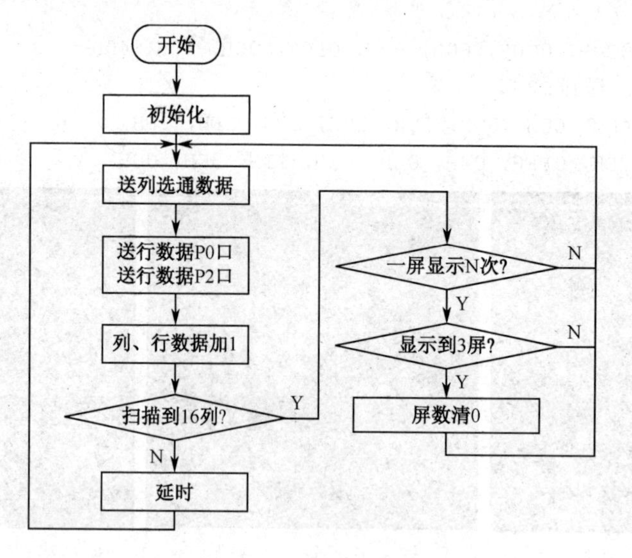

图 11-14　程序流程图

```
        MOV  CNTA，#00H
        MOV  CNTB，#00H
        MOV  TMOD，#01H           ；T0 定时方式 1
        MOV  TH0，#253
        MOV  TL0，#96
        SETB  TR0                 ；启动 T0
        SETB  ET0                 ；允许 T0 中断
        SETB  EA                  ；允许总中断
        SJMP  $
        ；**************显示部分***************
T0X:    MOV  TH0，#251
        MOV  TL0，#50
        MOV  A，CNTA
        MOV  P1，A                ；送列数据（第一次:0000 0000）
        MOV  DPTR，#DIGIT         ；定义点阵上半部行首表地址
        MOV  A，CNTB              ；选择下一屏数据
        MOV  B，#16
        MUL  AB                   ；低 8 位在 A 中，高 8 位在 B 中。目的是从哪里开始选择
        ADD  A，CNTA
        MOV  33H，A
        MOVC  A，@A+DPTR          ；送上部分行型码数据
        MOV  P0，A
        MOV  A，33H
M0:     MOV  DPTR，#TAB
        MOVC  A，@A+DPTR          ；送下部分行型码数据
        MOV  P2，A
        INC  CNTA                 ；下一列
        MOV  A，CNTA
```

```
        CJNE  A，#16，NEX          ；不到 16 列则续继
        MOV  CNTA，#00H
NEXT：  INC  TIM                   ；TIM+1，显示这一屏开始计数
        MOV  A，TIM
        CJNE  A，#10，NEX          ；一屏态显示不到 4 次则续继，屏态变化速度
        MOV  TIM，#00H
        ；************开始下一屏显示*******
        INC  CNTB                  ；下一屏开始
        MOV  A，CNTB
        CJNE  A，#3，NEX           ；共显示 3 种屏态了吗？
        MOV  CNTB，#00H
NEX：   RETI
DIGIT：                            ；送到 P0 口
        DB 1EH，64H，88H，10H，20H，60H，70H，78H
        DB 7CH，0FEH，60H，90H，0B0H，90H，60H，40H
        DB 00H，00H，00H，00H，80H，80H，40H，40H      ；右上部分，从右至左
        DB 0C0H，40H，60H，90H，0B0H，90H，60H，40H    ；左上部分，从右至左
        DB 00H，00H，00H，00H，00H，00H，80H，0C0H
        DB 0C0H，0C0H，60H，90H，0B0H，90H，60H，40H
TAB：                                                  ；送到 P2 口
        DB 40H，60H，60H，31H，2AH，24H，14H，14H
        DB 12H，09H，04H，02H，01H，00H，00H，00H
        DB 44H，66H，67H，37H，2FH，24H，12H，11H      ；右下部分，从右至左
        DB 10H，08H，04H，02H，01H，00H，00H，00H      ；左下部分，从右至左
        DB 40H，60H，60H，30H，28H，2FH，1FH，3FH
        DB 7FH，0FFH，04H，06H，09H，11H，3EH，00H
        END
```

④ 系统仿真：在 Proteus 环境，将上述程序进行编译后加载到如图 11-12 所示的单片机中。单击“全速仿真”按钮，将看到图像仿真的结果是连续变化的。

3．思考与动手

① 改变程序中哪些指令，即可改变图像的变化速度，为什么？

② 在硬件与编程结构相同的情况下，改变其他图形的显示。

11.2.3 直流电动机 PWM 控制模块设计与仿真

直流电动机脉冲宽度调制（Pulse Width Moduled）简称 PWM 调速，始于 20 世纪 70 年代中期，是目前直流电动机调速的首选方案。

1．直流电动机的结构

直流电动机由定子和转子两部分组成。在定子上装有一对直流励磁的静止的主磁极 N 极和 S 极，在旋转部分（转子）上装设电枢铁芯。定子与转子之间有一气隙。在电枢铁芯上放置了两根导体连成的电枢线圈，线圈的首端和末端分别连到两个圆弧形的铜片上，

此铜片称为换向片。换向片之间互相绝缘，由换向片构成的整体称为换向器。换向器固定在转轴上，换向片与转轴之间亦互相绝缘。在换向片上放置着一对固定不动的电刷 A 和 B，当电枢旋转时，电枢线圈通过换向片和电刷与外电路接通。直流电动机的物理模型如图 11-15 所示。

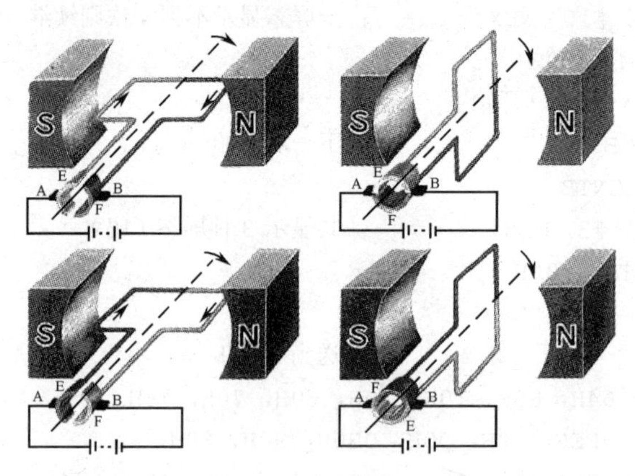

图 11-15　直流电动机的物理模型图

2．直流电动机工作原理

直流电动机电路模型如图 11-16（a）所示，磁极 N、S 间装着一个可以转动的铁磁圆柱体，圆柱体表面固定线圈 *abcd*。当给两个电刷加上直流电源，则有直流电流从电刷 A 流入，经过线圈 *abcd*，从电刷 B 流出，根据电磁力定律，载流导体 *ab* 和 *cd* 受到电磁力的作用，其方向可由左手定则判定，两段导体受到的力形成了一个转矩，使得转子逆时针转动。

如果转子转到如图 11-16（b）所示的位置，电刷 A 和换向片 2 接触，电刷 B 和换向片 1 接触，直流电流从电刷 A 流入，在线圈中的流动方向是 *dcba*，从电刷 B 流出。此时载流导体 *ab* 和 *cd* 受到电磁力的作用方向同样可由左手定则判定，它们产生的转矩仍然使得转子逆时针转动。这就是直流电动机的工作原理。

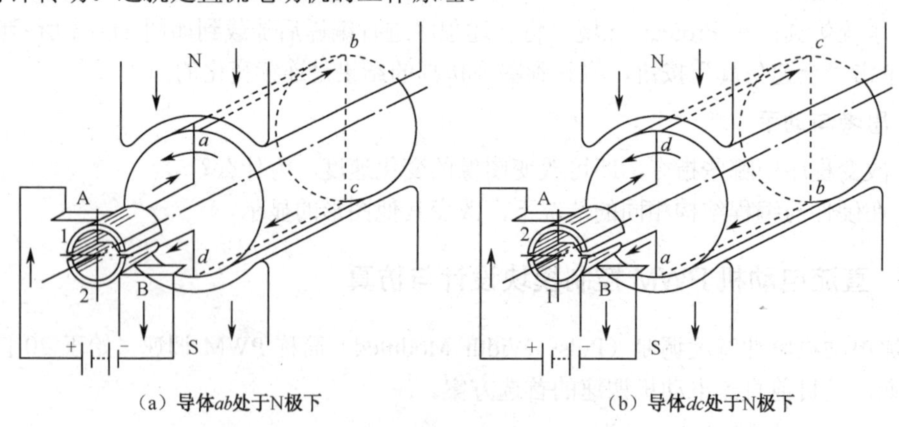

图 11-16　直流电动机电路模型

由于外加的电源是直流的，但由于电刷和换向片的作用，在线圈中流过的电流是交流的，其产生的转矩的方向却是不变的。

实用中的直流电动机转子上的绕组也不是由一个线圈构成，同样是由多个线圈连接而成。当线圈流过的电流改变方向时，线圈的受力方向也将改变，因此通过改变线圈电流的方向，实现改变电动机的方向。

3．直流电动机主要技术参数

- 额定功率 P_n：在额定电流和电压下电动机的负载能力。
- 额定电压 U_e：长期运行的最高电压。
- 额定电流 I_e：长期运行的最大电流。
- 额定转速 n：单位时间内的电动机转动快慢。
- 励磁电流 I_f：施加到电极线圈上的电流。

4．直流电动机 PWM 调速原理

采用脉宽调制技术，直接将恒定的直流电压调制成可变大小和极性的直流电压作为电动机的电枢端电压，实现系统的平滑调速，这种调速系统就称为直流脉宽调速系统。脉宽调制的基本原理脉宽调制（Pulse Width Modulation），是利用电力电子开关器件的导通与关断，将直流电压变成连续的直流脉冲序列，并通过控制脉冲的宽度或脉宽调制（Pulse Width Modulation），是利用电力电子开关器件的导通与关断，将直流电压变成连续的直流脉冲序列，并通过控制脉冲的宽度或周期达到变压的目的。直流电动机 PWM 调速也是采用脉宽调制原理的。由直流电动机转速 n 的表达式：$n=(U-IR)/C_e\Phi$（其中，I 为电枢电流、R 为电枢回路电阻加上外接在电枢回路中的调节电阻、C_e 为电动势常数，Φ 是磁通量）可知，直流电动机转速控制方法可分为两类，一是调节励磁磁通的励磁控制方法，二是调节电枢电压的电枢控制方法，但大多数应用场合都在使用电枢控制方法。

电枢控制方法就是采用直流脉宽调速系统对直流电动机的控制，如果加在电枢两端的电压为如图 11-17 所示的脉动电压，可以看出，在 T 不变的情况下，改变 t_1 和 t_2 宽度，电压将发生变化。

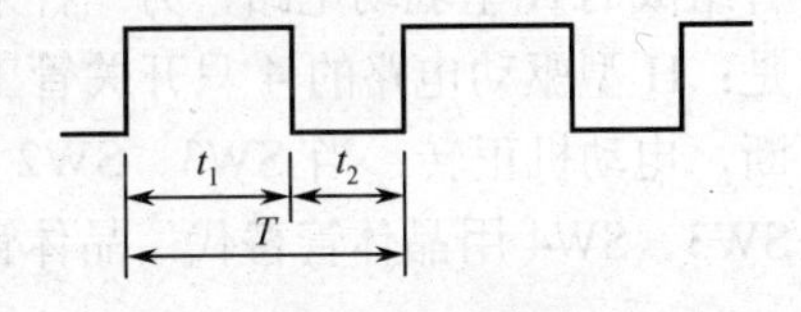

图 11-17　施加在电枢两端的脉动电压

设电动机接全电压 U 时，其转速最大为 n_{max}。，若施加到电枢两端的脉动电压占空比为 $D=t_1/T$，则电枢的平均电压为：

$$U_{平}=U\cdot D$$

则　$n=E_a/C_e\Phi\approx U\cdot D/C_e\Phi=KD$

式中，$K=U/C_e\Phi$ 是常数

如图 11-18 所示为施加不同占空比时实测的数据绘制所得占空比与转速的关系图。

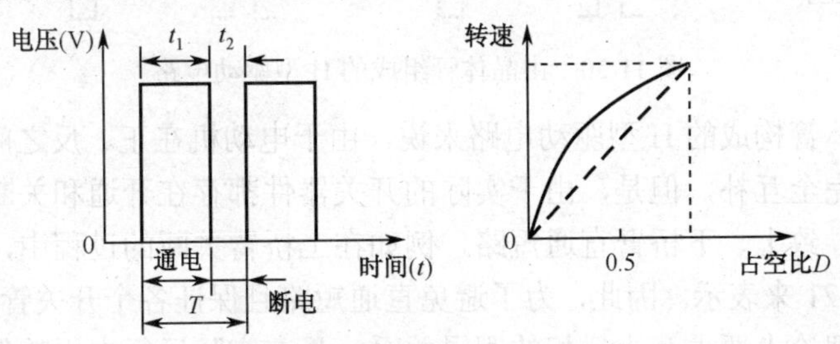

图 11-18　占空比与转速的关系

由图 11-18 可知，转速与占空比 D 并不是完全的线性关系（图中实线），原因是电枢本身有电阻，不过一般直流电动机的内阻较小，可以近似为线性关系。

由此可见，改变施加在电枢两端电压就能改变电动机的转速，这就是直流电动机 PWM 调速原理。

5. 直流电动机 PWM 调速方案

功能要求：具有正、反转启/停控制，具有在线速度调整。

系统组成：直流电动机 PWM 调速方案如图 11-19 所示。

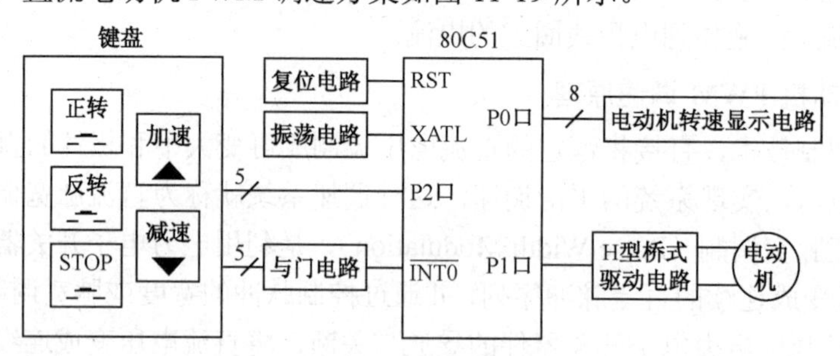

图 11-19 直流电动机 PWM 调速方案

方案说明：直流电动机 PWM 调速器以 8051 单片机为控制核心，由命令输入模块、光电隔离模块及 H 型驱动模块组成。采用带中断的独立式键盘作为命令的输入，单片机在程序控制下，不断给光电隔离电路发送 PWM 波形，H 型驱动电路完成电动机正、反转控制。

驱动电路设计说明：直流电动机驱动电路有两种选择方案。第一种驱动方案是由晶体管组成的 H 型驱动电路，另一种采用集成的 H 型驱动电路。如图 11-20 所示，其工作原理是：H 型驱动电路的 4 只开关管工作在斩波状态，当 SW1、SW4 导通时，SW3、SW2 关断，电动机正转；当 SW3、SW2 导通时，SW1、SW4 关断，电动机反转。SW1、SW2、SW3、SW4 用晶体管替代，晶体管由单片机控制。

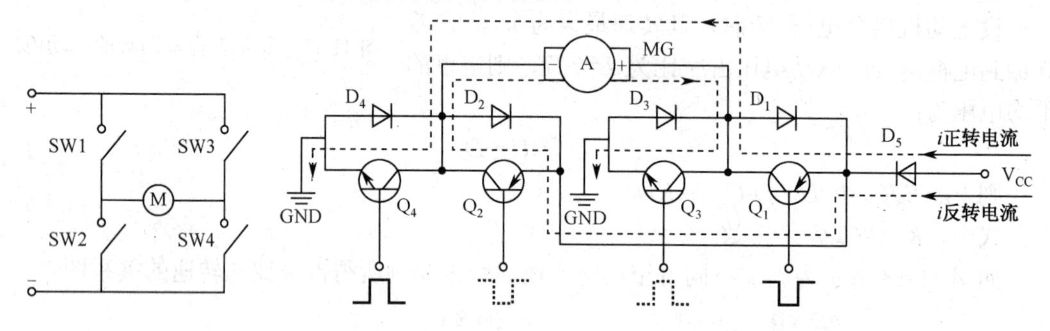

图 11-20 由晶体管组成的 H 型驱动电路

对于采用晶体管构成的 H 型驱动电路来说，由于电动机在正、反之间切换，理论上要求两组控制信号完全互补，但是，由于实际的开关器件都存在开通和关断时间，绝对的互补控制逻辑必然导致上、下桥臂直通短路，例如在上桥臂关断的过程中，下桥臂导通。这个过程可用图 11-21 来表示。因此，为了避免直通短路且保证各个开关管动作之间的协调，两组控制信号在理论上要求互为反相的逻辑关系，且在实际运行中用软件延时的办法，确保前置信号已完全关断，才发下一次的信号，否则就会造成瞬间短路。由于分立元件的 H

型电路不可靠，目前采用集成的 H 型驱动电路 L290、L291、L292 等电动机专用驱动芯片。

6．直流电动机 PWM 调速电路主要器件选择

（1）L290 驱动芯片

L298 是意大利 SGS 公司的产品，内部包含 4 通道逻辑驱动电路。是一种二相和四相电动机的专用驱动器，即内含二个 H 桥的高电压大电流双全桥式驱动器，接收标准 TTL 逻辑电平信号，可驱动 46V、2A 以下的电动机。L298 的逻辑功能见表 11-1。

表 11-1　L298 的逻辑功能表

IN1	IN2	ENA	电动机状态
X	X	0	停止
1	0	1	顺时针转动
0	1	1	逆时针转动
0	0	0	停止
1	1	0	停止

L298N 引脚如图 11-22 所示，L298 有两路电源分别为逻辑电源和动力电源，典型值 5 V 为逻辑电源和 12 V 为动力电源。ENA 与 ENB 直接接入 5 V 逻辑电源也就是说两个电动机时刻都工作在使能状态，控制电动机的运行状态只有通过两个接口。L298N 引脚与功能见表 11-2。

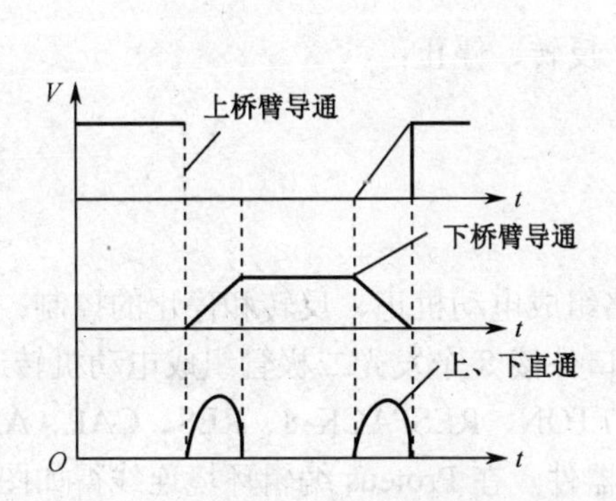

图 11-21　H 型驱动电路瞬间短路过程

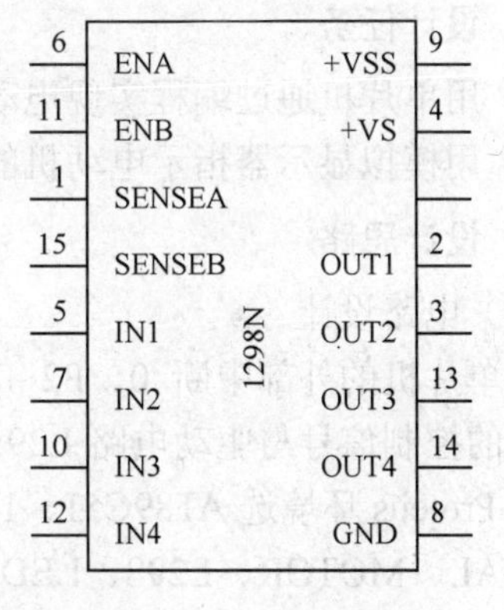

图 11-22　L298N 引脚图

表 11-2　L298N 引脚与功能

引　脚	引 脚 名 称	功　能
1、15	SENSEA、SENSEB	电流监测端，分别为两个 H 桥的电流反馈脚，不用时可以接地
2、3	OUT1、OUT2	输出端
4	VS	功率电源电压
5、7	IN1、IN2	输入端，TTL 电平兼容
6、11	ENA、ENB	使能端，低电平禁止输出；TTL 电平兼容输入
8	GND	地
9	VSS	逻辑电源电压
10、12	IN3、IN4	输入端，TTL 电平兼容
13、14	OUT3、OUT4	输出端

由于 L298N 驱动的是电动机负载，当从运行状态突然转换到停止状态或从顺时针状态突然转换到逆时针状态时，将会形成很大的反向电流，在电路中加入二极管的作用就是在产生反向电流的时候进行泄流，保护电动机的安全。

（2）单片机选择

单片机选择主要从内部资源和外部资源两方面考虑。对于内部资源来说，主要看程序存储器的资源是否够用，数据存储器是否满足，对于数据储存器不够的还要进行扩展。对于外部资源来说，主要是看引脚是否满足。对于本例来说，选用 80C51 就可以了，80C51 内部有 4 KB 的存储容量，外部有 32 个 I/O 口。

（3）电动机选择

选用直流电动机，额定工作电压 12 V。

7．分解项目

在此项目设计过程中，将完整的系统分解为直流电动机的正反转控制、直流电动机固定 PWM 转速二个子项目模块，最后设计出直流电动机 PWM 调速系统的完整过程，目的是突出功能模块化，掌握和理解系统的组成、从基本或简单的软件编程到较为复杂的程序设计。通过分解项目，学习者对硬件电路设计和程序设计有个明确的编程思路。

11.2.4　子项目 1——直流电动机的正转、反转控制电路设计与仿真

1．设计任务

① 用单片机通过编程实现电动机的正转、反转、停止；

② 用模拟显示器指示电动机的当前转速。

2．设计思路

（1）电路设计

以单片机的外部中断 0、P2 口和与门电路组成电动机正、反转和停止的控制；用 P1 口产生的控制信号与驱动电路 L298 连接；P0 口外接 8 个发光二极管组成电动机转速显示器。在 Proteus 环境选 AT89C51、1N4003、BUTTON、RESPACK-8、RES、CAP、AND-5、CRYSTAL、MOTOR、L298、LED-BIGY 等元器件，在 Proteus 编辑环境连线得如图 11-24 所示电路，并对电气规则进行检查。

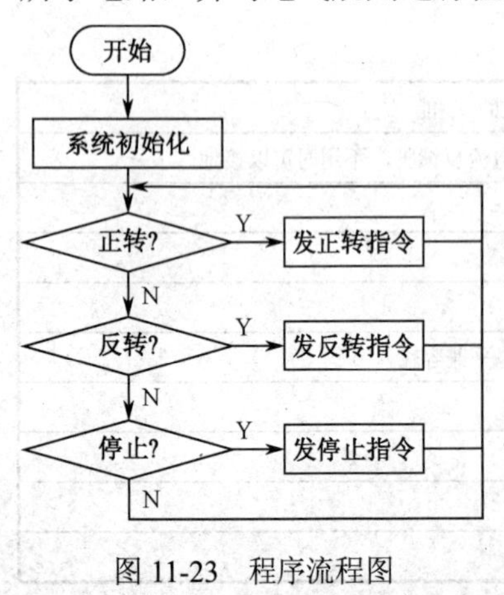

图 11-23　程序流程图

（2）编程思路

① 采用中断加查询方法判断中断源的请求种类，当 P2.2、P2.3、P2.4 中任何一个为低电平时，都会产生中断。当单片机响应中断时，读入 P2.2、P2.3、P2.4 的值进行判断，然后根据判断结果进行相应的处理，从而达到多个外部信号实时处理的目的。

② 根据 L298 集成芯片的逻辑功能，编程实现直流电动机的正、反转及停止。

（3）程序设计

① 程序流程图如图 11-23 所示。

② 源程序清单：

```
        ORG  0000H
        AJMP  START
        ORG  0003H
        LJMP  INT00              ；外部 0 中断入口
        ORG  0030H
START:  MOV  SP，#60H            ；设定堆栈指针
        MOV  P0，#00H
        CLR  P1.5
        CLR  P1.6                ；电动机初始值/停止
        CLR  P1.7
        SETB  EA                 ；开中断
        SETB  EX0                ；允许外部 0 中断
        SETB  IT0                ；下降沿触发方式
        AJMP  $                  ；等待有按键按下，进入中断服务程序
        ORG  1000H
INT00:  CLR  EX0                 ；关外部 0 中断
        MOV  P0，#0FFH
        MOV  A，#0FFH
        MOV  P2，A               ；在读入 P2 口数据前，先送高电平
        MOV  A，P2               ；读入 P2 口的数据
        JNB  ACC.2，ZZ           ；满足条件转正转处理程序
        JNB  ACC.3，CP           ；满足条件转反转处理程序
        JNB  ACC.4，EN           ；满足条件转停止处理程序
ZZ:     SETB  P1.5               ；启动电动机正转
        SETB  P1.6
        CLR  P1.7
        LCALL  DELAY             ；延时
        LCALL  DELAY
        LCALL  DELAY
        SETB  EX0                ；开中断
        RETI                     ；中断返回
CP:     SETB  P1.5               ；启动电动机反转
        SETB  P1.7
        CLR  P1.6
        LCALL  DELAY
        LCALL  DELAY
        LCALL  DELAY
        SETB  EX0
        RETI
EN:     CLR  P1，5               ；停止电动机
        CLR  P1.6
        CLR  P1.7
        MOV  P0，#00H
        LCALL  DELAY
        LCALL  DELAY
```

```
        LCALL  DELAY
        SETB  EX0
        RETI
DELAY:                              ；延时子程序
        MOV  R3，#42
LP3:    MOV  R4，#250
LP4:    DJNZ  R4，LP4
        DJNZ  R3，LP3
        RET
        END
```

3．系统仿真

在电动机输出端接一个频率计，启动系统，按正转键，我们观察到电动机开始运转，8个发光二极管D5～D12全亮表示直流电动机全速运行。当按停止键时，电动机慢慢停下来，图11-24所示为在正转情况下的仿真结果。由于在程序计中没有采用PWM调速技术，在仿真中可以看到正转或反转运行时，电动机两端所加的电压约12 V，如图11-25所示。

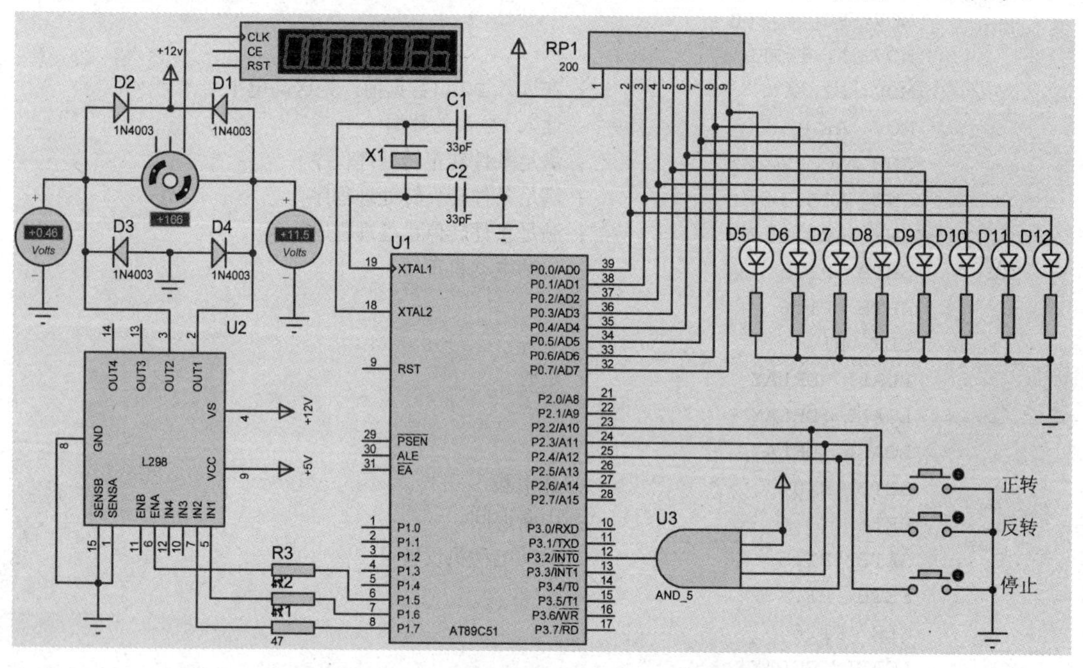

图11-24　直流电动机的正、反转控制电路

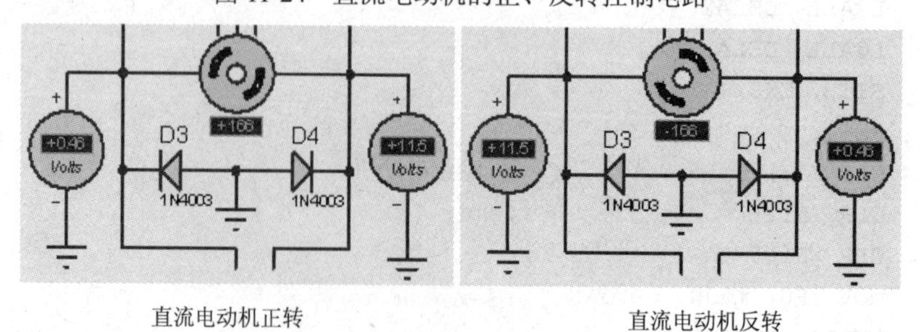

图11-25　直流电动机正/反向两端电压的测试

11.2.5 子项目 2——直流电动机固定 PWM 转速的电路设计与仿真

1. 设计任务

① 用单片机通过编程实现电动机的正转、反转、停止；

② 采用固定 PWM 转速控制电动机的运行；

③ 用模拟显示器指示电动机的当前转速。

2. 设计思路

（1）电路设计

与子项目 1 相同。

（2）编程思路

编程思路与子项目 1 基本相同，不同之处就是利用定时器 T0 设定好定时时间，定时器每次溢出后都进入定时中断程序，改变 EAN 引脚的电平，从而产生固定的 PWM 脉冲信号，经 L298 驱动电路，控制直流电动机的运行。若外部中断 $\overline{\text{INT0}}$ 有效，则进入外部中断程序控制电动机的运行方向。

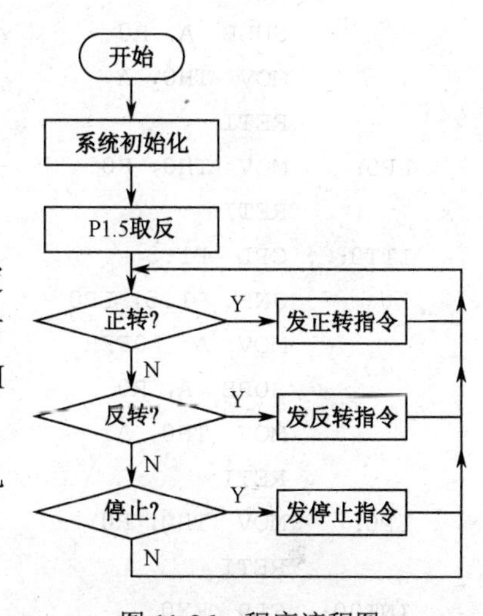

图 11-26 程序流程图

（3）程序设计

程序流程图如图 11-26 所示。

（4）源程序清单

```
        ORG  0000H
        AJMP  START
        ORG  0003H
        LJMP  INT00
        ORG  000BH
        LJMP  ITT0                  ; 定时 T0 中断入口
        ORG  0030H
START:  MOV  SP, #60H
        MOV  R0, #105               ; 设定 H 型驱动电路的导通时间，即电动机运行速度
        MOV  P0, #00H
        CLR  P1.5                   ; 禁止电动机运行
        CLR  P1.6
        CLR  P1.7
        MOV  TMOD, #01H             ; 赋定时器 T0 初值
        MOV  TH0, #50
        SETB  EA                    ; 开中断
        SETB  EX0                   ; 允许外部 0 中断
        SETB  ET0                   ; 允许定时器 T0 中断
        SETB  IT0                   ; 下降沿触发方式
        SETB  TR0                   ; 启动 T0
        AJMP  $                     ; 等待定时器 T0 溢出就进入 T0 中断服务程序
```

```
        ORG  1000H
ITT0:                             ；定时器 T0 中断服务程序，定义电动机当前的转速
        CPL  P1.5                 ；P1.5 脚取反/P1.5=1，用 P1.5 引脚产生 H 型驱动电路的
                                  控制脉冲
        JNB  P1.5, LP0            ；若 P1.5=0 则转，否则顺时执行
        MOV  A, #0FFH
        SUBB  A, R0               ；A=255-105=150
        MOV  TH0, A               ；TH0=150，而 TL0 从 0 开始计
        RETI                      ；中断返回，等待定时器 T0 溢出
LP0:    MOV  TH0, R0              ；对 TH0 重新赋值. 而 TL0 从 0 开始计
        RETI                      ；中断返回，等待定时器 T0 溢出
ITT0:   CPL  P1.5
        JNB  P1.5, LP0
        MOV  A, #0FFH
        SUBB  A, R0
        MOV  TH0, A
        RETI
LP0:    MOV  TH0, R0
        RETI
INT00:  CLR EX0
        MOV  P0, #0FH
        MOV  A, #0FFH
        MOV  P2, A
        MOV  A, P2
        JNB  ACC.2, ZZ
        JNB  ACC.3, CP
        JNB  ACC.4, EN
ZZ:     SETB  P1.6
        CLR  P1.7
        LCALL  DELAY
        LCALL  DELAY
        LCALL  DELAY
        SETB  EX0
        RETI
CP:     SETB  P1.7
        CLR  P1.6
        LCALL  DELAY
        LCALL  DELAY
        LCALL  DELAY
        SETB  EX0
        RETI
EN:     CLR  P1.6
        CLR  P1.7
```

```
        MOV  P0，#00H
        LCALL  DELAY
        LCALL  DELAY
        LCALL  DELAY
        SETB  EX0
        RETI
DELAY:  MOV  R3，#42
LP3L:   MOV  R4，#250
LP4:    DJNZ  R4，LP4
        DJNZ  R3，LP3
        RET
TAB:    DB 00H，01H，02H，03H，04H，05H，06H，07H
        DB 08H，09H，0AH，0BH，0CH，0DH，0EH，0FH
        DB 1FH，2FH，3FH，4FH，5FH，6FH，7FH，8FH
        DB 9FH，0AFH，0BFH，0CFH，0DFH，0EFH，0FFH
        END
```

3．系统仿真

启动系统，按正转键，我们观察到电动机开始运转，4 个发光二极管 D9～D12 亮表示直流电动机中速运行，图 11-27 是在正转情况下的仿真结果。同时用虚拟示波器测试直流电动机两端和 L290 的 ENA 引脚控制信号，证明了电动机在 EAN 信号的控制下，电动机两端呈现出 PWM 的控制方式，测试结果如图 11-28 所示，在示波器图中，上边的波形为 A 通道、中间的波形为 B 通道、下边的波形为 C 通道（高电平控制直流电动机导通）。

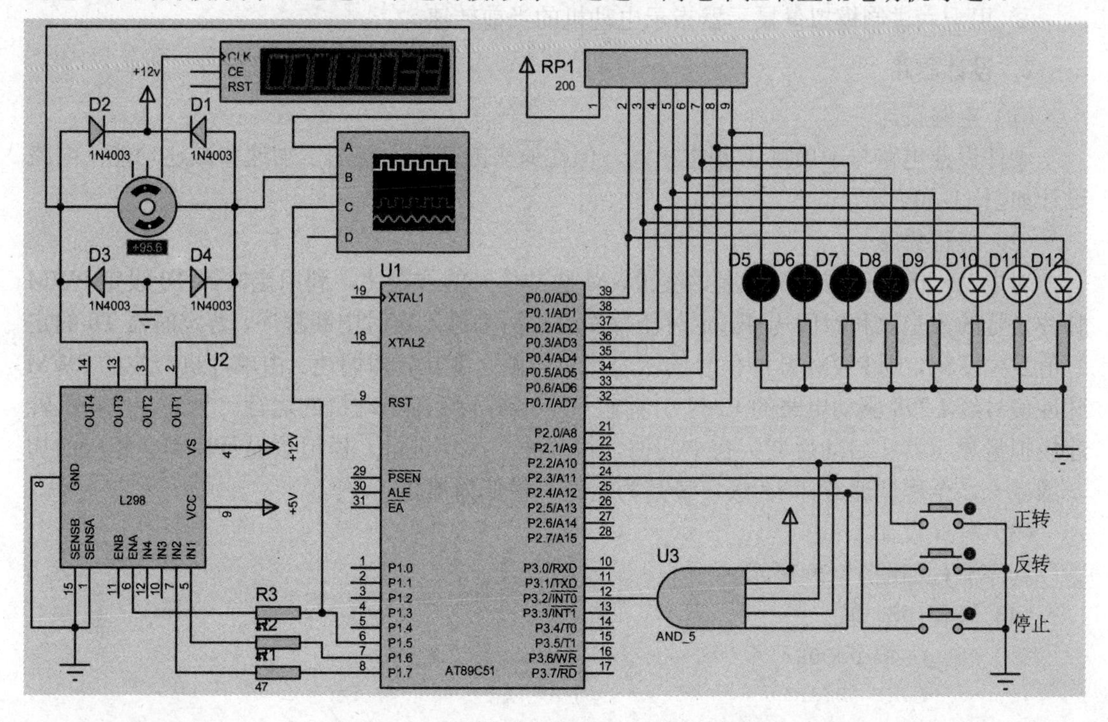

图 11-27　直流电动机固定 PWM 转速电路图

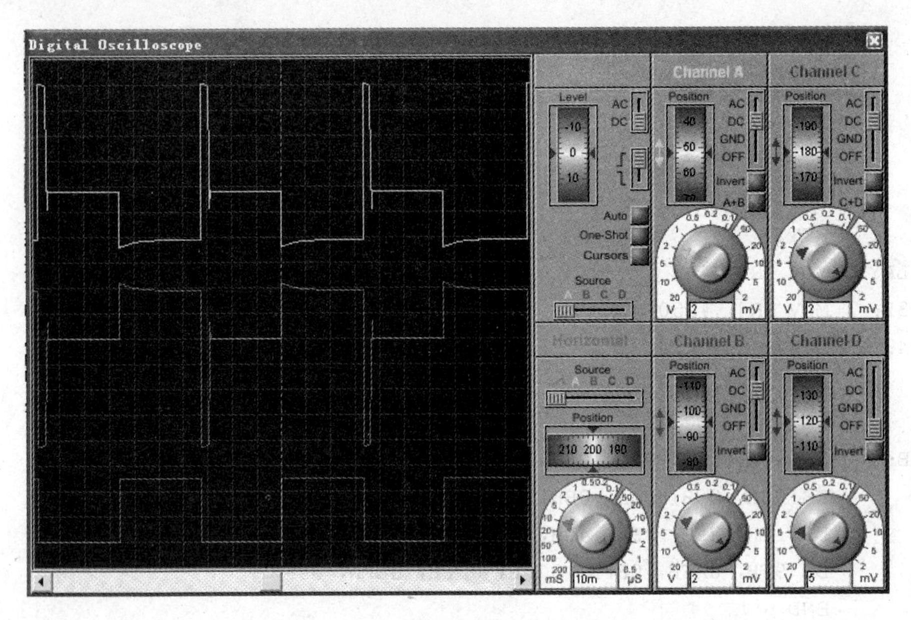

图 11-28　ENA 引脚控制信号与加到电动机的 PWM 脉冲

11.2.6　系统项目——直流电动机 PWM 调速电路设计与仿真

1．设计任务

① 用单片机通过编程实现电动机的正转、反转、停止；

② 采用 PWM 转速控制电动机的运行，步进量为±16 级；

③ 用十六进制模拟量显示器指示电动机的当前转速。

2．设计思路

（1）电路设计

硬件设计电路与子项目 1 基本相同，但在原来的基础上增加了加速和减速功能。电路设计如图 11-30 所示。

（2）编程思路

对电动机的加速或减速就是改变 PWM 脉冲信号的占空比，利用定时器 T0 设定 PWM 脉冲信号的占空比和时间周期，定时器每次溢出后都进入定时中断程序，若定时器 T0 的定时值发生变化，则 PWM 脉冲信号的占空比也将随之变化，即调速。由单片机产生的 PWM 脉冲信号经 L298 驱动电路的 EAN 引脚输入，控制了直流电动机的运行。另外，电动机转速模拟量显示器在启动后调定在中间值，每调速一次步进量，模拟量显示器都会相应的加一或减一，全程调速共计 32 级，最高为全速、最低为停止。

（3）程序设计

程序流程如图 11-29 所示。

（4）源程序清单：

```
ORG  0000H
AJMP  START
ORG  0003H
```

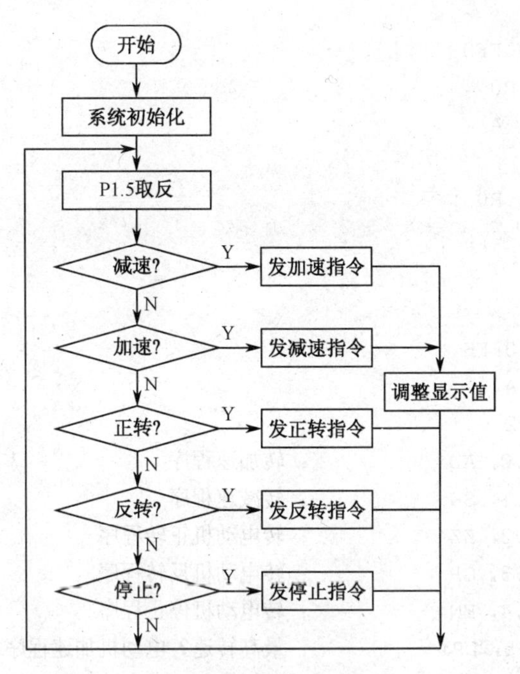

图 11-29　程序流程图

```
        LJMP  INT00
        ORG  000BH
        LJMP  ITT0
        ORG  0030H
START:
        MOV  SP, #60H
        MOV  R0, #105
        MOV  R1, #15
        MOV  P0, #0FH
        CLR  P1.5
        CLR  P1.6
        CLR  P1.7
        MOV  TMOD, #01H
        MOV  TL0, #0FFH
        MOV  TH0, #50
        MOV  DPTR, #TAB             ; 定义首表地址
        SETB  EA
        SETB  EX0
        SETB  ET0
        SETB  IT0
        SETB  TR0
        AJMP  $
        ORG  1000H
ITT0:   CPL  P1.5
        JNB  P1.5, LP0
```

```
        MOV  A, #0FFH
        SUBB  A, R0
        MOV  TH0, A
        RETI
LP0:    MOV  TH0, R0
        RETI
INT00:
        CLR  EX0
        MOV  A, #0FFH
        MOV  P2, A
        MOV  A, P2
        JNB  ACC.0, AD              ; 转加速程序
        JNB  ACC.1, SU              ; 转减速程序
        JNB  ACC.2, ZZ              ; 转电动机正转程序
        JNB  ACC.3, CP              ; 转电动机反转程序
        JNB  ACC.4, EN              ; 转电动机停止程序
AD: CJNE  R0, #255, LP1             ; 最高转速？电动机加速程序
        SETB  EX0
        RETI
LP1:    MOV  A, R0                  ; 加速调整和变换显示值
        ADD  A, #8                  ; 步进量为 8
        MOV  R0, A
        INC  R1                     ; 步进量调整次数加 1
        MOV  A, R1
        MOVC  A, @A+DPTR            ; 查表取值
        MOV  P0, A
        LCALL  DELAY
        SETB  EX0
        RETI
SU:     CJNE  R0, #07, LP2          ; 电动机减速程序，最低转速为 7?
        SETB  EX0
        RETI
LP2:    MOV  A, R0
        SUBB  A, #8
        MOV  R0, A
        DEC  R1
        MOV  A, R1
        MOVC  A, @A+DPTR
        MOV  P0, A
        LCALL  DELAY
        SETB  EX0
        RETI
ZZ:     SETB  P1.6
```

```
        CLR  P1.7
        LCALL  DELAY
        LCALL  DELAY
        LCALL  DELAY
        SETB  EX0
        RETI
CP:     SETB  P1.7
        CLR  P1.6
        LCALL  DELAY
        LCALL  DELAY
        LCALL  DELAY
        SETB  EX0
        RETI
EN: CLR  P1.5
        CLR  P1.6
        CLR  P1.7
        LCALL  DELAY
        LCALL  DELAY
        LCALL  DELAY
        SETB  EX0
        RETI
DELAY:
        MOV  R3, #42
LP3:    MOV  R4, #250
LP4:    DJNZ  R4, LP4
        DJNZ  R3, LP3
        RET
TAB:
        DB 00H, 01H, 02H, 03H, 04H, 05H, 06H, 07H
        DB 08H, 09H, 0AH, 0BH, 0CH, 0DH, 0EH, 0FH
        DB 1FH, 2FH, 3FH, 4FH, 5FH, 6FH, 7FH, 8FH
        DB 9FH, 0AFH, 0BFH, 0CFH, 0DFH, 0EFH, 0FFH
        END
```

3．系统仿真

仿真结果如图 11-30 所示。启动系统，按正转键，我们观察到电动机开始运转，由于在程序设计中，事先设置了电动机启动后的参数，即中速运行，此时观看到电动机转速约为 80rpm。然后按加速开关，每按一次加速键，电动机的速度都要增加，最高速变可达到 166rpm，虚拟频率计显示为 66rpm，8 个发光二极管全亮，如果按减速键，则电动机的转速慢慢地减小。同样，按反转键会看到类似的结果。当按停止键时，电动机慢慢停下来。每按一次加速或减速键，由 8 个发光二极管组成电动机转速指示器，以十六进制的方式改变（00H～FFH）。如图 11-31 所示为电动机在高速正转情况下所测试到的电动机两端电压的波形和 PWM 信号；图 11-32 所示为在低速反转时所测试到的波形情况。

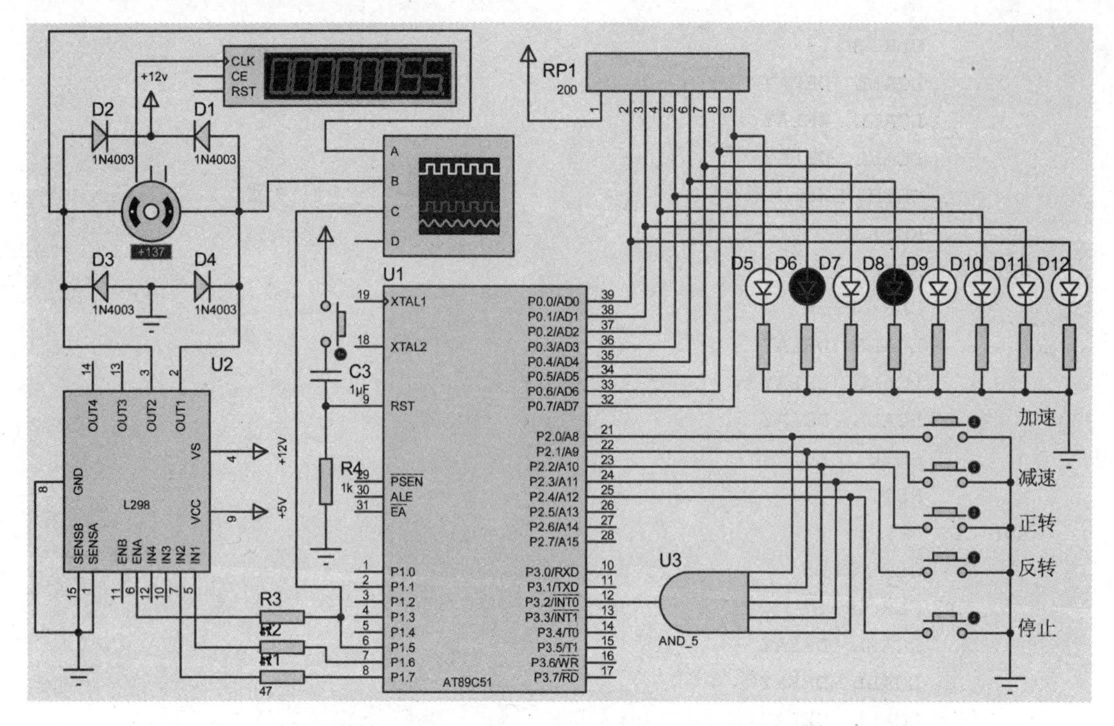

图 11-30　直流电动机 PWM 调速电路图

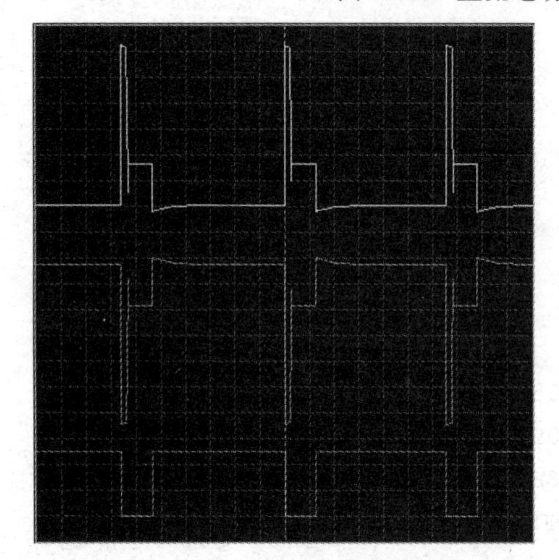

图 11-31　高速正转时的波形图

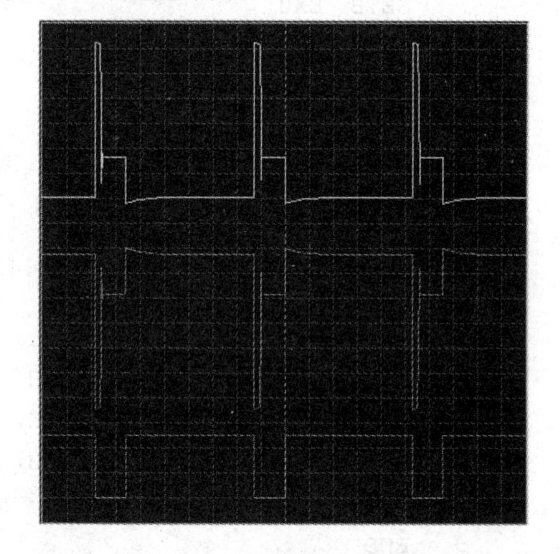

图 11-32　低速反转时的波形图

附录A MSC-51 指令速查表

表 A1　数据传送类指令一览表

指令助记符	功 能 简 述	字 节 数	机 器 周 期
MOV　A，#data	立即数送累加器	2	1
MOV　difeet，A	累加器送直接寻址字节	2	1
MOV　A，direct	直接寻址字节送累加器	2	1
MOV　difeet，#data	立即数送直接寻址字节	3	2
MOV　direct，direct	直接寻址字节送直接寻址字节	3	2
MOV　Rn，A	累加器送寄存器	1	1
MOV　A，Rn	寄存器送累加器	1	1
MOV　A，@Ri	内部 RAM 送累加器	1	1
MOV　@Ri，A	累加器送内部 RAM	1	1
MOV　Rn，#data	立即数送寄存器	2	1
MOV　@Ri，#data	立即数送内部 RAM	2	1
MOV　direct，Rn	寄存器送直接寻址字节	2	2
MOV　Rn，direct	直接寻址字节送寄存器	2	2
MOV　difeet，@Ri	内部 RAM 送直接寻址字节	2	2
MOV　@Ri，direct	直接寻址字节送内部 RAM	2	2
MOV　DPTR，#datal6	16 位立即数送数据指针	3	2
MOVX　A，@Ri	外部 RAM 送累加器(8 位地址)	2	2
MOVX　@Ri，A	累加器送外部 RAM(8 位地址)	1	2
MOVX　A，@DPTR	外部 RAM 送累加器(16 位地址)	1	2
MOVX　@DPTR，A	累加器送外部 RAM(16 位地址)	1	2
MOVC　A，@A+DPTR	程序代码送累加器(相对数据指针)	1	2
MOVC　A，@A+PC	程序代码送累加器(相对程序计数器)	1	2
XCH　A，Rn	累加器与寄存器交换	1	1
XCH　A，@Ri	累加器与内部 RAM 交换	1	1
XCH　A，direct	累加器与直接寻址字节交换	2	1
XCHD　A，@Ri	累加器与内部 RAM 低 4 位交换	1	1
SWAP　A	累加器高 4 位与低 4 位交换	1	1
POP　direct	栈顶弹至直接寻址字节	2	2
PUSH　direct	直接寻址字节压入栈顶	2	2

表 A2 算术操作类指令一览表

指令助记符	功能简述	字节数	机器周期
ADD A，#data	累加器加立即数	2	1
ADD A，direct	累加器加直接寻址字节	2	1
ADD A，Rn	累加器加寄存器	1	1
ADD A，@Ri	累加器加内部 RAM	1	1
ADDC A，#data	累加器加立即数和进位位	2	1
ADDC A，direct	累加器加直接寻址字节和进位位	2	1
ADDC A，Rn	累加器加寄存器和进位位	1	1
ADDC A，@Ri	累加器加内部 RAM 和进位位	1	1
DAA	十进制调整	1	1
INC direct	直接寻址字节加 1	2	1
INC A	累加器加 1	1	1
INC Rn	寄存器加 1	1	1
INC @Ri	内部 RAM 加 1	1	1
INC DPTR	数据指针加 1	1	2
SUBB A，#data	累加器减立即数和借位	2	1
SUBB A，direct	累加器减直接寻址字节和借位	2	1
SUBB A，Rn	累加器减寄存器和借位	1	1
SUBB A，@ Ri	累加器减内部 RAM 和借位	1	1
DEC direct	直接寻址字节减 1	2	1
DEC A	累加器减 1	1	1
DEC Rn	寄存器减 1	1	1
DEC @Ri	间接 RAM 减 1	1	1
MUL AB	累加器 A 乘以寄存器 B	1	4
DIV AB	累加器 A 除以寄存器 B	1	4

表 A3 逻辑运算类指令一览表

指令助记符	功能简述	字节数	机器周期
ANL A，#data	累加器与立即数	2	1
ANL A，direct	累加器与直接寻址字节	2	1
ANL direct，A	直接寻址字节与累加器	2	1
ANL direct，#data	直接寻址字节与立即数	3	2
ANL A，Rn	累加器与寄存器	1	1
ANL A，@Ri	累加器与内部 RAM	1	1
ORL direct，#data	直接寻址字节或立即数	3	2
ORL A，#data	累加器或立即数	2	1
ORL A，direct	累加器或直接寻址字节	2	1
ORL direct，A	直接寻址字节或累加器	2	1
ORL A，Rn	累加器或寄存器	1	1
ORL A，@Ri	累加器或内部 RAM	1	1
XRL direct，#data	直接寻址字节异或立即数	3	2

（续表）

指令助记符	功 能 简 述	字 节 数	机 器 周 期
XRL A，#data	累加器异或立即数	2	1
XRL A，direct	累加器异或直接寻址字节	2	1
XRL direct，A	直接寻址字节异或累加器	2	1
XRL A，Rn	累加器异或寄存器	1	1
XRL A，@Ri	累加器异或内部 RAM	1	1
RL A	累加器左环移位	1	1
RLC A	累加器带进位标识左环移位	1	1
RRC A	累加器带进位标识右环移位	1	1
CPL A	累加器取反	1	1
CLR A	累加器清 0	1	1

表 A4 控制程序转移类指令一览表

指令助记符	功 能 简 述	字 节 数	机 器 周 期
ACALL addrll	2KB 内绝对调用	2	2
LCALL addrl6	64KB 内长调用	3	2
RET	子程序返回	1	2
RETI	断返回	1	2
SJMP rel	相对短转移	2	2
AJMP addrll	2KB 内绝对转移	2	2
LJMP addrl6	64KB 内长转移	3	2
JMP @A+DPTR	相对长转移	1	2
JZ rel	累加器为 0 转移	2	2
JNZ rel	累加器为非 0 转移	2	2
CJNE A，#data，rel	累加器与立即数不等转移	3	2
CJNE A，direct，rel	累加器与直接寻址字节不等转移	3	2
CJNE Rn，#data，rel	寄存器与立即数不等转移	3	2
CJNE @Ri，#data，rel	内部 RAM 与立即数不等转移	3	2
DJNZ Rn，rel	寄存器减 1 不为 0 转移	2	2
DJNZ direct，rel	直接寻址字节减 1 不为 0 转移	3	2
NOP	空操作	1	1

表 A5 布尔变量操作类一览表

指令助记符	功 能 简 述	字 节 数	机 器 周 期
MOV C，bit	直接寻址位送 CY	2	1
MOV bit，C	CY 送直接寻址位	2	2
CLR C	CY 清 0	1	1
CLR bit	直接寻址位清 0	2	1
CPL C	CY 取反	1	1
CPL bit	直接寻址位取反	2	1
SETB C	CY 置位	1	1

（续）

指令助记符	功 能 简 述	字 节 数	机 器 周 期
SETB bit	直接寻址位置位	2	1
ANL C，bit	CY 逻辑与直接寻址位	2	2
ANL C，/bit	CY 逻辑与直接寻址位的反	2	2
ORL C，bit	CY 逻辑或直接寻址位	2	2
ORL C，/bit	CY 逻辑或直接寻址位的反	2	2
JC rel	CY 置位转移	2	2
JNC rel	CY 清 0 转移	2	2
JB bit，rel	直接寻址位为 1 转移	3	2
JNB bit，rel	直接寻址位为 0 转移	3	2
JBC bit，rel	直接寻址位置位转移并清该位	3	2

附录B Proteus 常用元器件

元器件中文名称	元器件型号	元器件中文名称	元器件型号
8051 微控制器	AT89C51	64KB 静态 RAM	6264
8 位 D/A 转换器	DAC0832	64KBEPROM 存储器	27C64
8 位 8 通道 ADC 转换器	ADC0808	16×2 字符液晶	LM016L
8 位 DAC 转换器	DAC0808	128×64 图形液晶	LM3228
三态双向总线收发器	74LS245	六反向器	74LS05
四—十六译码器	74HC154	四二输入或非门（OC）	74HC02
8D 三态输出型锁存器	74LS373	双二输入或非门	4001
3-8 解码/多路选择器	74LSl38	BCD 码译码器	74LS47
8 位并出串行移位寄存器	74HCl64	二输入或非门	NOR
8 位串出并行移位寄存器	74HCl65	二输入或门	OR
RS-232 标准接口	MAX232	二输入异或门	XOR
8 同相三态输出收发器	74LS245	二输入与非门	NAND
8 同相三态输出缓冲器/线驱动器	74LS244	二输入与门	AND
BCD-7 段锁存/解码/驱动器	4511	四输入与门	AND_4
运算放大器	LM358N	五输入与门	AND_5
5V，lOOmA 稳压器	78L05	定时器/振荡器	555
石英晶体	CRYSTAL	5V，lA 稳压器	7805
通用电阻	RES	瓷片电容	通用 CAP
5K6 电阻	MINRES5K6	100P 瓷片电容	CERAMIC100P
带公共端的 8 电阻排	RESPACK-8	通用电解电容	CAP-ELEC
8 电阻排	RX8	通用电感	INDUCTOR
可调电阻	POT-HG	按钮开关	BUTTON
红色发光二极管	LED-RED	选择开关	SW-ROT-3
绿色发光二极管	LED-BIRG	带锁存开关	SWITCH
黄色发光二极管	LED-BIGY	4 独立拨动开关组	DIPSW-4
10 位柱状绿色发光二极管	LED-BARGRAPH-GRN	逻辑开关	LOGICTOGGLE
七段有公共端的共阳极绿色数码管	7SEG-COM-AN-GRN	非锁存开关	SW-SPST-MOM
七段有公共端的共阳极红色数码管	7SEG-COM-ANOD	二极管硅整流器	1N4001
七段有公共端的共阴极红色数码管	7SEG-COM-CATHODE	二极管，极速整流器	UF4001
七段 BCD 码显示器	7SEG-BCD	小信号开关二极管	1N4148
数字式七段数码管	7SEG-DIGITAL	三极管	2N4125

（续表）

元器件中文名称	元器件型号	元器件中文名称	元器件型号
2 位共阳极红色数码管	7SEG-MPX2-CA	NPN 三极管	2N2222A
2 位共阴极红色数码管	7SEG-MPX2-CC	通用 NPN 型双极性晶体管	NPN
2 位共阴极蓝色数码管	7SEG-MPX2-CC-BLUE	通用 PNP 型双极性晶体管	PNP
2 位共阳极蓝色数码管	7SEG-MPX2-CA-BLUE	通用晶闸管整流器	SCR
4 位七段共阳极蓝色数码管	7SEG-MPX4-CA-BLUE	通用半导体闸流管	THYRISTOR
4 位七段共阴极蓝色数码管	7SEG-MPX4-CC-BLUE	继电器	RELAY
8×8LED 绿色点阵	MATRIX-8X8-GREEN	9 针 D 型阳座接插针	CONN-D9M
调速直流电动机	MOTOR-ENCODER	9 针 D 型阴座接插针	CONN-D9F
动态单极性步进电动机模型	MOTOR-STEPPER	交互式交流电压源	ALTERNATOR
简单直流电动机模型	MOTOR	交互式线性电位计	POT-LIN
步进直流电动机	MOTOR-BISTEPPER	动态数字方波源	CLOCK
电动机驱动电路	L298	正弦波交流电压源	VSINE
电动机驱动电路	ULN2003A	直流电压源	BATTERY
动态灯泡模型	LAMP	正弦波交流电流源	ISINE
压电发声模型	SOUNDER	逻辑状态源（带锁存）	LOGICSTATE
动态交通灯模型	TRAFFIC	逻辑状态源（瞬态）	LOGICTOGGLE
直流蜂鸣器	BUZZER	脉冲电流源	IPULSE
数字反向器	NOT	实时电压监控器	RTVMON
天线符号	AERIAL	实时模拟电流断点发生器	RTIBREAK

附录C 基本逻辑符号对照表

名　称	国际符号	曾用符号	国外流行符号	逻辑表达式	输　入		输　出
					A	B	Y
与门	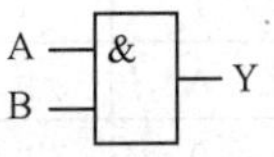 &	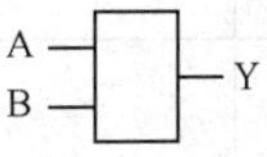	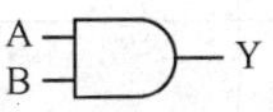	Y＝AB	0	0	0
					0	1	0
					1	0	0
					1	1	1
					A	B	Y
或门	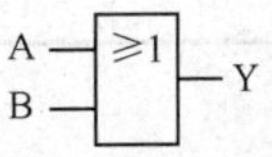 ≥1	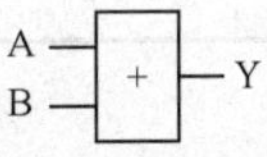 +	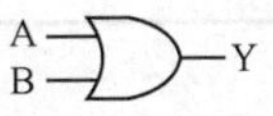	Y＝A+B	0	0	0
					0	1	1
					1	0	1
					1	1	1
					A		Y
非门	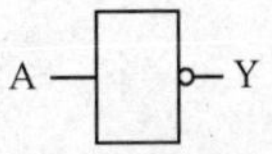	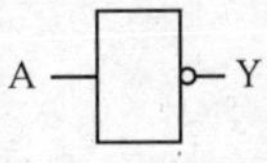	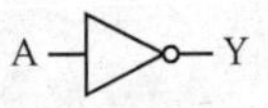	$Y=\overline{A}$	0		1
					1		0
					A	B	Y
与非门	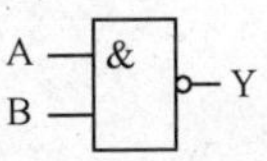 &	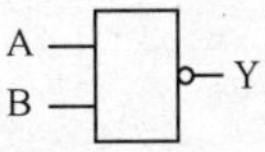	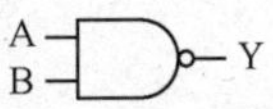	$Y=\overline{AB}$	0	0	1
					0	1	1
					1	0	1
					1	1	0
					A	B	Y
或非门	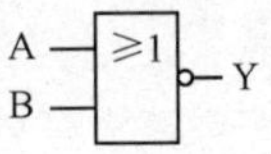 ≥1	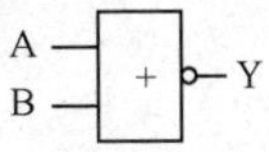 +	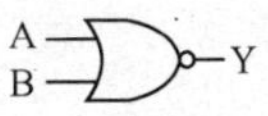	$Y=\overline{A+B}$	0	0	1
					0	1	0
					1	0	0
					1	1	0
					AB	CD	Y
与或非门	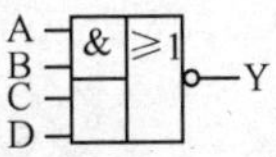 & ≥1	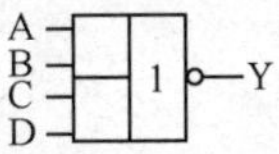 1	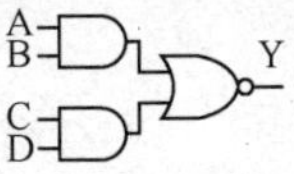	$Y=\overline{AB+CD}$	AB或CD任一组的乘积为1，则输出为0		
					A	B	Y
异或门	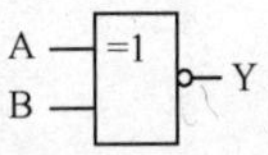 =1	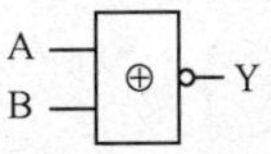 ⊕	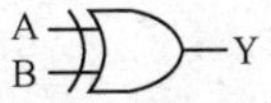	$Y=A\oplus B$	0	0	0
					0	1	1
					1	0	1
					1	1	0

（续表）

名　称	国际符号	曾用符号	国外流行符号	逻辑表达式	输入		输出
异或非门	A, B, =1, Y	A, B, ⊕, Y	A, B, Y	$Y=\overline{A\oplus B}$	A	B	Y
					0	0	1
					0	1	0
					1	0	0
					1	1	1
集电极开路的与门	A, B, &, Y	A, B, Y		$Y=AB$	A	B	Y
					0	0	0
					0	1	0
					1	0	0
					1	1	1
三态输出的非门	A, B, 1, EN, Y	A, $\overline{E}$, Y	A, $\overline{E}$, Y	$Y=\overline{A}$	A	$\overline{E}$	Y
					0	0	1
					1	0	0
					0	1	高阻
					1	1	高阻

参 考 文 献

[1] 陈桂友，单片机原理及应用．北京：机械工业出版社，2007
[2] 肖看，李群芳．单片机原理、接口及应用．北京：清华大学出版社，2010
[3] 刘守义．单片机应用技术．西安：西安电子科技大学出版社，2007
[4] 江世明．基于 Proteus 的单片机应用技术．北京：电子工业出版社，2009
[5] 吴黎明．单片机原理及应用技术．北京：科学出版社，2005
[6] 肖金球，冯翼．增强型 51 单片机与仿真技术．北京：清华大学出版社，2011
[7] 刘迎春．MCS-51 单片机原理及应用教程．北京：清华大学出版社，2005
[8] 孙育才等．单片机原理及其应用．北京：电子工业出版社，2006
[9] 董少明．单片机原理与应用．北京：中国铁道出版社，2007
[10] 徐爱钧．单片机原理实用教程．北京：电子工业出版社，2011
[11] 肖婧．单片机系统设计与仿真．北京：北京航空航天大学出版社，2010
[12] 周灵彬，任开杰．基于 Proteus 的电路与 PCB 设计．北京：电子工业出版社，2010
[13] 周润景等．基于 Proteus 的电路与单片机设计与仿真．北京：北京航空航天大学出版社，2009